U0296600

国家科学技术学术著作出版基金资助出版

光学移频超分辨显微成像技术

刘 旭 匡翠方 杨 青 郝 翔 著

科 学 出 版 社

北 京

内 容 简 介

跨越光学系统衍射极限分辨率的成像是当今光学工程与生物医学工程中的热点科学问题。本书提出普适性超越衍射极限分辨率的成像方法——移频超分辨光学成像，系统论述移频超分辨成像的原理与计算方法，介绍移频超分辨成像的特性、实现技术，以及分辨率极限等核心内容，论述移频成像方法在实际超分辨成像中的各种应用技术，同时从不同学科方向介绍对超分辨成像的认识与处理方法。

本书适合从事光学工程、仪器科学与技术、生物医学工程等相关领域的科技人员参考使用，也可供高校或研究院所相关专业的研究生学习。

图书在版编目（CIP）数据

光学移频超分辨显微成像技术 / 刘旭等著. -- 北京 : 科学出版社, 2024. 10. -- ISBN 978-7-03-079602-8

Ⅰ. TH742

中国国家版本馆 CIP 数据核字第 2024S663J6 号

责任编辑：姚庆爽 / 责任校对：崔向琳

责任印制：师艳茹 / 封面设计：无极书装

科学出版社 出版

北京东黄城根北街 16 号

邮政编码：100717

http://www.sciencep.com

北京建宏印刷有限公司印刷

科学出版社发行　各地新华书店经销

*

2024 年 10 月第　一　版　开本：720×1000　1/16

2025 年 3 月第二次印刷　印张：17 3/4

字数：358 000

定价：180.00 元

（如有印装质量问题，我社负责调换）

前　言

光学显微成像一直是人们获得微观世界景象的主要技术手段之一。受系统衍射极限的限制，可见光波段的光学显微镜分辨率一直在微米量级徘徊，远远比不上电子显微镜的分辨率，但是由于成像光子能量小，对观测目标的影响弱，可在自然环境下观测，并且具有速度快、使用方便等特点，使已经有近四百年历史的光学显微镜并没有退出历史舞台，反而是吸引了大量研究人员不断探索突破光学衍射极限的限制，实现光学超分辨显微成像的新方法。

2014 年，诺贝尔化学奖颁给了荧光超分辨光学显微成像的三位科学家，标志着人类借助生物样品标记物荧光非线性特性，在可见光波段突破显微镜衍射极限的努力取得重大突破。但是，对于更大量、不具备荧光发光特性的工业样品而言，超越衍射极限的成像仍然是一个难题。2017 年，三位物理学家因发明冷冻电镜使高分辨率的电子显微镜可以应用于原来无法观察的生物细胞，获得诺贝尔化学奖。冷冻电镜虽然能观看细胞中蛋白层组成的精细结构，但看到的是冷冻的细胞，不具活性。生命的过程是不断运动与变化的，因此如何观看活体细胞的生命演化过程，探索生命的本质与规律又成为人们关注的热点。光学超分辨显微成像再次成为实现这一目标极为重要的手段，这就需要人们不断探索如何获得更高分辨率、更快成像速度的光学超分辨显微成像的新方法。

我们为此开展了十余年的研究，提出光学移频超分辨成像的新机制，利用大波矢光照明的移频效应，将现有的经典显微成像光学系统提升为超分辨的光学显微成像系统。移频成像绕过衍射极限，不仅可以在生物荧光标记样品上实现超分辨显微成像，更为重要的是率先突破了常规非荧光标记样品的超分辨显微成像难题，将光学系统成像的分辨率极限推进到成像信号的信噪比极限，而不是经典的阿贝极限。本书就是在这样的背景下撰写的，对光学移频超分辨显微成像理论、实现方法，以及系统技术等进行了全面系统的论述。希望给超分辨成像提供一种新思路与新途径。

移频超分辨原理是一种具有普适性的成像分辨率提升方法，读者可以通过此书掌握移频成像的关键技术。这不但对从事显微成像的科研工作者与学生有启发，而且对相关领域的研发人员也具有启发与参考借鉴的价值。

限于我们的研究深度，书中难免存在不妥之处，恳请读者指正。

刘　旭

2024 年 1 月于求是园

目　录

第 1 章　光学超分辨显微成像概论

光学显微镜是人们获取微观世界信息的一种基本工具。光学显微成像的发展历程就是人类不断拓展对微观世界的认识过程。2009 年，在显微镜发明近四百年之际，鉴于光学显微术对科学与技术发展的巨大贡献，《自然》杂志刊出专文论述了光学显微技术的发展，特别指出了光学显微镜发展的里程碑节点。回顾光学显微技术发展历程，将有助于我们了解与把握光学显微成像的发展脉络，加深对超分辨光学显微技术发展重要性的认识。

1.1　光学显微成像技术概述

1.1.1　光学显微镜发展的历程与重要里程碑

光学显微镜是人类探索微观世界的重要工具，其发展经历了漫长的历程。光学显微镜的发明人通常被认为是荷兰的詹森父子汉斯·詹森和撒迦利亚·詹森[1]。他们在 1595 年发明了显微成像的原型，但当时并没有用显微镜一词。意大利物理学家伽利略利用一个凸透镜和一个凹透镜在 1609 年发明了复合透镜显微镜“Occhiolino”。1665 年，英国科学家罗伯特·胡克利用组合透镜第一次观察到生物的细胞，并首次提出显微(micrographia)一词，出版《Micrographia》一书[2]。此后，显微镜成为人类观测微观世界的基本手段。同时期的荷兰光学家列文·虎克于 1674 年制作出现在意义的光学显微镜，并第一次看到细菌。

19 世纪之前，显微镜都是依靠制作者的经验及不断的尝试制造的，并没有科学的理论根据，因此在成像质量和成像能力上提升缓慢。直到 1873 年前后，德国耶拿大学的物理教授阿贝建立了光学显微镜的成像理论[3]，填补了光学显微成像的理论空白。阿贝首次从理论上阐述了衍射与光学显微镜分辨率之间的关系，阿贝认为光学显微镜的分辨率大约是照明波长的二分之一，并提出著名的阿贝正弦公式[3]，即

$$d=\lambda/2(n\sin\theta) \tag{1-1}$$

其中，λ 是成像的光波波长；θ 是显微镜物镜的半收集角；n 是物方折射率，光学成像系统的数值孔径为 $n\sin\theta$。

式(1-1)实际上表明了一个光学成像系统的成像分辨率极限，对显微镜成像具

有非常重要的意义。为了纪念阿贝对显微理论的贡献，阿贝正弦公式被刻在耶拿大学阿贝纪念碑的墓志铭上。

19 世纪以后，随着显微镜理论的成熟与光学加工能力的增强，光学显微镜成像能力得到迅速提升，并被大量应用于各行各业，在不同的应用与需求中得以不断创新。20 世纪之后，电子技术特别是信息技术的发展，促使光学显微成像技术有了巨大的发展。根据样品的不同，发展出了荧光显微术[4]、干涉显微术[5]、相衬显微术[6]、偏振显微术[7]、金相显徽术[8]等不同的光学显微技术；根据照明方式的不同，发展出了暗场照明显微术[9]、倒置显微术、正置显微术、光切片显微术[10]、全内反射荧光显微术[11]、共焦显微术[12]等。如今光学显微镜已经成为科学家和各行业工程师对微小目标观察不可或缺的分析与成像仪器。

光学显微镜在发明时只是为了观测微小物体，胡克最早用它观察头发、树木皮层、植物细胞等样品。随着时间的发展，人们就利用它开始向人眼无法观察、无法分辨的各种相位样品与荧光样品等特殊需求的样品观测能力方向发展。2009 年，《自然》杂志上刊登的光学显微镜及历史关键事件如表 1-1 所示[13]。

表 1-1 光学显微镜及历史关键事件

年份	光学显微镜及历史关键事件	意义
1595	显微镜的出现	人类发明显微镜
1873	衍射受限理论的提出	显微镜成像分辨率限制
1911	第一台荧光显微镜	观看到各种不同的组织
1929	第一台倒置显微镜	样品操作区域扩大，进入复杂组合模式
1935	相位增强显微镜	相位样品的观测成为可能
1939	偏振显微镜	材料微晶结构的观测
1955	共焦显微镜	扫描高分辨成像
1981	全内反射荧光显微镜	界面局域高分辨荧光成像
1983	反卷积显微镜	提升成像分辨率
1990	双光子显微镜	光学非线性成像三维高分辨
1993	光片显微镜	快速三维大视场荧光成像
2000	STED 显微镜	打破衍射极限
2006	PALM/STORM 显微镜	宽场成像打破衍射极限

由此可以看出光学显微镜发展脉络与发展的趋势，自发明之时起，光学显微镜就以如何提高显微镜显微成像性能，从低分辨率向高分辨率的显微成像发展为主线，即从看得见起步，向看得更清晰发展；不断发展新型成像技术，扩大光学显微的观测样品种类与范围，从而提升人类对微观世界的认识与观测能力。

近 50 年来，不断发展的显微成像技术先后五次获得诺贝尔奖，分别是 1934 年泽尼克提出的相衬显微镜，解决了生物细胞类相位样品的观测问题，获得 1953 年的诺贝尔物理学奖；1982 年的电子显微镜技术，利用电子极端波长获得极高分辨率的晶体结构与图像，获得诺贝尔化学奖；1986 年的诺贝尔物理学奖颁给隧道电子显微镜和 STM，解决了原子尺度分辨率的观测，特别是利用近场的隧道效应实现超分辨成像的问题；2014 年的诺贝尔化学奖颁给超分辨荧光显微镜，解决了利用荧光非线性实现超分辨远场成像的难题；2017 年诺贝尔化学奖颁给冷冻电子显微镜技术，解决了电子显微镜无法观测生物质细胞类样品的难题。

由于光学显微系统衍射极限的限制，光学显微镜的分辨率一般都限制在二分之一波长左右(可见光区的分辨率在 200nm 左右)。20 世纪下半叶，随着经典光学显微镜技术的提升与成熟，高端显微镜的成像性能都已经接近并达到衍射极限，人们开始追求如何获得更高分辨率的光学显微成像，因此常把超过二分之一波长分辨率的显微成像称为超分辨光学显微成像。特别是，从 20 世纪后期到 21 世纪初，光学超分辨显微技术有了长足的发展，发展出各种类型，针对不同样品花样繁多的超分辨成像技术，其中只有少数进入实际应用，大部分还是处于研究之中。图 1-1 所示为超分辨显微相关的光学显微技术的发展历程。特别是，20 世纪 90 年代后期，人类在超分辨显微方面的研究工作与进展。

由此，我们可以看到人类极其重视超分辨光学显微成像技术的研究，因为成像分辨率的提升对人类认识与探知客观世界具有极为重要的意义。从目前的超分辨光学显微进展来看，人类实现的超分辨光学显微主要还是对荧光标记的生物类样品，而对于大量非标记型工业应用的样品，这些针对荧光发光特性实现的超分辨光学显微术就不太适应。因此，如何发展更具普遍意义的超分辨光学显微技术，为人类向极微细观测不断发展基本工具是十分重要的。

应该说，人们对显微成像分辨率的追求是没有止境的。目前，普适超分辨光学显微术还是人们尚未攻克的堡垒，因此人们还在不断发展提升光学显微分辨率的新技术，拓展人类对微观真实世界的观测能力。

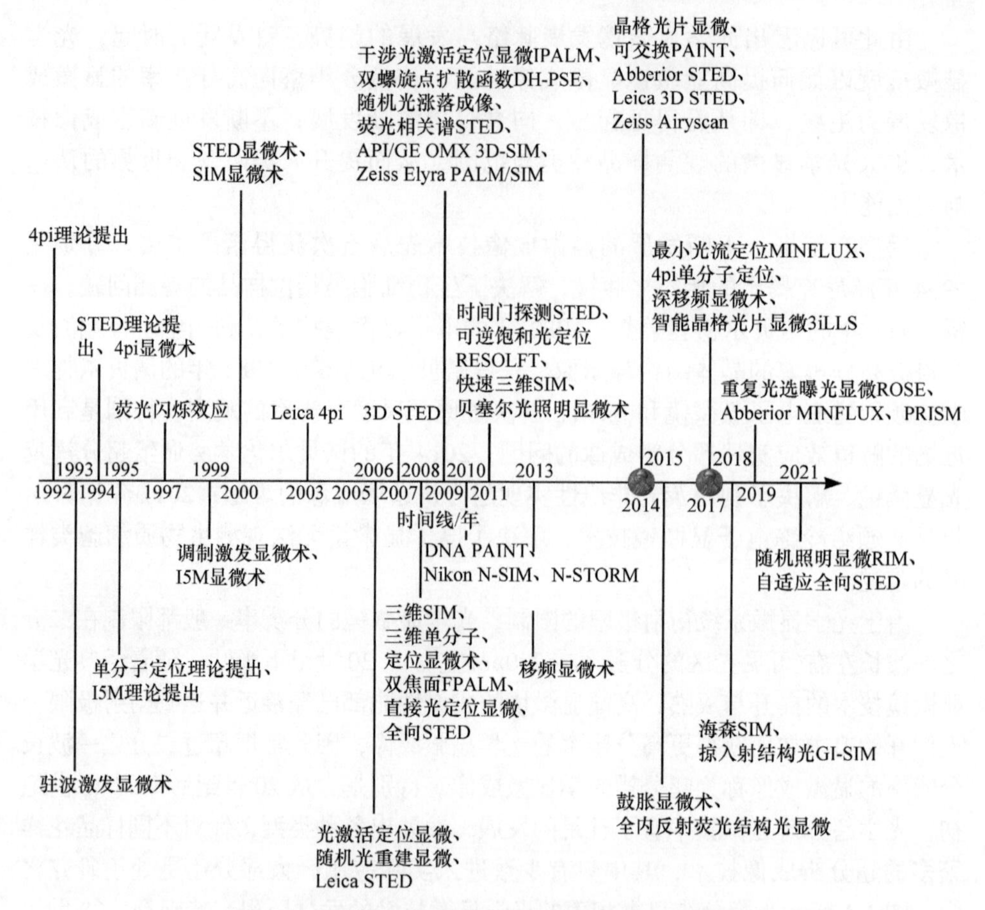

图 1-1　超分辨显微相关的光学显微技术的发展历程

1.1.2　光学显微成像基础

1. 光学显微镜的基本结构

光学显微成像从发明伊始就是由物镜与目镜两级放大系统构成的。组合透镜显微是光学显微成像的基本架构。经典显微镜光学系统如图 1-2 所示。

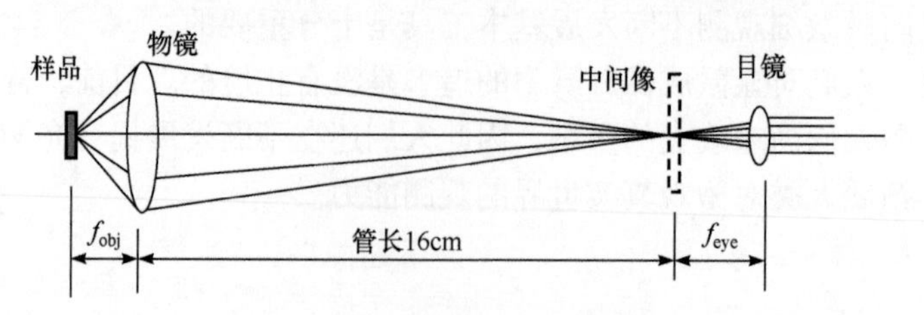

图 1-2　经典显微镜光学系统

在经典显微成像中，f_{obj} 为物镜焦距，物镜将焦点附近的样品放大成像到目镜(焦距为 f_{eye})的物方焦点附近，经目镜放大成虚像，被人眼观测。随着技术的发展，显微镜光学系统越来越复杂，需要加入更多照明光源，探测更多更复杂的信息(强度、相位、偏振、光谱等)，因此 20 世纪 70 年代之后，随着共焦显微镜的出现，人们逐步使用无限远成像的物镜系统，并在显微镜中增加管镜(焦距为 f_T)。无限远像差校正物镜的显微成像光学系统如图 1-3 所示。

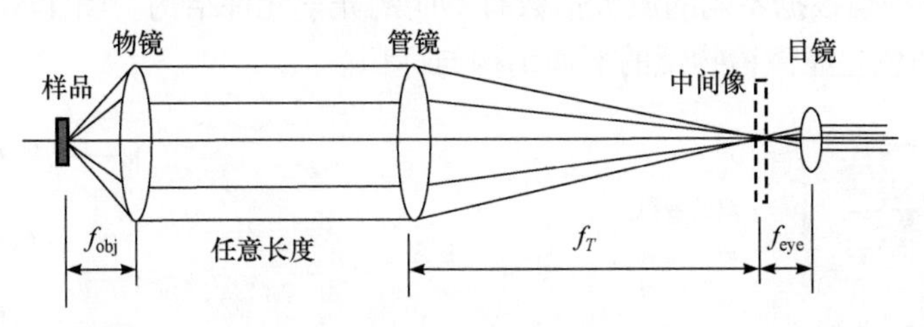

图 1-3　无限远像差校正物镜的显微成像光学系统

这种系统最大的好处是可以在平行光束中加入各种光学器件，对系统像差的影响比较小(相对汇聚光束与发散光束而言)，可以极大地提高显微系统的成像性能，特别是多功能成像能力。该系统的放大倍数 $M = M_{\text{eye}}\dfrac{f_T}{f_{\text{obj}}}$，其中 M_{eye} 为目镜的放大倍数。

另外，对显微成像的傅里叶频谱空间关系而言，要实现显微成像，就意味光学显微系统需要尽可能地将样品的各种空间频谱收纳进成像系统，进行传输成像。从傅里叶光学变换的角度，需要知道成像系统傅里叶频谱面的位置。在管镜显微系统中，物镜的后焦面上存在样品光学成像频谱面，如图 1-4 所示。借助傅里叶空间频谱面，人们就可以在频谱面做各种光学频谱滤波，增强或提升光学成像的性能。

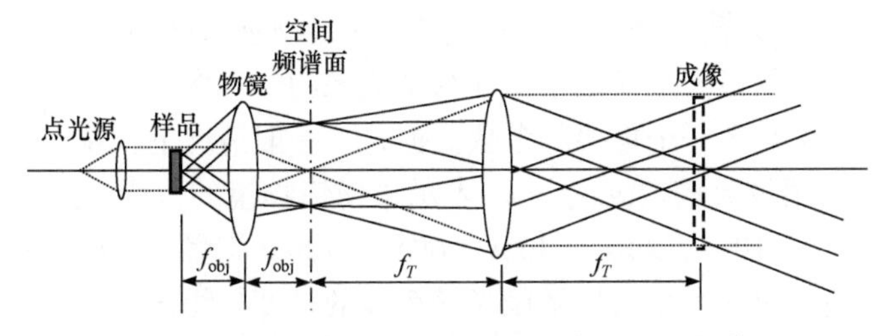

图 1-4　显微成像系统的傅里叶频谱面(空间频谱面)

图 1-4 是单方向入射光照明时样品的频谱成像过程图，可以看出在单一方向光照明下，样品的空间频谱成像于物镜焦平面的空间频谱面(包括高频分量)，再经管镜做反傅里叶变换，在管镜焦面上合成图像。这是一个典型的 4f 成像系统的构架。从傅里叶光学的角度看光学显微成像系统，物镜的后焦面就是显微成像

系统物镜的傅里叶频谱面。在这个面上，我们可以看到特定照射光下样品的空间频谱分布。轴上点的频谱对应零频，离轴距离越远，空间频率就越高。显然，系统能够收集的频谱范围是由物镜的焦距，以及数值孔径确定的。

2. 描述光学显微系统的参数

显微镜物镜是显微镜成像系统的关键，是决定显微系统成像性能的关键因素。显微镜物镜根据不同的放大倍数有不同的光学元件结构。图 1-5 所示为常规 60 倍平场消色差显微镜物镜的剖面结构与标识。

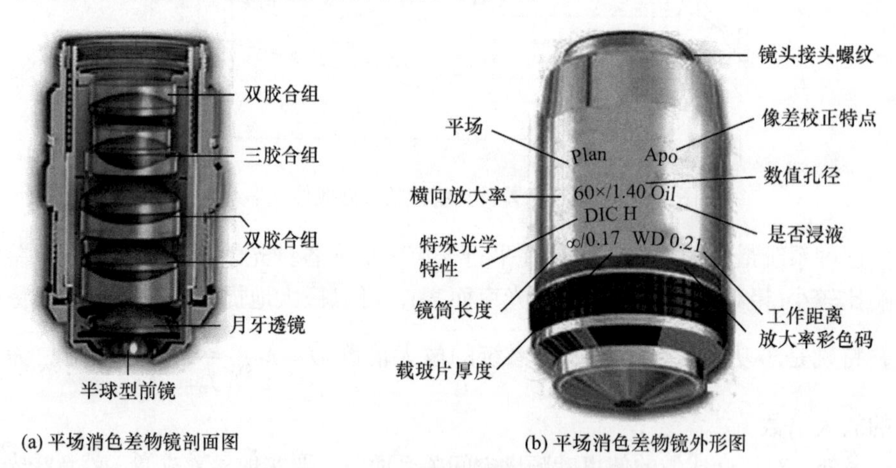

(a) 平场消色差物镜剖面图　　(b) 平场消色差物镜外形图

图 1-5　显微镜物镜的剖面结构与标识

在显微镜物镜的标识参数中，NA 是核心参数。NA 定义为样品折射率与物镜对样品张角的正弦

$$\mathrm{NA}=n\sin\theta \tag{1-2}$$

其中，n 是样品与物镜之间媒介的折射率；θ是物镜入瞳对样品中心的最大张角，决定物镜接受的最大空间频率，即系统成像的分辨率。

物镜的焦距 f 是另一个重要的参数。但是，一般情况下，在光学显微成像系统中，我们往往用放大倍数(数字+×)表示显微镜物镜的焦距长短。显微镜物镜一般有 3×、5×、10×、20×、40×、60×、100×等多种。显微镜物镜的倍数与物镜焦距之间大致的关系由显微镜光学镜筒的长度与物镜放大倍数决定，即物镜放大倍数 M 是显微镜光学镜筒长度 L 与物镜焦距之比。

一般地，显微镜物镜的镜筒长度是给定的，如 160mm 或 170mm。知道了物镜倍数，也就知道了物镜的焦距。因此，10×物镜的焦距约为 16～17mm，100×物镜的焦距约为 1.6～1.7mm。光学显微镜所能观察到的视场角大小，由目镜的视场孔阑大小与物镜的放大倍数决定。一般用 FN 表示目镜的视场大小(单位

mm)，因此样品可观测的视场大小为

$$\mathrm{FOV} = \frac{\mathrm{FN}_{\text{目镜}}}{M_{\text{物镜}}} \tag{1-3}$$

其中，$\mathrm{FN}_{\text{目镜}}$一般在 6～28，物镜的放大倍数越大，可观测的视场越小。

10×目镜的 FN 一般在 16～18mm 左右，5×的目镜 FN 一般大于 20mm。如果显微镜系统的 FN=20mm，对于 10×物镜，视场为 2mm，对 100×物镜，视场仅有 0.2mm。此外，高倍数显微镜物镜还有工作距离参数，表示清晰成像时物镜最顶面与样品的距离。

认识显微镜物镜的标识，根据应用需求选择正确合适的物镜是用好光学显微镜的关键之一。

3. 光学显微镜成像的空间频谱

从成像空间频率特性，可以进一步理解光学显微成像的几个重要参数。经典光学成像系统是一种线性变换系统。所谓线性变换系统是指系统变换满足线性叠加特性。对于经典光学成像系统的成像过程，特别是小视场时的成像(视场中点扩散函数处处一致)是可以近似为线性系统的。因为两个单独物体的成像是满足线性组合的，所以光学成像系统可以作为一个线性系统来处理。

光学透镜的点扩散函数如图 1-6 所示。对于给定的光学成像系统，如果对一个理想点目标的成像光场分布为 $h(u,v)$，相应强度分布为 $|h(u,v)|^2$，那么 $h(u,v)$ 就成为系统的点扩散函数，也就是光学系统孔栏函数 $P(x,y)$ 傅里叶变换后的频谱分布，即

$$h(u,v) = \iint_{-\infty}^{+\infty} P(x,y)\exp\left(-\mathrm{i}\frac{2\pi}{\lambda R}(ux+vy)\right)\mathrm{d}x\mathrm{d}y \tag{1-4}$$

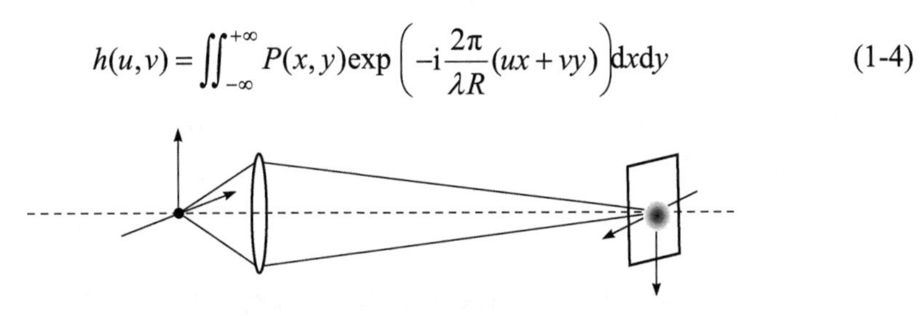

图 1-6　光学透镜的点扩散函数

点光源可用 δ 函数(点脉冲)代表，输出像的光场分布叫做脉冲响应，所以点扩散函数就是光学系统的脉冲响应函数。点扩散函数就是描述光学系统成像特性的核心标志函数。一个系统确定了，其点扩散函数就确定了。点扩散函数越窄，系统的分辨率越高。输入面的一个二维物体($U_0(x,y)$)可以看作大量点源连续分布构成的，在相干光照明下，成像面的输出图像复振幅$U_i(u,v)$为

$$U_i(u,v)=\iint_{-\infty}^{+\infty}h(u-x,v-y)U_0(x,y)\mathrm{d}x\mathrm{d}y \tag{1-5}$$

即成像的图像是目标图像函数与点扩散函数的卷积。

对式(1-5)进行傅里叶变换，可得

$$\tilde{U}_i(\xi,\varsigma)=\tilde{U}_0(\xi,\varsigma)\tilde{H}(\xi,\varsigma) \tag{1-6}$$

其中，$\tilde{U}_i$、$\tilde{U}_0$、$\tilde{H}$ 分别是成像函数、目标物体函数、点扩散函数的傅里叶变换函数；$\tilde{H}(\xi,\varsigma)$ 称为系统的 CTF。

系统成像图像的光强分布为

$$\left|U_i(u,v)\right|^2=\left|\iint_{-\infty}^{+\infty}h(u-x,v-y)U_0(x,y)\mathrm{d}x\mathrm{d}y\right|^2 \tag{1-7}$$

对于非相干光照明，光强满足线性变化，即

$$\left|U_i(u,v)\right|^2=\iint_{-\infty}^{+\infty}\left|h(u-x,v-y)\right|^2\left|U_0(x,y)\right|^2\mathrm{d}x\mathrm{d}y \tag{1-8}$$

对于非相干光照明，点扩散函数为$\left|h(x,y)\right|^2$，其傅里叶变换相应的称为非相干成像系统的传递函数，一般称为 OTF。根据傅里叶变换关系，由于 $\tilde{H}$ 是 $h(x,y)$ 的傅里叶变换，因此$\left|h(x,y)\right|^2$的傅里叶变换是$\tilde{H}(\xi,\varsigma)$的自相关。OTF 是 CTF 的自相关函数，即

$$\mathrm{OTF}=F\{\left|h(x,y)\right|^2\}=\iint_{-\infty}^{+\infty}\tilde{H}(x,y)\tilde{H}^*(\xi-x,\varsigma-y)\mathrm{d}x\mathrm{d}y \tag{1-9}$$

OTF 一般是复数，可以将其表示为指数形式，即

$$\mathrm{OTF}=\left|\mathrm{OTF}\right|\mathrm{e}^{\mathrm{i}\varphi} \tag{1-10}$$

我们将 OTF 的幅值$\left|\mathrm{OTF}\right|$称为光学系统的 MTF，相位相 φ 称为系统的 PTF。

对于相干光成像，成像系统入射光瞳为孔径 a 圆，照明光的中心波长为λ，则系统的点扩散函数可以表示为

$$\mathrm{PSF}=h(\xi,\varsigma)=\iint\mathrm{circ}\left(\frac{r}{a}\right)\exp(-\mathrm{i}2\pi(x\xi+y\varsigma))\mathrm{d}x\mathrm{d}y \tag{1-11}$$

即任何光学系统都是一种低通滤波器，空间频率有高频的截止频率，而这个频率所对应的空间周期就是这个光学系统的成像分辨率。

经典光学成像系统的点扩散函数如图 1-7 所示。

图 1-7　经典光学成像系统的点扩散函数

4. 光学显微成像的分辨率

显微成像系统是一个将极小目标放大成像的系统，所以分辨率的表示与常规光学系统略有不同，往往采用与衍射极限分辨率的比较来表示。光学显微镜是小像差成像系统，可以从点扩散函数的角度看待显微镜成像的过程。显微成像就是样品的函数与显微成像系统的点扩散函数卷积。由于点扩散函数有一定空间宽度，不是一个理想的德尔塔函数，因此成像质量会下降。点扩散函数的空间宽度由成像系统的数值孔径与像差大小决定。

从成像空间频谱的角度，成像就是样品的空间频谱经过光学成像系统的传递函数 OTF 进行低通滤波的结果，一个光学成像系统，一旦系统确定之后，其成像的数值孔径就确定了。当成像的物像位置确定后，系统的传递函数 OTF 就确定了。OTF 是一个围绕空间频谱原点的圆形区域分布，是一种低频通过滤波器，所以经过成像系统后，像的频谱中缺失被成像系统截止的高频信息，变得模糊。空间与频谱角度描述光学成像系统如图 1-8 所示。

应该指出，无论从点扩散函数还是 OTF 这两个角度来描述光学成像系统的成像特性，实质都是一致的，分别是从空间与空间频谱两个角度来描述光学成像系统的成像规律与成像分辨率限制的原因。

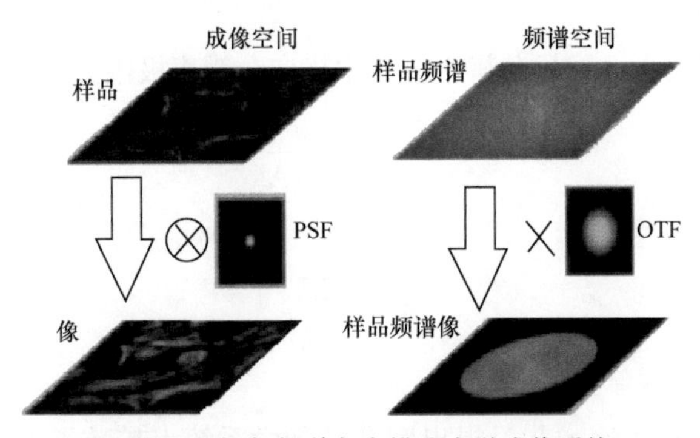

图 1-8　空间与频谱角度描述光学成像系统

为了更好地认识光学显微系统的成像理论，我们必须先认识光学显微成像系统的主要系统结构与系统参数。假设光学显微系统样品侧的数值孔径为 NA，则不考虑成像系统的光学像差与电子成像的损失，成像系统的分辨率极限在相干光成像情况下，其系统是在光场上进行叠加，是光波电场的变换，即

$$U_i(u,v)=\iint_{-\infty}^{+\infty}h(u-x,v-y)U_0(x,y)\mathrm{d}x\mathrm{d}y \tag{1-12}$$

其中，U_i 为像的电场分布；U_0 为物的电场分布，是点扩散函数与物体电场函数的卷积。

因此，我们将 $h(x,y)$ 的傅里叶变换 $\tilde{H}(\xi,\eta)$ 称为成像系统的 CTF。一般情况下，CTF 是复数。假设成像系统的数值孔径为 NA，则相干光成像系统的截止频率为

$$\Delta_{相干}=\frac{\lambda}{\mathrm{NA}} \tag{1-13}$$

非相干成像情况下，由于 OTF 系统传递函数是相干光成像系统 CTF 的自相关变换，相当于 CTF 的卷积，因此其成像系统的截止分辨率为相干系统的两倍，即

$$\Delta_{非相干}=\frac{\lambda}{2\mathrm{NA}} \tag{1-14}$$

为了进一步说明分辨率的表征方式，下面仅对非相干光成像系统的分辨率问题做进一步分析。

1) 阿贝分辨率公式

德国物理学家阿贝是第一个提出显微镜数值孔径的人。1873 年，他提出显微镜成像的分辨率公式，即在空气中，显微镜的分辨率为 $\Delta_{\mathrm{abbe}}=\dfrac{\lambda}{2\sin\theta}$。阿贝分辨率实际上就是点扩散函数的半高全宽。这就是典型的从截止频率的角度来描述成像系统的分辨率。

推广到一般情形，阿贝分辨率公式中横向分辨率极限为

$$\Delta_{\mathrm{abbe}}=\frac{\lambda}{2\mathrm{NA}}$$

轴向分辨率极限为

$$\Delta_z=\frac{2\lambda}{\mathrm{NA}^2}$$

2) 艾里斑

英国物理学家乔治 · 艾里提出圆孔径光学系统点扩散函数的表达式——艾

里斑[14]。1896 年，英国科学家瑞利拓展了艾里的工作，提出艾里斑的“瑞利判据”，即当两个点的中心分别位于另一个点的艾里斑第一零点时是可分辨的极限[15]。两个艾里斑的分辨距离(成像分辨率)如图 1-9 所示。

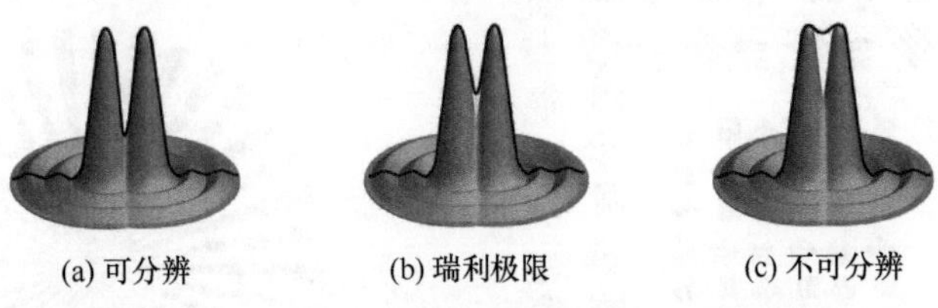

图 1-9　两个艾里斑的分辨距离(成像分辨率)

因此，瑞利判据与艾里斑大小判据是一致的，都是描述二维成像的成像分辨率，而且两个点目标是大强度的点。换句话，都是指二值化图像的二维成像分辨率极限。

对于某些显微成像光学系统，如果照明与成像分别是两个不同的光路，假设照明光路的数值孔径为 $\mathrm{NA}_{\mathrm{illm}}$，而成像光路的数值孔径为 $\mathrm{NA}_{\mathrm{obj}}$，则成像系统最终的成像分辨率为

$$\Delta = \frac{0.61\lambda}{\mathrm{NA}_{\mathrm{obj}} + \mathrm{NA}_{\mathrm{illm}}} \tag{1-15}$$

注意，这里还是指二维图像的成像分辨率。实际光学显微成像系统的分辨率应该包含以下几个部分，即系统数值孔径决定的成像分辨率 Δ_d、系统光学器件(如物镜、管镜等)光学像差造成的分辨率 Δ_o、传感器结构决定的最小基本单元空间大小 Δ_s。一般情况下，系统的最终成像分辨率应该是三者中的最大者或三者之和，即

$$\Delta_{\mathrm{sys}} = \max(\Delta_d, \Delta_o, \Delta_s)\ \text{或者}\ \Delta_{\mathrm{sys}} = \Delta_d + \Delta_o + \Delta_s \tag{1-16}$$

为了使成像系统的分辨率有一个定量的指标，人们往往采用成像鉴别率板表征成像系统的成像分辨率能力。以鉴别率板作为标准，检测显微成像系统的分辨率是一种常见的分辨率检测方法。

根据国家计量检定规程 JJG 827—1993 规定：国家标准鉴别率板适用于评定望远镜物镜、体视显微镜、平行光管、投影物镜、光学零部件等的成像质量。根据国家行业标准的有关规定，鉴别率板可以分为 A 型和 B 型两种(图 1-10)。分辨率与线宽范围的对应关系可以参考国家标准系列分辨率对照表。国家标准鉴别率板 A 型图案分为 25 个单元，每个单元均由等间距的横竖线条和斜线条排列而成。25 个图案单元的分辨率各不相同，它们的分辨率值按照国家标准中

规定的优先数系取值。鉴别率板 B 型是辐射线的图像，可以看作连续的分辨率变换。

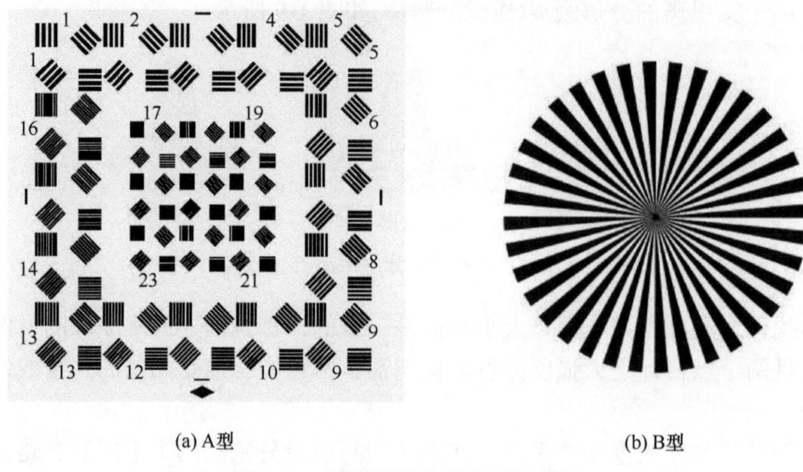

(a) A型　　(b) B型

图 1-10　国家标准鉴别率板标准版

此外，还有 USAF1951 美军标鉴别率板(图 1-11)，是国际上比较流行的鉴别率板。它有明场和暗场两种。

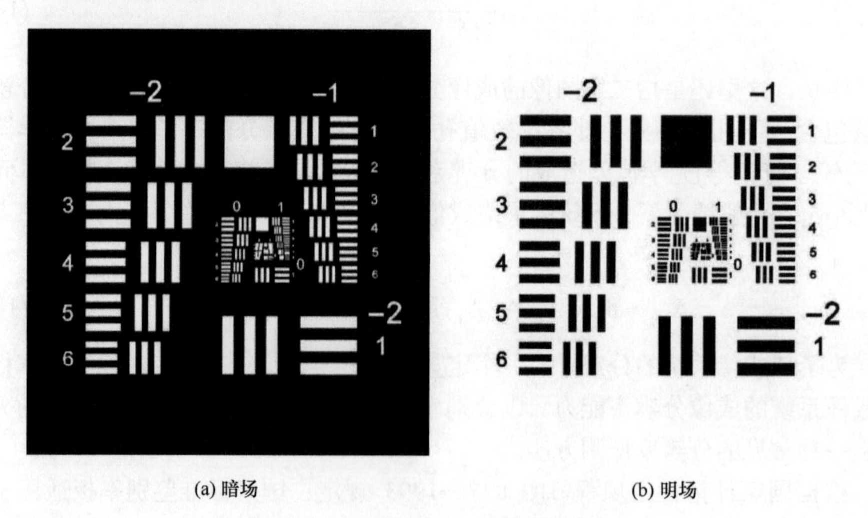

(a) 暗场　　(b) 明场

图 1-11　USAF1951 美军标鉴别率板

国际标准化组织(International Organization for Standardization，ISO)鉴别率板，是适应范围更为广泛的成像鉴别率板，更适合一般相机成像系统的像质检测(图 1-12)。

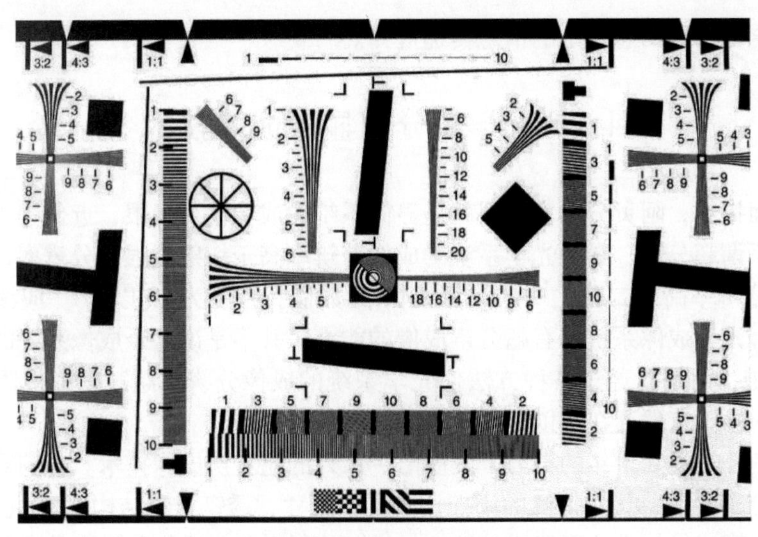

图 1-12　ISO 鉴别率板图案(相机成像)

当然，由于制备鉴别率板光刻系统分辨率的限制，对于超分辨光学成像系统，很难有合适的鉴别率板。在实际应用中，如果系统分辨率超出鉴别率板的范围，人们还可以借助标准尺寸的样品(标准样品)，用已知尺寸的样品作为标准样品。这是在分辨率精度高于人类目前制备精度的能力之后采用的方法。例如，采用一些自然界的物质基本参数，如氢原子半径、硅的晶格参数等。通过分辨率标准的参比方法，实现对超分辨成像的定标。

前面论述的都是经典光学成像系统，一般都有标准的鉴别率板进行成像分辨率判别。但是，对于超分辨显微系统，特别是荧光超分辨成像系统，要确定其成像分辨率确实不容易。

我们需要根据成像分辨率的定义建立超分辨光学显微成像分辨率的检测与表征方法，即分辨率就是能够分出最靠近的两个点的距离。在荧光超分辨成像中，一般采用与分辨率相应大小的荧光颗粒或荧光小球，将其配置成较为高浓度的溶液，薄薄地涂覆在显微镜盖玻片上，然后用相应要检测的显微镜进行成像。应该指出的是，现在的超分辨显微镜中大都装备有压电纳米移动台或者精密的扫描振镜。这些纳米台与扫描振镜都可以提供比成像分辨率更高精度的距离测量值，借助这些工具测量比较长的距离或者视场的大小可以进行分辨率定标，从而得到超过衍射极限的分辨率精度。

借助荧光颗粒样品与压电台，我们就可以在待测的超分辨显微镜中观测寻找可以分辨的最近的两个荧光点。压电台测量的这两个点的距离，就是该超分辨显微镜的分辨率。需要说明的是，分辨率与样品的图像对比度或反差有关，前面讨论的分辨率都是对二值图像而言的。对于灰度图像，成像的分辨率会出现很大的下降。这也符合信息论中的信息传递规律。

1.2 光学超分辨显微成像技术

前面提到，阿贝分辨率极限就是显微系统的成像衍射极限，近似为二分之一波长。所谓超分辨，是指光学系统的成像分辨率高于衍射极限的分辨率，一般是指成像分辨率高于二分之一的成像波长(除数值孔径不为 1 以外)。应该指出的是，一个光学成像系统具有超分辨成像的能力，并不是说这个成像系统的衍射极限不存在，而是指通过各种方法使光学系统的成像分辨率超过衍射极限的分辨率。衍射极限依然存在，依然正确。

人们经过近几十年的努力，发展出一系列的超分辨成像技术。它们通过对荧光标记分子物理、化学特性的调控，或样品尺寸、透镜材料结构调控(超材料)等构建超分辨成像技术，可以成功地“越过”衍射极限对成像分辨率的限制。科学家们得以用前所未有的视角观察奇妙的生物微观世界。

1.2.1 激光扫描共焦显微术

基于选择性激发理论，影响最深远的技术是共焦显微术[16-18]。共焦显微术的概念与专利是马文·明斯基提出的[16]。1971 年，达维多维茨将激光作为光源引入共焦系统，制造了第一台共焦激光担描显微镜[19]。1977 年，薛帕德等丰富了共焦在相干光和高斯光束方面的成像理论，并提出一种基于谐振扫描的新型共焦扫描方案，提高共焦成像的速度，随后还提出共焦中的数字处理技术，使共焦显微镜进入实用化[20-22]。1987 年，卡尔松提出三维共焦成像获取共焦显微术中的光切面数据，证明共焦成像技术的层析能力[23]。至此，共焦显微成像技术基本完善并进入各种应用。

共焦显微术原理如图 1-13 所示。从一个点光源发射的探测光通过透镜聚焦到被观测物体上。如果物体恰在焦点上，那么反射光通过原透镜应当汇聚到光源，这就是所谓的共焦。将这个原理应用于显微成像，就是利用小孔光源作为点光源，经分束镜转折，由物镜成像于样品，因此在样品的像面也是一个点。样品上的这个点经过物镜成像于具有小孔的探测端。由于探测端小孔的限制，只有样品聚焦点的信息能够通过小孔，而聚焦点附近(前后左右)的信息均被小孔拦住，因此共焦成像具有超分辨的能力与三维层析成像的能力。

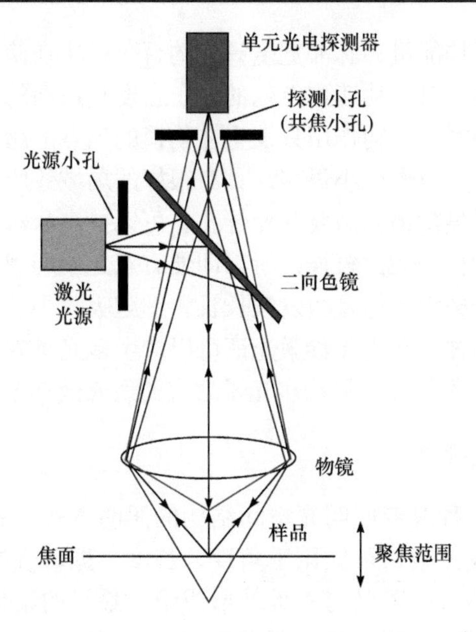

图 1-13　共焦显微术原理

在共焦显微成像系统中，引入照明的小孔和探测端的小孔可以大小不一致。设系统照明的点扩散函数为 $\mathrm{PSF_{ill}}$，成像系统部分的点扩散函数为 PSF_m，则整个共焦显微成像系统的点扩散函数为

$$\mathrm{PSF}_c = \mathrm{PSF_{ill}} \times \mathrm{PSF}_m \tag{1-17}$$

因此，系统的分辨率一般可以表述为

$$\Delta_{x,y} = \frac{0.32\lambda}{\mathrm{NA}}, \quad \Delta_z = \frac{1.26\lambda}{\mathrm{NA}^2} \tag{1-18}$$

共焦显微术利用很小的小孔实现超衍射极限的高分辨成像，但是小孔越小，信号越弱，因此分辨率受到限制。作为第一种能够突破衍射极限的成像技术，因高分辨率、特有的层析能为、高信噪比等优点，其在生物成像等领域被广泛普及。

共焦显微术的另一个发展就是 4pi 共焦显微术[24]。4pi 共焦显微镜利用两个相对放置的物镜实现对样品 4pi 立体空间的全面成像，扩大成像频域范围，利用对向轴向光束的干涉调制，将轴向分辨率提高到百纳米量级。

双光子共焦显微术是一种基于激光与物质相互非线性作用原理构建的新型共焦扫描技术[25]。在高光子密度情况下，荧光分子可以同时吸收两个长波长的光子，在经过瞬时的激发态寿命后，发射一个波长较短的光子。其效果和使用一个波长为长波长一半的光子去激发荧光分子相似。双光子激发需要很高的光子密度，双光子显微镜一般使用飞秒脉冲激光器。这种激光器发出的激光具有很高的峰值能量和很低的平均能量，脉冲宽度只有约百飞秒。在使用高数值孔径的物镜将脉冲激光的光子聚焦时，物镜焦点处的光子密度是最高的，双光子激发与焦点光强平方成正比。同时，光物作用只发生在物镜的焦点上超过强度阈值的部分，所以发光点比聚焦的艾里斑要小很多，具有很好的局域效应，可以实现三维超分辨成像，而且双光子显微镜不需要共焦针孔，可以提高分辨率与荧光检测效率。由于双光子激发的波长一般比较长，所以即便有双光子局域效应，光斑还是比两倍频率波长的聚焦光斑大，但是激发波长长，细胞吸收小、散射效应小，可实现更深的深度成像。同样，利用飞秒激光还可以产生多光子效应，可用于多光子显微术，如三光子显微术[26]等，只是多光子效应的发光效率会更低一些。

1.2.2　结构光照明显微镜

结构光照明是一种改变照明光空间结构的照明方式。一般的结构光照明采用一个空间周期条纹图案，可应用于角度、长度、振动等的测量，广泛应用于大中型物体的非接触三维测量与三维外形成像。最早的结构光照明方式出现在莫尔条纹技术中，又称云栅成像，可以获得常规照明方式下无法分辨的一些高分辨率信息[27,28]。

2000 年，古斯塔夫森提出 SIM 方法[29]。在显微宽场照明中引入结构光照明，该技术可以将显微镜的分辨率提高到相应衍射极限的一倍，实现宽场显微镜技术分辨率性能上的突破。这种方法在过去十多年间迅速发展，已经成为细胞生物学和工程学中对微观物体进行光学切片、超分辨率成像、表面分析和定量相位成像的关键照明技术。

结构光照明成像原理图(图 1-14)是利用特定周期频率的结构照明光照明样品，使样品的空间频率与结构光频率发生移频效应，在成像过程把位于 OTF 截止频率范围外的一部分信息转移到截止频率范围内，并利用特定算法将范围内的高频信息移动到原始位置，从而扩展通过显微系统的样品频域信息，使重构图像的分辨率超越衍射极限的限制。

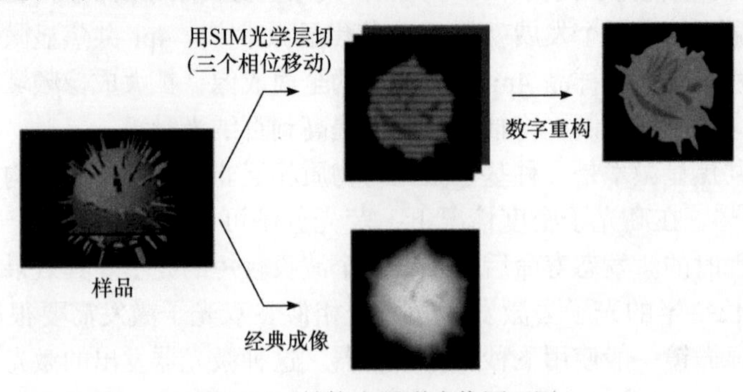

图 1-14　结构光照明成像原理图

线性结构光照明显微镜分辨率的提高取决于结构照明光空间频率的大小。由于结构照明光也是通过光学系统照射到样品表面，同样受到衍射极限的限制，所以分辨率无法突破两倍衍射极限。为了进一步提升分辨率，荧光分子的非线性效应被引入结构光照明显微镜[30]。

瑞尔·海兹曼提出一种基于荧光分子激发态饱和效应的非线性结构光照明显微镜[30,31]。荧光分子中处于激发态的电子具有荧光寿命，即单个荧光寿命内的一个荧光分子只能发射一个光子。当激发光的能量超过阈值时，发射光将与照明光不再保持线性关系。这种非线性关系就相当于在照明光中引入多项空间频率数倍于原始照明光频率的谐波成分。在频域空间，这些谐波成分就相当于在不同频率位置的多个 δ 函数。SSIM 超分辨成像原理如图 1-15 所示。

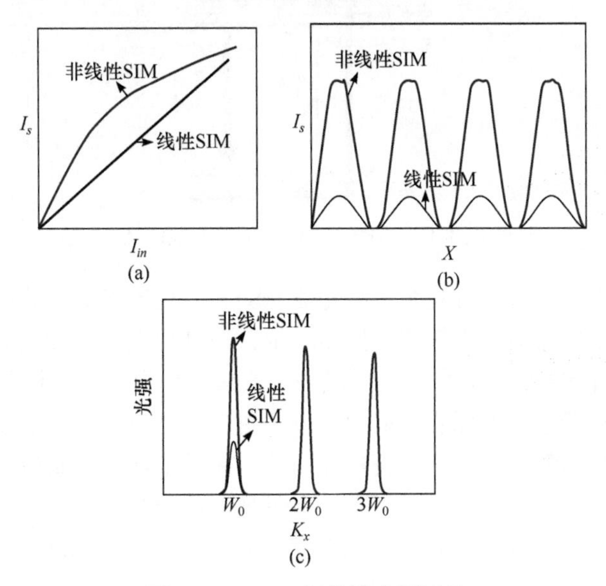

图 1-15　SSIM 超分辨成像原理

高阶 δ 函数使更多高频信息被移到物镜成像频率圆内，采用与二维结构光照明显微镜相同的算法，可以将获得的高频信息分离并移动到对应位置上扩展频域信息，通过改变照明条纹的方向，可以使频域信息在各个方向上得到均匀扩展。理论上，非线性效应引入的谐波成分是无限的，但是由于受到噪声的影响，只有有限项的谐波能用来提取高频信息[32]。

1.2.3　荧光受激损耗显微镜

荧光受激损耗显微镜由德国物理学家斯特凡·赫尔提出[33]，是对荧光共焦显微镜的创新与发展。他将非线性效应引入超分辨成像领域。

一个典型的 STED 系统是在共焦显微成像系统中构建的，需要两束照明光，其中一束为激发光，是实心光斑，另一束为损耗光，是空心光斑。这两束光是同轴重叠的。当激发光照射特定的荧光样品使其聚焦光斑范围内的荧光分子被激发，电子跃迁到激发态后，损耗光使部分处于激发光斑外围的电子以受激辐射的方式回到基态，其余位于激发光斑中心的被激发电子则不受损耗光的影响，继续以自发荧光的方式回到基态(图 1-16)。由于在受激损耗过程中，受激辐射发出的荧光与自发荧光的波长及传播方向均不同，因此真正被探测器接受到的光子均是由位于激发光斑中心部分的荧光样品通过自发荧光方式产生的。因此，有效荧光的发光面积得以减小，从而提高系统的分辨率。

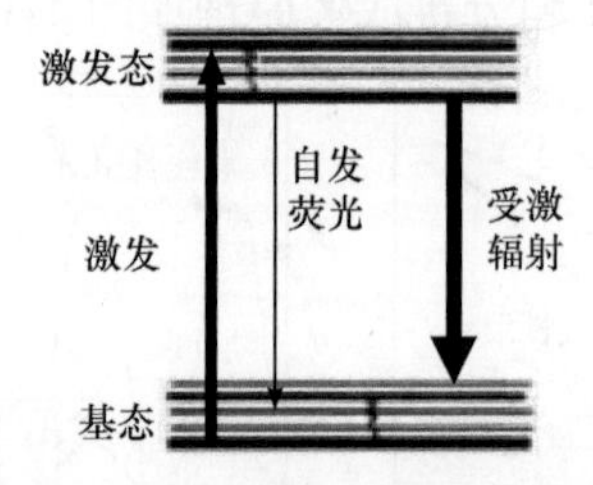

图 1-16　STED 显微术的荧光能级图

STED 系统主要包括荧光激发激光器、STED 光激光器、共焦显微镜、纳米平移台、光电探测器与分析软件。如图所示，经过荧光激发激光器的光束经光学系统后，在物镜焦平面上(样品上)形成一个聚焦艾里斑，激发样品相应部位的荧光。STED 激光经过一个螺旋线状相位板的调制后，在焦平面干涉形成一个环状光圈。这个光圈和激发光的艾里斑相叠加后，损耗了环状光圈内的荧光，限定了只有位于光圈中心的荧光物质可以激发出荧光。这个荧光发光斑点远远低于衍射极限，实现超分辨成像，其峰值半峰全宽可以达到 10～20nm。STED 显微镜原理示意图如图 1-17 所示。

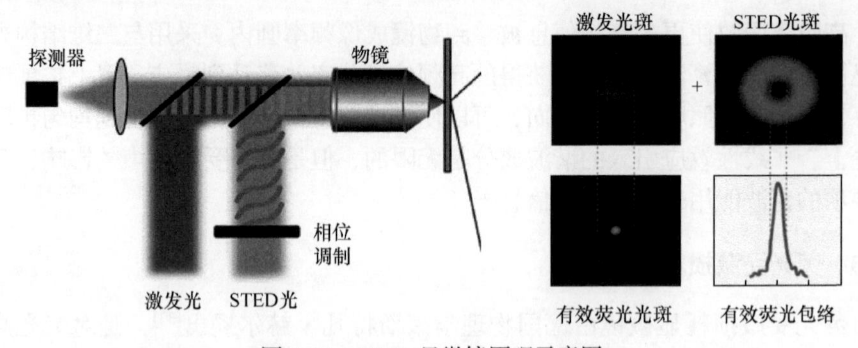

图 1-17　STED 显微镜原理示意图

STED 显微术能实现超分辨的关键在于受激发射与自发荧光相互竞争中的非线性效应。当损耗光照射在激发光斑的边缘位置，使该处样品中的电子发生受激发射作用时，部分电子不可避免地以自发荧光的方式回到基态。然而，当损耗光的强度超过某一阈值之后，受激发射过程将出现饱和。此时，以受激发射方式回到基态的电子将占绝大多数，而以自发荧光方式回到基态的电子则可以忽略不计(图 1-18)。因此，通过增大损耗光的强度，使激发光斑范围内更多范围的自发荧光被抑制，可以提高 STED 显微术的分辨率。所以，STED 成像的分辨率与 STED 光的光强有很大关系，STED 光越强，分辨率越高。STED 显微成像的分辨率与 STED 光强之间有如下关系，即

$$\Delta r = \frac{\lambda}{2\mathrm{NA}\sqrt{1+\dfrac{I}{I_{\mathrm{st}}}}} \tag{1-19}$$

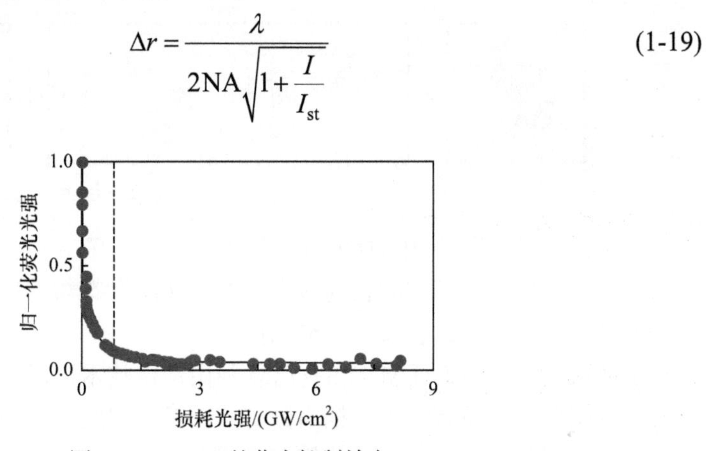

图 1-18　STED 的荧光抑制效应

近年来，人们还提出改进技术，如利用光开关型的荧光标记物实现 STED 型超分辨，简称可逆饱和荧光跃迁技术[34]。该技术具有更好的荧光可控性，而且通过饱和荧光特性，可以实现更高的分辨率。

1.2.4　单分子荧光定位成像显微镜

PALM 与 STORM 是利用荧光的随机发光特性，利用发光点的发光中心定位实现超分辨成像的，主要提出者为美国光学家 Betzig 等[35]、Rust 等[36]。

对于显微成像而言，分辨两个或者多个相邻点光源的间距时无法突破光学成像的衍射极限。但是，当显微镜物镜视野中仅有单个荧光分子时，我们可以通过高斯函数拟合荧光的发光点轮廓函数，进而确定此荧光分子的中心位置。这个位置精度可以很容易达到纳米量级，远超光学系统的分辨率极限。这样就可以将显微成像问题转化为发光点的定位问题。应该指出的是，尽管单分子定位精度可以达到纳米级，但是多个荧光点同时亮起来，还是分不清。因此，要实现基于单分子定位的图像成像，就必须找到能够逐点发光的荧光材料。

2006年，埃里克·贝齐格等首次提出PALM，利用光活化绿色荧光蛋白标记蛋白质，首先用 405nm 激光低能量短暂照射激活若干细胞，然后用 561nm 波长的激光照射激发激活的细胞发射荧光，并对荧光进行定位探测，直至漂白，再用 405nm 激光激活，561nm 激光激发荧光。这样重复上述两个激光照明与探测步骤，并将所有的定位连起来，就可以得到一张超分辨的成像图。图 1-19 中右侧的五个发光点由于间距远小于衍射极限，其发光时在成像系统中是一个大光斑，但如果这五个发光点分别点亮，每点亮一个点，就定出其中心位置，这样五个点全部发光一遍后，我们就可以得到定位出来的五个点的图像，分辨率远远高于衍射极限。

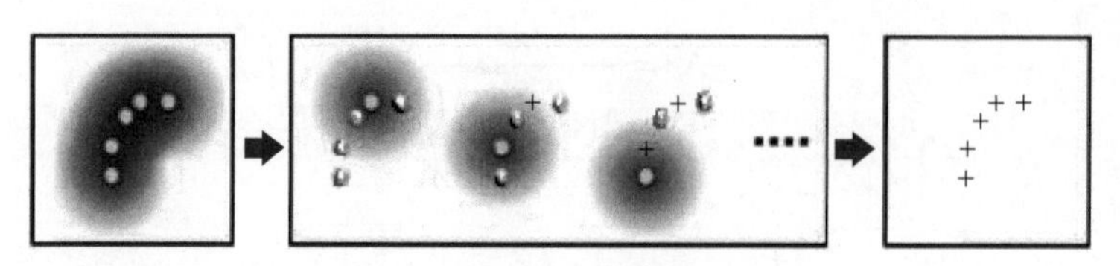

图 1-19 STORM 超分辨显微原理

同年，Rust 等[36]提出 STORM 显微术，发展出了一种新颖的 Cy5 荧光分子，用 633nm 与 532nm 不同波长的激光调控其在激发态与暗态之间切换。不断重复这样的过程，就可以组合获得完整图像。

由此可见，虽然 PALM 与 STORM 利用定位技术可以通过宽场成像系统，拍摄大量的图像，定位合成出一幅高分辨的图像，因此成像的分辨率很高，但速度受到很大的限制，无法拍摄活体的细胞图像。

利用 DNA 链的互补性产生类似于荧光分子闪烁的效果，可以实现纳米尺度定位显微成像。DNA PAINT 是在 STORM 基础上发展的一种新的荧光定位超分辨成像技术[37]，利用随机绑定的荧光 DNA 标记。DNA-PAINT 可以达到叠层 DNA 纳米结构的分辨率，但是高分辨的成像时间很长。

2017 年，斯特凡·赫尔等又提出将 STED 与 STORM 技术相结合的最小光子流量成像技术。该技术利用 STED 中的空心光斑，提出负光强分布荧光单分子定位的方法，形成扫描与定位相结合的 MINFLUX 技术[38]，将分辨率提升到 1nm。当然，该技术对分子分布有一定稀疏度要求。

1.2.5 其他超分辨显微技术

除了上述这些主流的超分辨光学显微术，还有不少超分辨显微成像的方法，这些方法往往由于有不同的限制未得到大量应用。

1. 超振透镜(super-oscillation)显微术

超振原理是利用相干光在经过一些亚波长结构时，其散射光之间产生干涉，改变远场衍射斑的分布[39]，虽然总体衍射斑尺度依然满足拉赫不变量，但是在衍射斑中心区域可以形成强度不高，但是远小于衍射极限的非常细小的聚焦斑，而较远的周围有一个很高很宽的旁瓣。我们将聚焦斑中间区域最小的汇聚光斑效应，称为超振原理的超衍射聚焦。利用超衍射聚焦效应就可以获得远小于衍射极限的聚焦光斑，用此光斑扫描样品就可以获得超高分辨的扫描成像[40]。

2. 近场扫描显微术

所谓近场是指在样品表面一个波长内的表面区域。近场区域是表面波存在区域，表面波顾名思义就是沿表面传播的波。它在垂直表面方向是不传播的，而是指数衰减的(又称倏逝波)。表面波的波矢 k_e 可以表示为

$$k_e{}^2 = k_{\parallel}{}^2 + k_{\perp}{}^2 = \left(\frac{2\pi}{\lambda}\right)^2 \tag{1-20}$$

因为 $k_{\perp}$ 为虚数(这样表面波才会一直保持在表面附近)，$k_{\perp}{}^2$ 为负值，所以

$$|k_{\parallel}|^2 = |k_e|^2 + |k_{\perp}|^2 = \left(\frac{2\pi}{\lambda}\right)^2 + |k_{\perp}|^2 > \left(\frac{2\pi}{\lambda}\right)^2 = |k_e|^2 \tag{1-21}$$

因此，表面波平行于表面的波矢分量将大于表面波的总波矢。我们利用表面波就可以捕获样品空间频率中比照射光频率更高的频率，也就意味着可以获得更高的分辨率。NSOM 就是基于这样原理构建的超分辨光学扫描显微镜。

近场扫描光学显微术[41]是利用一个近场扫描光学探针实现扫描成像的，原理如图 1-20 所示。这种探针既可用于引导倏逝波(表面波)照明样品，又可用于收集样品表面的倏逝波。因此，其分辨率可以大大高于衍射极限。由于其分辨率比较依赖探针的大小[42]，所以人们通过不断改良近场扫描成像技术，发明了STM[43]、AFM[44]。这些探针显微镜由于采用金属类的探针，可以做的非常细小，因此可以获得原子级的分辨率。

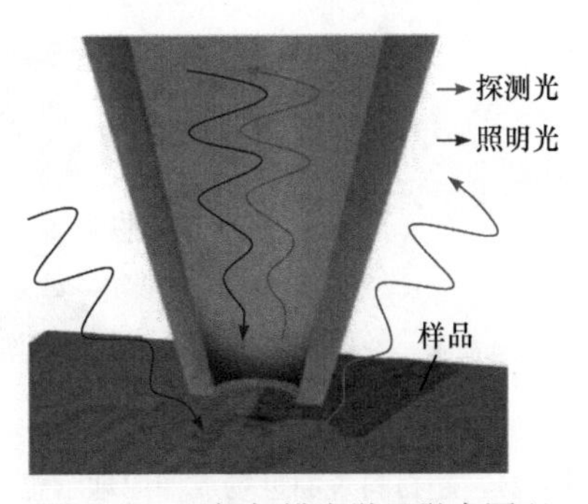

图 1-20　近场扫描光学显微术原理

3. 基于人工超材料的显微术

2000 年，英国帝国理工大学的约翰·潘德瑞提出超材料(负折射率材料)，利用人造结构，构造完美透镜，实现完美成像[45]。在 21 世纪的前十年，人们大量开展了超材料的研究，希望利用超材料获得奇特的成像效果。

最简单的超材料就是产生 SPW 的金属薄膜结构。p 偏振光束倾斜入射到玻璃基底单层金属薄膜，当入射角对应的波矢满足下列条件时，就会产生 SPW[46]。SPW 的波矢为

$$k_{sp} = k_0 \left(\frac{\varepsilon_d \varepsilon_m}{\varepsilon_d + \varepsilon_m} \right)^{\frac{1}{2}} \gg k_0 \tag{1-22}$$

其中，ε_d 与 ε_m 为玻璃基底与金属薄膜的介电常数。

所以，SPW(倏逝波)的横向波矢大于光波的总波矢，这样就可以获得高频的光来照明样品获得超分辨的成像。

随后，Fang 等[47]提出利用超材料实现超透镜成像的方法。其原理是利用 Ag 薄膜产生的 SPW 振荡效应，实现类似近场的负折射率成像。由于是近场成像，物像的距离十分有限，非常接近金属表面。后来，他们提出多层金属与介质膜结构，利用金属膜对倏逝波的放大，构建双曲色散超表面。双曲超材料的色散曲线为双曲函数，理论上可以产生任意大小的波矢，即任意大小的等效折射率，但是这是窄频的等效折射率，所以只能实现远超于衍射极限窄频带频率的超分辨成像。他们利用曲面型的双曲超材料结合柱形透镜的弯曲结构设计出超透镜(hyper lens)[48]，如图 1-21(b)所示。这样将超材料的高频段成像与低频段的柱透镜成像结合，就可以实现一个方向的远场超分辨成像。

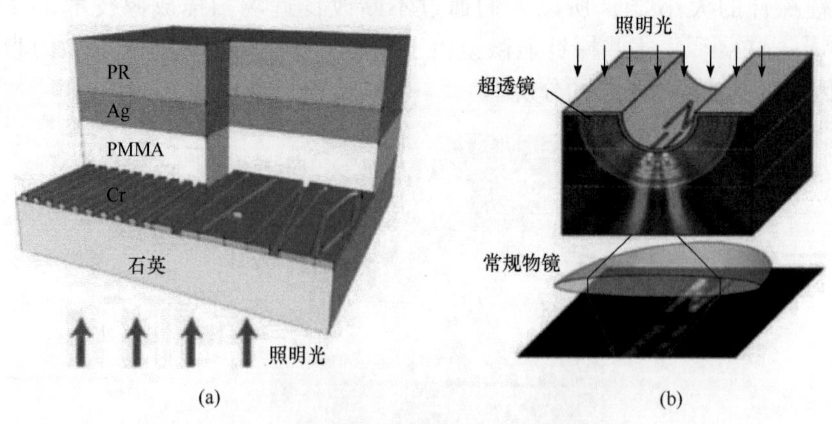

图 1-21　超材料表面近场成像原理示意图

前面提到，超材料结构可以在某个频谱段形成等效的负折射(近场)，从而实

现某个空间频谱段近场的超分辨成像，但是要使近场成像变成远场可以观察的成像，就必须通过适当的远场光学放大(降频处理)，将近场信息传递到远场。另外，在利用超表面进行成像时，由于超构产生的高频往往是在一个很窄频段，并不包含表征物体基本形状的低频分量，造成成像的扭曲与变形。再者，超材料一般需要有金属结构来实现金属的吸收，会不可避免地造成其中光波的严重损耗，因此如何实现超表面的宽频成像，同时构建传播损耗低的超材料是关键。

应该指出的是，从当前国内外超分辨成像的研究情况看，近场成像虽然可以突破衍射极限，但是近场探针微细离样品表面又近，所以操作精度要求高且复杂，在日常应用中不方便。因此，光学超分辨成像一般都希望能够实现远场成像。目前的 STED 与 STROM 显微技术都是远场超分辨成像技术。这两种超分辨成像技术充分利用了成像荧光信号的非线性特征，可以绕过光学成像系统的衍射极限，实现超分辨的成像。这两种技术也构成当前超分辨光学显微的两条主要发展道路，即基于点扩散函数工程的思路、基于衍射极限发光光斑中心定位的思路。一种思路是，以寻求进一步缩小点扩散函数的途径来提升分辨率，例如光学超振荡产生远小于衍射极限光斑、超材料产生的超小等离子激元天线、形成超小聚光点等都属于这种思路。另一种思路是，将物理上对分辨率的提升转化为通过艾里斑轮廓的测量，进而实现对艾里斑的中心定位，利用整个光斑轮廓测量提升信噪比来实现高精确的定位，即将物理的分辨率问题转化为数学的精确定位问题。

1.3　光学超分辨显微成像技术存在的问题与挑战

现有主要超分辨显微成像技术的成像特性如表 1-2 所示。

表 1-2　现有主要超分辨显微成像技术的成像特性

显微技术	原理	*XY* 分辨率/nm	轴向分辨率/nm	成像速度/(f/s)	荧光基团	非荧光成像
LSCM	共焦	250	500	10～60	任意	行
2 Photons	双光子效应	200	300	10～30	特殊	否
STED	受激辐射耗散	20～50	300	1～10	特殊	否
ISO STED	4pi STED	30～50	30	1～10	特殊	否
RESOLFT	可逆饱和 STED	35	500	1～5	光可逆	否
SIM	结构光照明	150	500	30～60	任意	行
SSIM	饱和结构光照明	50	300	10～20	任意	否

续表

显微技术	原理	*XY* 分辨率/nm	轴向分辨率/nm	成像速度/(f/s)	荧光基团	非荧光成像
STORM/PALM	单分子定位	10～25	30～50	0.01～0.1	开关特性	否
DNA-PAINT	点积累定位	5	50	0.01	DNA 染料	否
MINFLUX	STED 的 STORM	1	1	1～10	特殊	否
ExM	物理膨胀样品	10	50	死样品	特殊	否
SPM	SPW 照明	150	100	20～60	任意	行
SFSM	移频超分辨成像	50	100	30～60	任意	行

荧光超分辨显微成像是当今突破成像系统光学衍射极限的主流方法。STED 与 STORM 给人们的重要启示就是突破衍射极限，绕开线性系统，进入非线性状态实现超分辨成像。这是绕过衍射极限的一个重要思路。

现有的以 STED 为代表的基于点扩散函数修饰，对荧光标记物的要求是比较高的，希望有比较好的抗漂白特性，尤其是三维超分辨的 STED 与 SSIM，都对荧光标记物提出更为苛刻的近二值化发光特性要求。因为分辨率是和荧光的非线性特性密切相关的，理想的荧光标记物希望是具有开关特性的。以 STORM/PALM 为代表的基于单分子荧光定位的超分辨技术，对荧光标记物的要求就更高，必须具备闪烁特性或可控光开关效应，而且希望这些效应具有快速的响应。因此，对于常规的一般荧光标记样品，以及非荧光标记样品，这些条件难以满足，也无法超分辨。

在成像速度方面，如果信号足够强，STED 成像主要取决于扫描器的扫描速度，这个速度是可以达到视频速度的。SIM 是宽场成像，一般拍摄 9 张图就可以得到超分辨图像，速度更快，但是分辨率在百纳米左右。STORM 与 PALM 的分辨率虽然很高，但是因为需要大量的图像采集才可能得到好的高清晰图像，成像时间比较长，难以实现视频速度，所以在活细胞成像中有较大问题[49]。

现有的超分辨技术存在远场成像与近场成像之分。所谓远场成像主要是指成像工作距大于十倍波长以上的成像系统，而近场成像主要是指一个波长以内的成像工作距的成像系统。近场成像工作距大都在表面波覆盖的范围内，非常小，因此在制样与系统调整方面的难度很大。

按照成像与照明是近场还是远场，可以将显微镜分成近场照明近场成像、近场照明远场成像、远场照明近场成像、远场照明远场成像，如图 1-22 所示[50]。因此，发展在成像端具有长工作距的成像技术也是超分辨发展中需要关注的重要环节。

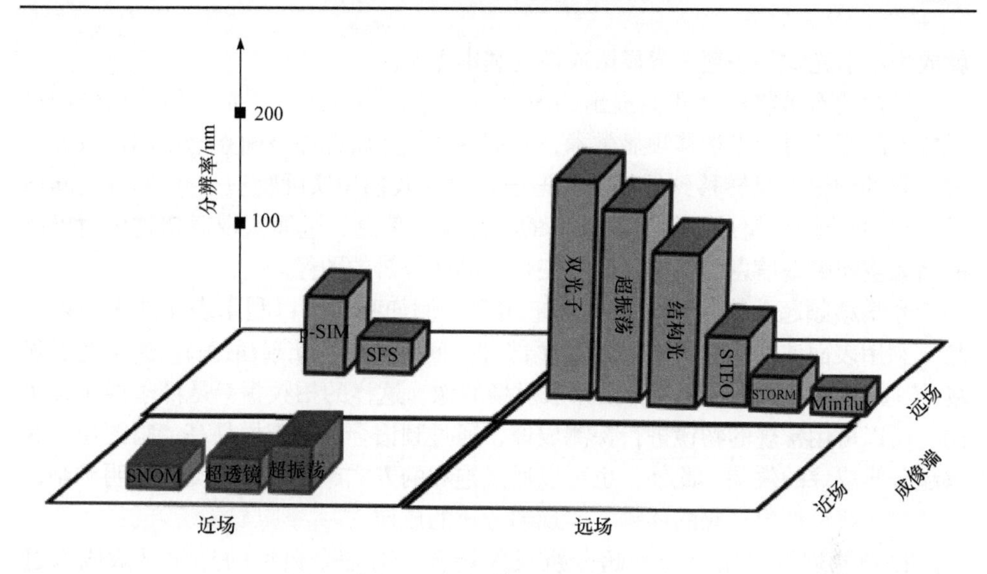

图 1-22　现有超分辨显微成像技术分类

在当前超分辨光学显微技术中，人类已经实现了利用荧光非线性特性的超分辨，但是常规光学显微成像系统，即线性系统如何绕过衍射极限。这是一个严峻的挑战。因此，非荧光样品(如纳米材料等)如何实现超分辨的光学成像就是当今超分辨领域的重要问题。

在 STED 与 STORM 超分辨显微中，使用的荧光材料都是十分特殊的荧光材料，需要比较好的开关特性，或激发、损耗并存性，而常规荧光染料并不一定都有如此特殊的荧光发光特性。这些普通的荧光染料与细胞往往结合的较好，因此需要发展新型的适用于更为普通的荧光染料的超分辨显微术。

同时对于超分辨成像技术，其分辨率越高，样品的信号越弱，成像的速度越慢，而大量的应用亟需高分辨快速成像的方法。这对一些活体细胞，以及生物体的活体检测极为关键。

目前，超分辨成像还有更为普遍的思路吗？Zalevsky[51]在评述巴斯与弗莱舍的文章[52]时就指出，在更为普适的非线性体系中，光在非线性媒介中传播，遵守非线性薛定谔方程，通过非线性将高频的倏逝场转化为传播场，因此可以提高系统的分辨率。因此，实际上更为本质的超分辨成像是如何将样品结构空间频谱中超越衍射极限高频场转化为低频传播场的问题，换句话就是存在近场(倏逝场)的信息转化为低频的传播场，即移频的问题。本书将按照这样的思路，提出我们认为超分辨显微成像中更为本质的问题，即不管是什么样的技术，都需要将样品的超衍射极限高频信息探测出来。既然是频谱的问题，用移频的思路加以解决，就成为本书光学移频超分辨显微成像的基本思路。

后面的章节将围绕我们提出的超分辨成像解决方法——光学移频超分辨显微技术展开。对于光学移频显微术，所谓移频就是将样品空间频谱中超过成像衍射极限的频谱信息转移到低频空间谱段，以便我们用实际物理空间(低频空间谱段)的探测器探测超过衍射极限频率的样品频谱信息，进而实现对超越衍射极限的高频空间频率信息的获取，最终获得样品超分辨的图像。

光学移频超分辨可以各种方法来实现，例如我们可以利用表面波来照射样品，利用表面波的高频与样品的高频部分空间频率相互衍射(散射)。这样在散射场(传播场)就可以拍摄到两者拍频散射场的像。这样的拍频频率是低于截止频率的，所以可用常规的物镜进行探测成像，通过频谱合成再现样品高清晰图像，获得超分辨成像的效果。此外，也可以通过饱和的方式产生各种极高的照明调制，即通过非线性产生高频的移频，实现超分辨的成像。

移频原理可以用于各种超分辨成像场合。对一个典型的光学显微成像过程，移频的实现既可以在照明端，也可以在样品端与探测端。我们可以通过在照明端或探测端进行高频调制，形成超过衍射极限的高频调制光来照明样品，进而与样品的高频部分相互散射，获得样品相应的高频信息。我们也可以在探测端加上调制，提升探测信息与所加调制之间移频组分的探测能力，进而提升图像的成像能力。

光学移频超分辨显微的优势在于，不但适用于各种超分辨显微成像技术，而且可以设计出适合不同应用的移频超分辨成像系统。例如，可以用低倍的物镜实现大视场的超分辨成像；可以用于荧光超分辨显微成像，也可以用于非荧光标记的其他样品的超分辨成像，解决当前非荧光标记样品无法超分辨成像的难题。后面将系统介绍光学移频显微术的原理、计算方法，以及各种实现技术，为超分辨成像提供一种新途径。

第 2 章 移频成像原理与特性

在经典的线性光学成像系统中，移频超分辨成像充分利用高空间频率光场调控技术与样品超衍射极限的空间频率相互作用，形成空间频谱的移频效应，使人们可以利用低带通的常规物镜，突破衍射极限获得超分辨的光学成像。因此，它不依赖荧光非线性就可以实现非荧光标记样品的超分辨成像。本章将论述移频超分辨成像的基本原理。

2.1 样品图像与成像系统的空间频谱

移频成像是指成像过程中对样品部分空间频谱进行成像。在成像过程中将样品不同的频谱段信息移动到成像光学系统可接受的频谱范围，进行成像探测，再整合一系列谱段的样品信息，反演计算样品完整的频谱信息。因此，移频成像的核心是样品结构信息的空间频谱。

2.1.1 样品图像的空间频率

成像目标(样品)一般可以分成以下几类，即彩色图像(灰度图像)、二值化图形、荧光发光的样品等。成像目标(样品)的空间频谱就是对图像进行空间坐标的傅里叶变换的结果，称为样品的空间频谱，或傅里叶频谱。任何物体(样品)不论是相位物体或者强度物体，都有特定的相位或强度结构的空间分布 $O(x,y)$，我们可以将物体的空间结构分布函数用傅里叶变换展开，得到物体的空间频谱分布 $\tilde{O}(f_x,f_y)$，即

$$\tilde{O}(f_x,f_y)=\mathcal{F}\{O(x,y)\}=\iint_0^r O(x,y)\exp(-\mathrm{i}2\pi(f_x x+f_y y))\mathrm{d}x\mathrm{d}y \tag{2-1}$$

其中，物体的大小在 $(0,r)$。

不同样品的空间频谱分布各有不同。各种图像的空间频谱如图 2-1 所示。

可以看出，不同样品的空间频谱差异很大，彩色灰度图像可以在 RGB 三种颜色的空间结构频谱图(图中黑色频谱区仅显示了蓝色频谱)，二值化图形的空间频谱比较有离散型，荧光细胞空间频谱的分布也很有特点，样品的最高频谱取决于图像的最高分辨率，也就是能分辨的最小细节或距离的倒数。最低频谱就是零频，位于频谱图坐标原点，表示图像的直流分量，实际上就是亮背景。低频空间频谱给出样品的大致形态，高频部分空间频谱信息给出样品的细节。所以，缺失

高频空间频谱样品的图像将变为模糊，缺乏低空间频谱信息的图像，样品的图像将出现亮暗反转，或边缘增强。

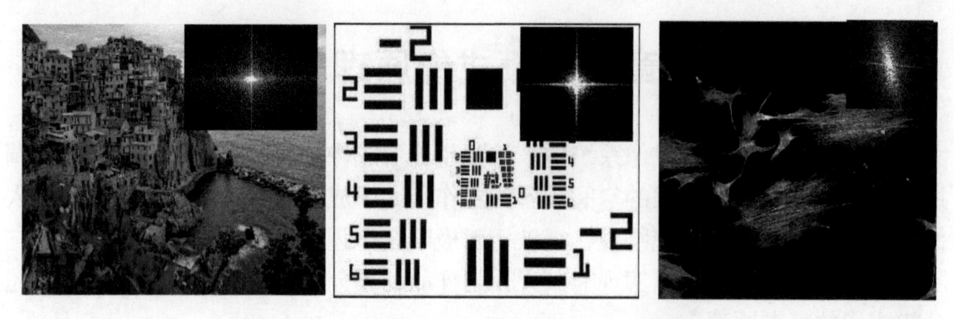

图 2-1　各种图像的空间频谱(右上角为频谱图)

自然界中的生物样品有各种组成、形态、结构，从小到大，可以是原子到分子，如蛋白质、亚细胞器、细胞、毛发、蚂蚁等，涉及的尺度从 0.1nm～10mm 等(图 2-2)。

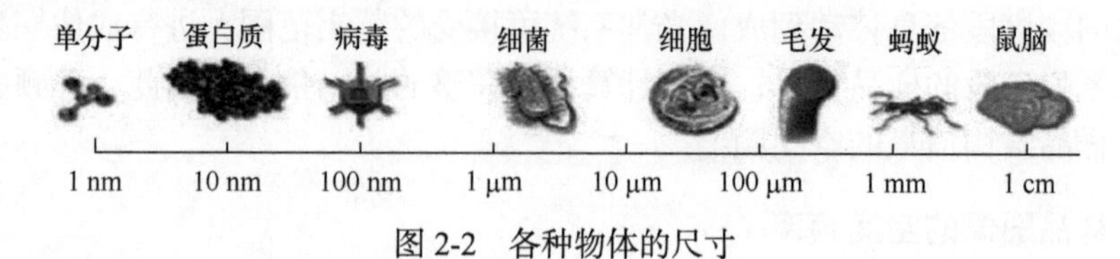

图 2-2　各种物体的尺寸

空间频率 f_x、f_y 可以表示为

$$f_x = \frac{1}{l}\cos\theta, \quad f_y = \frac{1}{l}\sin\theta \tag{2-2}$$

其中，$\theta = \langle k, r \rangle$ 为空间频率在 xy 平面上的方位角；l 是空间周期或者空间频率对应的空间周期。

空间频谱与方位角关系如图 2-3 所示。

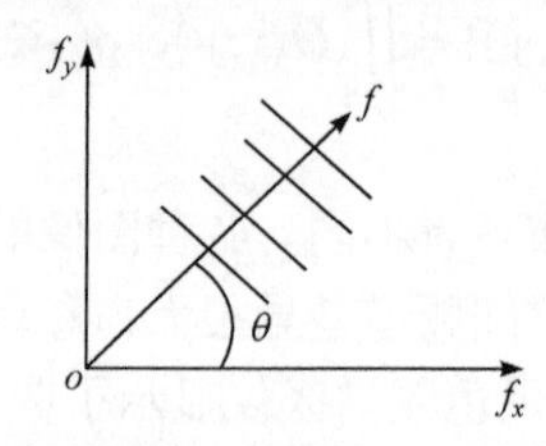

图 2-3　空间频谱与方位角关系

如果对一个 60μm 大小的细胞进行成像，要分辨 1nm 的微粒，则成像空间包含从 $1\times10^9\,\mathrm{m}^{-1}$～$1.67\times10^4\,\mathrm{m}^{-1}$ 的频谱。如果是要从观察一个鼠脑细胞之间蛋白的

关联，则需要在厘米级视场上分辨 10nm 的蛋白质，对应$1\times10^{8}\,m^{-1}\sim1\times10^{2}\,m^{-1}$的频谱范围。

不同的成像仪器工作在不同的空间频谱段。扫描电子显微镜主要工作在 0.1nm～1μm，对应的频谱段为$1\times10^{10}\,m^{-1}\sim1\times10^{6}\,m^{-1}$，而且需要真空环境，样品具有一定的导电性；传统光学显微镜主要工作在 500μm 到厘米区域，对应频谱段为$2\times10^{6}\,m^{-1}\sim1\times10^{3}\,m^{-1}$；超分辨显微镜主要工作在 10nm～100μm，对应频谱段为$1\times10^{8}\,m^{-1}\sim1\times10^{4}\,m^{-1}$，就是希望能够实现在空气中对样品空间频谱从$1\times10^{8}\,m^{-1}\sim1\times10^{4}\,m^{-1}$的成像。因此，发展超分辨成像技术对生命科学的研究，以及纳米科学技术，特别是工程技术的发展都具有极为重要的作用。

2.1.2　成像物体(样品)的空间频谱及对照明光的作用

样品的空间频谱是样品空间分布函数的傅里叶变换，即可以将样品看作由无数不同频率、振幅，以及相位的光栅组合。当一束光照明在物体上时，由于照射光波有一定的空间频率($f_0=\dfrac{n_0}{\lambda}\cos\theta$, 由光的波长和光束入射角决定)，光与样品相互作用的结果就相当于光波照射在一个由无数光栅组成的样品时，物体空间形态对应的空间频率对照射其上的光波会产生按照各种频率产生对应的衍射(散射)，进而形成复合的衍射光(散射光)分布，从而使样品对照射的光束形成相应的反射衍射(散射)、透射衍射(散射)、吸收。样品结构的空间频率对入射照明光散射如图 2-4 所示。

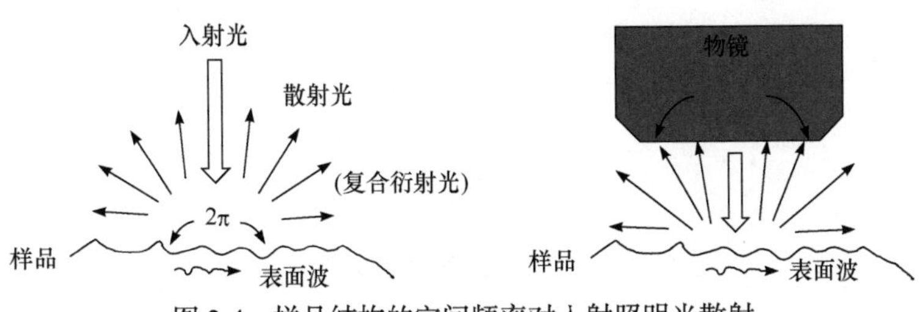

图 2-4　样品结构的空间频率对入射照明光散射

对于平放的样品，样品上方来的照明光束产生的衍射分布于样品上方空间，样品内部空间还有样品表面的表面波等，当然还有一部分光被样品吸收。

样品上方空间所有方向的散射光组成光线角度为 2π弧度立体角的完整空间，因此如果在样品上方空间探测衍射光只能获得 2π立体角空间所包容的最大空间频率(散射角达到 90°的最大角度散射)，其频率的最大值为 $f_{\max}=\dfrac{n}{\lambda}\sin90^\circ=\dfrac{n}{\lambda}$，其中 n 是样品上方媒介的折射率。因此，对于常规的光学成像系统，总是在样品的一侧对样品成像。由于获得图像的空间频谱是一个空间频率分在$\left(0,\frac{n}{\lambda}\right)$的低频谱端，因此光学成像系统可以认为是一个样品空间频率的低通滤波器。

光学显微系统用物镜成像，其中被物镜接收的散射光仅是物镜数值孔径角度内的光线才能被物镜接收成像，因此物镜仅接收数值孔径以内的散射光，也就是该物镜数值孔径对应的成像分辨率频谱范围$\left(0,\frac{\mathrm{NA}}{\lambda}\right)$，即该物镜的成像衍射极限对应于频谱。考虑物镜成像数值孔径的限制(NA⩽n)，成像系统对应的空间频率应该小于样品上方 2π完整物理空间对应的频率。

我们将样品表面上方的 2π立体角弧度空间称为散射光传播空间(又称远场传播场、实波矢空间)。因为该频谱空间范围内空间频谱产生的散射光是传播场，即散射光是可以传播到远处进行探测的，所以散射光对应的角分布就对应于样品相应频段的空间频率分布。散射光的角度越大对应的样品空间频率越高。其极限就是沿样品表面的掠射，称为远场传播场极限波矢 k_0。

进一步，考察某个方向散射光的波矢。如图 2-5 所示，沿与样品法线夹 θ 角散射光的波矢 k_0 可以分解出其水平 $k_{0\parallel}$ 与垂直分量 $k_{0\perp}$，这个散射光就对应样品的空间频率 k_{sample}，其中 k_{sample} 的水平分量与散射光波矢的水平分量相同，即 $\sin\theta=\frac{k_{0\parallel}}{k_0}$，$k_{0\parallel}^2+k_{0\perp}^2=k_0^2$。

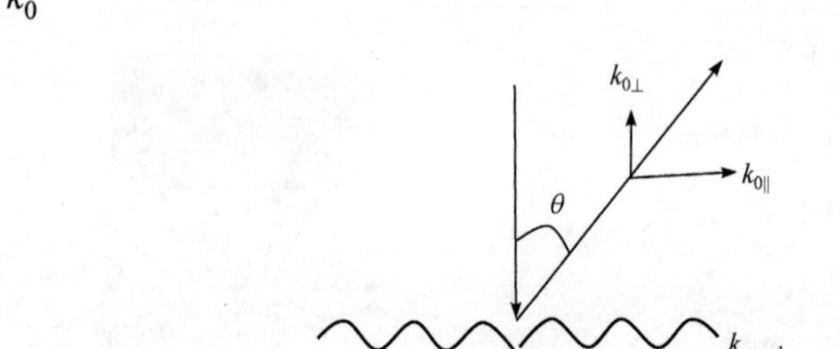

图 2-5　典型样品散射光波矢(空间频率关系)

当散射光波沿样品表面掠射时，波矢水平分量达到最大，即

$$k_{0\parallel}=k_0$$

表示该散射光沿表面掠角度传播，这时散射光波矢的垂直分量为

$$k_{\perp}=\sqrt{k_0^2-k_{\parallel}^2}=0$$

所以最大波矢掠射散射光的垂直分量为零，即 $k_{\parallel}=k_0$。

实际上，衍射极限对应的散射光波矢的垂直分量为

$$k_{\perp}=\sqrt{k_0^2(1-\mathrm{NA}^2)} \tag{2-3}$$

对于样品水平方向频率 $k_{\parallel}$ 超过实频谱空间范围的那些更高的空间频率（$k_{\parallel}>k_0$），其对入射光生成的散射效应是形成波矢的垂直分量为虚数的散射光，即

$$k_{\perp}=\sqrt{k_0^2-k_{\parallel}^2}$$

这些散射光是一种紧贴着表面传播的光波——表面波(又称倏逝波，对应倏逝场)。它只能紧贴表面，无法在垂直样品方向传播到远处，仅在样品表面 1～2 个波长内的区域沿表面传播。因此，超过实频谱空间的散射波只存在于样品的近场。

样品空间频谱的分布与散射光分布的关系如图 2-6 所示。其中，$f_c=\dfrac{\mathrm{NA}}{\lambda}$ 为物镜对应的截止频率，$f_0=\dfrac{n}{\lambda}$ 为整个成像 2π实频谱空间对应的空间频谱范围，或者成为传播场的频谱空间，n 为样品方空间折射率。

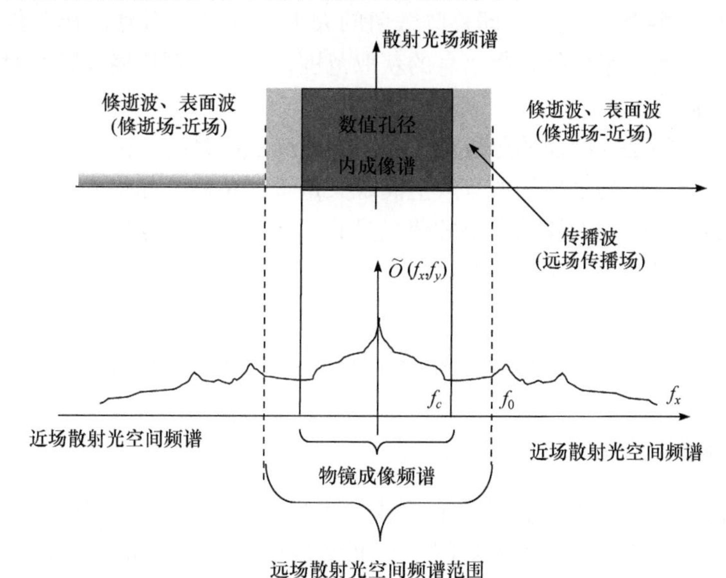

图 2-6　样品空间频谱的分布与散射光分布的关系

可以看出，样品结构细节中能够被物镜成像的只有物镜数值孔径对应频谱 f_c 内的低频谱段的频率，样品空间频率超过物镜数值孔径(衍射极限 f_c)频谱的谱段是无法被物镜成像的。在物体超衍射极限的高分辨的精细结构中，有一部分频段处于物镜衍射极限截止频率到远场传播场极限之间，而更为精细的结构对应的大

量超高频谱是分布在超过物方远场传播空间频谱以外的高频区域，也就是对应于近场光波(表面场)的空间频率范围。这也是我们用经典的光学镜头成像系统，只能获得样品衍射极限以内低频传播场信息的原因。实际上，超过衍射极限的高频，特别是超过f_0的高频，都对应于近场光场，无法传递到远场为经典光学系统的成像。因此，要获得样品高于衍射极限分辨率，就必须探测近场信息。基于此频段信息机制，人们发展出远超过衍射极限分辨率的OSTM，但是采用近场探针进行样品表面的近场扫描才能成像，速度慢且离样品表面过近，工作距离短，应用受限较大。所以，远场超分辨成像一直是人们努力研究发展的方向。

基于此，我们提出移频超分辨成像的思路，希望实现经典成像系统远场的超分辨成像。移频成像的基本思路是将样品超越物镜衍射极限的高频光场信息，通过照明端或探测端编码移动到物镜能够成像的低频段(远场传播的谱段)进行成像探测，再通过解码恢复出原来的频谱位置，进而在频谱空间进行不同移频图像的频谱合成，获得扩大的频域图像信息，达到提高图像成像分辨率的目的。

利用移频进行超分辨的移频成像的基本思路是，将原来对应于近场超高频信息转化到低频，变成可以远场探测的低频信息，利用低频段的探测与成像器件进行成像探测，再根据移频量(即移频数值的大小与方向)计算还原出此信息对应的高频状态，进而扩张样品高频信息的获取范围，获得远超传播场频率对应的更高的超分辨显微成像。

需要指出的是，前面的分析都是针对相干光照明系统，因为在相干光照明系统中，电磁波在场的复振幅的合成上满足矢量合成特性。如果是对于非相关光的信号，例如荧光标记的样品发出的荧光是非相干光，在光强度上进行变换，强度的合成上也可以产生移频成像的效应。

2.2　移频成像的原理与反演方法

2.2.1　移频成像原理

移频成像，顾名思义，就是利用成像主频的移动，改变成像系统对物体(目标样品)成像对应空间的频率范围，进而实现成像目标不同空间频谱范围的成像。然后，利用频谱合成技术，将不同移频的成像结果在频域进行频谱合成，重建整体目标样品空间频谱，通过逆变换获得样品更为完整的信息。这样的成像就称为移频成像技术。

假设成像样品的空间分布函数为$O(x,y)$，其对应的空间频率谱分布为$\tilde{O}(f_x,f_y)$，即

$$\tilde{O}(f_x,f_y)=\mathcal{F}\{O(x,y)\}=\iint_0^r O(x,y)\exp(-\mathrm{i}2\pi(f_x x+f_y y))\mathrm{d}x\mathrm{d}y \tag{2-4}$$

假设成像系统的 OTF 为 $\tilde{H}(f_x,f_y)$，根据光学成像系统的线性变换成像关系，系统成像的空间频谱 $\tilde{I}(\xi,\varsigma)$ 为

$$\tilde{I}(\xi,\varsigma)=\tilde{O}(\xi,\varsigma)\tilde{H}(\xi,\varsigma) \tag{2-5}$$

其中，OTF 的频率坐标变化，意味着 OTF 的主频移动了。

假设主频在 x 方向移动了 f_n，在 y 方向移动了 f_m，则成像变换变为

$$\widetilde{I_s}(\xi,\varsigma)=\tilde{O}(\xi,\varsigma)\tilde{H}(\xi-f_n,\varsigma-f_m) \tag{2-6}$$

因此，可以看出移频后的图像与移频前的图像的差别。

移频前后拼接频谱如图 2-7 所示。

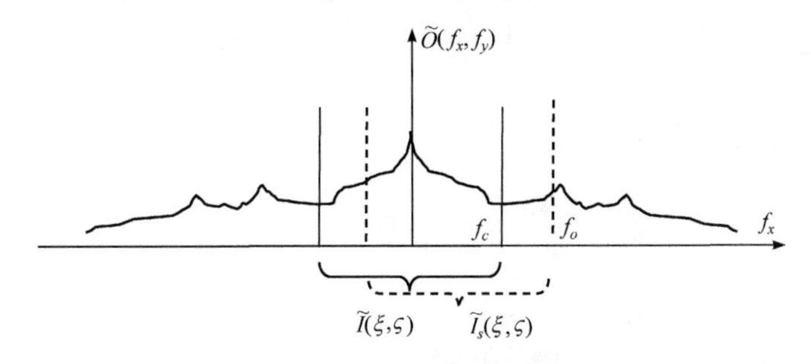

图 2-7　移频前后拼接频谱

可以看到，虽然移频前后的光学成像的系统不变，即成像空间频谱带宽不变，但是对应样品的空间频率范围却变化了，更高的频率出现在成像谱带中。

下面以光学显微镜成像系统为例说明移频成像的基本原理。在一般的显微成像系统中，当照明光束的入射角变化(主光线角度变化)时，我们可以发现物镜傅里叶频谱面上的频域发生移动。当入射光的主光线倾斜时，傅里叶频谱面上样品的空间频谱会随着主光线角度的倾斜而偏离原来的中心位置，往一侧移动，如图 2-8 所示。

如果成像系统傅里叶频谱面的口径保持不变，则倾斜照明后，像面的图像是对应移动后样品频谱(k_x)与物镜孔径截止频谱(k_c)交叠部分频谱区域对应的图像，因此对应样品更多高频部分的信息被成像了，图像的分辨率得到提高。这也是合成孔径成像的基本原理[53]。设倾斜照明主光线角度为α，倾斜主光线与样品法线构成的入射平面内，则频谱移动产生的傅里叶频谱面上的信息为

$$\widetilde{I_s}(f_x,f_y)=\tilde{O}(f_x,f_y)\tilde{H}(f_x-f_1,f_y) \tag{2-7}$$

其中，$f_1=\dfrac{1}{\lambda}\sin\alpha$。

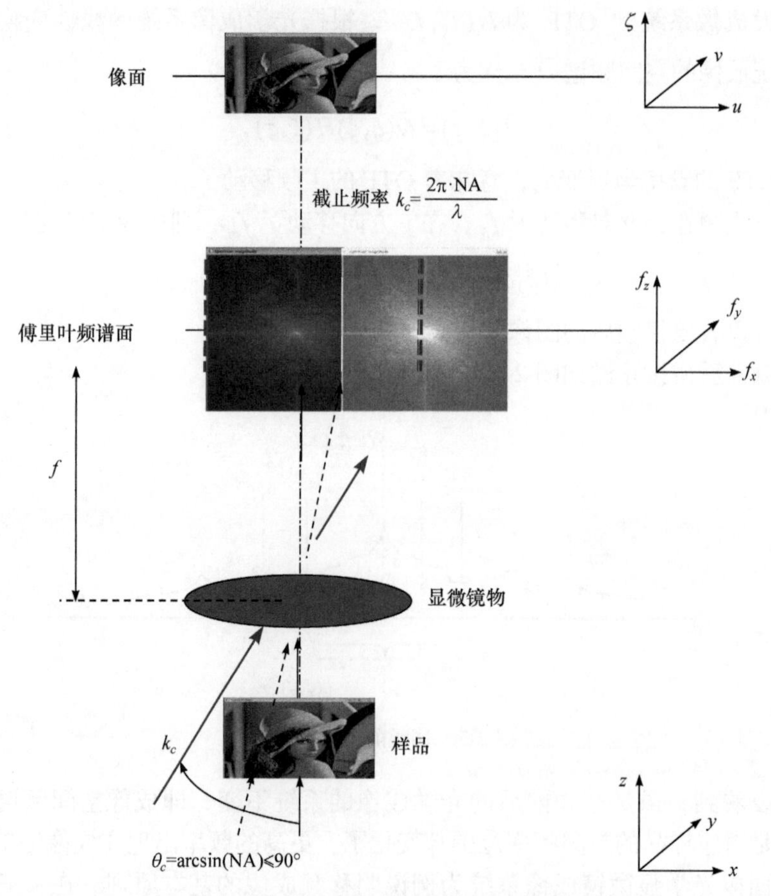

图 2-8　照明主光线倾斜引起的成像频谱移动

考虑显微系统物镜的最大孔径角为θ_c，对应的截止空间频率为 k_c，数值孔径为 NA，因此当照明光束的主光线倾斜角度α照明样品时，移频量即 f_1。可以看到，成像频谱在 x 方向上右移了 f_1，最高频率到达 k_c+f_1，超过了 k_c。这样极限截止频率对应的成像系统分辨率极限变为

$$\Delta_r=\frac{\lambda}{2(n\cdot\sin\alpha+\text{NA})} \tag{2-8}$$

从成像系统傅里叶频谱面的分布可以进一步分析移频成像的特征。在频谱空间中心，黄色圆区域内为物镜的成像频率范围，k_c 为截止频率(图 2-9(a))，当照明主光线倾斜时，相当于圆形区域向外移动，最大移动范围为 k_c。这样倾斜照明

产生的移频，可将最终的成像频率扩大到 $2k_c$。同时可以看出，移频成像需要获得不同倾斜角度照明下的成像图像，每一个角度倾斜照明就成一次像，即便不同倾斜角度照明成像的频谱区域有重叠(图 2-9(a)中的虚线圆与斜线剖面圆对应一个方向上两个倾斜角度照明产生的移频)，但是每次都能填充到更多的未知频率。

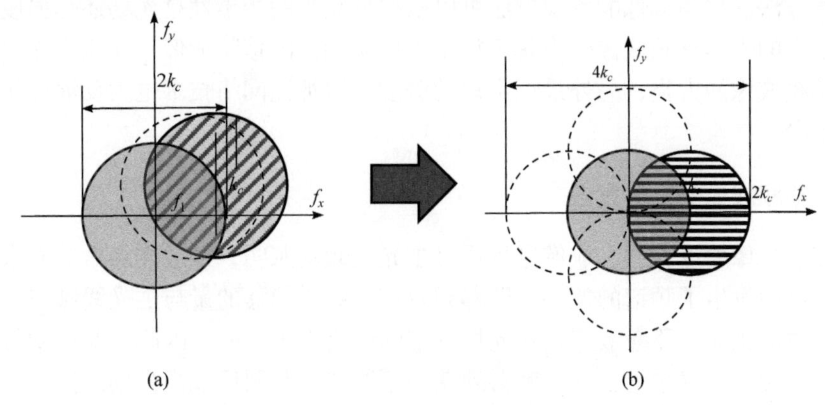

图 2-9　传播场空间傅里叶频域的移频效应

从图 2-9(b)可以看出，移频可以扩大成像的频谱区域，但是仅一个方向的移频只能扩大一个方向的频率。对应于二维图像，需要在二维频谱空间周向不同方位进行移频，这样才能扩大整个二维频谱的成像区域，从而提高成像的分辨率。图 2-9(b)展示了两个正交方位角移频成像的频域分布(x 与 y 方向的移频成像)。

从倾斜照明的分辨率极限公式可以看出，倾斜照明最大的分辨率是 2NA(频谱范围 $\pm 2k_c$)，也就是倾斜主光线到成像系统数值孔径极限。这里对应的频谱散射光还是在传播场的频谱范围内，可以远场进行移频成像，得到提高一倍物镜数值孔径的成像分辨率[54]。

从系统成像的角度看，系统成像面是在(u,v,ς)。该系统成的是实像，对于不同的倾斜照明，虽然在频谱面上有不同的移频，但是在像面上像的位置(成像探测器)是不动的，仅是像的内容在变化(随样品频谱的移动而变化)，同时像的强弱也在变化。当倾斜照明角度达到成像系统数值孔径时，成像的能量仅为垂直照明时的一半以下。

需要指出的是，要对每一次倾斜照明后得到图像的光场傅里叶频谱进行合成，需要知悉各频谱间的相位关系，这是光场合成的缘故，属于相干合成，这就是以往移频成像中的关键受限点。因为探测器是强度敏感，对快速变化光波位相是探测不出来的，要获得不同成像过程频谱的振幅与相位信息，就需要引进干涉检测系统，对倾斜照明后的样品频谱(振幅与相位)变化进行记录，进而获得倾斜后傅里叶频谱区样品频谱的相位与振幅，然后对不同角度照明条件下的样品不同频谱区域的频谱进行合成，最终获得样品的完整的频谱分布(振幅与相位分布)。因此，人们提出光学干涉显微镜或全息显微镜，记录样品的相位与振幅的信息[55]。

移频成像需要通过反解调技术，实现超分辨获高分辨图像的重构，因此需要有反演方法。移频成像的反演方法可以根据移频光的相干性是光场还是强度，将传播场中的光学移频成像分为基于相干光照明调控的移频成像与非相干光照明调控的移频成像两大类，另外最近出现的深度学习神经网络技术也为反演提供了一种新手段。

2.2.2 移频成像的反演方法

移频成像原理表明，成像过程通过主光线倾斜照明，经过样品后的光束在傅里叶频谱面发生了频谱的偏移，即移频效应。频谱偏移的量与主光线倾斜角度的正弦函数成正比。移频效应是在光场的空间频谱上进行的。因此，要达到移频成像扩大成像空间频域的目的，就必须获得不同移频照明后成像光场的信息，同时需要在其傅里叶频域进行不同移频图像的频谱合成，因此我们需要根据不同的移频成像过程，建立不同的移频成像反演机制。其中最主要的反演机制就是移频图像之间相位重构。下面从相干移频成像与非相干移频成像两大类移频成像的角度论述反演方法。

1. 相干移频成像

对于相干光成像系统，为了获得确切的倾斜照明后成像光场函数，可以采用干涉方法。因为要对移频后的频域进行合成，所以必须将不同方位的移频图像算出对应的傅里叶变换幅值与相应的频谱位置，以便实现精确频谱对接。为了将移频后的频谱恢复到其准确的移频位置，必须利用成像光波的相干性，利用参考光束与倾斜照明光束成像图像的干涉获得相位信息。相位信息对应于傅里叶变换后的移频信息，可以实现准确倾斜照明成像图像的空间频谱移动定位。这样不同方位角的倾斜照明图像与参考光束干涉后图像的傅里叶变换均实现相应正确频谱位置的定位，从而在频谱面上构建一个由垂直照明的基础频域，以及由各个方位角倾斜照明移频频域的多频域分布的状态，形成成像目标宽频域的信息获取。最后，对整个频域的信息做反傅里叶变换就可以获得成像目标宽广频谱的成像结果。

2. 基于合成孔径原理的相干移频成像

基于相干光照明的移频显微成像技术又称光学合成孔径显微成像。它应用经典的合成孔径概念，每一个倾斜入射的照明光束，对应一个子孔径的独立照明，不同方位角度倾斜入射的总成，就是不同孔径独立照明结果的总成。这个总成必须是在傅里叶变换面对电场的合成，所以可以将合成孔径的方法应用到倾斜照明的系统分析中。

此问题的关键是如何在傅里叶频谱面将不同孔径的频谱合成起来。我们知道，频谱合成需要知道每个子孔径的傅里叶复频谱(频谱幅值与相位)，因此我们必须从实验成像中获得频谱面中这两个参数的分布。

设入射光场为一个倾斜照明的平面波，系统坐标与入射照明光方向如图 2-10 所示。其电场表示为

$$U_{\text{im}}(x,y)=U_0\exp(-\text{i}2\pi(f_{\text{ilx}}x+f_{\text{ily}}y))$$

其中，$f_{\text{ilx}}=\frac{1}{\lambda}\cos\theta_{\text{il}}$，il 表示第 l 次的入射波；$f_{\text{ily}}=\frac{1}{\lambda}\sin\theta_{\text{il}}$。

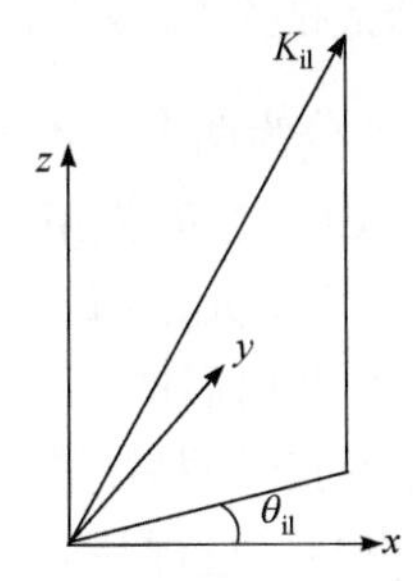

图 2-10　系统坐标与入射照明光方向

样品的函数可以表示为 $O(x,y)$，其傅里叶变换为 $\tilde{O}(f_x,f_y)$，样品可以展开为

$$O(x,y)=\iint_0^\infty \tilde{O}(f_x,f_y)\exp(-\text{i}2\pi(f_x x+f_y y))\text{d}f_x\text{d}f_y \tag{2-9}$$

如果物镜的点扩散函数为 $h(u,v)$，(u，v)为物镜成像面的坐标，则光学成像系统成像的函数 $U_{\text{image}}(u,v)$为

$$U_{\text{image}}(u,v)=O(x,y)U_{\text{im}}(x,y)\otimes h(u,v) \tag{2-10}$$

因此

$$U_{\text{image}}(u,v)=(O(x,y)U_0\exp(-\text{i}2\pi(f_{\text{ilx}}x+f_{\text{ily}}y)))\otimes h(u,v) \tag{2-11}$$

对某个入射照明的样品，其频谱为

$$\tilde{U}_{\text{image}}(f_x,f_y)=(\tilde{O}(f_x-f_{\text{ilx}},f_y-f_{\text{ily}})U_0)\tilde{H}(f_x,f_y) \tag{2-12}$$

其中，$\tilde{H}$ 为成像系统的 OTF，是点扩散函数的傅里叶变换。

要得到$\tilde{U}_{\text{image}}$，就必须得到像面的复振幅信息，而常规的成像系统用图像传

感器仅能获得的是强度信息。因此，在合成孔径成像系统中，必须采用干涉成像的方法，在获得强度信息的同时获得相位信息。下面以图 2-11 所示的光学系统为例，介绍基于合成孔径的移频成像[56]。

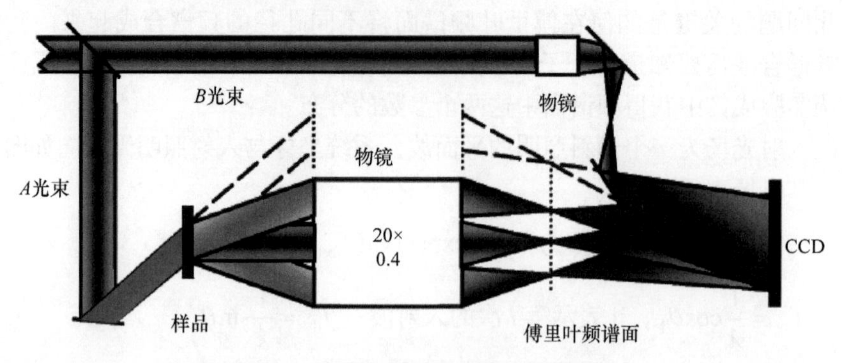

图 2-11　合成孔径显微成像系统原理图

在该系统中，照明的相干光被分为两束，A 光束倾斜照明样品，经过样品的散射光由物镜接收成像于探测器 CCD，B 光束不经过物体但经过相同参数的物镜，并作为 0 级光照射于 CCD 面。B 光束与 A 光束在 CCD 探测区形成干涉，CCD 探测的是 B 光束与经过样品散射后的 A 光束的干涉或全息图像。因此，CCD 上的图像信息是完整的物体倾斜照明后的振幅与相位信息。

CCD 探测到的信号是 B 光束与经过样品后 A 光束的散射光的干涉结果。A 光束照明样品，散射之后光经物镜成像，在 CCD 上的光波为

$$U_{\text{image}}(u,v) = (O(x,y)U_0 \exp(-\mathrm{i}2\pi(f_{\text{il}x}x + f_{\text{il}y}y))) \otimes h(u,v) \tag{2-13}$$

参考光束(光束 B)为

$$U_{\text{ref}}(u,v) = (U_B \exp(-\mathrm{i}2\pi(f_0 x + f_0 y))) \otimes h(u,v) \tag{2-14}$$

所以 CCD 像面上的干涉条纹为

$$I_{\text{CCD}} = \left|U_{\text{image}}(u,v) + U_{\text{ref}}(u,v)\right|^2 \tag{2-15}$$

整理可得

$$\begin{aligned}
&\left|U_{\text{image}}(u,v) + U_{\text{ref}}(u,v)\right|^2 \\
&= \left|U_{\text{image}}(u,v)\right|^2 + \left|U_{\text{ref}}(u,v)\right|^2 + U_{\text{image}}(u,v)U_{\text{ref}}(u,v)^* + U_{\text{ref}}(u,v)U_{\text{image}}(u,v)^* \\
&= T_1 + T_2 + T_3 + T_4
\end{aligned} \tag{2-16}$$

其中，$T_1 = \left|U_{\text{image}}(u,v)\right|^2$ 就是样品的像；$T_2 = \left|U_{\text{ref}}(u,v)\right|^2$ 为参考光的幅值，归一化后极为 1。

$$
\begin{aligned}
T_3 &= U_{\text{image}}(u,v)U_{\text{ref}}(u,v)^* \\
&= (O(x,y)U_0\exp(-\mathrm{i}2\pi(f_{\text{ilx}}x+f_{\text{ily}}y)))\otimes h(u,v)[(U_B\exp(-\mathrm{i}2\pi(f_0x \\
&\quad + f_0y)))\otimes h(u,v)]^* \\
&= k(O(x,y)\exp(-\mathrm{i}2\pi[(f_{\text{ilx}}-f_0)x+(f_{\text{ily}}-f_0)y]))\otimes h(u,v)h(u,v)^*
\end{aligned}
$$

$$
\begin{aligned}
T_4 &= U_{\text{ref}}(u,v)U_{\text{image}}(u,v)^* \\
&= (O(x,y)U_0\exp(\mathrm{i}2\pi(f_{\text{ilx}}x+f_{\text{ily}}y))) \\
&\quad \oplus h(u,v)\{[U_B\exp(-\mathrm{i}2\pi(f_0x+f_0y))]\otimes h(u,v)\}^* \\
&= k(O(x,y)\exp(-\mathrm{i}2\pi[(-f_{\text{ilx}}+f_0)x+(-f_{\text{ily}}+f_0)y]))\otimes h(u,v)h(u,v)^*
\end{aligned}
$$

对 CCD 的图像进行傅里叶变换，可以得到傅里叶面的频谱分布。这等价于将T_1、T_2、T_3、T_4分别进行傅里叶变换后相加。T_1的傅里叶变换就是样品本身的频谱，它位于傅里叶频谱图的坐标原点上(图 2-12 中黑色的圆区域)。T_2是直流量，其傅里叶变换是一个在频谱原点的狄拉克函数，也就是 0 级衍射。T_3与T_4是位于频谱坐标原点为$(f_{\text{ilx}}, f_{\text{ily}})$与$(-f_{\text{ilx}}, -f_{\text{ily}})$的样品频谱分布(深灰色与浅灰色的圆区域)。

合理选择照明角度，使各级频谱之间满足子孔径圆的边界相切。这样几个子孔径的合成就不存在频率交叠的问题。以图 2-12 为例，除了基频黑色频域，先在 x 与 y 方向移频(深灰色区域)，在需要的场合对浅灰色区域移频(斜 45°移频)，这样就可以在频域上合成出由黑色、深灰色，以及浅灰色组成的大频率域，然后对得到的大频率域频谱做傅里叶反变换，就可以得到高分辨的图像[57]。注意，这里提出的最大可移频量达到 $2f_c$。这意味着，倾斜主光线的光束到几乎没有光能够通过成像系统的数值孔径。这是极限的场合，理论上几乎拍不到图像，或者拍摄到的图像都是噪声，因为几乎没有满足成像数值孔径的光经过成像系统到达像面。因此，为了获得较好信噪比的图像，实际移频的量都要小于 $2f_c$。

应该指出的是，对于合成孔径成像，每个子孔径的频谱只是在相应移频区域的频谱。移频量大于f_c时，就会因为频率的增大使成像频域大大扩大，因此仅是 x、y 方向的倾斜照明移频已经不能满足要求。如图 2-12 所示，深灰色的 x、y 移频区域之间有很大的间隙，为了使合成的图像更真实地再现样品的结构，就必须增加不同方位角的倾斜照明。因此，随着移频量的增大，需要改变倾斜照明的方向与周向方位，将各个方向与区域的频谱全覆盖才能得到完整的频谱。

要实现对移频后的频域进行合成，就必须将不同方位的移频图像算出对应的傅里叶变换幅值与频谱位置，以便实现后面的精确频谱对接。为了将移频后的频谱恢复到准确的移频位置，就必须利用成像光波的相干性，利用参考光束与倾斜照明光束成像图像的干涉获得相位信息。这样的相位信息对应于傅里叶变换后的

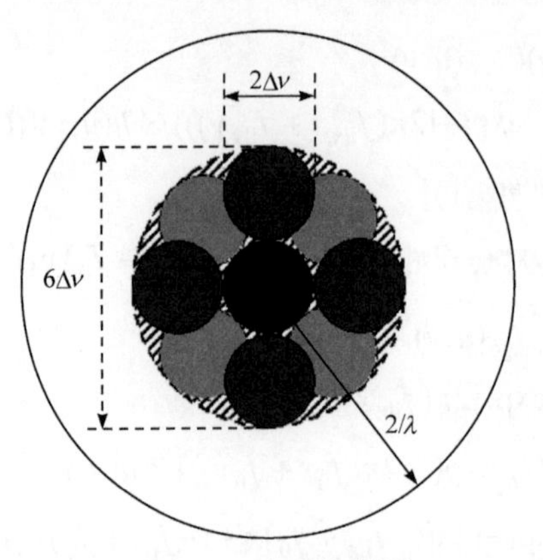

图 2-12　合成频谱图

移频信息，进而实现倾斜照明成像图像空间频谱移动的准确定位。这样不同方位角的倾斜照明图像与参考光束干涉后图像的傅里叶变换均实现了相应正确频谱位置的定位。进一步，在频谱面上构建一个由垂直照明的基础频域，以及各个方位角倾斜照明移频频域的多频域分布的状态，构成成像目标宽频域的信息获取。最后，对整个频域的信息做反傅里叶变换就可以获得成像目标宽广频谱的成像结果。

在相干光移频显微成像中，为了尽可能扩大频谱覆盖，每个子孔径之间的频谱是相接而不相重叠的[58]，由于物镜的子孔径频谱是圆形，因此子孔径频谱覆盖区域的总和不是一个完整的圆，存在很多缺失的频谱。即便如此，只要我们将子孔径能够覆盖的频谱区域合起来，即使这些区域组合起来不是一个完整的圆域，还是可以获得超过某个子孔径频谱区域样品的合成孔径频谱。然后，反傅里叶变换，就可以得到样品高分辨的图像。注意，这里的反傅里叶变换得到的图像的覆盖空间频谱是一个特定的频谱，不再是一个完整的圆形频谱区域。理论上，各个方向的图像分辨率并不完全一样。

3. 傅里叶频谱叠层法移频成像

用干涉方法获得相位与振幅信息固然准确，但是系统比较复杂。系统成像过程的相干噪声大，难以获得好的成像效果。如何从强度图像直接获得振幅与相位信息成为一个重要课题[59]。不少学者对此做了尝试，并提出多种方法[60,61]。

2013 年，郑国安提出光学傅里叶域叠层成像技术。该技术采用成像系统在傅里叶频谱叠层成像的方法，利用成像系统傅里叶空间频谱的分布特性，无需利用干涉来记录显微，仅使用空间频域的移频方法，扩大成像空间频谱范围，进而实现近 2π全频谱空间的移频成像，获得突破成像系统数值孔径对应分辨率的超分辨成像[62]。

傅里叶频谱叠层法是一种改进型的合成孔径方法，目的是降低合成孔径成像中对各子孔径成像相位探测的要求，使合成孔径的算法与成像系统大大简化。为了使获得的高频部分对应的图像能够被成像系统很好地利用起来，该方法是在一个常规低数值孔径的光学显微镜中，将显微成像的照明光源变成一个阵列照明光源，使每个子光源根据位置发出相应角度的平行光照明照明样品。这样就构成一系列各种角度照明(子孔径)的样品成像，使不同的角度对应样品频谱的不同移动量。

应该指出，由于该方法的基本原理是合成孔径，因此理论上各个子光源的照明光需要借助相干性合成系统。实践证明，傅里叶频谱叠层法对照明光源的性干性几乎没有要求，可以大大方便系统的设计。

如图 2-13 所示，用一个二维阵列发光二极管(light emitting diode，LED)作为照明光源，每个 LED 光源准直后照射在样品上，透射过样品的光经过物镜成像，像面为阵列光电传感器探测，获得每个 LED 照明的图像。LED 二维阵列的大小决定了该成像过程的最大数值孔径。图中的光电探测器与物镜的数值孔径是对应的，而 LED 阵列尺寸对应照明光的数值孔径要大于物镜的数值孔径。

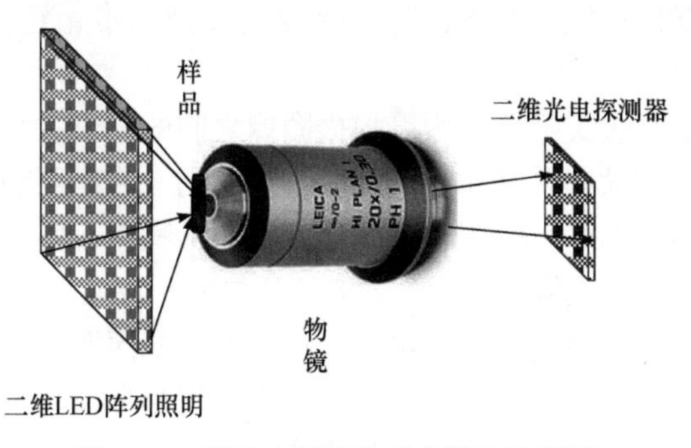

图 2-13　傅里叶频谱叠层成像法示意图

傅里叶频谱叠层法实际上就是一种频域中将子孔径频谱不断循环区域迭代的计算方法。傅里叶频谱叠层法的频域循环迭代算法如图 2-14 所示。

① 拍摄一张主光线垂直入射照明的成像图像，作为图像的初始估计图(或一张任意图像)，并对其做傅里叶变换得到对应的频谱。

② 选取频谱中对应于物镜 CTF 的圆形区域。该区域的中心位置对应于垂直照明时，大小为系统 CTF，并将该频域作傅里叶变换得到低分辨的目标图像 $\sqrt{I_l}\mathrm{e}^{\mathrm{i}\varphi_l}$。

③ 将该目标图像的振幅分量用对应垂直照明时拍摄的低分辨率拍摄图 $\sqrt{I_{\mathrm{lm}}}$ 进行替换得到更新的低分辨率目标图像 $\sqrt{I_{\mathrm{lm}}}\mathrm{e}^{\mathrm{i}\varphi_l}$，对该图像进行傅里叶变换得到频谱，用该频谱对应的区域替换②选取的子区域，得到更新的物频谱。

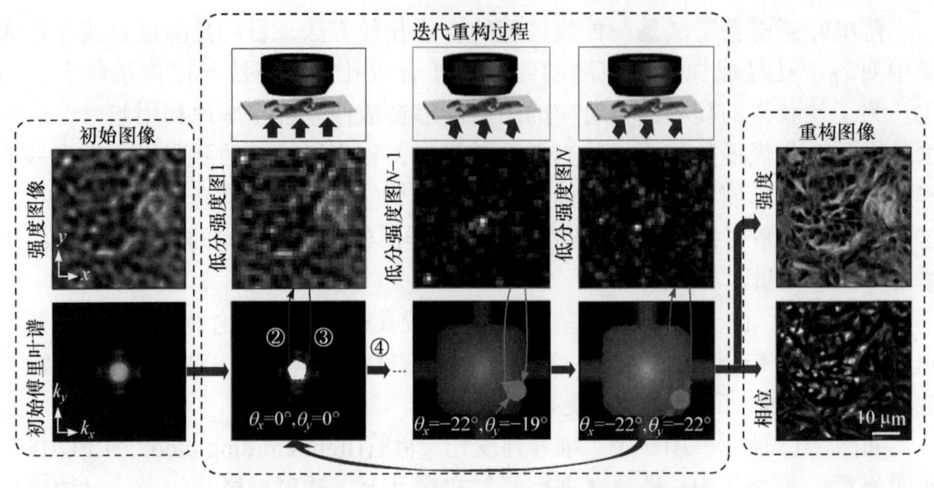

图 2-14 傅里叶频谱叠层法的频域循环迭代算法

④ 对其他照明区域重复步骤②、③，直到完成所有 LED 照明拍摄图像的频谱更新。

⑤ 重复步骤②～④，直至解收敛(恢复的图像基本稳定)，即可输出一张高分辨率振幅和相位图。

傅里叶频谱叠层法实际上是假设拍摄图像之间的相干关系，对电场进行频谱合成。实际应用中并没有严格的相干限制，一般的 LED 照明均成立，而且效果比真正激光照明的效果好。由于激光照明存在相干噪声，图像质量反而不如相干度低的没有相干散斑的光源照明。

利用傅里叶频谱叠层成像法，可以通过拍摄不同照明角度的照片，扩大图像获取的数值孔径，跨越物镜数值孔径限制，实现用小数值孔径、大视场低倍数的物镜获得大数值孔径、大视场高分辨的图像。

需要注意的是，利用傅里叶频谱叠层成像法是一种数值迭代算法，要获得准确的计算图像，需要各个频谱(各个角度对应图像的频域)有较大部分的重叠，这样可以获得比较好的结果，否则会有较大的傅里叶频谱噪声。其结果就是出现病态的斑纹。因此，要获得一张好的图像，需要拍摄的角度与物镜的数值孔径相关，数值孔径越大需要的拍摄的角度就越少。

值得一提的是，二维 LED 照明阵列的尺寸，也就是最边缘 LED 照明主光线的角度(对应于 LED 照明的数值孔径 NA_{LED})可以远大于物镜数值孔径(NA_{obj})对应的角度，因此最好的分辨率可以达到 $\dfrac{\lambda/2}{NA_{LED}+NA_{obj}}$，但是由于二维 LED 阵列处于样品照明空间，$NA_{LED}$ 极限值为 1(假设照明空间在空气中)，因此如何实现超过数值孔径值 2～3 以上的超分辨成像，傅里叶频谱叠层成像法还是无法实现的。

4. 非相干移频成像算法

如果成像样品是荧光标记的样品或者散射比较大的样品，这时前面的相干照明成像的条件就不成立了。即便照明光倾斜照明，由于经过样品之后的成像光是各向同性发光的，因此不存在主光线的方向。对于这样的样品，前面相干光移频的方式就不太适用了，必须采用光强编码的方式，即人为地在非相干成像信号中加入一个具有一定空间频率的样品照明区域，调制光强空间分布，构建一个人为的空间相干照明编码，这就是非相干光移频成像技术。

在生物医学应用中，细胞与组织内的各种组分在光学的折射率上差异不大，而且大都是透明的(对于薄样品)，因此相干光透射或反射成像很难反映各种组分的分布变化。荧光染料标记技术的出现，改变了这种状态。人们可以利用各种特定蛋白的荧光标记物来标记细胞或组织内的各种组分，利用激发激光束来激发不同的荧光，实现细胞或组织内的特异性成像。

由于荧光是一种非相干光，因此利用改变子孔径照明的方式对产生荧光而言差异性很小，无法用子孔径拼接的方法进行移频成像。

为此，人们提出利用照明光的空间调制来照明样品，即通过对样品人为加载空间调制信息的方法构建载频相干信息，进而通过移频效应提升成像分辨率。这种方法已经大量应用在信号处理上。在光学上，这种方法就是在照明光的空间分布上进行调制，构成各种可控的照明光栅结构图案，并将图案投影成像于样品上，激发样品发出荧光。这样样品发出的荧光也就具备相应的光栅结构图案。调节照明光栅结构光的空间频率就决定了荧光图像的空间频率。这样的照明成像方式就称为结构光显微成像。

光学上实现对图像加载调制信息，就是在图像上加载上特定频率的周期纹理。这种纹理可以是条纹，也可以是周期点阵，还可以是其他的周期纹理。

假设成像样品上的照明是具有一定空间频率的周期信号图案，即在样品上叠加上一个周期信息。设物体的空间分布为 $O(r)$ ，周期信号为 $P(r)=(1+m\cos(k_p r+\varphi^j))$ ，成像系统的光学点扩散函数为 $H(r)$，其中周期信号的频率为 $k_p = k_{0x}x + k_{0y}y$ 。结构光照明成像原理示意图如图 2-15 所示。

$$I(r) = P(r) \times O(r) * H(r)$$

设荧光信号与照射光强成正比，则光学系统对荧光所成的像为

$$\begin{aligned} I(x,y) &= (O(x,y) \times P(x,y)) \otimes H(x,y) \\ &= [O(x,y) \times (1 + m\cos(k_{px}x + k_{py}y + \varphi^j))] \otimes H(x,y) \end{aligned} \tag{2-17}$$

改写成二维 r 矢量形式，上式可以表示为

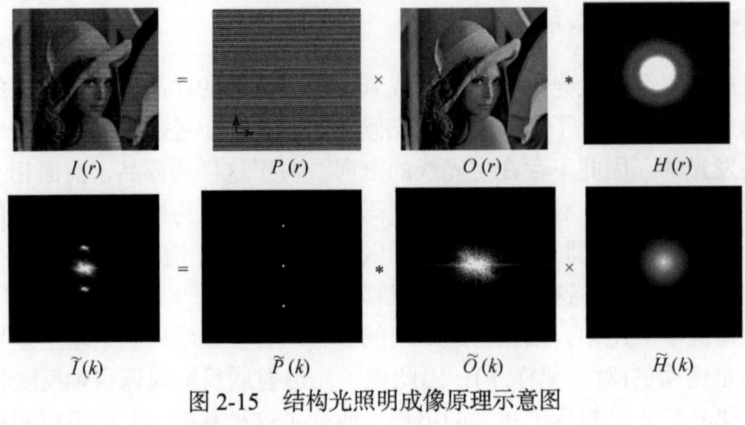

图 2-15　结构光照明成像原理示意图

$$
\begin{aligned}
I(r) &= P(r)\cdot O(r)\cdot \tilde{H}(r) \\
&=(1+m\cos(k_p r+\varphi))\cdot O(r)\cdot \tilde{H}(r) \\
&=\left(1+\frac{m}{2}\mathrm{e}^{i(k_p r+\varphi)}+\frac{m}{2}\mathrm{e}^{-i(k_p r+\varphi)}\right)\cdot O(r)\cdot \tilde{H}(r)
\end{aligned} \tag{2-18}
$$

做傅里叶变换可得空间频域的 3 个分量，即 $\tilde{O}(f_x,f_y)\tilde{H}(f_x,f_y)$ 、$\tilde{O}(f_x-k_{0x}, f_y-k_{0y})\tilde{H}(f_x-k_{0x},f_y-k_{0y})$ 、$\tilde{O}(f_x+k_{0x},f_y+k_{0y})\tilde{H}(f_x+k_{0x},f_y+k_{0y})$ 。这三项相当于将倾斜照明中左右等倾角各成一次像。因此，在样品上加载一周期调制与倾斜照明具有极为相似的特性，也是一种移频效应。

如图 2-16 所示，当某个方向条纹结构光照明下，我们可以看到实际上加载了三个频率的信号，样品的函数为 $O(r)$。

可以看出，通过在样品上加载一个周期条纹，图像的傅里叶变换出现三个频谱，即 $\tilde{O}(k)\,\tilde{H}(k)$、$m\,\tilde{O}(k-k_0)\,\tilde{H}(k)$、$m\,\tilde{O}(k+k_0)\,\tilde{H}(k)$，其中 m 是 p 条纹的调制深度。我们可以将两个高频部与基频归一化，把两个高频频谱移回原来的位置。这样就可以拼接出一个宽一倍的图像频谱分布，如图 2-17 所示

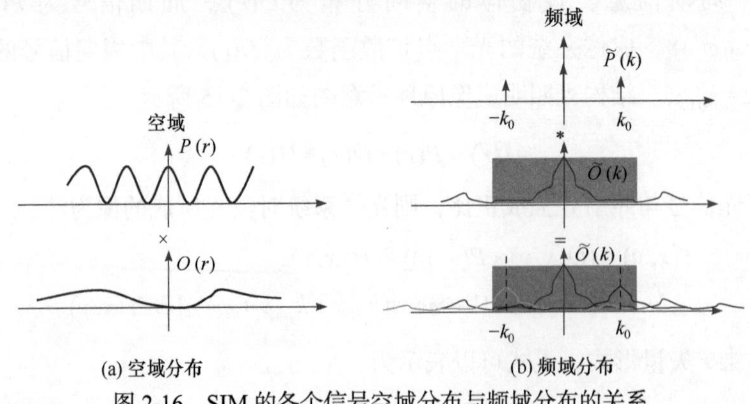

图 2-16　SIM 的各个信号空域分布与频域分布的关系

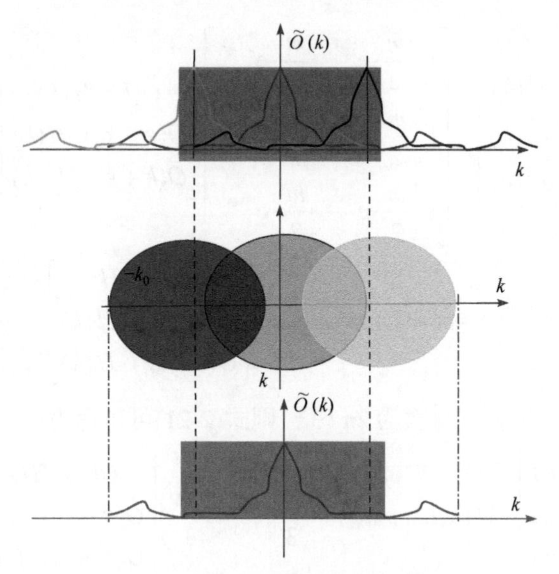

图 2-17　SIM 的频谱合成示意图

用数学表达式表示某个方向条纹在第 j 步相移照明下的探测到的图像，即

$$I^{j}(r)=\left(1+\frac{m}{2}\mathrm{e}^{i(k_p r+j_j)}+\frac{m}{2}\mathrm{e}^{-i(k_p r+j_j)}\right)\times O(r)\times \tilde{H}(r) \tag{2-19}$$

其中，I^j 表示第 j 步相移时拍摄得的原始图像；m 为照明条纹的调制深度；k_p 为条纹频率；j_j 为第 j 步相移时相位；O 为物函数；$\tilde{H}$ 为成像系统的 OTF。

做傅里叶变换，可得傅里叶频域的成像表达式，即

$$\tilde{I}^{j}(k)=\left[\left(\delta(k)+\frac{m}{2}\mathrm{e}^{i\varphi_j}\delta(k-k_p)+\frac{m}{2}\mathrm{e}^{i\varphi_j}\delta(k+k_p)\right)*\tilde{O}(k)\right]H(k)$$

$$\tilde{I}^{j}(k)=\tilde{O}(k)H(k)+\frac{m}{2}\mathrm{e}^{i\varphi_j}\tilde{O}(k-k_p)H(k)+\frac{m}{2}\mathrm{e}^{-i\varphi_j}\tilde{O}(k+k_p)H(k) \tag{2-20}$$

由于加载的信号光束也必须经过光学系统进行成像，所以也有特定的衍射极限(截止频率 f_{cp})。如果物镜的衍射极限(截止频率)为 f_c，则该系统可以通过移频成像的极限频率为 $f_{\mathrm{cp}}+f_c$。结构光成像时需要将周期结构光图案改变三个方向(目的是形成三个方向的移频，覆盖各方向的频谱)，每个方向要在一个周期内移动三次(即移动三分之一周期相位的结构光拍摄一幅图像，又称三步相移)，这样一共拍摄 9 幅图像。

用矩阵表示三步相移获得的数据为高低频的混频信息，即

$$\begin{bmatrix}\tilde{I}^1(k)\\ \tilde{I}^2(k)\\ \tilde{I}^3(k)\end{bmatrix}=\begin{bmatrix}1 & \frac{m}{2}\cdot e^{i\varphi^1} & \frac{m}{2}\cdot e^{-i\varphi^1}\\ 1 & \frac{m}{2}\cdot e^{i\varphi^2} & \frac{m}{2}\cdot e^{-i\varphi^2}\\ 1 & \frac{m}{2}\cdot e^{i\varphi^3} & \frac{m}{2}\cdot e^{-i\varphi^3}\end{bmatrix}\begin{bmatrix}\tilde{O}(k)\cdot H(k)\\ \tilde{O}(k-k_0)\cdot H(k)\\ \tilde{O}(k+k_0)\cdot H(k)\end{bmatrix} \tag{2-21}$$

$$=M(1,1,1;\varphi^1,\varphi^2,\varphi^3)\begin{bmatrix}\tilde{O}(k)\cdot H(k)\\ \tilde{O}(k-k_0)\cdot H(k)\\ \tilde{O}(k+k_0)\cdot H(k)\end{bmatrix}$$

考虑理想情况，三步相移每次为$2\pi/3$，则式(2-21)可表示为

$$\begin{bmatrix}\tilde{I}^1(k)\\ \tilde{I}^2(k)\\ \tilde{I}^3(k)\end{bmatrix}=M\left(1,1,1;\varphi^0,\varphi^0+\frac{2\pi}{3},\varphi^0+\frac{4\pi}{3}\right)\begin{bmatrix}\tilde{O}(k)\cdot H(k)\\ \tilde{O}(k-k_0)\cdot H(k)\\ \tilde{O}(k+k_0)\cdot H(k)\end{bmatrix}$$

为了求出样品的三个频谱分量，对式(2-21)左乘M^{-1}，可得

$$\begin{bmatrix}\tilde{O}(k)\cdot H(k)\\ \tilde{O}(k-k_p)\cdot H(k)\\ \tilde{O}(k+k_p)\cdot H(k)\end{bmatrix}=M^{-1}\left(1,1,1;\varphi^0,\varphi^0+\frac{2\pi}{3},\varphi^0+\frac{4\pi}{3}\right)\begin{bmatrix}\tilde{I}^1(k)\\ \tilde{I}^2(k)\\ \tilde{I}^3(k)\end{bmatrix} \tag{2-22}$$

将两个高频的衍射级移回原位(零级)，可以合成图像的完整频谱，即

$$S_0(k)=\tilde{O}(k)\cdot H(k)$$

$$S_{-1}(k)=\tilde{O}(k-k_p)\cdot H(k)$$

$$S_{-1}(k+k_p)=\tilde{O}(k)\cdot H(k+k_p)$$

$$S_{+1}(k)=\tilde{O}(k+k_p)\cdot H(k)$$

$$S_{+1}(k-k_p)=\tilde{O}(k)\cdot H(k-k_p)$$

对三个频谱分量叠加，可得

$$S_0(k)+S_{-1}(k+k_p)+S_{-1}(k-k_p)=\tilde{O}(k)(H(k)+H(k+k_p)+H(k-k_p))$$

这样就可以获得频谱范围扩大的图像，使图像的分辨率得到提高。因此，SIM 可以将分辨率提高到成像系统分辨率的两倍。

5. 移频成像的深度学习网络计算法

深度学习是近年来逐步发展并广泛应用的人工智能技术的典型代表，特别适

用于声音、图像等的模式识别等应用。移频成像实际上是从样品频谱多区域局部频谱，组合算出全部频谱，因此这是一个图像重组的问题，用深度学习来做是完全可能的。

应用深度学习不但可以实现移频计算，而且可以通过建立合理的网络模型减少原始移频图像的数量实现成像。同时，深度学习还能够提高成像分辨率，提高移频成像速度。人们发展了不同的深度学习方法，以减少需要拍摄的移频图像，从少量的移频图像中，用深度学习恢复出样品的超分辨图像。例如，有人利用 U-Net 采用三张不同方位的移频照片计算移频成像[63]，也有利用三张同一方位不同相移的移频图像来计算[64]，还有用一张移频图像通过深度学习来恢复的。

深度学习算法的核心是网络模型，在应用于移频成像的深度学习网络中，主要由两部分网络组成，即 GAN[65]和 U-Net 变形(deeper U-Net，DU-Net)[66]。GAN 用于生成移频成像需要的各个角度与方位的移频照明显微图像。DU-Net 用于从生成的图像重建超分辨移频扩频结果的高分辨图像。

利用深度学习算法，可以极大地避免物理合成上各种苛刻的探测要求，从数学与图像的对应学习构建神经网络，形成区域频谱到全局图像的直接映射。仅用一张外加空间周期调制图案照明样品的图像，就可能计算出样品的移频后超分辨图像效果。

当然，在构建深度学习的神经网络模型时还必须考虑实际成像的物理模型，并以此构建相应的网络模型。GAN 与 DU-Net 组成的移频成像算法系统[67]如图 2-18 所示。

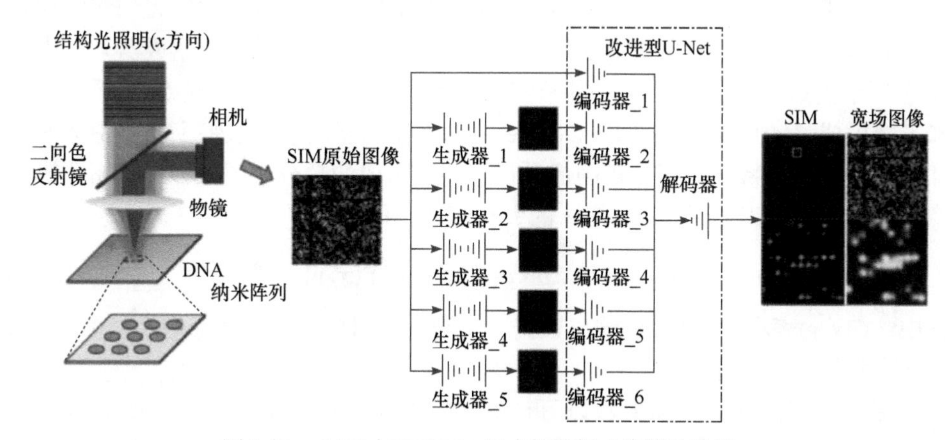

图 2-18　GAN 与 DU-Net 组成的移频成像算法系统

对于非相干移频成像系统，一般采用外加空间周期调制图案照明样品，使样品发生移频效应，这就是前面第三种算法的基本方法，因此一般需要 9 张图移频图像才能得到高分辨图像的移频成像算法。而深度学习神经网络模型采用 5 个

GAN 和 1 个 DU-Net 执行移频成像任务。首先，利用 GAN 生成非相干移频原始移频图像数据，即在两个垂直方向形成各具有三个相位的六幅非相干移频原始图像，重建高分辨图像。因此，需要五个 GAN 生成其他五个特定的非相干移频原始移频图像。然后，将六个非相干移频原始移频图像输入 DU-Net 生成最终的超分辨图像。DU-Net 有六个编码器通道和一个解码器通道，更适合这种情况下的方法。为每个输入的原始图像设置六个独立的编码器通道，最大限度地提取每个图像中的特征信息。最后，将六幅原始图像的所有特征信息集成到解码器中，以映射最终的超分辨图像。

该算法的网络模型集成了五个 GAN，其中包括五个生成器网络和五个鉴别器网络。训练按顺序优化权重参数，以实现同步训练。在训练过程中，初始相位为零的 SIM 原始图像被输入生成器网络中作为输入。生成器网络是一个常规的 U-Net，每层采用 3×3 的卷积核以 2 个像素的步长提取深度特征信息，并采用 5×5 的卷积核以 2 个像素的步长检查欠采样解卷积的结果。鉴别器网络是一种CNN，它对输入图像进行分类，并最终输出一个标量，即失真函数表征输入图像是真是假。网络系统的失真函数可以表示为

$$\mathrm{Loss}_{\mathrm{GAN}} = \exp(\log D(X)) + \exp(\log(1 - D(G(Z)))) \tag{2-23}$$

其中，$D(X)$表示鉴别器对标记数据 X 的判断；$G(Z)$表示生成器的输出数据。

对抗性策略用于训练五个 GAN。生成器网络和鉴别器网络相互对抗并继续学习，以便鉴别器网络无法识别生成器网络生成的图像是真是假。此时可以认为训练已完成。经过训练后，生成器 1 和生成器 2 用于产生照明方向 X 的多个移频图像的相位移动图像，生成器 3 用于将照明方向从 X 更改为 Y，生成器 4 和生成器 5 用于生成照明方向为 Y 的相移移频原始图像。然后，将一幅 SIM 原始图像和五幅生成移频原始图像输入 DU-Net。六个编码器用于提取每个原始图像的特征，并结合各层特征对超分辨图像进行解码。生成的超分辨图像和目标超分辨图像之间的均方根误差用作 DU-Net 的失真函数，即

$$\mathrm{Loss}_{\mathrm{DU\text{-}Net}} = \Sigma p \times q (G(x, y) - X(x, y))^{2\, p \times q} \tag{2-24}$$

其中，$G(x, y)$表示 DU-Net 的输出数据；(x, y)表示目标超分辨图像像素坐标；p 和 q 表示输入和目标图像的大小。

深度学习方法往往需要数以万计的大数据集，或采用自主学习的方法进行训练，占用大量的时间。一旦网络训练好了，处理实验图像时，速度就很快了。同时，在训练时需要考虑实际图像的噪声问题。值得一提的是，利用深度学习技术总会获得一幅信噪比比较好的图像，但是其真实性还取决于网络物理模型的有效性。

2.3　移频成像的特性

2.3.1　移频成像特点

移频成像可以根据样品的特点分成一维移频、二维移频与三维移频成像。一维移频成像对应于光栅与一个方向图案或图型的样品。二维移频最为常见，因为光学系统成像一般都是二维成像。二维图像的空间频谱是二维分布的，因此要实现二维图像完整的移频成像，就需要在二维平面上对不同方位不同大小移频量的子孔径进行移频。为了获得好的移频合成图像，需要移频的子孔径频域与基频子孔径频域有交叉重叠，保证全部二维频谱的精确获得。三维成像就是在二维图像的基础上加上厚度维或者深度的成像，需要在三维频谱空间进行移频。

因此，我们需要从成像的频域空间对移频成像的特点进行深入的分析。在此之前，首先对移频成像几个常用的名词做一个规范定义。

图 2-19 所示为一个二维成像的图像频域(三维成像也可以类比定义)。在频谱空间中，圆点为图像的零频分量，也是图像的直流背景(均匀背景)，在经典光学成像系统中，成像数值孔径决定的频域范围一般是一个圆形频谱区域，称为子孔径频域(截止频率为 k_c 由物镜的数值孔径决定)，k_0 是远场光场传播的极限频率(在空气中成像时，即 $1/\lambda$)。对应于基频照明，也就是常规的主光线垂直照明系统，其频谱是一个圆心为原点，半径为数值孔径的圆，称为基频子孔径频域。基频子孔径频域的圆心位于零点，表明传统物镜成像系统是一个空间频谱的低通滤

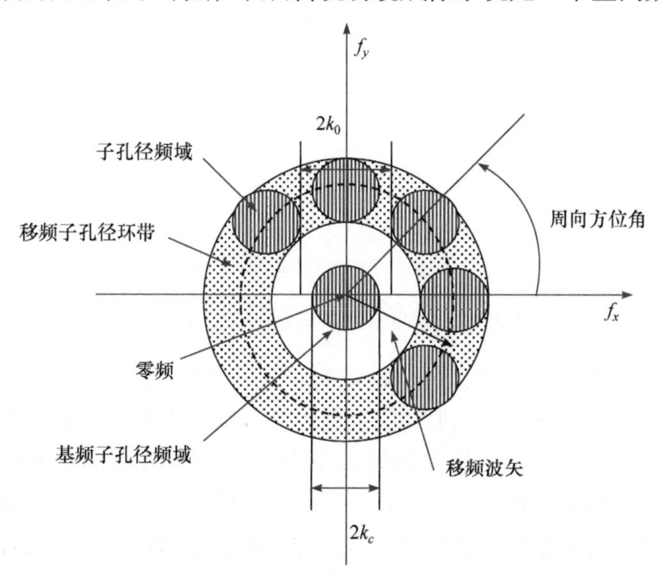

图 2-19　二维成像的图像频域(k_0 为远场光场传播的极限频率)

波系统。移频成像的结果是将成像子孔径频域的圆心移到照明波矢对应的位置。周向不同方位角照明的结果就在频谱空间构成一个由子孔径的直径长度组成的移频子孔径频率环带。

移频成像可以根据移频量的大小分为经典移频成像与超分辨移频成像两类。移频量小于物镜截止频率 k_c 的为经典移频，我们将移频量大于 k_c，尤其是大于 k_0 的移频称为超分辨移频成像。可以看出，经典移频成像最大的分辨率是物镜截止频率的两倍，而超分辨移频成像的最大分辨率取决于移频量的大小。

1. 移频量的大小与成像关系

移频量的大小对移频成像的结果影响巨大。图 2-20 给出不同移频量与不同移频方位的频谱拼接最后的图像效果。如图 2-20(a)所示，倾斜入射照明移频最大的移频量就是 k_c，所以移频成像后极限的截止频率为 $2k_c$。因此，倾斜照明移频(经典的合成孔径成像)极限在 k_0 以内就是不可能超越远场传播的物理空间的频率值，而超分辨移频成像(图 2-20(b))，随着移频波矢的增大，移频的范围将大大加大。由于人们已经可以产生无限大频率的表面光场(表面波)，可以实现很高的移频，因此从移频角度看，理论上不存在极限，分辨率的限制仅受限于成像信号的信噪比。无论是倾斜照明移频成像，还是超分辨移频成像，都采用有限数值孔径的物镜(k_c 截止频率)进行成像，因此每次成像的频谱区域都是有限大小的圆，也就是物镜数值孔径确定的频谱圆区域，但是成像的内容却完全不一样。

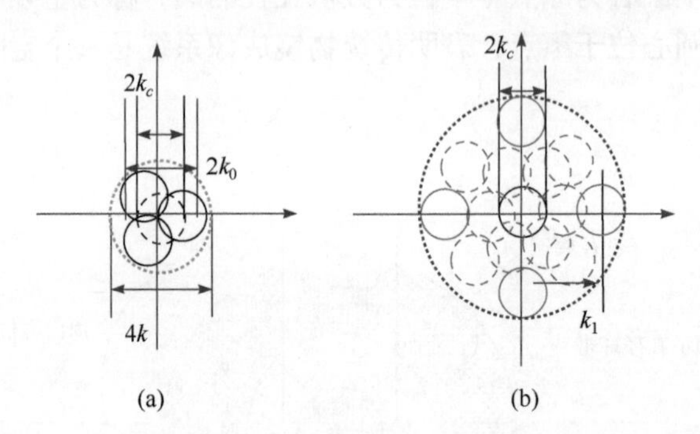

图 2-20　不同移频量与不同移频方位的子孔径频谱合成图

在经典移频显微成像中，由于物镜有一定的数值孔径，移频后的频谱(蓝色圆)与基频成像的频谱区域(点划线圆)重叠较多，因此直观的从移频后拍摄的图像看，移频图像与基频图像差异不是很大(特别是对于移频后的频域依然涵盖频谱原点)。在超分辨移频中(图 2-20(b))，由于移频波矢 k_1 很大，所以移频后的频域(绿色圆)已经与频谱原点有很大的距离，与低频的图像(黑色圆)没有频谱上的关联。因此，移频后的图像会出现缺频现象，也就是出现图像失真。经典移频成像

(如 SIM 成像)一般采用三个方向移频，每个方向取三张移相就可以获得完整的信息(图 2-20(a))。对于超分辨移频，三个方向的移频就不够了，需要更多方位与频率的移频成像(绿色虚线)来填补巨大的空白频谱空间(图 2-20(b))。移频的波矢越大，需要移频的方向与方位就越多。

为了说明不同谱段与区域的空间频率对图像的影响，我们用一个辐射状的条带图案(具有不同空间频谱分布，而且越是靠近圆心，空间频率越高)作频域与图像的对比分析。倾斜入射角移频成像与超分辨移频成像如图 2-21 所示。由于成像物镜的基频子孔径是一个低通滤波成像，因此用物镜成像就是对频谱做一个低通滤波，进而造成辐射状条带图的中间部分是模糊不可分辨的。由于物镜的入瞳是一个圆瞳，因此中间模糊的是各向同性的一个圆区域。通过移频，增加成像的频域空间，可以实现成像频谱的扩增，提升分辨率。随着移频量的扩大，频域范围显著扩大，因此移频子孔径的环带半径也在增大，每一个环带中有更多的不同方位子孔径移频去填补。当填补的方位子孔径比较稀疏时，就会出现某些方向图像的变形或者分辨率非常低的现象。这就是移频超分辨固有的现象。

由于移频量大，超分辨移频成像中移频效应与成像性能之间的关系表现出如下特点。从超分辨移频成像的原理可以知道，超分辨移频成像的分辨率取决于移频照明的表面波频率、成像物镜数值孔径等。超分辨移频成像的分辨率与移频量的大小有很大的关系。

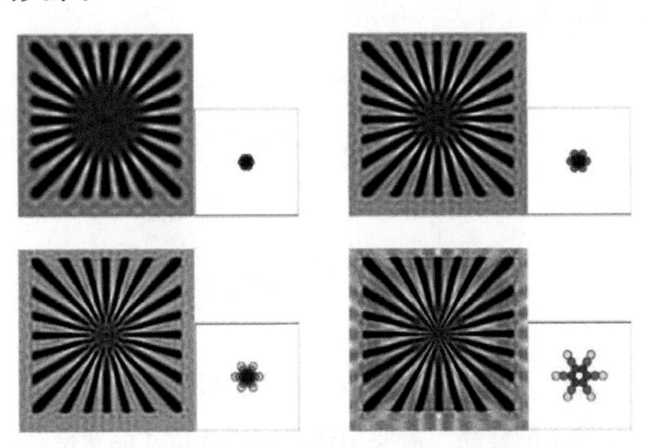

图 2-21　倾斜入射角移频成像与超分辨移频成像

当移频波矢小于两倍物镜截止频率时，移频成像的横向分辨率可以表示为

$$\Delta r = \frac{\lambda}{2(k_s\lambda + \mathrm{NA})} \tag{2-25}$$

其中，k_s 为表面波的等效频率，$k_s = \dfrac{1}{\lambda_s}$。

与经典成像中倾斜主光线入射角或加入周期调制函数相比，利用表面波照明，移频的范围可以大大增大。波矢大于样品上方 2π弧度物理空间传播场的频谱空间的限制，可以实现很大的超分辨成像能力。k_c 以内移频量的移频成像如图 2-22 所示。例如，利用折射率为 2 的基底产生的最大倏逝波移频超分辨成像，如果物镜的数值孔径为 0.8，那么

$$\Delta r = \frac{\lambda}{2n \cdot \sin\alpha + 2\mathrm{NA}} = \lambda\left(\frac{1}{4} + 1.6\right) = \frac{\lambda}{5.6}$$

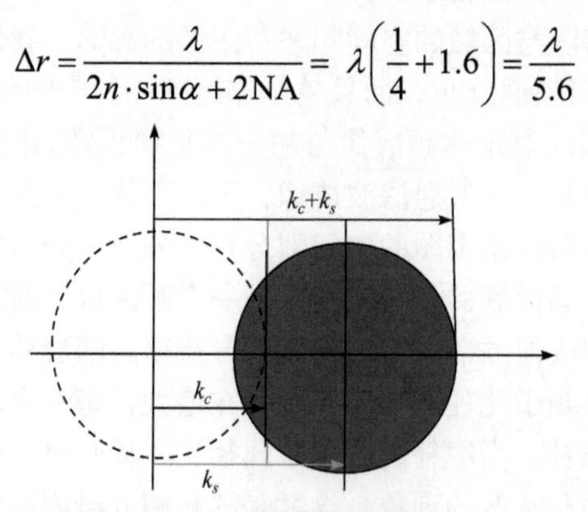

图 2-22　k_c 以内移频量的移频成像

当移频波矢的频率大于 2 倍物镜截止频率时，虽然超分辨成像的极限截止频率依然可以用公式表示，移频以后的子孔径频域与基频子孔径频域已经没有交集，实际图像存在失真与变形，成像频谱与样品基频频域之间存在缺频现象。大于 k_0 移频量的移频成像如图 2-23 所示。

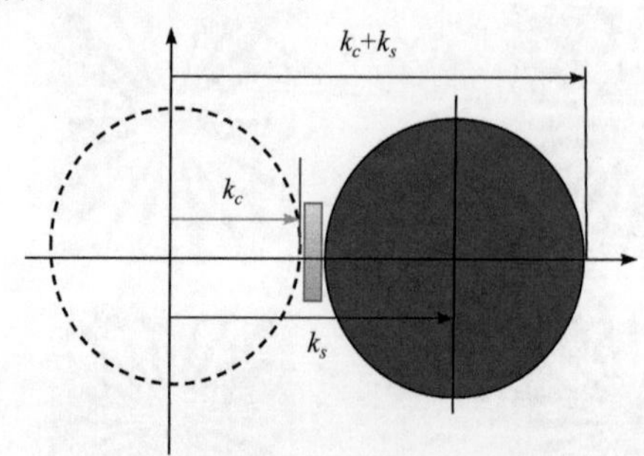

图 2-23　大于 k_0 移频量的移频成像

针对特定结构频率的样品，需要用适当的移频量才能获得好的，或者说更为接近真实的图像反演结果。另外，上述超分辨成像的分辨率是指成像的横向分辨率。对于表面波(倏逝波)的移频超分辨，我们还可以利用表面波不同模式下倏逝场穿透深度的不同，通过不同模式倏逝场的照明，获得横向超高分辨率的同时，获得样品不同深度的信息，进而实现三维超分辨。

2. 移频后的图像放大率

从频谱图可以看出，移频成像是将高频区域频谱移动到低频段，通过物镜成

像。高频信号意味着周期小、分辨间距小，移动到低频段意味着成像后周期变大、间距变大、图像放大。移频成像图像的放大倍数(图 2-23)为

$$M = \frac{k_c + k_s}{k_c} \tag{2-26}$$

其中，k_c为物镜的截止波矢；k_s为表面波移频波矢。

因为物镜的分辨率为 k_c，高频信息超过物镜分辨率，所以经过物镜是看不见的。通过移频，高频对应的图像经过物镜可以被看到，也就是因为其图像被移频过程放大了。只有放大图像，物镜才有可能观看到更高的分辨率。

3. 移频成像反演方法

超分辨移频成像与经典移频成像的区别仅在于移频量的大小。超分辨移频是指移频量大于远场传播的极限波矢 k_0，因此对应的照明光应该是表面波。对于经典移频成像，移频是在远场传播极限以内的远场照明倾斜移频，因此最多能实现成像物镜分辨率极限的两倍分辨率提升。无论是超分辨移频还是经典移频，在移频后，图像重建的反演方法方面是一致的。超分辨移频成像既可以是相干光子孔径合成成像，也可以是非相干光光强频谱合成成像。

前面提及的表面波本身照明成像是一种相干合成移频超分辨成像过程。对于相干光移频合成成像，可以采用前面傅里叶频谱叠层成像法的方法或合成孔径成像的方法进行频域图像的合成，因此可以既获得图像的强度分布，也获得图像的相位分布。

如果是非相干光移频，类似于结构光照明的方式，可以采用表面波的干涉形成超高频率的结构光照明样品，实现超过远场传播极限的结构光，实现超分辨的非相干光移频成像。我们可以获得非相干光的强度移频图像，采用结构光反演算法，重建非相干光的超分辨移频成像。

4. 超分辨移频成像的视场大小

超分辨移频成像的分辨率主要取决于表面场的波矢大小，可望获得很高的分辨率。由于样品表面被高频表面波照明的是一个区域，成像探测是采用经典的显微镜物镜对所照明区域成像，所以超分辨移频成像是一种宽场成像。对于宽场成像，成像视场大小就十分关键。超分辨移频成像的优点之一就在于它可以在同样超分辨率成像的条件下，获得比其他超分辨显微镜成像视角大的多的视场。

超分辨移频成像的视场大小取决于两大参数，即成像物镜的视场角、表面波沿表面传播的衰减系数。我们知道，小数值孔径的物镜分辨率低，一般具有比较大的大视场；大数值孔径的物镜分辨率高，但视场比较小。移频成像本身就有利用小数值孔径物镜的大视场，以及通过多次移频获得大数值孔径高分辨

的优异特点，因此可以拓宽成像系统的空间带宽积。这是解决超高分辨成像大视场与高分辨难以兼得这一难题的最好办法之一。超分辨移频成像继承并发扬了这个优点。

另外，表面波的传播损耗在很多情形是可控的，例如全内反射产生的表面波的表面传输距离可以达到及格厘米量级。可见，光学波导的损耗更小。因此，在移频超分辨的瞬间视场大小基本上取决于物镜的视场大小。

例如，NA=0.1 的物镜，其视场可达 5mm，100×；NA=0.9 的物镜视场只有 0.1mm。目前，人们使用的百纳米级超分辨光学显微，大都采用高数值孔径的百倍物镜，视场都是比较小的，所以移频超分辨可以很轻松地利用非常低数值孔径的物镜通过多次移频，合成出等价于高数值孔径分辨率的大视场成像效果[68]。超分辨成像的视场可以较其他超分辨光学显微术提高 1～2 个数量级。

5. 超分辨移频成像的成像速度

移频成像是一种宽场成像，虽然采用小频域的低数值孔径物镜成像，需要多次移频才能覆盖高分辨成像对应的大范围频谱区域，但其成像总体次数也是很有限的，一般几次到十多次即可。因此，扫描型的 STED 超分辨成像与动辄需要拍摄成千上万张图像的 STORM 技术相比，是一种比较可能实现快速成像的技术，因此是一个极具潜力的实时超分辨成像技术。同时，近年来发展起来的深度学习算法利用预先训练的神经网络，可以减少移频成像的次数，达到快速高分辨移频成像的目的。

因此，移频成像是一种宽场成像，其成像的速度相较于点扫描成像和定位超分辨成像是一种快速的成像方式。

6. 对样品调制度的要求

超分辨移频成像实际上是对样品对照射倏逝波产生的高频散射光的成像，因此不同的样品产生高频分量散射光的强度有很大的不同，相同样品对不同高频表面波的散射也不一样。从衍射的角度看，频率越高散射光越小，因此该方法的分辨率极限是信号的强度，即探测器的信噪比极限，而不是物理数值孔径机制的本身。

从这一点看，移频成像对微纳结构性样品有很好的成像能力，但对透明相位微纳分布的样品，其成像能力要低很多。因为此时散射光信号要低很多，所以分辨率也有更大的限制。

总之，移频超分辨成像具有以下优势。

(1) 它是一种宽场成像，而且成像的视场可以很大，主要取决于倏逝波的传播衰减。如果倏逝波的传播衰减比较小，我们已经通过实验实现了视场为常规显微镜 2 个量级以上的超分辨光学成像。

(2) 成像速度比较快。因为是宽场成像，只需要拍摄几个角度的图像(一般 10 多幅图像)就可以获得很好的图像效果，所以可以用于快速活体成像。

(3) 它既可以适用于无荧光标记的样品超分辨成像，也可以适用于荧光标记样品的超分辨成像，两者都可以达到同样的分辨率。特别是，利用 SPW 的成像，由于表面场的局域效应，可以获得比入射光场更强的表面场，因此可以激发更强而信号。这样有利于速度的提高，以及其他功能性成像技术的实现，如宽场拉曼超分辨显微等。

(4) 移频超分辨成像的分辨率取决于移频的表面波波矢长度。因为表面波波矢均大于样品传播场散射光的全空间光谱，所以利用表面波的移频可以获得很高的分辨率。

(5) 移频超分辨成像提供了一种用低数值孔径物镜实现超衍射极限分辨率成像的新途径。无需要特殊的显微镜物镜系统，即常规显微镜就可以实现超分辨的成像。

2.3.2 照明侧移频与探测侧移频

从原理上看，移频编码方式可以有多种多样，前面提及的都是在照明侧的编码调控。从编码的角度看，人们也可以在探测端，甚至信号侧对信号进行空间编码。因此，一般情况下有照明端的移频与探测端的移频成像两大类。

1. 照明侧移频成像

照明侧的移频成像是指空间频率信号的加载是在照明端。例如，相干光照明移频中的照明光束是经过成像物镜的，所以移频的子孔径与成像的子孔径相同，最大的移频量就是成像子孔径最大值的两倍。照明侧的移频成像也有多种形式，我们可以从表 2-1 清晰地看出各种技术的异同之处。

表 2-1 照明侧移频的各种技术

非相干光照明		相干光照明	
远场照明	近场照明	远场照明	近场照明
SIM	全内反射荧光	经典合成孔径	TIR
SIM 荧光	等离子激元波激发荧光	倾斜照明	SPW
SIM 饱和荧光	等离子激元波干涉结构光	环带照明	波导照明
	全内反射干涉荧光		

对于照明端移频成像，信号加载在照明样品之前。各种照明端移频成像如图 2-24 所示。

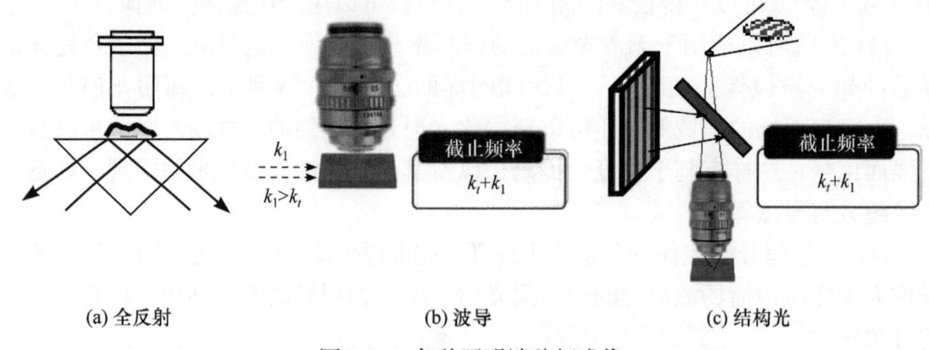

图 2-24　各种照明端移频成像

从深层次来看，移频成像就是在样品的空间分布信号中加载一定频率的调制信号，使样品的空间频率与照明调制频率之间实现信号的差频，降低样品空间频率对应的信号，然后通过调制解调技术，将原来调制的信号复原。

2. 探测端移频成像

探测端移频就是指调制信号在样品光信号经过光学系统之后到被光电探测器探测之前，加载空间调制频率信息，形成的移频成像方法。例如，对于宽场成像，我们可以在面阵探测器探测的信号中人为地加载空间周期调制；在探测器端加上分束镜，用多个不同像素大小的探测器探测信号；对于点扫描成像，可以改变经典点扫描艾里斑单像素探测器探测的限制，用多像素探测器进行探测，实现虚拟移频等。探测端移频成像原理如图 2-25 所示[69]。

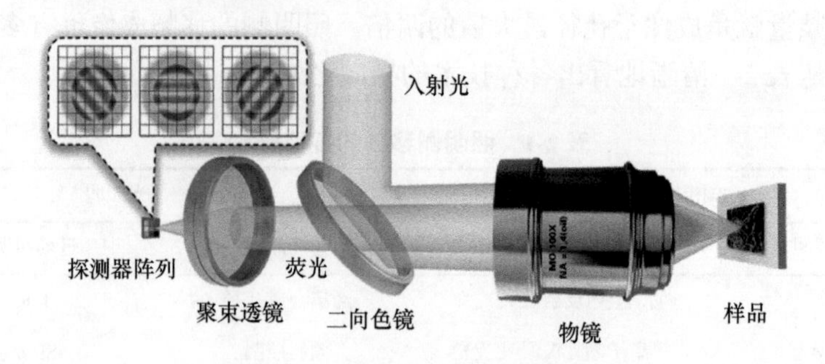

图 2-25　探测端移频成像原理

探测端移频成像可以完全是电子信号上的调控与加载，光学系统上就不需要做很大调整。探测端的移频还发展出了第 5 章论述的扫描移频成像技术，这里面有不少都是探测端的调制编码移频。

2.4　超分辨移频成像

超分辨移频成像与经典成像系统中移频成像的最大差异就是移频量的大小与范围。传统的主光线倾斜照明，移频最大量就是成像光学系统的数值孔径，因此移频之后最大的分辨率就是成像光学系统数值孔径确定的分辨率极限的 2 倍。经典移频与超分辨移频成像的差异如图 2-26 所示。

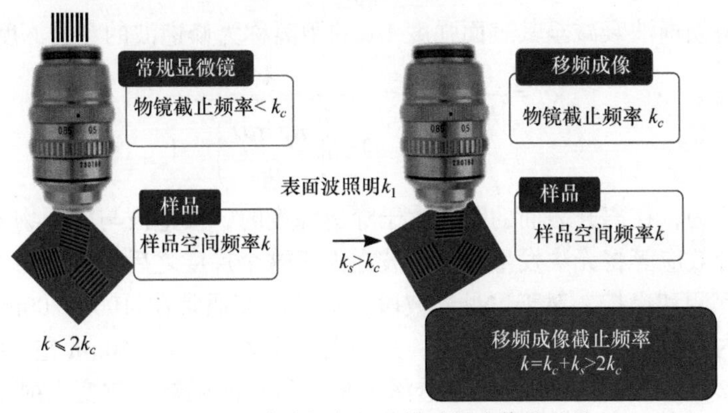

图 2-26　经典移频与超分辨移频成像的差异

超分辨移频成像是移频的频率超过远场传播光场频率 k_0 限制的移频成像方法，此时移频的光波的波矢 $k_s \gg k_0$ ，因此该波的纵向波矢分量是虚数，是表面波，即

$$k_{\perp-s} = \sqrt{k_0^2 - k_s^2}$$

可以看出，超分辨移频的关键是产生大移频量的高频率表面波。理论上讲，表面波的频率可以达到无限高，因此超分辨移频的分辨率可以非常高。超分辨的移频成像可以不通过减小成像光的波长，不受(或少受)成像介质材料折射率的限制(这一点尽在负折射材料时成立，因为双曲人工超材料的等效折射率可以无限大)，实现超高的分辨率成像，因此是一种新的超分辨成像的模式。

由于超分辨移频，成像光束的等效调制频率很高，高于远场传播极限频率 k_0，移频的量非常大，单次移频就可能与基频成像谱域产生大距离分离，形成频谱的缺失。这时就存在深移频与宽谱移频问题，因此要使超分辨移频成像成为一个有效的超分辨成像方法，就必须解决好两个问题，即深移频(如何实现无限高波矢的表面波照明)、宽移频(如何实现可调谱段的渐次移频)。

2.4.1　超高频表面波的产生

对于一个超过 k_0 的表面波，一定对应着一个倏逝波的光场。从波矢格式可得

$$k_{\perp-s}=\sqrt{k_0^2-k_{\|-s}^2}$$

当$k_{\|-s}>k_0$，必定有$k_{\perp-s}$为虚数。这是一个倏逝场的表面波。

当光从光密媒介到光疏媒介时，全反射界面处就存在表面波。全反射表面波的空间振荡频率与光密介质的折射率成正比，而且随着入射角的增大而增大。同时，随着表面波频率的增大，表面波深入到相邻介质的场越浅。

表面波(倏逝波)在表面层空气中传播的表面场在深度方向的电场为

$$E_{\perp}=E_0\mathrm{e}^{-K_{\perp}\cdot x_{\perp}} \tag{2-27}$$

通常将倏逝波衰减至其表面强度 1/e 的距离称为倏逝波的穿透深度[68]，即

$$\delta_e=\frac{1}{|K_{\perp}|},\ \delta_e=\frac{\lambda}{2\pi\sqrt{\left(\frac{n_2\sin\theta}{n_1}\right)^2-1}} \tag{2-28}$$

通常认为，在离开表面的距离大于穿透深度时，倏逝波与周围物质的相互作用，如耦合效应等将无法发生。倏逝波在大于这个尺度之后，强度会大大减弱，变得无法探测和操控。对于可见光波段，穿透深度通常在 100～200nm。因此，如果用全内反射的倏逝波进行成像，其轴向分辨率一般是 150nm 左右的薄层。

从式(2-28)可知，倏逝波的穿透深度是入射角的函数，改变入射角就可以改变穿透深度，因此可以利用不同入射角之间倏逝波穿透深度的不同，对 150nm 深度的倏逝波进一步分层成像。分辨率可以达到 40nm。不同入射角全反射倏逝场穿透深度如图 2-27 所示。

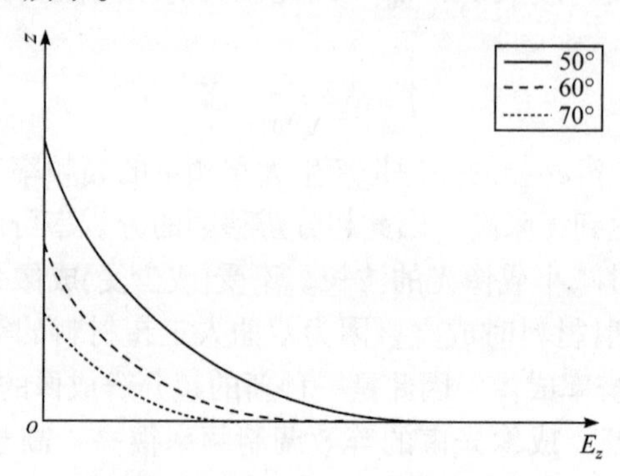

图 2-27　不同入射角全反射倏逝场穿透深度

表面波可以有多种产生方法，最基本的就是利用光学玻璃材料的全内反射、金属膜的表面等离子激元，以及超构表面等来获得。

全内反射效应是指光波在玻璃介质内部全反射状态下，在全反射界面形成的表面场。这类表面波的频率随玻璃材料的不同而有不同的表面波频率。材料折射率越高，表面波对应的频率也越高。其特点就是最大波矢频率完全取决于高折射

率玻璃的折射率，所以利用全反射高频表面波的频率是有限的。

另一类是基于金属膜的 SPW[68]。一定厚度的金属薄膜存在特定频率的 SPW。当入射光波满足等离子激元条件时，该光波就会激发出表面等离子波，其频率为

$$k_{\mathrm{spp}} = \frac{\omega}{c}\sqrt{\frac{\varepsilon_d \varepsilon_m}{\varepsilon_d + \varepsilon_m}} \tag{2-29}$$

其中，ε_d 和 ε_m 为介质(金属表面的介质一般为空气)与金属的介电常数；k_{spp} 理论上可以无限大。

如图 2-28 所示，金属薄膜 SPW 的波矢可以是光波在介质中波矢的数倍，即它的频率要远高于光波在空气中传播的频率。

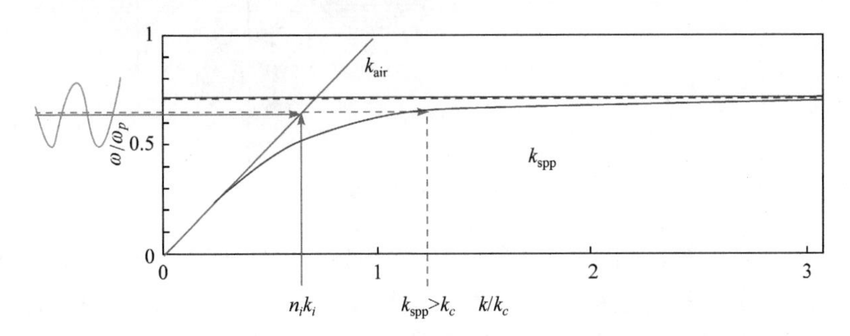

图 2-28　金属薄膜 SPW 的波矢分布

作为表面场，SPW 也是沿金属表面传播。传播的场的垂直传播方向的分量在介质中的趋肤深度为[68]

$$\delta d = \frac{\lambda}{2\pi}\sqrt{\frac{\varepsilon_m' + \varepsilon_d}{\varepsilon_d^2}} \tag{2-30}$$

其中，ε_m' 为金属复折射率的实部。

近年来，超构表面的研究得到巨大发展[70]，人们利用超构表面获得各种超出折射率限制的光束调控技术，这也意味着，我们可以利用超构表面获得任意的高频光波调制。

总之，人们现在可以利用表面结构获得任意高频的表面波。这就为超分辨移频成像奠定了坚实的基础。

2.4.2　深移频问题

高频表面波照明产生的深移频是指当移频的频率大于物镜截止频率两倍时，会出现移频后物镜获取的图像频谱区域与移频前的频谱区域不相连的情况。这就意味着，移频成像后所成的像出现了失真变形，因为有一段频谱区域

的信息缺失。

从移频成像分辨率公式$\Delta r = \dfrac{\lambda}{2(k_s\lambda + \mathrm{NA})}$，我们知道移频成像的分辨率取决于表面波的频率(移频量)、照明光波的波长，以及物镜的数值孔径。深移频频率特点如图 2-29 所示。

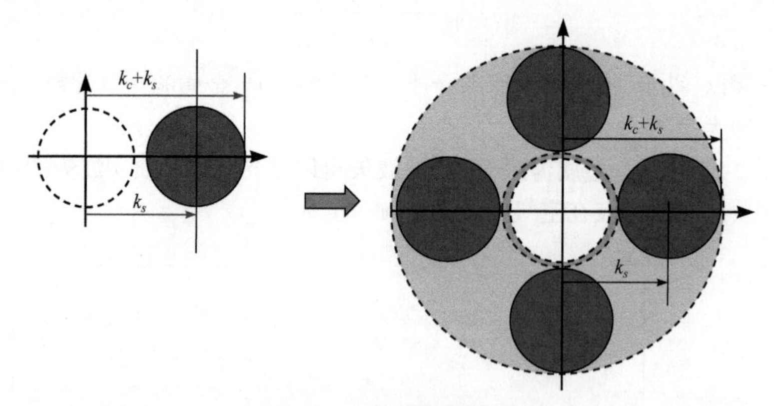

图 2-29　深移频频率特点

我们可以从拍摄的图像中清晰地看到深移频产生的图像变形现象，如图 2-30 所示。以一个分辨率为连续变化的纳米结构 V 形图像说明不同移频条件下的移频成像效果，分别用垂直照明成像与不同的表面倏逝波来照明这个 V 形图像，获得不同的子孔径频域图像。

(1) 图 2-30(a)第一张图是 V 形样品图像。

(2) 图 2-30(a)第二张图是一般宽场物镜成像的图像(基频子孔径频域)。这是由于物镜数值孔径限制，超过一定空间频率的图像是分辨不出的，即图像超过衍射极限部分是不可分的。

(3) 图 2-30(a)第三张图是当倏逝波照明，但倏逝波的频率并不是很高，倏逝波频率小于 2 截止频率时，我们获得的图像。可以看出，此时可分辨的 V 形图像区域扩大了，也就是有更多的 V 形区域能够为我们观察到。

(4) 图 2-30(a)第四张图是当照明倏逝波的频率大于 2 倍物镜截止频率时，我们获得的图像变成两节。随着倏逝波频率增高，可观看到的 V 形越来越多，但是当移频超过 2 倍物镜截止频率后，V 形图像被分为可分辨的两节，中间有一段不可分辨的区域。

这说明，深移频成像时虽然可以获得很高的极限分辨率，但是图像是有频率缺失的，有失真变形。因此，如何实现深移频下满足精确成像的技术要求是实现深移频超分辨成像的关键。

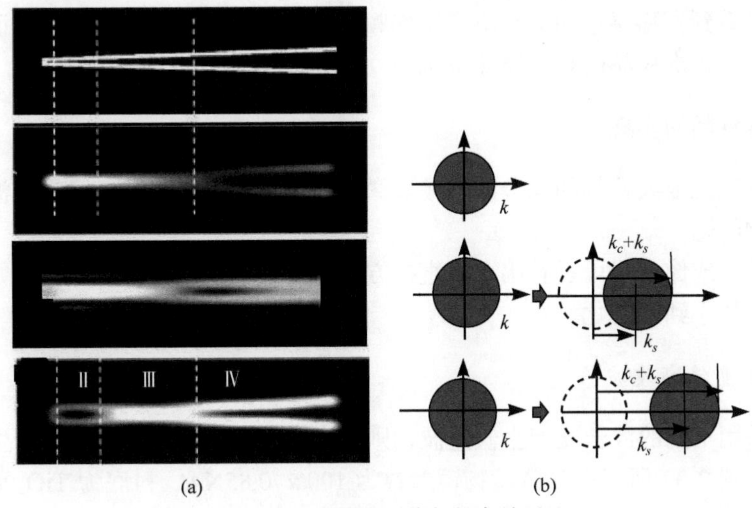

(a)　(b)

图 2-30　深移频图像与频率关系

同样，成像物镜的数值孔径对移频成像的影响也是很明显的。如图 2-31 所示，我们采用一个张角为 2°、长度为 20μm 的 V 形结构，用一表面波照明该结构。表面波波矢大小为$1.4k_0$。

我们采用不同数值孔径的显微镜物镜成像，观测样品四个区域的成像情况。随着显微镜物镜的数值孔径从 0.6 依次增加到 0.9，超分辨成像Ⅱ区内，V 形结构的像变得更为精细，并且可分辨区域的宽度得到扩展。Ⅰ区由于结构尺寸太小，几种条件下，对该区分辨能力的提升并不明显。Ⅲ区的结构尺寸虽然大于Ⅱ区的特征尺寸信息，但是由于空间频谱的缺失，对应的分辨能力不足。随着数值孔径增大至 0.9 时，Ⅲ区中的部分区域逐渐并入超分辨成像区。同时，随着显微镜物镜数值孔径的增大，系统可接收的频谱范围会得到扩展，Ⅳ区的衍射受限区域变得更宽。

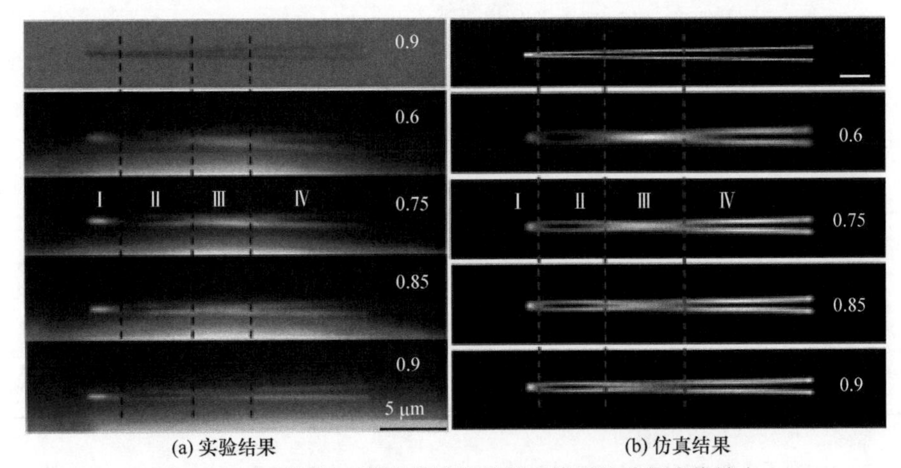

(a) 实验结果　(b) 仿真结果

图 2-31　相同样品不同数值孔径物镜成像时的移频成像效应

可以看到，移频量的大小决定了移频后图像对应的最高频率部分，而物镜数值孔径决定每次移频的频率覆盖范围。

2.4.3 宽移频的实现

要实现无限大移频的超分辨移频显微成像，就必须解决超高频表面波照明引起的缺频问题。

从移频成像公式可以看出，最直接方法就是改变倏逝波的频率，使倏逝波的频率能够从小到大变化。

1. 改变倏逝波波长

如果用不同的波长光产生倏逝波，则对应的倏逝波调制频率也会产生相应的变化。如图 2-32 所示，显微镜物镜参数为 100×/0.85NA，衬底为 TiO_2 薄膜，折射率为 2.05。我们将光波耦合入 TiO_2 薄膜波导，选择波导的厚度，使波导仅为单模波导。这样在 TiO_2 波导与空气界面上可以形成倏逝波光场，即光波在 TiO_2 与空气界面的全反射形成。

采用 450nm、550nm、632.8nm、650nm 四个波长，耦合入波导，我们可以产生的表面波频谱如表 2-2 所示。

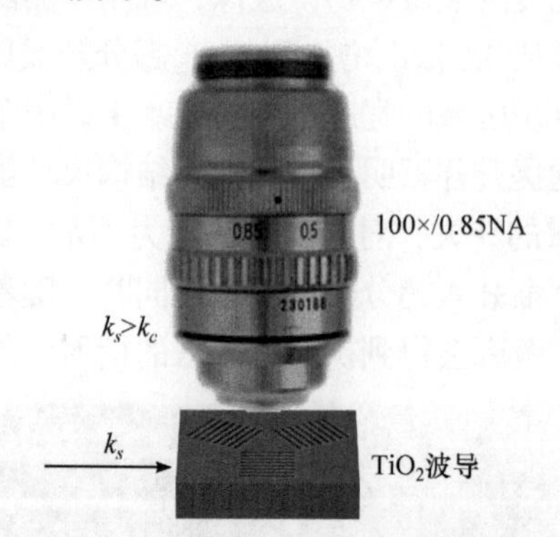

图 2-32 用不同波长激发不同频率的表面波

表 2-2 部分波长对应的表面波频谱

照明波长 λ/nm	模式有效折射率 n_{eff}	移频波矢 $k_e/10^{-2}nm^{-1}$	通频带半径 $k_c/10^{-2}nm^{-1}$
450.0	1.913	2.671	1.187
500.0	1.884	2.368	1.068
632.8	1.817	1.804	0.844
650.0	1.800	1.740	0.822

可以看出，移频的波矢可以从 1.74 变化到 2.67，同时由于波长的变化，物

镜通带宽度也发生了变化，从长波长到短波长，通带的带宽也在增加。不同波长照明产生的移频效应如图 2-33 所示。

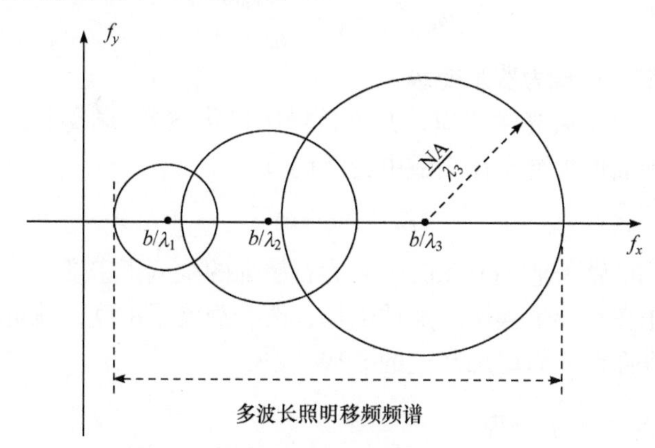

图 2-33　不同波长照明产生的移频效应

在具体成像中，移频量的选择必须保证两个移频频谱区域有 30%的重叠，可以保证利用频谱算法重建图像能够得到比较准确的图像。

对于移频超分辨显微成像系统，子孔径频谱区域间重叠率主要由通频带半径，以及移频照明波矢大小决定。这两个参数由显微镜物镜数值孔径、薄膜波导的材料和厚度，以及照明波长等参数决定。

值得指出的是，对于成像物镜，不同波长的表面波照明，由于物镜色差，会有不同的像差影响，另外样品对不同波长存在色散，即折射率会不同。改变波长都会引起空间频率的改变，实现移频的可调与扩展。

2. 采用可调谐折射率衬底

如果衬底的折射率可以改变，则衬底上产生的表面波也会随衬底折射率的变化而改变。因此，我们就必须寻求变折射率的材料作为波导的材料，产生全反射的倏逝波。

常见的变折射率材料，如液晶等，就是典型的变折射率材料。液晶最大的折射率变化一般在 0.2 左右，因此液晶本身只能产生比较小的表面波波矢调节。

液晶如果与金属膜 SPW 的组合，根据金属 SPW 产生公式可以看出，即便是介质的折射率有 0.2 的变化，通过 SPW 的耦合效应，也可以产生比光波在介质内传播时折射率更大的表面倏逝场的波矢调控。

近来，在红外波段，石墨烯给我们带来希望。石墨烯可以产生 SPW，因此可以利用载流子浓度的调制来调节费米能级，实现对石墨烯 SPW 波矢的调控。

石墨烯表面等离极化激元在某些方面优于金属膜 SPW。首先，可以使用电选通或化学掺杂技术调节掺杂石墨烯的 SPW 频率。其次，可以在中红外区激发

单个 SP 的光谱。石墨烯中引导等离子体激元模式的有效指数可表述为[71]

$$\omega_{\text{spp}}(q)=\sqrt{\frac{8E_f\sigma_{\text{uni}}q}{\hbar E}}$$

其中，$\sigma_{\text{uni}}=\pi e^2/(2h)$；$E_f$为费米能级。

石墨烯表现出金属光学响应，并支持横磁极化 SP。事实上，石墨烯的费米能级可以通过施加偏置电压在实践中灵活调节。

$$E_F=\hbar v_f(\pi n)^{1/2}$$

其中，v_f为电子的费米速度(10^6m/s)；n 为石墨烯的载流子密度。

因此，利用在石墨烯膜层上加载电场，改变载流子浓度，就可以改变石墨烯的费米能级，进而改变石墨烯产生的 SPW 波矢。

3. 干涉合成变频方法[72]

干涉合成方法是指两束相干光叠加干涉，可以形成随两光束夹角控制的周期干涉条纹。干涉条纹的空间频率受两光束夹角调节，可以形成比这两束相干光频率低的任意空间频率条纹。我们应用这样的技术就可以产生表面波照明频谱的变化，实现变频的移频成像，通过多步移频合成，可以实现移频频谱可调的宽移频超分辨成像方法。我们称其为可调宽移频超分辨方法，具有普适性。干涉合成变频方法在多通道波导中的实现原理图如图 2-34 所示。

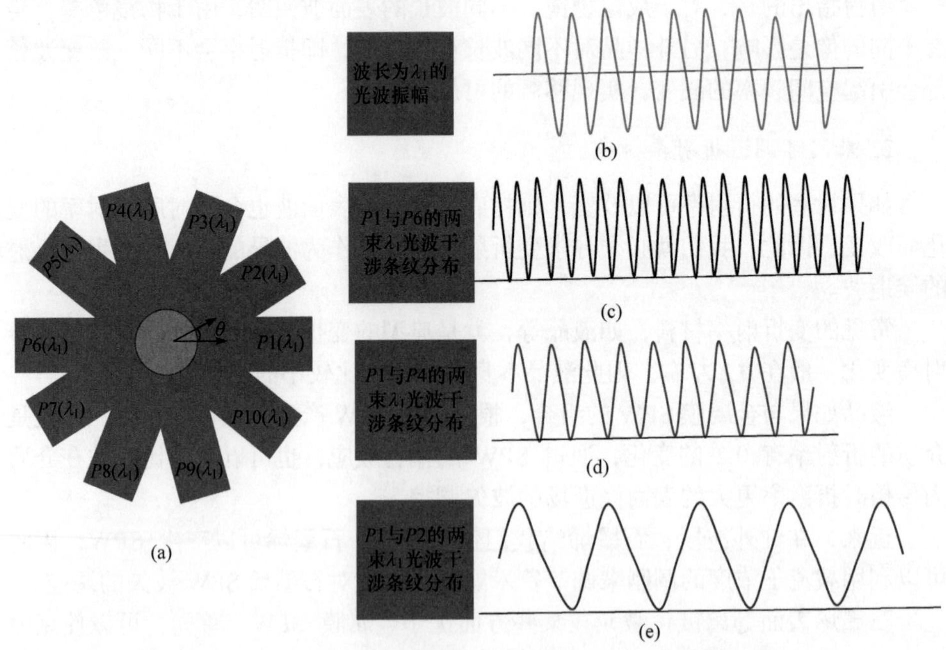

图 2-34　干涉合成变频方法在多通道波导中的实现原理图

干涉合成变频方法利用两个相干光束相互干涉形成干涉条纹，根据干涉条纹间距与两束相干光夹角有关的原理，实现将高空间频率的光，通过干涉效应实现空间频率降低的方法。参照结构光照明的方式，利用高空间频率光的干涉形成低空间频率的干涉条纹，照明样品，产生可调空间频率的结构光照明样品，从而实现变频的移频成像技术。

假设一个频率为ω(波矢为 k，波长为λ_1)深移频的表面光波沿一个特定的表面传播，ω远大于传播场的空间频率ω_0，即 $k \gg k_0$。首先将此光束一分为两，可以形成两束具有相干性的光束，然后将这两束高频的相干表面倏逝波对向传播相互干涉产生干涉条纹。该干涉条纹的周期是倏逝波波长的一半($2\omega_0$)如图 2-34(c)所示的干涉条纹周期分布。这样的结构光照明样品可以获得在这个空间频率波矢光照明下最高空间频率的结构光移频。

改变两束相干光的夹角θ，波矢分别为k_1与k_2，则两光束的干涉条纹的强度分布I_{illu}可以表示为

$$I_{\text{illu}}(r) = A_1(r)^2 + A_2(r)^2 + 2A_1(r)A_2(r)\cos(2\pi(k_1 - k_2)\cdot r + \Delta\phi) \tag{2-31}$$

其中，$A_1(r)$ 和 $A_2(r)$ 为两种输入模式的振幅；$2\pi k_1$ 和 $2\pi k_2$ 为传播波矢量，$|k_1| = |k_2| = \dfrac{n_{\text{eff}}}{\lambda_{\text{illu}}}$；$\Delta\phi$为相位差；$(k_1 - k_2)$与两个输入传播波矢量之间半角的正弦有关，当$k_1 = -k_2$时条纹频率为$(k_1 - k_2) = 2k_1$，当$k_1 = k_2$时条纹频率为$(k_1 - k_2) = 0$，当两束光的夹角为$\theta$时条纹频率为

$$(k_1 - k_2) = 2k_1 \sin\frac{\theta}{2} \tag{2-32}$$

这表明，我们可以通过调整两束相干光束的夹角进行干涉，形成不同频率的干涉条纹，在最大频率 $2w_0$ 到接近于 0 的干涉条纹结构光之间调节(图 2-34(e))。

由于移频成像中成像物镜有截止频率 k_c，所以 $0 \sim k_c$ 的图像为基频物镜所具备，因此利用高频相干光干涉合成可实现降频可调移频，只要调整两个光束的夹角，就可以任意选择两光束干涉后干涉条纹的频率。这样只要根据高频表面波的波矢 k 与物镜截止频率 k_c 的相差倍数，就可以定下要几次降频，以便各个空间频段均实现移频成像。

需要进一步说明的是，每次确定降频的移频量后，就可以确定两个光束的夹角。这样移频时必须保持两光束夹角不变，但是绕样品的方位角转一圈才能收集该空间频率下，样品不同方位的移频频谱，实现完整的高精度移频成像。

至此，理论上人们可以利用超表面技术产生极高波矢的表面波，借助干涉变频的技术，我们就可以通过干涉降频方法，利用多次降频移频合成出任意空间分辨率的频谱，进而用傅里叶叠层反算出图像[73]。从某种程度上说，对超分辨移

频成像而言，成像分辨率极限就是产生表面波的频率极限。

2.5 小　结

本章论述移频成像的基本原理，值得指出的是传统成像技术中人们已经关注了移频成像。从光学成像电磁场理论出现之初[27]，人们就已经关注这些问题了。这些经典移频技术都是通过光学系统来照明样品，都是衍射极限内的移频，因此都是在传播场的频域空间进行的，因此移频的最大值就是传播场截止频率的两倍。

本书提出的超分辨移频主要是指移频量超出传播场频率空间k_0的限制。在更高频率的表面波对应的频域，移频量的理论上限就不存在了。由于超出传播场频域空间的限制，进入表面波场的频率域，表面波的空间频率就不完全取决于媒介折射率与光波波长，可以通过与光波波长相近的空间媒介微小结构对光波的调控实现几乎没有波矢大小限制的表面波。这就为移频超分辨成像打开了一扇大门。

随着移频量的增大。我们又遇到缺频问题，即太大的移频波矢与物镜成像基频子孔径频域之间存在巨大频率间隔的问题。这个频率间距造成巨大的信息缺失与图像扭曲，因此必须发展出可变频率的移频技术，干涉合成可调移频技术正好可以解决这个问题。这样人们就可以应用移频成像获得极高分辨率的样品信息。值得指出的是，这个移频超分辨的方法并没有要求样品是荧光标记的样品。它可以是一个一般需要观察的样品，因为干涉合成可调频率移频超分辨既适用于荧光标记的生物样品，用干涉条纹激发荧光信号，也可以用干涉条纹本身照明样品产生干涉移频信号，实现相干移频。

总之，移频超分辨成像技术利用经典的光学成像系统，不需要借助非线性效应，可以非常方便地绕过衍射极限的超分辨光学成像，而且不仅适合荧光标记的样品，也适合非荧光标记一般样品，为人类提供了一个通过空间编码实现跨越衍射极限的新型成像技术。

第 3 章　衍射极限内的移频成像技术

第 2 章我们论述了移频超分辨成像机理，同时指出对经典的光学成像系统可以采用移频成像提升成像分辨率，但是其移频的频率范围受成像系统截止频率的限制，是在衍射极限内的移频成像，所以称为衍射极限内的移频频率成像。值得指出的是，虽然这一类移频成像的移频量是在成像系统数值孔径(衍射极限)以内，但是移频成像可以获得系统数值孔径确定分辨率的两倍。

本章重点论述近几年出现的 SIM 与傅里叶频谱叠层成像这两种移频量在衍射极限内的移频显微技术。

3.1　结构光照明显微成像技术

在超分辨显微成像领域，近年来被广泛关注的方法之一就是 SIM 成像技术。该技术基于移频成像机制，在成像系统数值孔径内进行移频成像，可以实现 2 倍衍射极限分辨率。

结构光照明成像有很长的历史，最早被用于三维形貌测量，又称莫尔条纹照明成像技术[74]，在 20 世纪主要用来对大型物体做中低精度三维成像。进入 21 世纪，该技术将数字投影技术与计算机处理相结合，使精度大大提升，开始应用于机械制造中的模具与物件的检测，后来又用于手机的人脸三维结构获取[75]。将结构光照明引入显微成像也是 21 世纪初开始的[76]，该技术由于系统简单、对显微系统的改动不大、使用方便等，被广泛接纳。近十余年来作为一种超分辨的新方法，虽然仅提高一倍的衍射极限，但是其宽场成像速度快的特点，还是在生物医学领域得到充分重视与广泛应用。

3.1.1　结构光照明显微术原理

如图 3-1 所示，结构光照明提升分辨率的原理可以通过莫尔条纹来理解。当我们用两个一定周期的条纹样品交差重叠时，就会出现低频的黑条纹。这些条纹的粗细、方向、周期取决于两个样品的原始图案周期与两个样品的重叠角度。这种莫尔条纹的空间频率比原始图案都要低得多，将高频的信息移频至低频端，易于被传统的显微光学系统接收[77]。如果已知照明图案，即使原始图案的空间频率高于显微系统的截止频率而不能被观察到，莫尔条纹也会包含有关这些未知结构的信息。因此，通过在控制的照明模式下观察并采集图样信息，可以获得关于样品的超分辨率信息。

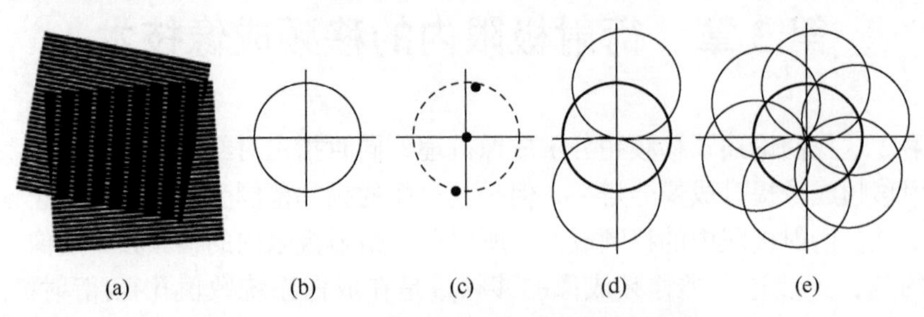

图 3-1　结构光照明提升分辨率原理示意图

受衍射限制，显微镜可以检测到截止频率内的信息，可以用一个频率空间的圆形基频子孔径频率域(图 3-1(b))表示。正弦条纹照明图案仅具有三个傅里叶分量。两个侧面分量的可能位置受可观察区域(虚线)相同圆圈的限制。如果用这种结构光照射样品，则会出现莫尔条纹。这些条纹代表频率空间中改变位置的信息，并且对应于照明的三个傅里叶分量(图 3-1(c))。因此，除了正常信息，可观察区域包含源自两个偏移区域(图 3-1(d))的位移信息。从具有图案的不同方向和相位的一系列图像中，通常可以从可观察区域尺寸两倍的区域恢复信息。这对应正常分辨率(图 3-1(e))的两倍。为了方便，下面以二维 SIM 为对象，说明其原理、系统和算法。

在显微成像系统中，假设照明光束是一个强度为周期调制的光束，调制条纹为[77]

$$I_{\theta,\varphi}(r)=I_0\left(1-\frac{m}{2}\cos(2\pi p_\theta\cdot r+\varphi)\right) \tag{3-1}$$

其中，$r=(x,y)$ 为二维空间坐标向量；I_0 为条纹的峰值强度；m 为条纹对比度；$p_\theta=(p\cos\theta,p\sin\theta)$ 是正弦调制条纹的频率向量，描述条纹的方向和频率。

对于宽场显微镜，显微成像的像面上将获得该调制光束与样品照明结果的图像，我们需要将样品图片与照明条纹图案做一个叠加，即

$$R_{\theta,\varphi}(r)=O(r)I_{\theta,\varphi}(r) \tag{3-2}$$

其中，O 为样品；I 为调制条纹。

结构光照明样品的示意图如图 3-2 所示。其中，灰色区域为样品，黑条纹为周期调制的照明光。

图 3-2　结构光照明样品的示意图

这并不是探测器能采集到的图像信息，因为真实采集到的图像信息还受限于系统的 OTF，所以需要根据输入参数进行计算。根据物理光学中的相关知识，OTF 就是系统点扩散函数的傅里叶变换，而点扩散函数又由系统的数值孔径和探测光波长决定，因此通过输入相关系统参数，就可以得出系统的点扩散函数。

综上，为了分离频率分量方便，选择在频率空间上表示图像信息。通过显微镜成像平面的探测器，获得的图像信息可以表示为

$$\tilde{D}_{\theta,\varphi}(k) = (\tilde{O}(k) * \tilde{I}_{\theta,\varphi}(k)) \cdot \tilde{H}(k) \tag{3-3}$$

按照 SIM 系统常用的拍摄方法，选择三个方位并使用三步相移的方式获得 9 张包含高频信息的原始图像，对应的 $\varphi_1 = 0°$、$\varphi_2 = 120°$、$\varphi_3 = 240°$。对于某一确定的角度 θ，这一过程可用表示为

$$\begin{bmatrix} \tilde{D}_{\theta,\varphi_1}(k) \\ \tilde{D}_{\theta,\varphi_2}(k) \\ \tilde{D}_{\theta,\varphi_3}(k) \end{bmatrix} = \frac{I_0}{2} M \begin{bmatrix} \tilde{O}(k)\tilde{H}(k) \\ \tilde{O}(k-p_\theta)\tilde{H}(k) \\ \tilde{O}(k+p_\theta)\tilde{H}(k) \end{bmatrix} \tag{3-4}$$

其中，$M = \begin{bmatrix} 1 & -\frac{m}{2}\mathrm{e}^{-\mathrm{i}\varphi_1} & -\frac{m}{2}\mathrm{e}^{\mathrm{i}\varphi_1} \\ 1 & -\frac{m}{2}\mathrm{e}^{-\mathrm{i}\varphi_2} & -\frac{m}{2}\mathrm{e}^{\mathrm{i}\varphi_2} \\ 1 & -\frac{m}{2}\mathrm{e}^{-\mathrm{i}\varphi_3} & -\frac{m}{2}\mathrm{e}^{\mathrm{i}\varphi_3} \end{bmatrix}$

上述过程就是 SIM 系统工作时的整个正向过程，而之后要讲述的算法相当于求解这个逆向问题。这里所谓的求逆问题就是从测试得到 D、调制光束的调制周期 p、方位角及其傅里叶变换谱，求得样品 O 的函数。

理论上说，就是式(3-4)的反方式，即

$$
\begin{bmatrix} \tilde{O}(k) \\ \tilde{O}(k-p_\theta) \\ \tilde{O}(k+p_\theta) \end{bmatrix} = \frac{2}{\tilde{H}(k)I_0} M^{-1} \begin{bmatrix} \tilde{D}_{\theta,\varphi_1}(k) \\ \tilde{D}_{\theta,\varphi_2}(k) \\ \tilde{D}_{\theta,\varphi_3}(k) \end{bmatrix} \tag{3-5}
$$

在实际操作中，因为存在各种噪声的影响，特别是 OTF 等的影响，还是需要一些技巧才能较好地求出样品的函数。

3.1.2 结构光照明显微成像系统

SIM系统可以与其他超分辨技术结合使用，所以非常简洁灵活。各类SIM系统本质上都是在宽场显微系统或宽场荧光显微系统中加入结构光照明来实现。不同的 SIM 系统往往在照明光产生方式上不同。产生结构光照明的方法主要可以分为周期图案的投影模式与周期图案的干涉模式。投影模式就是将一个周期图案的物体，如光栅投影成像到样品面上。干涉模式就是利用一个分束器件将照明的相干光束分成两束，并在样品上合束，形成干涉条纹照明在样品上。这两种方法产生的周期图案的周期是不同的。前者除了受物镜的数值孔径限制，还受光栅等图案周期的限制，后者只是受到物镜数值孔径的限制，所以干涉可以产生最高空间频率的周期图案。投影模式可以用光栅、空间光调制器图案投影等来实现。干涉条纹照明模式，可以采用光栅、空间光调制器、振镜等实现多个相干光束的分束与合成，进而在样品区合束干涉，形成干涉图案照明样品。经典的宽场 SIM 系统如图 3-3 所示。

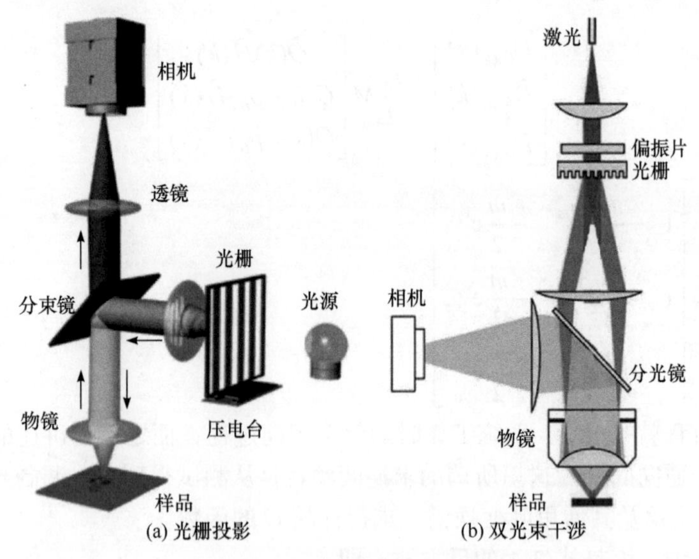

(a) 光栅投影　　(b) 双光束干涉

图 3-3　经典的宽场 SIM 系统

2000 年，古斯塔夫森首先提出使用光栅搭建结构光照明显微镜的系统方案[76]。如图 3-3(b)所示，激光光源发出的光经过多模光纤和准直镜入射到光栅上，被分成很多个级次，利用光阑，只让+1 级和−1 级通过，最终在物镜后瞳面汇聚成两个点。这样的结果就导致在样品面上干涉，进而出现明暗相间的结构光条纹，然后利用压电陶瓷改变两束光的相位关系，使结构光图案的相位可以定量控制，最后通过旋转平台改变结构光照明的方向，使频域信息在各个方向上都能得到扩展。具体到典型二维 SIM 的使用中，在一个方向拍摄条纹相位分别为 0°、120°和 240°的三张图片(角度为典型值，保证三步相移即可)，再旋转图案方位角 60°和 120°(也可以是任意多个角度，考虑时间成本和提升超分辨的效果，三个方向已经可以基本满足各个方向的分辨率提升)重复上述操作，一共得到 9 张原始图片。

这种方法作为最先被提出的结构光照明方法具有很强的生命力，也是众多结构光照明系统的雏形，但是采用机械的方式控制光栅旋转和位移非常复杂，转换速度较低。另外，不同激发波长对应的±1 级衍射角是不一样的，波长改变时需要微调光路，这给多色荧光激发带来不便。

2009 年，皮·科勒等提出利用空间光调制器实现快速结构光照明系统的方法[78]。与光栅法的主要区别在于，产生结构光照明是通过铁电液晶空间光调制器对光束相位进行快速控制，从而产生确定的调制图案。空间光调制器型结构光照明系统示意图如图 3-4 所示。

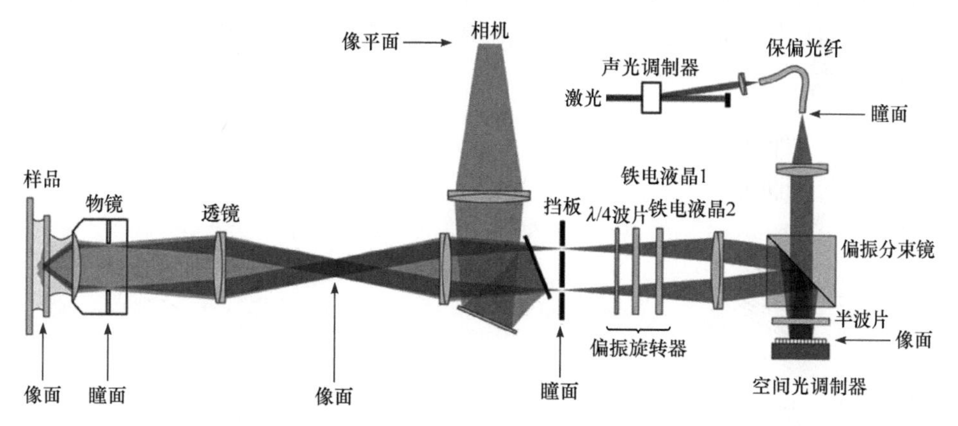

图 3-4　空间光调制器型结构光照明系统示意图

空间光调制器产生相位调制示意图如图 3-5 所示。

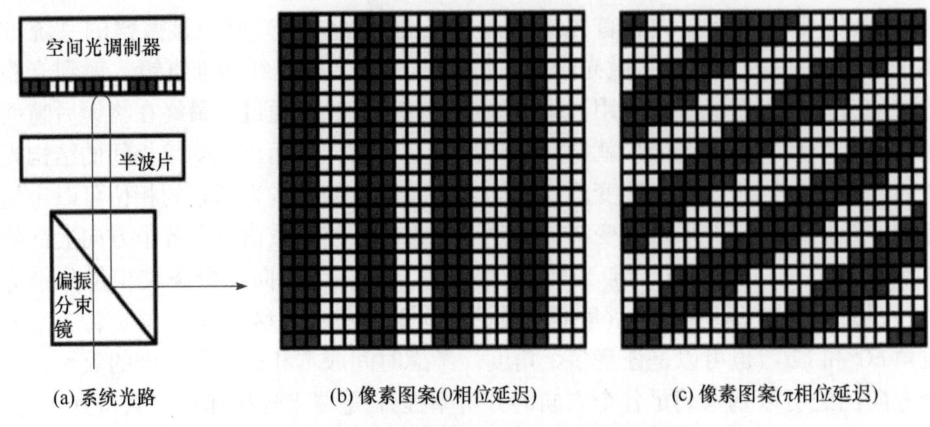

图 3-5　空间光调制器产生相位调制示意图

应该指出的是，一般的空间光调制器受液晶调控速度的限制，无法实现快速的结构光成像。因为结构光成像需要拍摄 9 张图像，如果希望实现视频级的结构光成像，空间光调制器需要帧频在 300 帧/秒以上。铁电液晶可以产生二值化相位千赫兹频率的调制。因此，其快速特性使对结构光照明图案的控制更加便捷。为了产生定义良好的±1 阶衍射分量，有效图形包括平行等宽的 0 和 π 相位延迟的交替线，同时为了实现三步相移，这种图案应该具有能被 3 整除的水平或垂直周期(以像素个数为单位)。与光栅法中将偏振片与光栅固定在同一个旋转机械件上保证对比度的方式不同，这里需要一个特殊的光学组件，即偏振旋转器实现对偏振方向的控制，从而达到最大的对比度。偏振控制组件工作原理如图 3-6 所示。

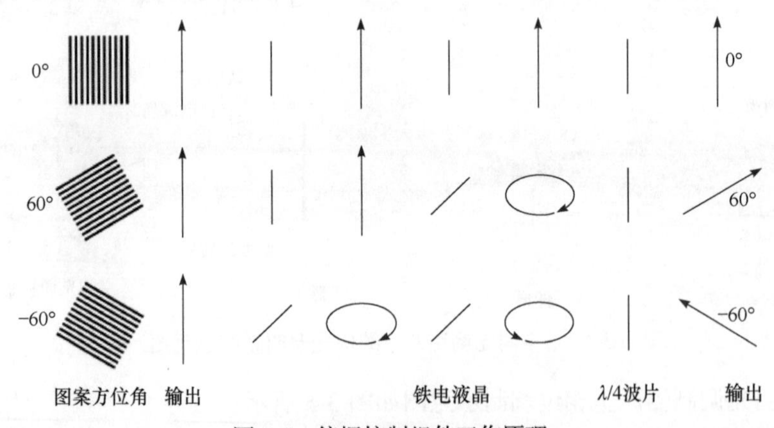

图 3-6　偏振控制组件工作原理

从图 3-6 可知，从偏振立方体出射的光都是垂直偏振的状态，图中三种图案入射时的偏振态都是垂直的。对于相位的控制，主要是通过铁电液晶相位延迟器和一个固定的 1/4 波片实现的。两个铁电液晶延迟器的定制延迟为 1/3 波。它们每个都像一个 1/3 波片，快速轴方向可以通过数字方式从垂直(“关闭”状态)迅速(<100us)切换到 45°(“开启”状态)。用数字信号控制铁电液晶，使空间光调制器处产生的图案方向与对应的偏振方向始终是径向偏振状态，达到最好的对比度效果。这种方法使光路更加复杂，可以大大降低光的利用效率。2018 年，中国科学院生物物理研究所与美国霍华德休斯医学研究所合作提出利用波片拼接的方式简化上述光路[79]。

铁电液晶空间光调制器应用于结构光照明系统，可以解决图案相位的快速调制和调制精度问题，但是液晶空间光调制器只能对偏振光进行调制的特点使光路略显复杂；激发光偏离空间光调制器的工作波长越大，衍射效率越低，因此空间光调制器只能对特定的单个激发波长产生良好的效果。

2013 年，中国科学院西安光学精密机械研究所提出使用 DMD 的空间光调制器作为周期图案产生方式的 SIM 系统[80]。该系统光路简单，在 DMD 空间光调制器后加入一个镜筒透镜将 DMD 上的预设条纹成像于样品表面，完成结构光的照明。DMD 空间光调制器结构光照明系统示意图如图 3-7 所示。

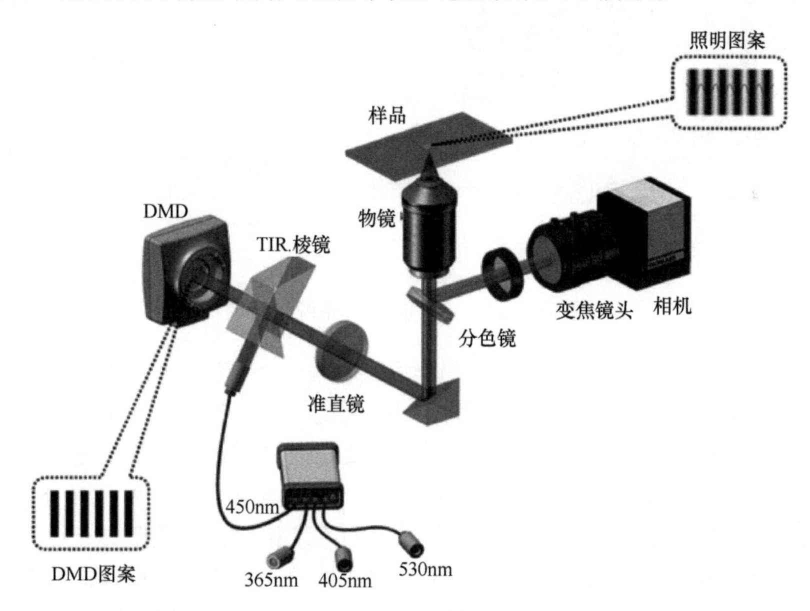

图 3-7　DMD 空间光调制器结构光照明系统示意图

这种方法的原理与投影仪类似，就是简单的将已知的结构光图案投影到样品表面，同时也不需要激光光源，普通的非相干 LED 即可作为光源使用，通过改变微镜的偏转角度实现条纹的控制。微镜的开关状态可以通过计算机控制实现，精度高且开关状态可以进行高速切换，即可实现对条纹相位和方向信息的快速编码。利用 DMD 搭建的结构光照明荧光显微镜光路可以充分利用 DMD 空间光调制器速度快的特点，实现 20000 帧/秒的结构条纹图像投影，因此可以实现千帧每秒的 SIM 显微成像，从而可实现生物样品的实时动态成像。DMD 利用反射原理产生结构光，对宽光谱的入射光都具有较高的反射率，可以实现多波长激发。但是，这种方法的劣势是条纹对比度很低，导致达到的超分辨效果只有理想 SIM 系统的 60%～70%。

2018 年，浙江大学超分辨成像团队利用快速扫描振镜作为结构光图案的产生方式，研制了一套由多振镜构成的高速全内反射 SIM 系统[81]。双振镜快速 SIM 系统示意图如图 3-8 所示。

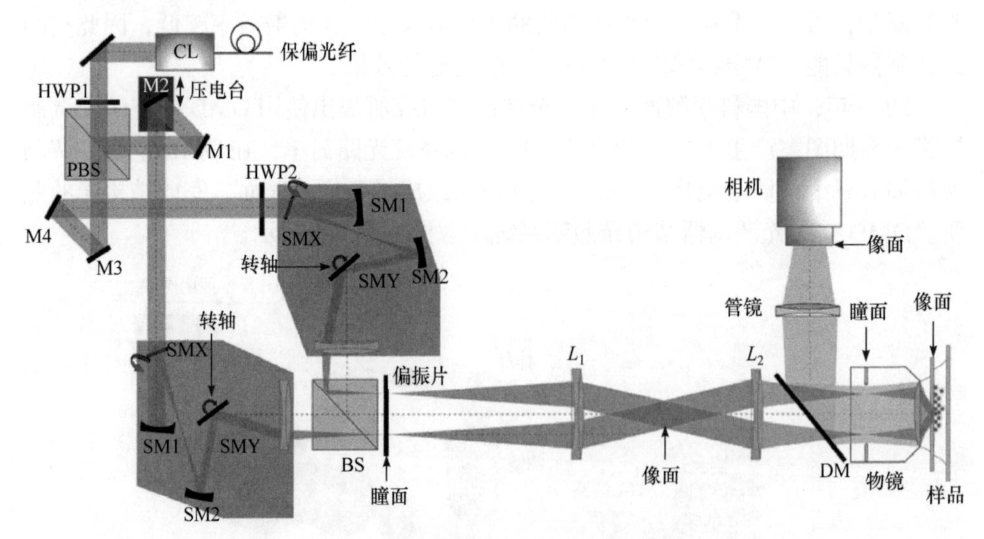

图 3-8 双振镜快速 SIM 系统示意图

利用两组正交扫描振镜、一个偏振转换器和一个压电平台生成三维 s 偏振全内反射干涉结构光图案的快速移位和周期性可变的照明模式。在全反射的倏逝场薄层中形成可控的结构光图案，可以通过改变扫描振镜的角度来快速改变，还可以通过任意改变物镜光瞳平面上光斑的位置，在宽场和全内反射荧光 SIM 模式之间切换，适应样品中的穿透深度。与以前的系统相比，该类型具有更大的图案周期和更灵活的照明方向。该系统对于不同波长的光都能做出良好的响应，而不需要更改相关元件。

该系统还充分利用大于全反射入射角的情况下，不同入射角倏逝场穿透深度的不同，实现深度方向的纳米量级超分辨成像。由于采用快速振镜系统，所以结构光的变换速度很快，可以实现 1 帧/秒的横向分辨率 90nm，轴向分辨率 20nm 的快速三维超分辨成像。

3.1.3　结构光照明显微算法

SIM 算法[82]可以根据成像内容的不同而有一定的不同，可以分为截面成像、超分辨成像、表面轮廓，以及相位成像等。几种 SIM 算法如图 3-9 所示。

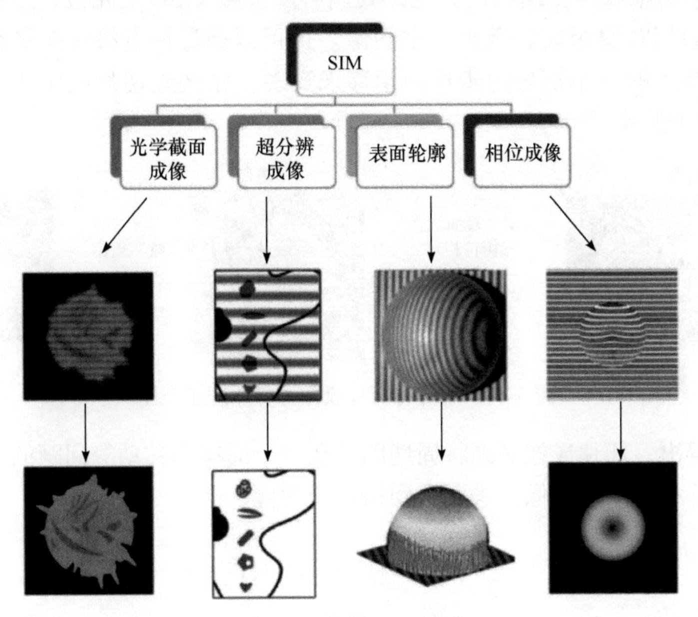

图 3-9　几种 SIM 算法

1. 结构光照明切片显微成像

该算法利用结构光照明，实现样品薄层成像，也就是切片(sectioning)成像。在拍摄结构光照明样品的图像后，直接用拍摄的图像进行计算，而不需要对图像进行傅里叶变换(在频域进行频谱的宽展合成)，因此并没有提高成像分辨率。

在显微镜的照明系统中引入光栅图案，使图像投影到样品上[83]。样品上产生的非相干照明强度为

$$I_{\text{in}} = I_o(1 + m\cos(2\pi k_0 x + \phi_0)) \tag{3-6}$$

其中，m 为调制深度；k_0 为空间频率；ϕ_0 为初始相位。

生成的图像为

$$I(u,v) = I_{\text{in}} S \otimes |h|^2 \tag{3-7}$$

其中，(u,v) 为图像平面中的坐标；S 为样品函数；h 为成像透镜的点扩散函数。

照明光中的调制使产生的图像强度具有基带宽场图像和彼此叠加的附加调制图像。将式(3-6)中 I_{in} 代入式(3-7)，可得

$$I(u,v) = I_w(u,v) + I_c(u,v)\cos\phi_0 + I_s(u,v)\sin\phi_0 \tag{3-8}$$

其中，I_w 为宽场图像；I_c 和 I_s 为余弦项产生的调制图像。

调制后的图像包含处于最佳焦距的平面中的网格图案。在其他平面上，栅格图案都是散焦的。这引入了一个恒定的附加性背景。为了获得光学截面，需要去除背景贡献和网格结构。为此，我们可以按照 2/3π 的相位，三次移动投影光栅图案的相对位相 ϕ_0，获得三个图像。这可以通过压电级横向平移光栅，产生以光栅节距的一小部分为步长的相移来实现。结构光切片成像计算原理示意图如图 3-10 所示。

图 3-10　结构光切片成像计算原理示意图

可以看出，切片成像必须将周期图像在一个周期内移动等间距的三次，从而获得三幅等相位移动图像，进而得到切片的图像，即

$$I_{切片} = \frac{\sqrt{2}}{3}\sqrt{(I_1 - I_2)^2 + (I_2 - I_3)^2 + (I_3 - I_1)^2} \tag{3-9}$$

该方法基于这样一个事实，即在高空间频率的栅格模式照明下，只有图像对焦部分的样品图像被清晰调制，而样品离焦区域的调制是逐步减弱的。特别是，高空间频率调制分量随离焦而快速衰减，离焦信号无法进行高频照明图案的调制，从而消除离焦信号。换句话，由于物镜有焦深，结构光照明形成的条纹图案有焦深，物镜将样品上的图像成像到探测器也有焦深，两次焦深叠加，就会减少成像清晰的区域厚度，增大成像的切片能力。

该方法最初用于明场显微镜，后来扩展到使用干涉条纹[84]的荧光显微镜。使用干涉条纹进行光学切片不同于使用光栅，因为干涉条纹不会散焦，而光栅会散焦。在荧光成像的情况下，即使使用干涉条纹，对于成像面的面阵探测器而言，也只有内焦平面的荧光信号是尖锐的，而来自其他平面的荧光信号是模糊的，从而满足光学切片的基本要求。实验证明，在可见光区这种方法可以实现 400nm 厚度的光学切片能力。

2. 结构光照明超分辨成像

结构光照明可以产生移频，最高能够实现比成像系统数值孔径高一倍分辨率的成像。这就是结构光照明超分辨成像的含义。

前面已经对 SIM 的正向过程作了数学上的说明，为了便于理解，可用图 3-11 表示这一正向过程。可以看出，在空间域从样品到获得单幅 SIM 图像，以及对应在频谱域的相应信息。

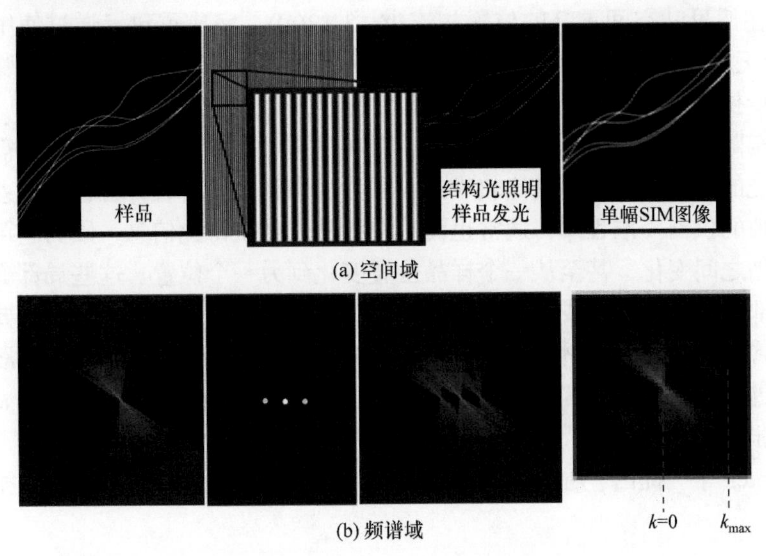

图 3-11　SIM 正向过程原理示意图

为了更好地说明重构算法的相关内容，用同样的方法表示重构的过程，如图 3-12 所示。

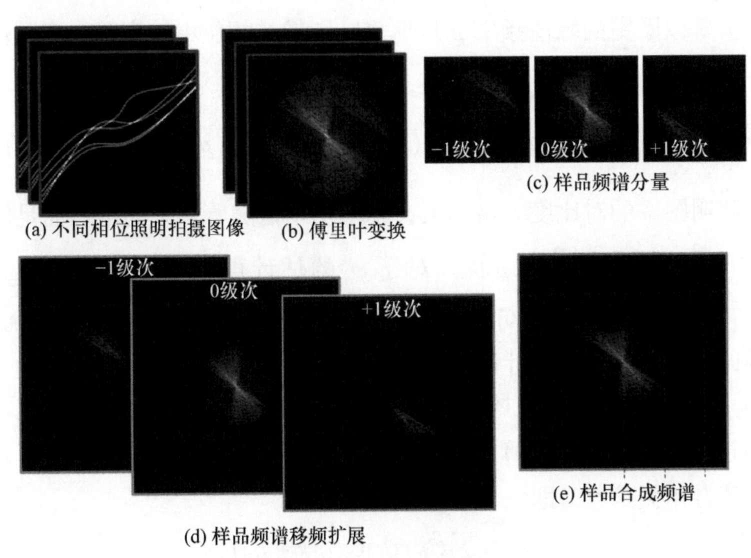

图 3-12　SIM 重构算法

SIM 的算法分成两个部分，第一部分从三个方位分别拍摄三个等间隔相位移动的图像，一共九张图像。然后，对这些图像进行傅里叶变换，获得相应的频谱图。第二部是合并各个频谱，这是非常重要的一步。通过使用加权平均方法将这些组件在傅里叶空间重叠的位置相连(图 3-12(e))，完成重建。通过使用反方差(强度校正后)作为权重计算加权平均值来执行此操作。因为各个部分信噪比的差异，直接拼接会造成不可接受的噪声与伪影，所以这种加权是必要的。

在实际计算过程中，为了实现高品质的重构(即最小的重构伪影)，需要有照明结构光的精确参数。这是比较难的，因为成像系统会有各种各样的像差，即使执行单独的仪器校准程序，通常也无法直接从仪器获得此信息，因为它可能会在不同样品之间变化，甚至从一个样品位置变化到另一个位置。这些局部变化通常是由局部折射率的变化或其他与系统有关的光学像差引起的。因此，需要根据记录的图像本身来确定基本的重建参数，例如每个记录图像的精确光栅常数和相位。通过精确估算光栅常数，可以估算傅里叶空间一阶中从零阶偏移的 k 矢量，这一点非常重要。

Winter 等[85]提出一种确定在正弦(即两束)照明下获取 SIM 数据模式相位的方法，即

$$\begin{aligned}\tilde{D}_n(k) &= \mathrm{e}^{-\mathrm{i}\varphi_n}\tilde{C}_{-1}(k)+\tilde{C}_0(k)+\mathrm{e}^{\mathrm{i}\varphi_n}\tilde{C}_1(k)\\ &= \frac{c}{2}\mathrm{e}^{-\mathrm{i}\varphi_n}\tilde{S}(k+p)\tilde{h}(k)+\tilde{S}(k)\tilde{h}(k)+\frac{c}{2}\mathrm{e}^{\mathrm{i}\varphi_n}\tilde{S}(k-p)\tilde{h}(k)\end{aligned} \tag{3-10}$$

其中，c 为照明图案的对比度。

什若夫等以图案的峰值频率 p 从傅里叶图像的相位中检索第 n 个图像的图案相位，即

$$\varphi_n \approx \arg\{\tilde{D}_n(p)\} = \arg\left\{\frac{c}{2}\mathrm{e}^{-\mathrm{i}\varphi_n}\tilde{S}(2p)\tilde{h}(p)+\tilde{S}(p)\tilde{h}(p)+\frac{c}{2}\mathrm{e}^{\mathrm{i}\varphi_n}\tilde{S}(0)\tilde{h}(p)\right\} \tag{3-11}$$

如果照明图案的对比度 c 足够大，样本功率谱随着频率的增加而足够快地减小，即 $\left|\tilde{S}(0)\right|^2 \gg \left|\tilde{S}(p)\right|^2+\left|\tilde{S}(2p)\right|^2$，对于 φ_n 的估计可以简化为 $\varphi_n \approx \arg\{\mathrm{e}^{\mathrm{i}\varphi_n}\tilde{S}(0)\tilde{h}(p)\}$。而 $\tilde{S}(0)$ 和 $\tilde{h}(p)$ 都是可以测量的实数。只要满足 $\tilde{h}(p)$ 足够大，即该频率处的信噪比足够大，这种估计都是有效的。

2016 年，北京大学研究团队提出利用自相关函数与互相关函数获取相关参数[86]。通过定义一个用于计算条纹的变量 $\tilde{C}_{\theta,\varphi}(k)=\tilde{D}_{\theta,\varphi}(k)\tilde{H}^*(k)$，计算该变量与其频移量的自相关函数，即

$$C_1=\sum_k \tilde{C}_{\theta,\varphi}(k)\tilde{C}_{\theta,\varphi}(k+p_\theta) \tag{3-12}$$

当 C_1 取最大值时，对应的 p_θ 即对应的条纹空间频率。

利用 p_θ，可以得到对应条纹的余弦函数，即

$$P_{\theta,\varphi_0}(r) = -\cos(2\pi p_\theta \cdot r + \varphi_0) \tag{3-13}$$

其中，φ_0 为估计的条纹相位。

将式(3-13)与得到的原始图像信息做相关运算，可得

$$C_2 = \sum_r D_{\theta,\varphi}(r) P_{\theta,\ \varphi_0}(r) \tag{3-14}$$

显然，当 C_2 取最大值时，对应的 φ_0 即图片中加载条纹的相位。

因此，对于确定的角度 θ，其 0 频和±1 频的分量为

$$\begin{bmatrix} \tilde{O}(k)\tilde{H}(k) \\ \tilde{O}(k-p_\theta)\tilde{H}(k) \\ \tilde{O}(k+p_\theta)\tilde{H}(k) \end{bmatrix} = M^{-1} \begin{bmatrix} \tilde{D}_{\theta,\varphi_1}(k) \\ \tilde{D}_{\theta,\varphi_2}(k) \\ \tilde{D}_{\theta,\varphi_3}(k) \end{bmatrix} \tag{3-15}$$

将其他矩阵引入相位估计的算法，并提出基于逆矩阵的相位估计方法，无需迭代即可确定相位的解析解。

在这种方法中，首先需要对原始图像进行一次维纳滤波，以消除 OTF 之外的高频噪声。根据调制矩阵的形式，规定

$$M(a_1,a_2,a_3;\varphi_1,\varphi_2,\varphi_3) = \begin{bmatrix} a_1 & -\dfrac{m}{2}\mathrm{e}^{-\mathrm{i}\varphi_1} & -\dfrac{m}{2}\mathrm{e}^{\mathrm{i}\varphi_1} \\ a_2 & -\dfrac{m}{2}\mathrm{e}^{-\mathrm{i}\varphi_2} & -\dfrac{m}{2}\mathrm{e}^{\mathrm{i}\varphi_2} \\ a_3 & -\dfrac{m}{2}\mathrm{e}^{-\mathrm{i}\varphi_3} & -\dfrac{m}{2}\mathrm{e}^{\mathrm{i}\varphi_3} \end{bmatrix} \tag{3-16}$$

引入 $M(1,1,1;\gamma_1,\gamma_2,\gamma_3)$，并计算

$$\begin{aligned} \begin{bmatrix} \widetilde{R_1}(k) \\ \widetilde{R_2}(k) \\ \widetilde{R_3}(k) \end{bmatrix} &= M(1,1,1;\gamma_1,\gamma_2,\gamma_3)^{-1} \begin{bmatrix} \widetilde{D_1}(k) \\ \widetilde{D_2}(k) \\ \widetilde{D_3}(k) \end{bmatrix} \\ &= \begin{bmatrix} 1 & c_0 & \mathrm{conj}(c_0) \\ 0 & r_1\mathrm{e}^{\mathrm{i}\varphi_1} & r_2\mathrm{e}^{\mathrm{i}\varphi_2} \\ 0 & r_2\mathrm{e}^{-\mathrm{i}\varphi_2} & r_1\mathrm{e}^{-\mathrm{i}\varphi_1} \end{bmatrix} \begin{bmatrix} \tilde{S}(k)\tilde{H}(k) \\ \tilde{S}(k-k_0)\tilde{H}(k) \\ \tilde{S}(k+k_0)\tilde{H}(k) \end{bmatrix} \end{aligned} \tag{3-17}$$

调制频率的估计为

$$C(k') = \frac{\tilde{W}(k)}{|\tilde{W}(k)|+\varepsilon_2} \otimes \frac{\tilde{R}_2(k)}{|\tilde{R}_2(k)|+\varepsilon_2} = \int \mathrm{conj}\left(\frac{\tilde{W}(k)}{|\tilde{W}(k)|+\varepsilon_2}\right) \cdot \frac{\tilde{R}_2(k+k')}{|\tilde{R}_2(k+k')|+\varepsilon_2} \mathrm{d}k \tag{3-18}$$

由于这种估计只需要用到 k_0 或 $-k_0$ 处的值，所以可以改写为

$$
\begin{aligned}
C(k_0) &= \left(\frac{\tilde{R}_1(k)}{|\tilde{R}_1(k)|+\varepsilon_2} \otimes \frac{\tilde{R}_2(k)}{|\tilde{R}_2(k)|+\varepsilon_2} \right) k_0 \\
&= \int \mathrm{conj}\left(\frac{\tilde{R}_1(k)}{|\tilde{R}_1(k)|+\varepsilon_2} \right) \cdot \frac{\tilde{R}_2(k+k_0)}{|\tilde{R}_2(k+k_0)|+\varepsilon_2} \mathrm{d}k \\
&= \int \frac{\mathrm{conj}(\tilde{S}(k) + c_0 \tilde{S}(k-k_0) + \mathrm{conj}(c_0)\tilde{S}(k+k_0))}{|\tilde{R}_1(k)|+\varepsilon_2} \cdot \frac{(r_1 \mathrm{e}^{\mathrm{i}\phi_1} \tilde{S}(k) + r_2 \mathrm{e}^{\mathrm{i}\phi_2} \tilde{S}(k+2k_0))}{|\tilde{R}_2(k+k_0)|+\varepsilon_2} \\
&\quad \cdot \mathrm{conj}(\tilde{H}_{\mathrm{de}}(k)) \cdot \tilde{H}_{\mathrm{de}}(k+k_0) \mathrm{d}k \\
&\approx \int \frac{\mathrm{conj}(\tilde{S}(k))}{|\tilde{R}_1(k)|+\varepsilon_2} \cdot \frac{r_1 \mathrm{e}^{\mathrm{i}\phi_1} \tilde{S}(k)}{|\tilde{R}_2(k+k_0)|+\varepsilon_2} \cdot \mathrm{conj}(\tilde{H}_{\mathrm{de}}(k)) \cdot \tilde{H}_{\mathrm{de}}(k+k_0) \mathrm{d}k
\end{aligned}
\tag{3-19}
$$

在完成对相关参数的估计后，就可以将各个频域信息移回本来的位置，从而实现在频域上的信息重构，最终傅里叶变换到空间域，转换成超分辨图像。SIM图像重建过程如图 3-13 所示。

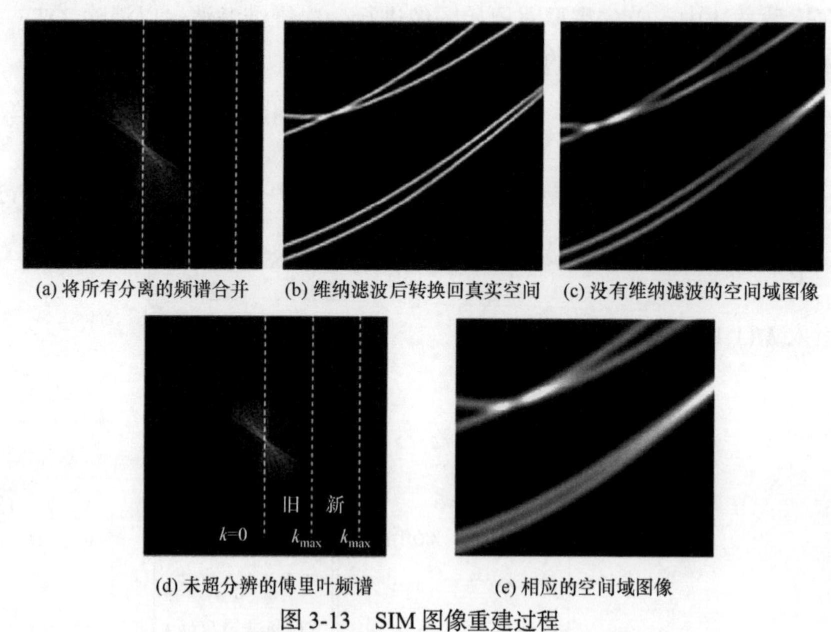

(a) 将所有分离的频谱合并　(b) 维纳滤波后转换回真实空间　(c) 没有维纳滤波的空间域图像

(d) 未超分辨的傅里叶频谱　(e) 相应的空间域图像

图 3-13　SIM 图像重建过程

图 3-13 给出了 SIM 算法的最后步骤，其中利用维纳滤波消除振铃伪像。

3. 结构光相位成像

结构光照明也被扩展到无标记定量相位显微镜，以成像自然状态下的透明样品，并提高分辨率[87, 88]。在过去几年，结构照明已被应用于相干散射样品的成像[89]。Gao 等[90]将结构照明技术引入数字全息显微镜中(称为结构光照明数值全息显微)，以提高透明样品的空间分辨率。如图 3-14 所示，空间光调制器产生的四组二元相位光栅旋转了 $m\times45°$的光被投射到样品上进行照明。对于每个旋转，结构光照明移动三次，产生 0、2π/3 和 4π/3 的相移。在这种正弦条纹图案的照射下产生目标波，并与参考波在探测器 CCD 上产生干涉。通过重建物体波沿不同方向结构光的不同衍射级的复振幅，并在频域合成其频谱，可以获得分辨率增强的振幅和相位图像。

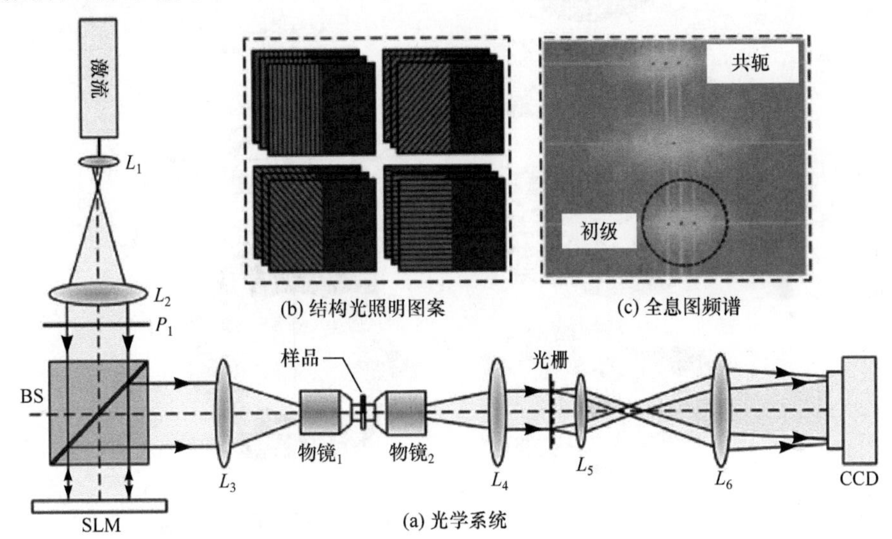

图 3-14　结构光照明数值全息显微原理示意图

尽管相位型 SIM 和强度型 SIM 重建之间有一些相似之处，但是两者之间也存在一些差异。首先，在强度型 SIM 中，样品的强度分布由条纹线性调制，使其频谱偏移以提高空间分辨率。然而，在相位型 SIM 中，样品的复透射比或光场的振幅由条纹线性调制，并在整个重建过程中操纵目标波的复振幅。其次，数字全息显微镜中使用的结构光照明本质上是两个斜平面波在两个相反倾斜角度的同时照明。这意味着，该方法无法提供超分辨信息，即超出衍射极限($\sim\lambda/2$)[91]。

至于利用结构光照明的图像进行外形轮廓的成像(或三维成像)，则与经典的结构光三维成像相同。需要指出的是，对于生物体样品，由于折射率与周边环境差异较小且透明，生物细胞的尺度又很小，所以对外形轮廓的成像并不是人们感兴趣的话题。

3.1.4　三维结构光照明显微技术

SIM 作为一种优秀的二维超分辨技术，也可以实现深度三维成像。

2008 年，古斯塔夫森等首次提出 3D-SIM 的概念[92]，其原理与二维 SIM 没有本质的区别，只是构成结构光照明的光由两束变成了三束。3D-SIM 原理示意图如图 3-15 所示。在经典 SIM 中，往往仅考虑在 xy 平面的投影。实际上，除了与经典 SIM 中 xy 平面的频移相同，还增加了轴向的频移。

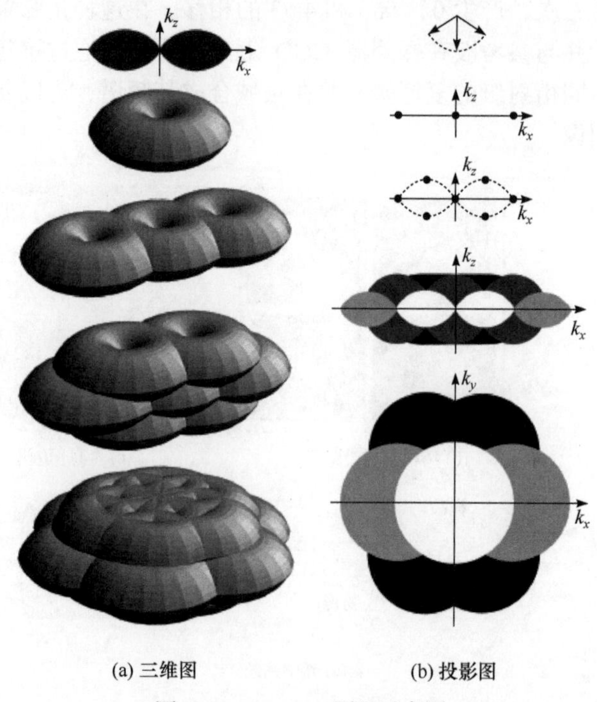

(a) 三维图　　(b) 投影图

图 3-15　3D-SIM 原理示意图

根据二维 SIM 的经验，我们可以通过构造三维调制光斑图案实现上述目的。为了系统能够工作，这种三维调制光斑还需要满足如下条件。首先，照明条纹应该能被分解为轴向和横向的条纹，且不能出现两者的乘积项(使获得的图像能够顺利分解为空间上各个位置的分量)，即

$$I(r_{xy},z)=\sum_m I_m(z)J_m(r_{xy}) \tag{3-20}$$

其次，横向的条纹 $J_m(r_{xy})$ 应该是简谐波。再次，$I(r_{xy},z)$ 应该满足以下两个条件之一，即 I_m 是纯谐波；当获得三维物体不同层的清晰图像时，照明条纹必须相对物镜的焦面保持不变，而不是相对物体保持不变。其中，第一个条件可以视为第二个条件的特殊情况。最后一个条件是十分重要的，遵循这个条件可以使轴向条纹分量与样品的位置坐标一一对应，才能实现轴向的频谱移动。满足上述几个条件后，我们通过这样的三维调制条纹照明后获得的原始图片可以表示为[88]

$$\tilde{D}_m(k)=(\tilde{H}(k)*\tilde{I}_m(k))\cdot(\tilde{O}(k)*\tilde{J}_m(k_{xy})) \tag{3-21}$$

其中，$\tilde{H}(k)$ 为系统的 OTF；$\tilde{O}(k)$ 为样品的傅里叶变换。

可以看出，等号右边第二个括号的内容就是二维 SIM 的形式，第一个括号中的内容相当于对系统的 OTF 进行了轴向的移动，也正是通过这种方式，实现了轴向频谱的弥补。

考虑横向调制条纹是简谐波，即

$$J_m(r_{xy}) = \mathrm{e}^{-\mathrm{i}(2\pi p_m \cdot r_{xy} + \varphi_m)} \tag{3-22}$$

做傅里叶变换并代入式(3-21)，可得

$$\tilde{D}(k) = \sum_m (\tilde{H}(k) * \tilde{I}_m(k)) \mathrm{e}^{\mathrm{i}\varphi_m} \tilde{O}(k - p_m) \tag{3-23}$$

至此，我们获得了原始图像的表达式。我们可以获得形如式(3-24)的等式来分离各个频率分量，即

$$(\tilde{H}(k) * \tilde{I}_m(k)) \tilde{O}(k - p_m) = M^{-1} \tilde{D}(k) \tag{3-24}$$

其中，$\tilde{O}(k - p_m)$ 和 $\tilde{D}(k)$ 都是列向量；M 为三维矩阵。

对于实验中三维调制光斑的产生，常通过三光束干涉形成，假设波矢量为 k_j 的平面波相干形成的光强分布为

$$I(r) \propto \left| \sum_j E_j \mathrm{e}^{\mathrm{i}k_j r} \right|^2 = \left(\sum_j E_j \mathrm{e}^{\mathrm{i}k_j r} \right) \cdot \left(\sum_q E_q \mathrm{e}^{\mathrm{i}k_q r} \right) = \left(\sum_{j,q} E_j^* E_q \mathrm{e}^{\mathrm{i}(k_q - k_j) r} \right) \tag{3-25}$$

它包含任意两个平面波传播矢量之间的每个成对差矢量 $k_q - k_j$ 处的一个空间分量。三个照射光束之间干涉产生的三维激发强度图案包含七个傅里叶分量。它们在空间中的分布如图 3-15 所示。

3D-SIM 系统图如图 3-16 所示。

该系统也是由最初的光栅型 SIM 系统演化而来，区别在于利用了三束从光栅中分出的光。同样，可以使用其他系统搭建方式实现 3D-SIM 系统的搭建。通过这种方式，可以实现横向约 100nm、轴向约 300nm 的超分辨成像结果。

另外，人们还根据多光束干涉形成空间结构光图案，在样品附近放置反射镜，增强透射光的反向干涉，形成四束干涉，增强轴向的分辨率。

如图 3-17 所示，可以在各区域利用多光束干涉，或者空间光调制器等构造各种空间周期结构的照明图案。

除了在产生结构光光束数量上的改变，利用全内反射原理，也可以设计一种增加轴向分辨率的 SIM 系统，称为全内反射荧光 SIM。其原理非常简单(图 3-17(b))，产生的结构光图案由于全内反射的效应被限制在样品表面很短的一段区域内，因此可以从根本上减少离焦量对成像质量的影响，从而提升其轴向分辨率。全内反射荧光显微术系统示意图如图 3-18 所示。

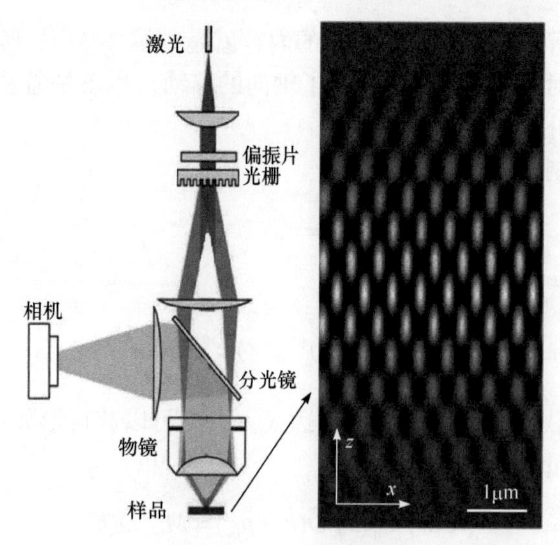

图 3-16　3D-SIM 系统图

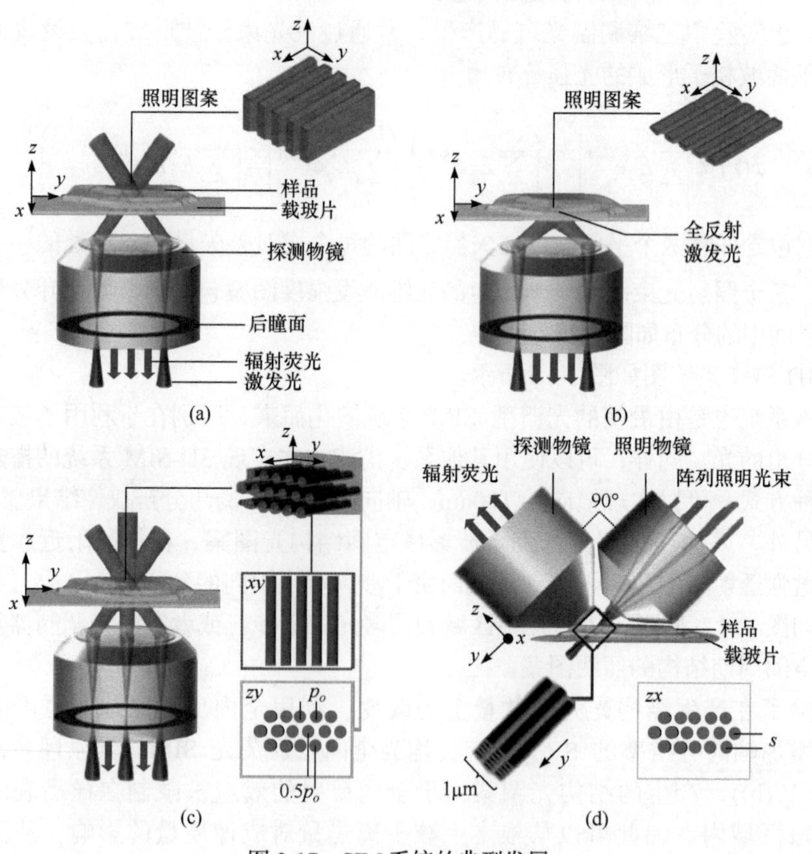

图 3-17　SIM 系统的典型发展

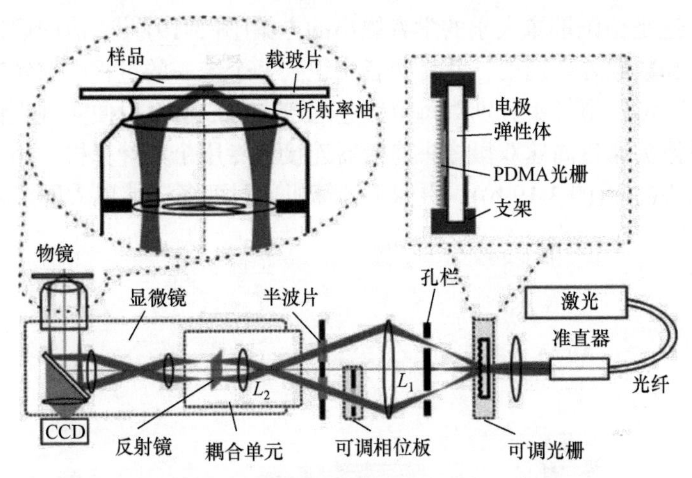

图 3-18　全内反射荧光显微术系统示意图

这种技术的关键在于物镜后焦面上的光束分布。两光束聚焦在物镜后焦面上，在物镜出射的样品区是平行光束。这样两束相干平行光束就可以干涉形成干涉条纹的周期图案，激发荧光。典型的全内反射荧光 SIM 的关键在于，这两个光束在物镜焦平面上焦点的位置分布处在一个很小的圆环内，使光线能在载波片表面发生全反射。这种技术与 SIM 结合就可以得到全内反射荧光 SIM。这种设置当然具有 SIM 和全内反射荧光的优缺点，例如具有横向分辨率的提升和非常高的对比度，但是成像深度限制在盖玻片上方约 200 nm 的图像。典型的全内反射荧光 SIM 可以达到 100nm 左右的横向分辨率和 200nm 左右的轴向分辨率。

近年来，将 SIM 技术与光片显微(light-sheet)技术结合的超分辨方法也得到长足的发展，称为晶格化光片荧光显微。这是通过多个贝塞尔光束干涉实现的，这些光束产生了限制在约 1μm 厚光片中的三维图案。光片照明可以极大增强样品抗光毒化能力，而结构化照明则提供了分辨率提升。尽管该提升不是各向同性的，与经典荧光 SIM 不同，在晶格化光片荧光显微设置中无法进行图案旋转，因此只能沿一个方向获得横向分辨率改善。其光束特点如图 3-17(d)所示。

SIM 成像可以实现切片与超分辨成像，但是要达到此目的，需要拍摄 9 张图片。因此，受光电传感器速度，以及结构光图案调制的空间光调制器速度的限制，SIM 的成像速度不高，一般一幅 SIM 图像需要接近 1s 的时间。因此，如何提高成像速度也是 SIM 近期发展的一个重要方向。

快速 SIM 主要有两个技术路线，即从图像探测的角度出发，通过减少拍摄图像，获得高分辨与超分辨的显微成像；尽可能地提高结构光图像的产生速度。同时，加快结构光图像的反算能力与速度，这需要改进算法与快速图像探测器。

利用快速的铁电液晶空间光调制器产生结构光照明，通过 GPU 实现视频的多色 SIM，这是德国耶拿大学的学者提出的方案(图 3-19)[93]。他们通过优化 SIM 成像的采集和数据处理速度，并将两者交织到一个统一的过程中来实现。使用三个专用的 sCMOS 摄像头分别对每个颜色通道进行成像，以便实现更快的成像模式。每个摄像头通过高速双摄像头连接器连接到专用个人计算机，用于原始数据传输和摄像头控制(图 3-19(b))。摄像头计算机通过两条千兆以太网线路连接到专

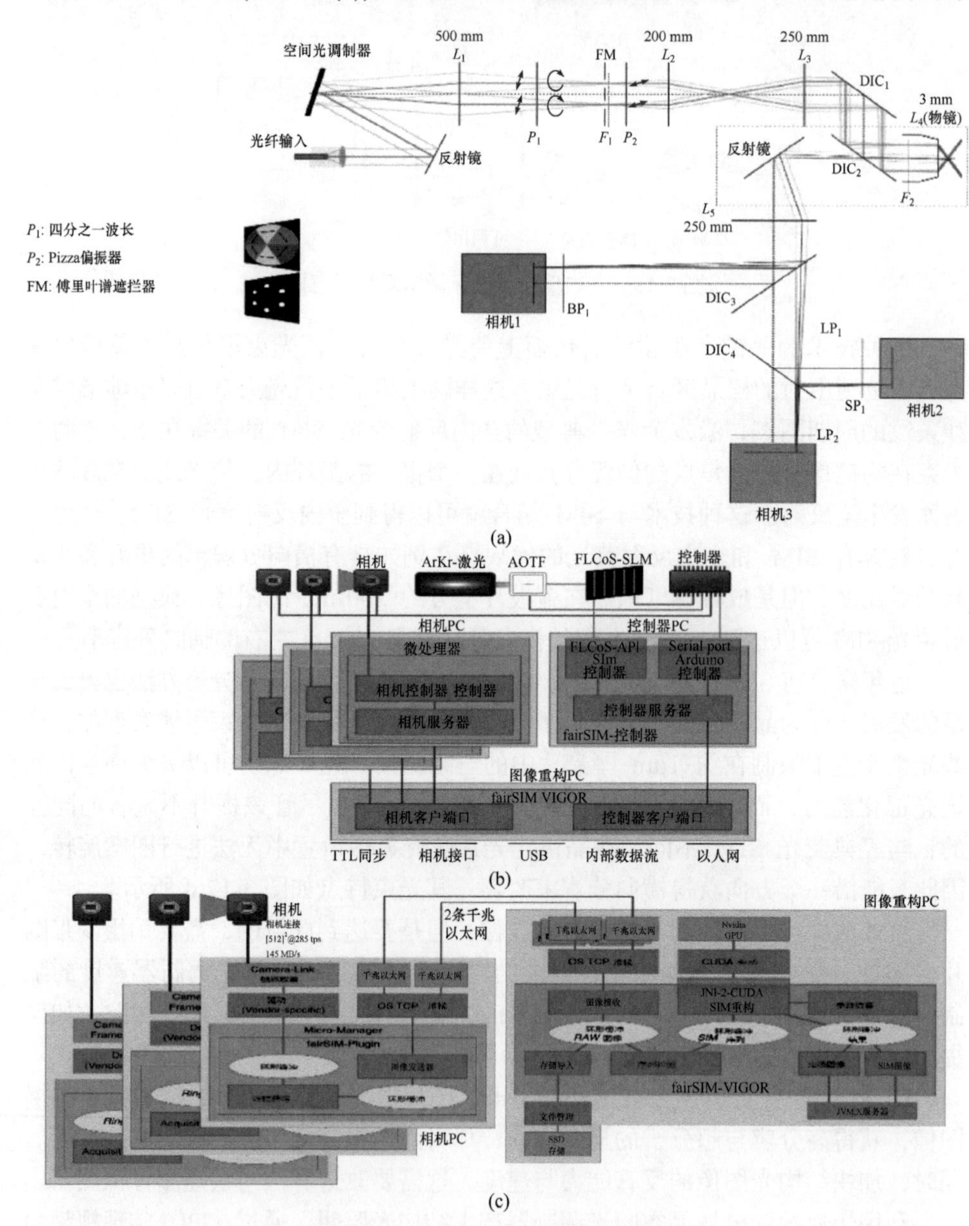

图 3-19　GPU 快速 SIM 图像处理框图

用图像重建计算机，允许快速传输摄像头数据，以便在 GPU 上进行近瞬时处理。

对于每个颜色通道，系统获取九个原始 SIM 图像，包括每个时间点的三个相位和三次 SIM 图案旋转，可以实现视频帧速率下的多色超分辨 SIM，小于 250ms 测量和重建图像显示之间的延迟。这是通过使用一个新的、GPU 增强的、支持网络的图像重建软件修改和扩展高速 SR-SIM 图像采集实现的。

另一个提高 SIM 成像速度的途径是减少拍摄图像。经典的 SIM 需要拍摄 9 张图像反演推算出高分辨图像。如果能减少拍摄图像的数量，就可以提升成像的速度。

特卡奇克等提出两张 π 位相差图像的 SIM 反演方法[94]。他们提出一种快速、简单、自适应和实验鲁棒性强的方法，使用结构照明显微镜重建两张去除背景的光学切片图像。该方法仅需要两个结构光照明图像相位偏移 π(半个网格周期)，但是不需要两帧之间精确的相位偏移。具体方法如下。

(1) 将拍摄的两个相互相移(相位步长最好等于 π)的网格结构光图案相减，创建输入图案。

(2) 使用快速自适应二维经验模式分解方法将输入图案分解为一组二维特征模函数。

(3) 使用希尔伯特螺旋变换解调带通滤波零均值输入模式的振幅。振幅调制分布对应于光学切片图像。

在反演算法上，大致分成两个步骤。第一步，基于经验模式分解的二维数据处理，用于对象空间频率选择(降噪和偏置项去除)。第二步，使用二维螺旋希尔伯特变换进行高对比度图像处理，获得与经典 SIM 相同的效果。

随着深度学习的发展，人们开始将深度学习与 SIM 反演计算相联系，提出利用深度学习方法解决 SIM 图像的反演问题。因此，Chai 等[95]提出基于深度学习方法的快照式 SIM 成像技术。他们提出一种基于深度学习的一次性光学切片方法(称为光深度切层 SIM)，以提高切片(切层)SIM 表面测量的效率。具体来说，通过开发一个 CNN 学习结构化照明图像中光学切片的统计不变性。通过充分利用结构光照图像的高熵特性训练 CNN。即使对于低纹理表面，该方法也能实现快速收敛和低训练误差。然后，将经过良好训练的 CNN 应用于平面镜进行测试，证明该方法仅从一个，而不是两个或三个原始结构照明帧重建高质量光学切片的能力。实验表明，该方法具有与切层 SIM 技术相似的精度，以及更高的成像速度。快照式 SIM 深度学习模型如图 3-20 所示。

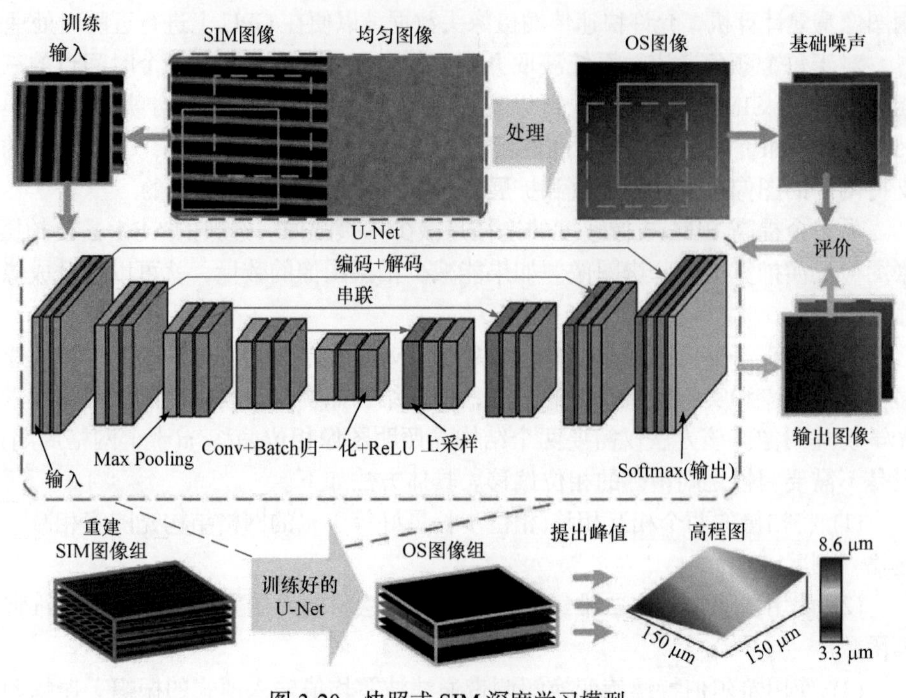

图 3-20　快照式 SIM 深度学习模型

3.2　盲结构光照明显微成像技术

常规结构光照明技术 SIM 重建过程需要提前掌握照明图样。这就意味着，如果想要得到一个较为理想的实验结果，需要在一个校准良好且无像差的光学系统中进行实验。这就导致 SIM 成像系统的光路较为复杂，且需要严格注意像差引起的照明图样变形。当样品中存在周期性结构时，会干扰对条纹空间频率矢量的估计，而对余弦条纹初相位的估计则对噪声十分敏感。当信噪比较低时可能出现较大的偏差，导致 SIM 重构结果中出现明显的伪像。当样品为厚生物组织时，样品本身引入的像差会使照明条纹发生扭曲。此时，样品接受的照明调制已经偏离了余弦分布，因此使用余弦结构光照明下 SIM 的重构算法有时很难获得样品真正的超分辨图像。B-SIM 的出现可以回避这一问题[96]。B-SIM 使用散射介质生成的散斑照明取代余弦结构光照明，能够在照明图样未知的情况下实现对样品的超分辨重构。该技术能实现与传统 SIM 技术相同的分辨率，且成像结果受像差引起的照明图样变形的影响较小，所以不需要任何校准步骤或严格控制的照明过程，可以大大简化实验设置。B-SIM 的出现增强了 SIM 技术的适用性和灵活性。当然，从目前情况看，B-SIM 超分辨重构需要几百张甚至上千张的实验图像，极大地降低成像效率，限制 B-SIM 的应用，但是尽管 B-SIM 在成像速度上存在缺陷，该技术还是给我们指出了照明端移频编码的新思路。本节介绍 B-SIM 的基本原理及其改进方法。

3.2.1　B-SIM 技术原理

在 B-SIM 成像系统中，人们不再用规则的周期结构光(周期条纹结构)去照明样品，而是使用 N 个不同的随机分布光斑图样代替周期调制图案的照明光束去照明样品，我们将这些随机光斑图案记为 $I_{i=1,2,\cdots,N}$。

这些随机光斑图案光束来激发荧光标记的样品，产生荧光。然后，用成像系统的探测相机获取相应的荧光图像 $M_{i=1,2,\cdots,N}$，即

$$M_i = (I_i S) * h \tag{3-26}$$

其中，S 为样品分布；h 为成像系统的点扩散函数。

为了求解荧光样品的图像，假设所有 N 个随机照明图样的强度叠加总和是均匀分布的定值，即

$$c\sum_{n=1}^{N} I_{i=1,2,\cdots,N} \approx NI_0 \tag{3-27}$$

其中，I_0 为光强常量。

因此，第 N 张随机光斑图样就可以表示为

$$I_N \approx NI_0 - \sum_{i=1}^{N-1} I_i$$

根据这个随机照明约束条件，测量第 N 张荧光图像 M_N，可得

$$M_N \approx \left[\left(NI_0 - \sum_{i=1}^{N-1} I_i\right)S\right] * h \tag{3-28}$$

为了求出样品分布 S，需要从上述一系列随机光斑照明的样品图像中，不断迭代计算。为此，我们定义如下评价函数，即

$$F(S, I_i = 1,2,\cdots,N-1) = \sum_{i=1}^{N-1} \| M_i - (I_i S) * h \|^2 + \| M_N - \left[\left(NI_0 - \sum_{i=1}^{N-1} I_i\right)S\right] * h \|^2 \tag{3-29}$$

其中，$\|\cdot\|$ 表示欧氏范数。

然后，通过梯度下降等迭代算法最小化评价函数，即可求得样品分布 S，以及照明图像强度分布 I_i。在这个过程中，边界条件是 S 与 I_i 都保持正值。

最初的盲结构光系统是基于激光散斑形成的随机光斑结构光照明系统。该系统利用激光散斑的随机分布特性，构建盲结构光来照明样品。激光散斑 B-SIM

系统如图 3-21 所示。照明的激光束经过一个旋转的毛玻璃产生散斑图案，经光学成像系统，以及显微镜物镜照明在样品上，激发样品产生荧光。荧光图像经物镜成像，二色镜滤波被 EMCCD 探测。

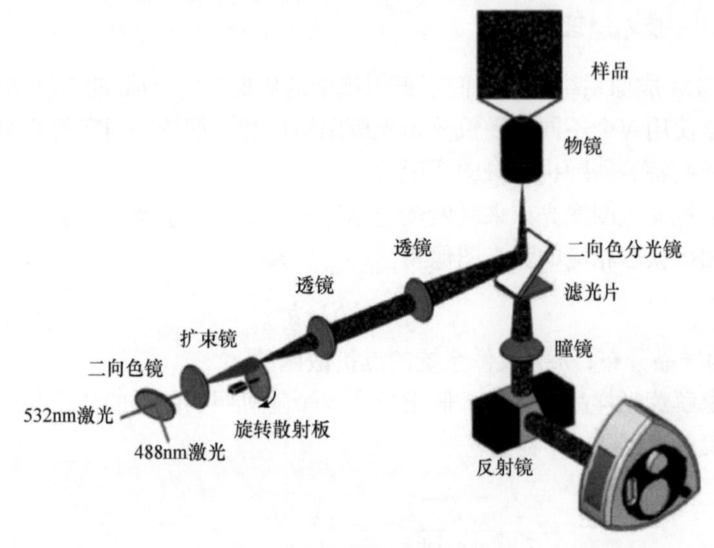

图 3-21　激光散斑 B-SIM 系统[23]

实验拍摄 160 张不同的散斑图样照射激发的荧光图像。按照前述算法，优化评价函数。最后可以得到 160 张照射的散斑图样与样品图像。B-SIM 计算过程如图 3-22 所示。

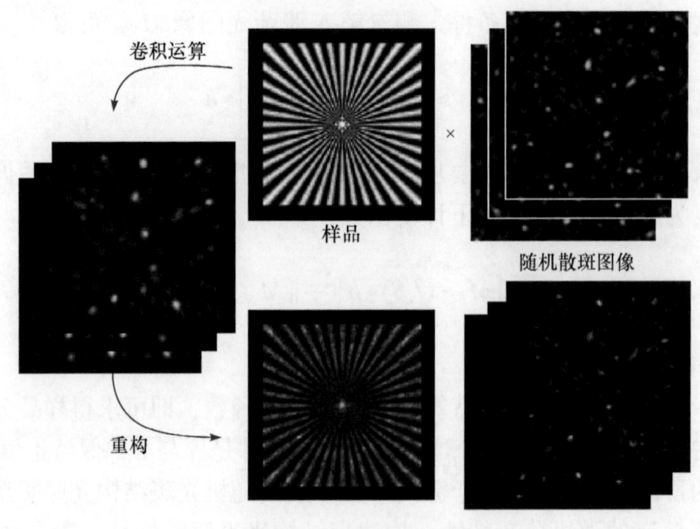

图 3-22　B-SIM 计算过程

实验结果显示，B-SIM 技术能显著提高空间分辨率，区分更精细的结构。B-SIM 成像实验结果如图 3-23 所示。可以发现，反卷积虽然也能提高分辨率，但是只能缩小单个颗粒的大小，难以区分临近的结构，即宽场图中无法区分的临近颗粒在反卷积图中仍然难以区分，而 B-SIM 则可以实现区分。值得指出的是，利用盲结构光照明成像技术时，需要产生比较多的随机图案，同时需要保持这些随机图案的总和基本上是一个均匀分布的图案。散斑图案的结构越小，成像的分辨率就越高。当然图案的对比度也很重要，因为它会影响最后荧光图像的信噪比。

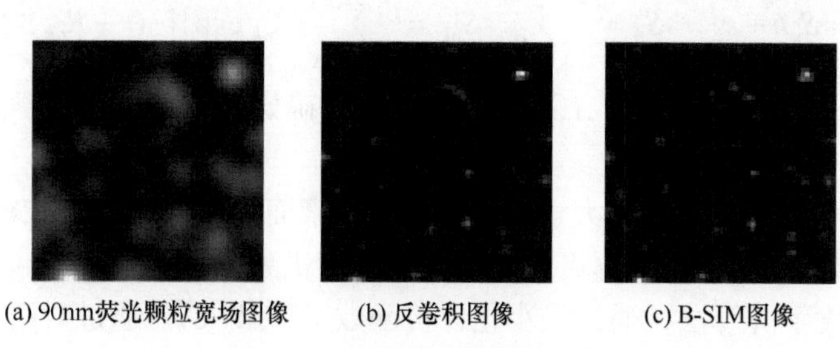

图 3-23　B-SIM 成像实验结果

3.2.2　散射介质形成的盲结构光照明显微

散射介质对激光的散射作用可以产生结构更为细小的随机结构光照明。我们可以用这样产生的随机结构光照明荧光标记样品，进行 B-SIM 成像[97]。DMD 随机图像+散射的 B-SIM 成像技术如图 3-24 所示。首先是 DMD 投影一个随机点图像，但是这样的随机点受照明物镜的数值孔径限制，不可能很细小，所以加上一个不透明的散射层，将 DMD 的随机图像进一步散射，形成更为细小结构的散斑分布照明激发荧光标记的生物样品，进而用 CCD 获取散斑图样的荧光信号。由于 DMD 可以快速不断地变换图案，所以可以构成各种分布的随机图案来照明荧光样品。

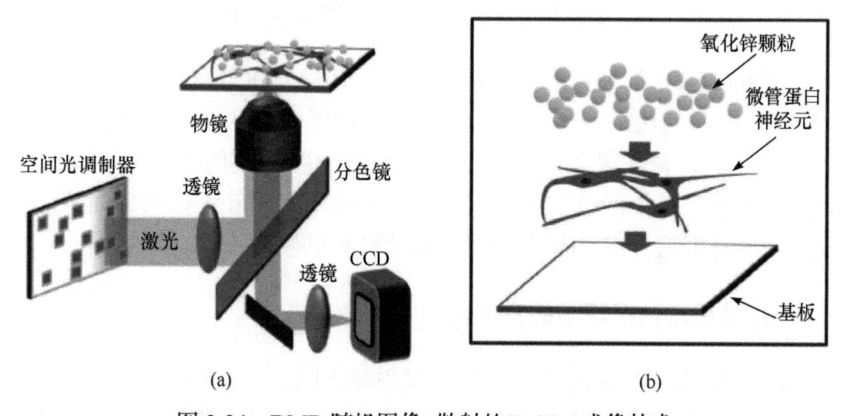

图 3-24　DMD 随机图像+散射的 B-SIM 成像技术

这种方法可以用于微管蛋白染色的神经元培养物的荧光图像成像(图 3-25)。不透明散射层是 100nm 氧化锌颗粒溶液形成的散射介质。M_n 是每一帧拍摄的由随机散射结构光照明激发的荧光图像(左侧第一列)。所有图像相加得到平均帧图像 $\bar{M}$ (第一列底)。HM_n 是将每一帧图像减去平均帧 $\bar{M}$ 并考虑结果的正部分，获得的荧光帧的高强度部分。

构造评价函数，即

$$F = |\mathrm{HM}_n - G_n|^2$$

其中，$G_n = S_n h + \varepsilon$，$S_n = \sum_{k=1,2,\cdots,K_n} S_{nk} = \sum_{k=1,2,\cdots,K_n} A_{nk} \exp\{[-(r-R_{nk})^2]/(2S^2)\}$，$r$ 为图像平面中的坐标向量；A_{nk}、R_{nk}、K_n 为待确定的散斑颗粒的强度、中心位置、总数。

设 A 为荧光图像中信号大于噪声的部分像素面积，$A_{\mathrm{speckle}}=\pi(S/2)^2$ 为单个散斑颗粒大小，初始 $K_n = A/A_{\mathrm{speckle}}$，在成像视场中随机激发。

应用梯度下降算法，通过最小化评价函数 F 获得 G_n。通过对所有 S_n 进行平均，获得高分辨率图像 S。

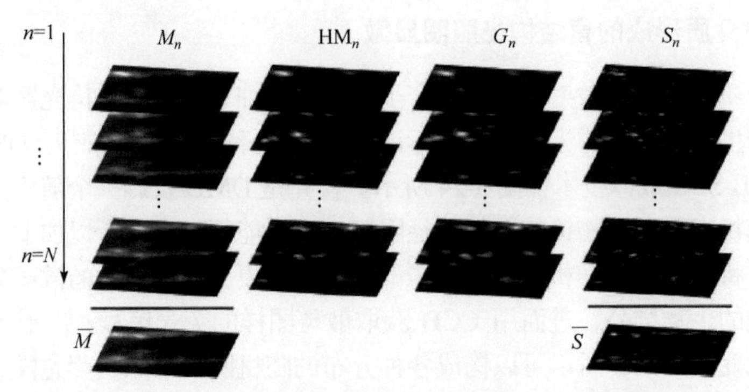

图 3-25　微管蛋白染色的神经元培养物的荧光图像成像

该方法可以产生无需闪烁或光切换荧光化合物的随机图像。与标准 SIM 和其他 B-SIM 方法相比，该方法对光学像差和低照明下的误差不敏感，并且不需要很多先验知识，只需要了解散斑大小和假设照明图案的总和是均匀分布的即可。此外，算法对样本稀疏性的要求不高。实验采用 600 张拍摄的图像，可以将显微成像的分辨率提升 2.5 倍以上(对小数值孔径的物镜而言)。

3.2.3　DMD 随机编码照明下的盲结构光照明显微成像

与经典 SIM 中 DMD 是产生周期条纹图案不同，DMD 照明调制下的 B-SIM 是利用 DMD 二维空间光调制器的快速调制特性，生成二维随机分布的调制图像进行样品的照明。在 B-SIM 重构算法中，采用最小化均方差的方式对样品进行估计。

首先，用 DMD 产生 N 张随机分布二值化图案 $p(r)$，并用这些随机图案的照明光照明样品。这些随机图案的照明光满足 $\sum_{n=1}^{N} p(r)_{i=1,2,\cdots,N} \approx NI_0$

样品 $f(r)$在随机编码结构光图样 $p(r)$的照明下，拍摄到的荧光图像为

$$g(r)=(f(r)\times p(r))\otimes \mathrm{PSF}(r) \tag{3-30}$$

设样品的估计为 $\mathrm{fest}(r)$，则荧光图像的估计和实际观测结果之间的残差为

$$\mathrm{err}(r)g(r)-(\mathrm{fest}(r)\times p(r))\otimes \mathrm{PSF}(r) \tag{3-31}$$

根据残差函数的 L2 范数，定义误差函数为

$$\mathrm{RSQ}(\mathrm{fest}(r))=\|g(r)-(\mathrm{fest}(r)\times p(r))\otimes \mathrm{PSF}(r)\|_2^2 \tag{3-32}$$

当 $\mathrm{fest}(r)=f(r)$时，$\mathrm{RSQ}(\mathrm{fest}(r))$的值最小。B-SIM 的核心思想是，通过最小化误差函数确定样品的估计值。

在使用多个结构光照明图样时，误差函数变为

$$\mathrm{RSQ}(\mathrm{fest}(r))=\sum_{n=1}^{N}\|g_n(r)-(\mathrm{fest}(r)\times p_n(r))\otimes \mathrm{PSF}(r)\|_2^2 \tag{3-33}$$

其中，$g_n(r)$为样品在照明图样 $p_n(r)$的调制下采集的荧光图像；N 为照明图样的总数。

当照明图样未知时，误差函数的自变量应包含对照明图样的估计，此时误差函数 RSQ 变为

$$\mathrm{RSQ}(\mathrm{fest}(r),\{\mathrm{pest}_n(r)\})=\sum_{n=1}^{N}\|\,g_n(r)-(\mathrm{fest}(r)\times \mathrm{pest}_n(r))\otimes \mathrm{PSF}(r)\|_2^2 \tag{3-34}$$

对样品的估计相当于求解一个有约束最优化问题，即

$$\mathrm{argmin}\sum_{n=1}^{N}\|\,g_n(r)-(\mathrm{fest}(r)\times \mathrm{pest}_n(r))\otimes \mathrm{PSF}(r)\|_2^2 \tag{3-35}$$

约束条件为

$$g_n(r)=(\mathrm{fest}(r)\times \mathrm{pest}_n(r))\otimes \mathrm{PSF}(r),\quad n=1,2,\cdots,N \tag{3-36}$$

由于卷积运算不是可逆的，RSQ 的最小化问题不存在解析解。RSQ 关于 $\mathrm{fest}(r)$和 $\mathrm{pest}_n(r)$是可导的，因此可以使用梯度下降法求解 RSQ 的最小化问题。RSQ 关于 $\mathrm{fest}(r)$的梯度为

$$\mathrm{grad}_f(r)=\sum_{n=1}^{N}\mathrm{pest}_n(r)\times A^*[g_n(r)-(\mathrm{fest}(r)\times \mathrm{pest}_n(r))\otimes \mathrm{PSF}(r)] \tag{3-37}$$

RSQ 关于 $pest_n(r)$的梯度为

$$\mathrm{grad}_{p,n}(r) = -\mathrm{fest}(r) \times A^{*}[g_n(r) - (\mathrm{fest}(r) \times \mathrm{pest}_n(r)) \otimes \mathrm{PSF}(r)] \tag{3-38}$$

其中，A^*为卷积运算的埃尔米特伴随算子，与卷积运算构成伴随关系，即

$$\langle x \otimes \mathrm{PSF}, y \rangle = \langle x, A^{*} y \rangle \tag{3-39}$$

其中，$\langle \cdot,\cdot \rangle$ 表示希尔伯特空内积。

对于显微成像系统，其点扩散函数是中心实对称的，因此相应的埃尔米特伴随算子也是卷积算子。此时，式(3-37)和式(3-38)可以重新写为

$$\mathrm{grad}_{f}(r) = \sum_{n=1}^{N} \mathrm{pest}_n(r) \times [g_n(r) - (\mathrm{fest}(r) \times \mathrm{pest}_n(r)) \otimes \mathrm{PSF}(r)] \otimes \mathrm{PSF}(r) \tag{3-40}$$

$$\mathrm{grad}_{p,n}(r) = -\mathrm{fest}(r) \times [g_n(r) - (\mathrm{fest}(r) \times \mathrm{pest}_n(r)) \otimes \mathrm{PSF}(r)] \otimes \mathrm{PSF}(r) \tag{3-41}$$

B-SIM 引入一个额外的约束条件，所有照明图样之和近似组成均匀照明，即

$$\sum_{n=1}^{N} \mathrm{pest}_n(r) \approx N I_0 \tag{3-42}$$

其中，I_0为正常数，与位置无关。

在增加这一约束后，约束条件中的等式数量变为$(N+1)$，而最优化问题的未知变元(即 fest(r)和 $pest_n(r)$)的数量也是$(N+1)$，因此可以保证解的唯一性。

在对约束条件进行扩充后，当 $n=N$ 时，残差函数变为

$$\mathrm{err}_N(r) = g_n(r) - \left[\mathrm{fest}(r) \times \left(N I_0 - \sum_{n=1}^{N-1} \mathrm{pest}_n(r) \right) \right] \otimes \mathrm{PSF}(r) \tag{3-43}$$

误差函数 RSQ 关于 fest(r)的梯度保持不变，关于 $pest_n(r)$梯度变为

$$\mathrm{grad}_{p,n}(r) = -\mathrm{fest}(r) \times (\mathrm{err}_n(r) - \mathrm{err}_N(r)) \otimes \mathrm{PSF}(r) \tag{3-44}$$

此时，利用梯度下降法求解最优化问题。当迭代过程收敛时，获得的解与真实解相同。

在一般 B-SIM 中，使用散射介质产生的散斑图样作为结构光照明。由于散斑的随机性，要满足式(3-42)中的约束条件，需要大量散斑图样照明下的荧光图像。要进行一次 B-SIM 成像需要的实验图像数量为几百至上千张。虽然 B-SIM 不需要提前获知照明图样，但是牺牲了成像效率。DMD 是目前最快速度的数字空间光调制器，用 DMD 产生随机结构光图案，只需保证 DMD 加载的二值图样的序列之和为均匀图样就能够使样品上的照明图样满足 B-SIM 的照明要求，即

$$\sum_{n=1}^{N} \mathrm{bina}_n(r) = \mathrm{constant}$$

我们可以使用二维周期性的二值点阵图样实现 B-SIM 照明。考虑 DMD 图案的离散性，点阵图样中的坐标取整数格点值。设二值点阵图样为 $\mathrm{bina}_{k,l}(s,t)$，k、l、s 和 t 都是非负整数。(k,l)表示图样的下标序号，k 的取值为 0～K−1，l 的取值为 0～L−1，$\mathrm{bina}_{k,l}(s,t)$为图样序列中的第 $k(L-1)+1$ 个图样。若 $\mathrm{bina}_{k,l}(s,t)$满足 $\mathrm{bina}_{k,l}(s+hK,t+eL)=\mathrm{bina}_{k,l}(s,t)$，$h$ 和 e 为整数，并且 $\mathrm{bina}_{k+1,l+1}(s,t)=\mathrm{bina}_{k,l}(s+1,t+1)$，就可以保证所有二值图样序列之和为均匀图样。特殊设计的二维点阵图样满足 B-SIM 的照明要求如图 3-26 所示。

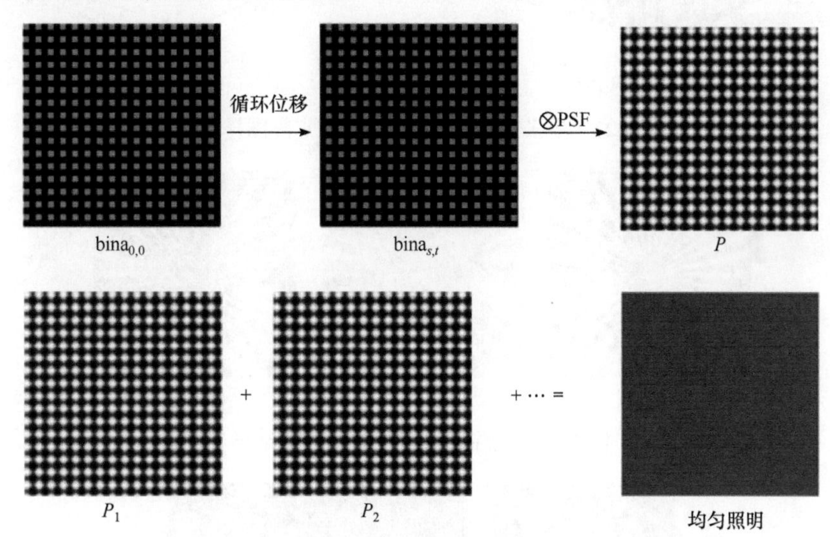

图 3-26　特殊设计的二维点阵图样满足 B-SIM 的照明要求

如图 3-27 所示，二值点阵图样之和构成均匀图样，说明设计的二值点阵图样能够满足 B-SIM 的要求。注意，二值点阵图样的周期不能小于 $0.61\lambda/\mathrm{NA}\times \mathrm{mag}_{\mathrm{illu}}/\mathrm{dsize}$，其中 $\mathrm{mag}_{\mathrm{illu}}$ 是结构光照明的系统放大率，dsize 是 DMD 的像元尺寸。这是因为当二值点阵图样的周期过小时，点扩散函数的卷积作用将无法生成点阵照明，从而无法对样品产生结构光调制。

为了提高求解 $\mathrm{fest}(r)$和 $\mathrm{pest}_n(r)$的迭代收敛速度，故采用共轭梯度法对迭代进行优化。

如图 3-28 所示，内外两个同心的蓝色虚线圈分别指示了衍射极限下的分辨率和 2 倍分辨率提升。在 B-SIM 重构后，分辨率提升近 2 倍，与余弦结构光照明下的 SIM 分辨率提升相当。

对平均粒径为 200nm 的荧光颗粒进行点阵照明下的 B-SIM 实验，二值点阵图样的周期为 $K=L=6$，占空比为 0.5。点阵照明下实验图像的数量为 36，远小于散斑照明下 B-SIM 所需实验图像的数量。如图 3-29 所示，相比宽场图像，点阵照明下 B-SIM 的重构结果表现出显著的分辨率提升。

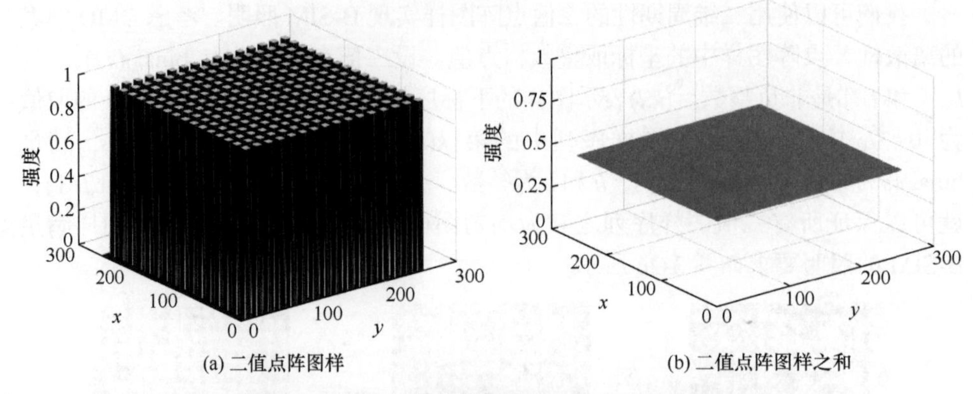

(a) 二值点阵图样 (b) 二值点阵图样之和

图 3-27 单张二值点阵图样与二值点阵图样之和

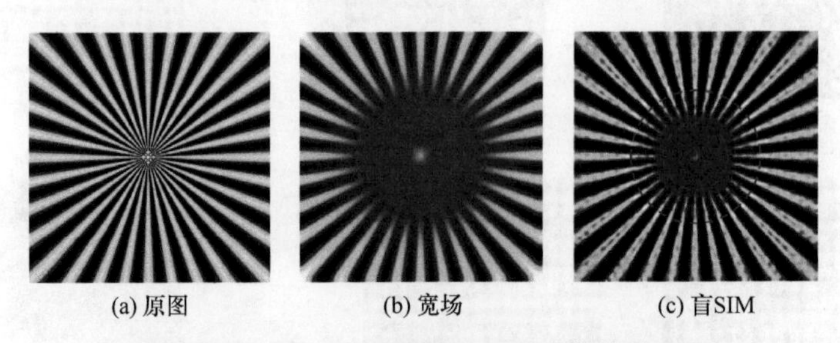

(a) 原图 (b) 宽场 (c) 盲SIM

图 3-28 点阵照明下 B-SIM 重构结果

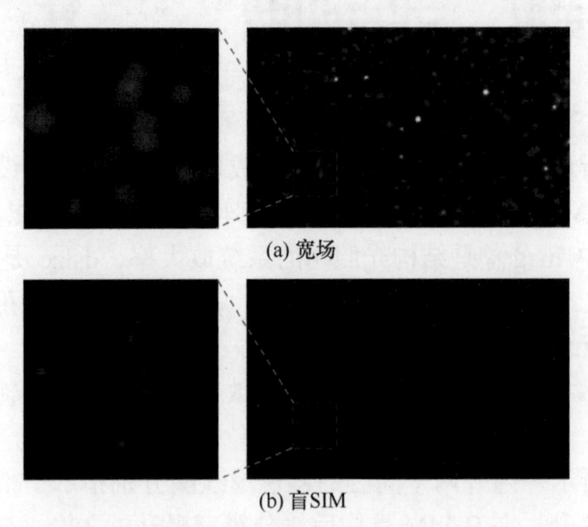

(a) 宽场

(b) 盲SIM

图 3-29 荧光颗粒的 B-SIM 超分辨重构(全幅为 5μm，放大区域为 1μm)

下面对荧光颗粒的 B-SIM 超分辨重构进行分辨率的解相关分析。如图 3-29 所示，对于荧光颗粒的宽场图像，其归一化截止频率为 0.29，B-SIM 超分辨重构结果的归一化截止频率为 0.56，因此分辨率约提升为宽场的 1.9 倍。

基于 DMD 随机二值化图案照明下的 B-SIM 超分辨荧光显微成像，可以达到同样条件下经典结构光照明显微的分辨率(即物镜数值孔径极限的 2 倍)，但是由于 DMD 有比较好的图案效果，所以极大降低了一般 B-SIM 所需随机图案的数量。B-SIM 超分辨重构可以满足不需精确知道结构光照明显微图像的要求，同时可以克服物镜与显微成像系统像差的影响。

3.3　傅里叶频谱叠层显微技术

光学傅里叶叠层显微术(傅里叶频谱叠层成像法)是一种图像域编码，频谱域解码并合成扩频的有效方法。叠层成像(ptychography)这一术语最早是由德国科学家沃尔特·霍普等于 1969 年提出的[98]。ptycho 表示叠层，graphy 意为书画，是用来描述数学中的卷积过程。叠层成像[99]是用一个已知振幅和相位的光斑照明样品，其原理如图 3-30 所示。激光通过一个光阑限制光束孔径，从而实现以一个光斑照明样品。样品被照明后产生衍射，通过相机接收衍射图样，样品可以移动实现光斑对样品的扫描。相机记录相应的衍射图样，然后通过相关算法[60, 100,101]进行拼接，恢复样品的相位信息。叠层成像要求前后两次光斑照明样品的区域有大约 60%的交叠才可以使算法达到更好的收敛。这种交叠是在空域中实现的，所以通常称为空域叠层成像。

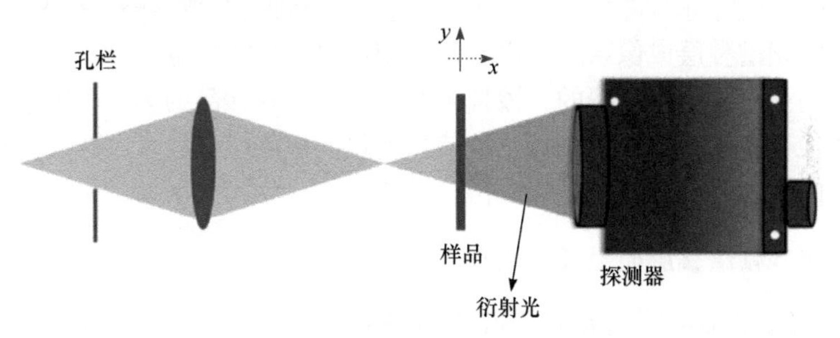

图 3-30　叠层成像原理图

傅里叶域频谱叠层成像受空域叠层成像的启发，是在傅里叶频域的叠层成像技术。为了得到更好的收敛，满足数据冗余要求，只是对应的交叠发生在傅里叶频域中，因此称为傅里叶频域叠层技术。

傅里叶频谱叠层成像技术基于相干合成原理，通过改变成像光束的基频频率，利用多次移频照明获得相应的成像图像和计算合成，获得频域上叠层频谱的合成展宽，从而极大提高光学显微成像系统的空间带宽积。值得指出的是，光学系统的空间带宽积代表成像系统可以传输的信息容量能力，由视场和数值孔径决定。传统显微镜的空间带宽积可以用成像系统总的可分辨像素数表示，一般在千万像素量级。扩大光学成像的空间带宽积意味着扩大了光学系统的成像能力。

就原理而言，傅里叶频谱叠层成像可以实现传统成像系统空间带宽极限的突破。它具有非常重要的两大能力，一是相位反演能力，就是从获取的样品强度图像，直接计算图像原有的相位信息。由于光电探测器，如光电倍增管、照相机等都只能探测光强信息，而丢失代表光波在传输过程中延迟量的相位信息，因此相位反演技术在对样品特性全面了解中十分重要。相位反演技术是通过逆问题求解，在傅里叶域和空域交替增强已知信息量，找到与强度分布一致的相位解，从而从基于强度的测量中恢复出相位信息。该技术最早被用于电子显微镜成像[102]。

另一种能力是孔径合成成像能力[103, 104]。孔径合成技术是指将不同子孔径成像的信息进行合成，从而扩大成像孔径的技术。例如，使用沿不同方向传播的平面波照明样品，在相干光照明条件下，照明平面波可以表示为$\exp(-\mathrm{j}k_i r)$，物体$O(r)$与入射光相互作用后形成复振幅分布$O'(r)$，即

$$O'(r) = \exp(-\mathrm{j}k_i r) \cdot O(r) \tag{3-45}$$

对式(3-45)作傅里叶变换，可得

$$\tilde{O}'(k) = \tilde{O}(k - k_i) \tag{3-46}$$

由式(3-46)可见，以波矢为k_i的平面波照明样品等效于将物体的频谱在傅里叶域中作矢量为k_i的平移，因此可以使物体的高频信息移动到物镜的通带范围内参与到成像中。随后将不同方向的移频频带进行拼接即可合成完整的扩展频带[105]。

傅里叶频谱叠层成像系统的空间带宽积可以是亿数量像素级。然而，增加空间带宽积的能力并不是免费的，该技术必须通过获取样品的多个不同频段子孔径的移频图像，因此需要增加时间。从信息通量的角度，该技术以时间为代价，通过降低时间成像分辨率提升空间成像分辨率。

3.3.1 傅里叶频谱叠层显微成像原理

2013 年，Zheng[106]提出傅里叶频谱叠层成像技术，并将该技术用于高分辨显微成像。相比其他超分辨光学成像方法复杂的系统结构，傅里叶频谱叠层成像技术的系统较为简单。如图 3-31 所示，该系统主要由一块可编程 LED 阵列光源板、一个低数值孔径物镜和一个探测相机组成[62]。采集图像时，样品位于低数值孔径物镜的焦面位置处，依次点亮不同位置处的单个 LED，从不同方向照明样品，并使用相机记录下相应的多角度照明图像。每个入射角下获取的原始图像都是一幅低分辨强度图像。其分辨率由物镜的数值孔径角决定。由于每个 LED 的入射角不同，对应的横向波矢大小不同，因此对于样品的移频量也不同，所拍摄的每张图像对应于获取样品不同频率的信息。通过算法重构，傅里叶频谱叠层成像可以打破传统显微镜成像视场和分辨率之间的矛盾，同时实现高分辨率和大视场成像。其最终分辨率受 LED 阵列的最大入射角决定，视场则受物镜成像视

场限制。除了提高空间分辨率，傅里叶频谱叠层成像还可以自动校正造成图像质量下降的光学像差，以及扩展显微镜的焦深。

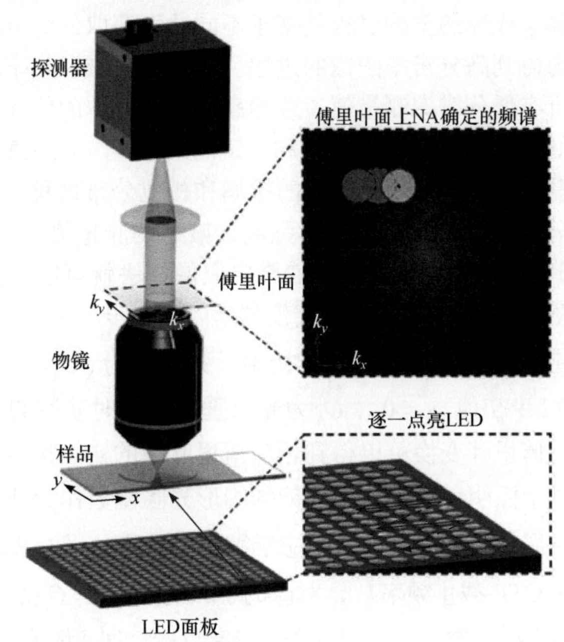

图 3-31　典型傅里叶频谱叠层成像系统结构图

傅里叶频谱叠层成像的过程可以表述为

$$I_i = |F^{-1}(\tilde{O}(k-k_i)\cdot\tilde{H})|^2 \tag{3-47}$$

其中，I_i 为对应第 i 个入射光照明时拍摄的图像的强度分布；F^{-1} 为傅里叶逆变换；$\tilde{O}$ 为物体的频谱；$\tilde{H}$ 为系统的 CTF；k 为傅里叶域中的坐标；k_i 为第 i 个入射光照明时对应的横向波矢。

由此可知，未知物体频谱可以通过下式恢复，即

$$\tilde{O}(k-k_i) = F(\sqrt{I_i}\,\mathrm{e}^{\mathrm{j}\varphi})\cdot\tilde{H}^* \tag{3-48}$$

其中，$\tilde{H}^*$ 为 CTF 的复共轭函数；F 为傅里叶变换；φ 为图像 $\sqrt{I_i}$ 对应的相位。

由式(3-48)可知，为了恢复物体的频谱 $\tilde{O}$，必须知道 φ，因此可以用估计相位误差最小化的方式解决，从而恢复物体的频谱，具体可以通过一个代价函数表示，即

$$\min_{\tilde{O}(k)} f(\tilde{O}(k)) = \min_{\tilde{O}(k)}\sum_r \left|\sqrt{I_i(r)} - |F^{-1}(\tilde{O}(k-k_i)\cdot\tilde{H})|\right| \tag{3-49}$$

其中，$f(\tilde{O}(k))$ 为需要最小化的物体频谱的非凸函数；r 为空间坐标；I_i 为所拍摄图像；$F^{-1}(\tilde{O}(k-k_i)\cdot\tilde{H})$ 为估计的图像。

式(3-49)描述的代价函数可以通过梯度下降法进行优化。其优化在傅里叶频谱叠层成像的迭代更新中体现。

傅里叶频谱叠层成像的重构过程是基于不同角度获取的低分辨率原始图像，通过后期算法重构得到高分辨率图像的过程。即在空间域和频率域反复迭代转换至收敛，找到与所有低分辨率测量值一致的高分辨率样本的估计值。在空间域和频率域，分别以低分辨率强度测量结果和物镜的 CTF 作为约束，以获得收敛的最终解。直观来看，从样品发出的光场的振幅和相位分布是我们想要获取的未知量，而每一张低分辨率原始图像则是其强度衰减后的测量值。只要知道每个测量值和未知量之间的 OTF，傅里叶频谱叠层成像算法就可以通过迭代优化不断逼近真实值。如图 3-32 所示，其重构流程包括以下五步。

第一步，选定所需重构的物体空域初始，并表示为 $\sqrt{O_h}\mathrm{e}^{\mathrm{j}\varphi_h}$ ，其中 O_h 为强度，φ_h 为相位，可令初值 $\varphi_h = 0$ ，O_h 为光束垂直入射时获取的低分辨率原始强度图像。对其进行傅里叶变换可以得到相应傅里叶域的初始频谱图 $\tilde{O}_1(k)$。

第二步，在每个照明角度下，以物镜的圆形光瞳函数作为低通滤波器，截取初始频谱猜测图的局部区域。其中心对应于第一个照明的平面波的横向波矢 k_i^1，半径对应于物镜的 CTF 截止频率 k_c，对应的子频谱 $\tilde{O}_1^s(k) = \tilde{O}_1(k - k_i^1)\tilde{H}(k)$ 。对选取的区域傅里叶逆变换到空域，得到一个分辨率目标复振幅图像 $\sqrt{O_1}\mathrm{e}^{\mathrm{j}\varphi_1}$ 。

第三步，用相应横向入射波矢为 k_i^1 照明时低分辨率原始图的振幅 $\sqrt{I_1}$ 替代更新前一步得到的目标复振幅图像的振幅部分，保留相位，得到一幅更新后的目标复振幅图像 $\sqrt{I_1}\mathrm{e}^{\mathrm{j}\varphi_1}$ 。随后通过傅里叶变换得到更新后的目标复振幅图像的频谱图，对该频谱选取类似于第二步的子区域，得到 $\tilde{O}_1^{s\prime}(k)$，用该区域频谱取代子区域的频谱，得到更新的物体频谱。

第四步，重复第二、三步，以对应于第 n 个入射的平面波(横向波矢 k_i^n)时照明的情况，直到所有照明角度对应的孔径频谱信息都得到迭代更新。

第五步，重复第二～四步，进行数次迭代，直至得到一个收敛的解，恢复出样品的高分辨率强度图像 O_h，以及相应的相位分布 φ_h。

对于第 n 个入射平面波，照明时对应描述的第三步便是通过梯度下降优化的过程，即通过一阶微分得到一个更新的物体频谱函数，即

$$\tilde{O}_{n+1}(k - k_i^n) = \tilde{O}_n(k - k_i^n) + \alpha \frac{\tilde{H}^*(k)}{|\tilde{H}(k)|^2}(\tilde{O}_n^{s'}(k) - \tilde{O}_n^s(k)) \tag{3-50}$$

其中，$\tilde{O}_n(k - k_i^n)$为第 n 个入射平面波照明时得到的物体频谱；$\tilde{O}_{n+1}(k - k_i^n)$ 为下一次更新的物体频谱；α 为更新步长；$\tilde{H}^*$ 为 CTF 的复共轭函数。

当所有拍摄的 N 张图代入式(3-6)对物体频谱更新后，便完成了一次迭代，数

次迭代将使式(3-49)达到最小，即得到收敛解。

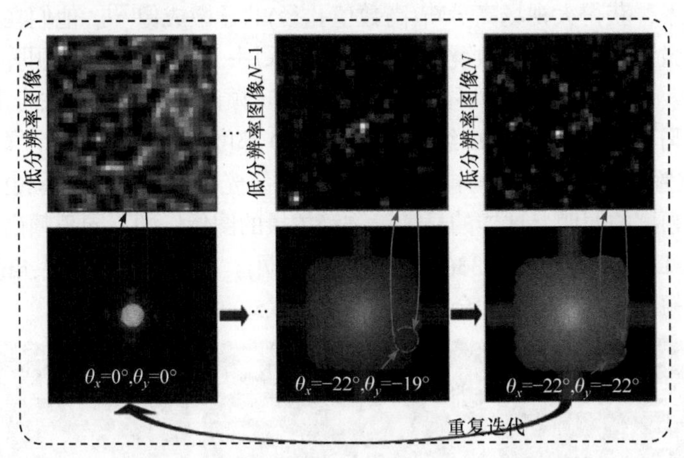

图 3-32　傅里叶频谱叠层成像算法重构流程图[15]

可以看出，该方法实际上是一种移频后的相干合成算法。与合成孔径成像不同，它不需要测量每个子孔径的相位信息，而是直接对子孔径的强度信号进行频谱合成。这样可以极大地方便人们对合成孔径系统的物理实现。因此，傅里叶频谱叠层成像最大特点是，在相干信号的移频成像合成中，改变了需要移频相位测量(成像)的复杂度，仅依靠移频的强度图像，利用多次迭代处理技术，就可以实现扩域频谱的图像收敛，进而获得移频扩域的高分辨图像。

傅里叶频谱叠层成像重建图像的最终分辨率与合成带通滤波器的宽度成正比。从几何上可以清楚地看出，合成带通滤波器的总宽度等于成像系统物镜数值孔径 NA_{obj} 和最大照明角数值孔径 $NA_{ill}=\sin\phi_{max}$ 之和(假设样品在空气中，ϕ_{max} 是照明 LED 阵列中最边缘 LED 的主光线与物镜光轴构成的入射角)，即傅里叶频谱叠层成像的成像分辨率极限，即

$$\Delta_r = \frac{\lambda}{NA_{obj} + NA_{ill}}$$

下面从实际移频成像的系统进一步深入分析，利用移频叠层成像技术，在显微成像中开拓成像特色与新奇功能。

3.3.2　相干光照明的傅里叶频谱叠层成像技术

1. 基于小数值孔径物镜实现大视场高分辨的傅里叶频谱叠层成像术

利用小数值孔径物镜的大视场成像能力，通过相干信号的移频合成，傅里叶频谱叠层成像可以获得大视场、大数值孔径的显微成像效果。这是非常有意义的成像技术，即利傅里叶频谱叠层成像扩大经典光学成像系统的空间带宽积。

郑国安等采用视场面积几乎达到 120mm^2 的 2 倍物镜(NA=0.08)，利用移频频谱叠层成像技术，获得大视场高分辨(高数值孔径)的显微成像[73]。他们在常规透射式生物光学显微镜中，改变显微镜的照明系统。采用一个 LED 的照明阵列替代原来的柯拉照明。小数值孔径物镜移频成像与傅里叶频谱叠层成像算法合成如图 3-33 所示。LED 阵列由 127 个 LED 组成，每个 LED 都可以发光照明整个样品。不同的 LED 由于位置的不同，所以与样品法线(显微系统光轴)的夹角与方位也不同，因此形成不同角频谱的照明。这样的显微镜物镜拍摄的图像，即不同角频谱移频后的移频图像(每个 LED 对应于图 3-33(c2)中的一个圆圈)。LED 阵列中最大角度入射 LED 对应的空间频率可以重建最大合成数值孔径为 0.5 的高分辨率图像。

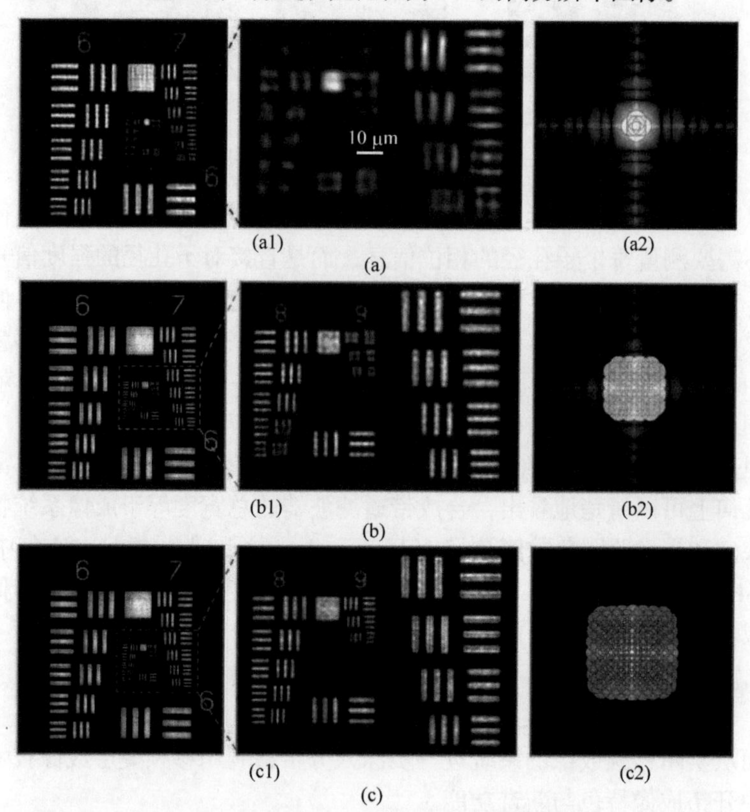

图 3-33　小数值孔径物镜移频成像与傅里叶频谱叠层成像算法合成

在这样的傅里叶频谱叠层成像中，需要对所有的 LED 逐一拍摄其点亮照明样品的成像图像，所以需要拍摄 137 张图，有一定的时间代价。需要注意的是，不同位置的 LED 照明出来的图像光强度差异很大，因此要采用不同的曝光时间。在实际拍摄时对于中心的 49(7 × 7)个 LED，他们采集了三幅具有三种不同曝光时间(0.005s、0.1s 和 0.5s)的图像，并将其组合以获得用于傅里叶频谱叠层成像重建的 14 位高动态范围图像。对于该中心区域外的 LED，采集两幅具有两种不同曝光时间(0.1s 和 0.8s)的图像，创建 11 位高动态范围图像。此外，也可以使用更亮的 LED 矩阵，成像最大吞吐量最终由传感器的数据传输速率决定。

利用这样的 LED 阵列照明的傅里叶频谱叠层成像，使用简单的常规显微镜，利用低倍率、小数值孔径的物镜，以时间为代价，可以获得大视场、高分辨的显微成像图像，充分体现移频显微成像的优势，扩大空间成像的空间带宽积。

2. 彩色傅里叶频谱叠层成像技术

利用相干傅里叶频谱叠层成像，可以实现显微样品的高分辨彩色成像。为此，我们必须选用红、绿、蓝三色 LED 阵列，即每个位置都是红、绿、蓝三个 LED 构成的。当然，为了避免彩色图像合成时产生空间频谱的变化，要合理选择 LED 阵列到样品的距离，使每一个三色 LED 对样品的张角远小于物镜数值孔径。这样只要分别用红、绿、蓝三色 LED 照明显微样品，分别进行三色傅里叶频谱叠层成像图像生成，最后将三个颜色图像按照像素一一对应起来，就可以合成出高分辨的彩色图像。

3. 相位成像

除了能够创建大空间带宽积图像，傅里叶频谱叠层成像的另一个主要优势在于能够使用非干涉装置定量测量显微样品的相位，或者说可以获得显微样品的相位成像。相位成像是生物显微成像中的关键技术，因为许多生物样品都是光学透明的。因此，通过相位成像可以观测 3D 表面的形貌，在需要数字再聚焦或数字像差表征的应用中也很有用。

虽然干涉相位测量系统[107,108]可以快速准确地对多样品的相位成像，但是通常需要高精密的光学元件、精确的对准和校准，以及较为复杂的光学系统。基于傅里叶频谱叠层成像的相位成像是通过从标准显微镜图像通过计算重建检索定量样品相位，可以消除对复杂硬件的需要。此外，使用部分相干 LED 照明有助于避免相干光干涉成像中的散斑影响。

事实上，由于傅里叶频谱叠层成像照明的有限空间相干性，将进一步加剧相位重建的复杂性。实验表明，该方法可以获得准确的薄样品相位图像。因此，将傅里叶频谱叠层成像作为一种工具，不仅可以精确获取强度，还可以精确获取薄生物样品产生的完整复杂场。

相位重建傅里叶频谱叠层成像的迭代过程一直在图像谱空间进行。其具体算法与强度算法相似，只是每次迭代除了考虑强度(幅值)，还考虑相位。

首先，我们初始化的高分辨率的样本谱估计 $\hat{U}_0(k_x,k_y)$ 的构成是基于正垂直照明下的低分辨图像 $I_{k_{xi},k_{yi}}(x,y)=I_{0,0}(x,y)$ 的傅里叶变换，并上采样提升分辨率到高分辨率的样本谱估计$\hat{U}_0(k_x,k_y)$。

其次，逐一使用其余的 136 个 LED 强度图像测量值$I_{k_{xi},k_{yi}}(x,y)$的傅里叶变换谱依次更新样本光谱估计值。对于$i\neq 0$，下标k_{xi}、k_{yi}对应来自第i照明的 LED 平面波的波矢。在每个更新迭代步骤中，样本谱估计被移位并乘以相应的光学显微系统传递函数T，即$\hat{U}_{i-1}(k_x-k_{xi},k_y-k_{yi})*T(k_x,k_y)$。

将该乘积的子集逆傅里叶变换到空间域可以获得S_i，其中幅值量S_i由已测强度的平方根$\sqrt{I_i}$来替换，进而形成新的复傅里叶谱$\hat{S}_{i.}$。最后，用更新后的频谱替换传递函数通带内的复频谱$\hat{S}_i$形成新的样本谱估计$\hat{U}_{i.}$。

这样重复完成每个 LED 的照明成像过程。

再次，重复上述过程，直到解决方案收敛，将得到的$\hat{U}$复频谱分布函数转换到空间域中的样品空间分辨函数，就可以得到高分辨率复杂样本图像，其中包含相位与强度信息。

傅里叶频谱叠层成像进行相位成像时，图像实际成像分辨率的限制与样品的厚度相关。我们知道，傅里叶频谱叠层成像的最大可分辨波矢量k_x受最大 LED 照明偏角度的限制θ，k最大值为$k_x^{\max}=k_0(\sin\theta+\mathrm{NA})$。同样，在一维情形下经过缓慢变化的相位物体的波矢量由相位物体的相位$\varphi(x)$的变化梯度决定，即$k_x=\mathrm{d}\varphi/\mathrm{d}x$。假设相位物体是周期为$p$的光栅，厚度$t$，这样光栅的相位可以表示为$\varphi(x)=t\sin(px)$。因此，对应的梯度变化率，即最大调制波矢量$k$最大值$x=tp$。因此，傅里叶频谱叠层成像相位的分辨率限制是由样品的空间分辨率和厚度的乘积设置的。相位物体越薄，相位成像分辨率越高。图 3-34 就是红血球的成像结果。

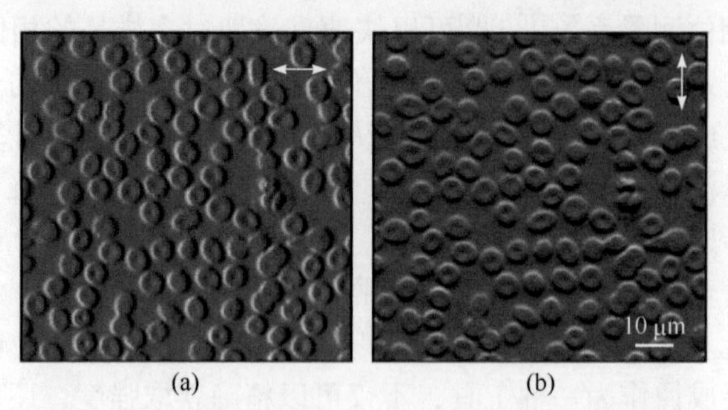

图 3-34　傅里叶频谱叠层显微成像结果(相位梯度图)

4. 成像系统的像差校正

光学显微成像系统是小像差系统。在傅里叶频谱叠层成像过程中，大范围倾斜主光线照明成像的结果在成像视场上表现出形式不同的位移变化像差影响。因此，该成像可以通过将成像视场分割成多个小段并独立处理来部分解析像差移位的变异，进而恢复和消除所有图像片段的像差，然后将这些片段在频域重新拼接在一起就能恢复整个视野中的大型高质量图像。

嵌入式瞳孔功能恢复方法是一种新的具备像差校正功能的相位恢复算法[108]，从捕获的傅里叶频谱叠层成像数据集重建样本的空间傅里叶光谱和成像系统的瞳孔函数，因此人们可以通过简单点扩散函数的傅里叶逆变换获得无像差影响的样本的空间图像，恢复样本的无像差图像，还可以从恢复的瞳孔函数估计光学系统的像差行为，而无需复杂的校准过程[73]。

假设光学显微镜系统有一个空间不变点扩散函数 $p(r)$，样品 $s(r)$ 在某一个 LED 照明情况下的场为 $e(r)=s(r)\exp(iU_n\cdot r)$，经过光学显微成像之后，探测器上的图像信号为

$$I_{U_n}=\left|e(r)\otimes p(r)\right|^2$$

其傅里叶变换频谱为

$$|\mathcal{F}^{-1}\{\mathcal{F}[e(r)]*\mathcal{F}[p(r)]\}|^2=\|\mathcal{F}^{-1}\ \{S(u-U)*P(u)\}|^2$$

其中，$S\ (u)=\mathcal{F}^{-1}\ \{s(r)\}$ 为样品的傅里叶光谱；$P(u)=\mathcal{F}\{p(r)\}$ 为图像系统的瞳孔函数。重建算法的目标是将所有 n 个测量图像合成样品函数 $S(u)$ 和系统的 $P(u)$。

开始时，将瞳孔函数和样本光谱的初始设置为 $P_0(u)$ 和 $S_0(u)$，以便启动算法。通常，初始光瞳函数被设置为圆形低通滤波器，所有的光瞳函数数值都在通带内，通带外数值为零，相位初始值均匀分布为零。通带的半径为 $\mathrm{NA}\times 2\pi\lambda$，其中 NA 是显微镜物镜的数值孔径，并且 λ 是照明波长。将垂直入射照明的低分辨率图像帧的傅里叶变换作为初始采样谱估计。所有捕获的图像都按顺序寻址 I_{U_n}，n 从 0 到 $n-1$(n 是捕获图像的数量)，依次循环迭代，瞳孔函数和样本光谱都会在每个循环中更新。考虑物镜像差的傅里叶频谱叠层成像迭代算法框图如图 3-35 所示。

在第 n 个循环中，利用前一个循环中重建的 $P_n(u)$和 $S_n(u)$，当样品被波矢 U_n 照射时，瞳孔平面上的出射波可以通过$\phi_n(u)=P_n(u)S_n(u-U_n)$来模拟，而探测器上的模拟图像是它的傅里叶逆变换，即 $\Phi_n(r)=\mathcal{F}^{-1}\{\phi_n(u)\}$。接下来，通过傅里叶变换计算更新的出口波，即$\phi'_n(u)=\mathcal{F}\{\Phi'_n(r)\}$，并使用两个更新函数从该结果中提取更新的瞳孔函数和样本光谱。

该函数还用于更新原始傅里叶频谱叠层成像相位恢复算法中的样本光谱。在这种情况下，瞳孔函数在整个迭代过程中保持不变。通过划分当前瞳孔函数，从两个出射波的差值中提取样本光谱的校正，并将其添加到当前样本光谱更新中，其权重与当前瞳孔函数估计的强度成比例[108]。常数 α 用来调整更新步长，一般取

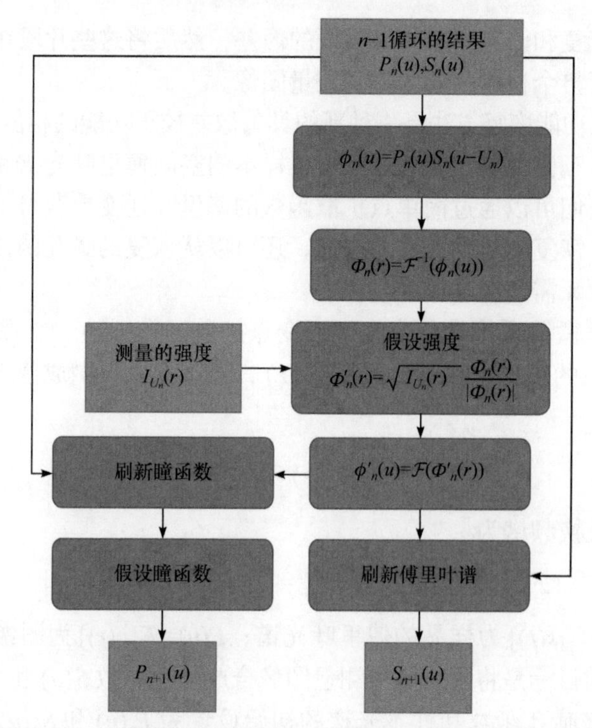

图 3-35　考虑物镜像差的傅里叶频谱叠层成像迭代算法框图

$$S_{n+1}(u)=S_n(u)+\alpha\frac{P_n^*(u+U_n)}{|P_n(u+U_n)|_{\max}^2}(\phi_n'(u+U_n)-\phi_n(u+U_n)) \tag{3-51}$$

瞳孔更新函数采用类似的形式，即

$$P_{n+1}(u)=P_n(u)+\beta\frac{S_n^*(u-U_n)}{|S_n(u-U_n)|_{\max}^2}(\phi_n'(u)-\phi_n(u)) \tag{3-52}$$

在该函数中，瞳孔函数和样本光谱函数的作用相反，而基本原理保持不变。常数 β 用来调整瞳孔函数更新的步长，一般取 β=1。

为了抑制噪声，对更新的瞳孔函数施加约束。对于显微镜系统，设置物理圆孔光阑来定义数值孔径，因此瞳孔函数中与光阑相对应的面积应始终为零。在与光阑相对应的区域中，更新的瞳孔函数中的非零点由图像采集中的噪声引起，并设置为零来消除噪声。

该过程继续进行，直到序列 $I_{\mathrm{Un}}(r)$中所有 n 个捕获图像均被用于更新瞳孔和样本光谱。此时，傅里叶频谱叠层成像的单个迭代完成。然后，重复整个迭代过程进行更多的迭代，提高最终瞳孔和样本光谱的收敛性。最后，将样品光谱逆傅里叶变换回空间域，得到样品的高分辨率、模和相位分布。像差校正的傅里叶频谱叠层成像如图 3-36 所示。

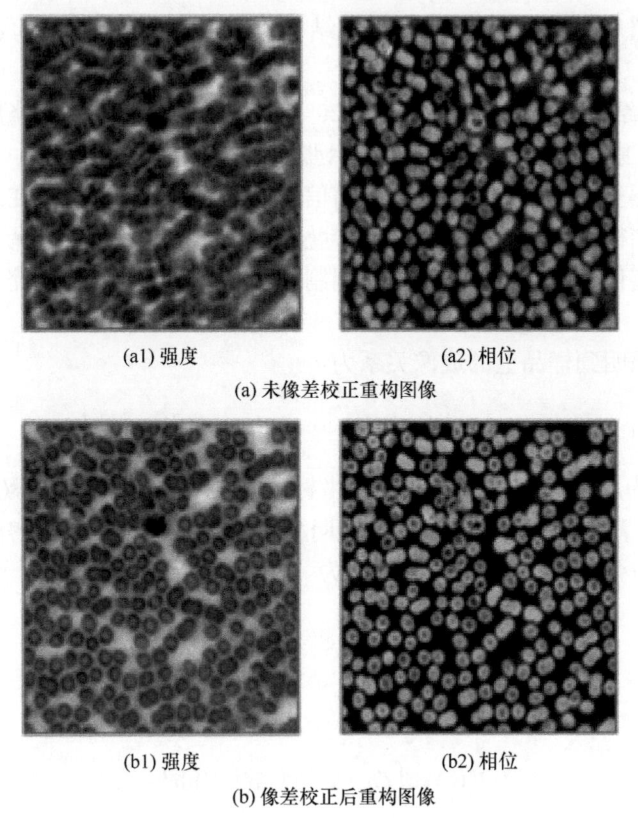

图 3-36　像差校正的傅里叶频谱叠层成像

3.3.3　非相干光照明的傅里叶频谱叠层成像技术

传统的傅里叶频谱叠层成像技术是一种相干成像技术，无法用于荧光成像。由于荧光团对激发光的相位变化没有响应，因此无论从哪个角度斜照明样品，获得的荧光图像与垂直照明的情况下获得的荧光图像包含的信息均是相同的。然而，虽然从探测光路端无法实现频谱的移动，但是我们可以将传统傅里叶频谱叠层成像技术中的照明方式从均匀平面波照明替换为强度可变照明，如正弦光栅、点阵图样等，人为在照明端引入调制。在这种情况下，荧光样品在不同强度分布的激发光斑照明下，获取的图像特征也不同，可以实现非相干荧光成像中的傅里叶频谱叠层成像重构。

常用的非均匀照明图样就是正弦结构光条纹照明的傅里叶频谱叠层成像[109]。利用正弦条纹照明拍摄获得傅里叶频谱叠层成像原始数据的过程分为两步。

(1) 产生结构光照明荧光样品，并相移三次(0、$2\pi/3$ 和 $4\pi/3$)，同时获取相应的三张荧光照片，对应图 3-5 中 k_1 频率结构光下拍摄的三张相位为 φ_1、φ_2、φ_3 荧光图像。

(2) 旋转结构光照明图样方位角 120°、240°，重复(1)得到六张原始图像，分别对应图 3-5 中 k_2 和 k_3 频率下拍摄的六张图像。

原始数据获得后，第二步便是频谱信息的解调。荧光频谱是在结构光照明下获得的，而结构光本身是由多束光干涉叠加而成的，因此需要解调才能得到对应每束光的频谱信息。在解调过程中，调制量必须大于未知量才能完整解出样品的频谱信息。

正弦光照明到样品上的成像关系为

$$I(r,\varphi)=\int O(r')(1+\cos(2\pi k_0 r'\varphi))S(r;r')\mathrm{d}r' \tag{3-53}$$

其中，r、r'为成像面和样品面的空间坐标；$O(r')$ 为样品；$1+\cos(2\pi k_0 r'\varphi)$ 为正弦照明光栅，k_0 和 φ 决定正弦光栅的方向和相位；$S(r;r')$ 为系统的传递函数。

根据欧拉公式，式(3-53)可以分解为

$$I(r,\varphi)=I'(r)+\frac{1}{2}\mathrm{e}^{\mathrm{i}\varphi}I''(r)+\frac{1}{2}\mathrm{e}^{-\mathrm{i}\varphi}I'''(r) \tag{3-54}$$

$$\begin{aligned}I'(r)&=\int O(r')S(r;r')\mathrm{d}r'\\ I''(r)&=\int O(r')\mathrm{e}^{\mathrm{i}2\pi k_0 r'}S(r;r')\mathrm{d}r'\\ I'''(r)&=\int O(r')\mathrm{e}^{-\mathrm{i}2\pi k_0 r'}S(r;r')\mathrm{d}r'\end{aligned} \tag{3-55}$$

从式(3-55)中可以清楚地看到正弦光栅照明下样品的三个分量，分别代表正照明结果和两个斜照明结果，斜照明角度对应波矢为$-k_0,k_0$。由于光栅相位φ的改变量是已知的，所以用式(3-56)可以求解三个分量$I'(r)$、$I''(r)$、$I'''(r)$。如图 3-37 所示，由于正弦光栅的方向改变了三次，最后可以解算出除中心照明频谱，另外 6 个角度频谱信息。图下方为每个频谱对应着斜照明角度。

$$\begin{bmatrix}1 & \frac{1}{2}\mathrm{e}^{\mathrm{i}\varphi_1} & \frac{1}{2}\mathrm{e}^{\mathrm{i}\varphi_1}\\ 1 & \frac{1}{2}\mathrm{e}^{\mathrm{i}\varphi_2} & \frac{1}{2}\mathrm{e}^{\mathrm{i}\varphi_2}\\ 1 & \frac{1}{2}\mathrm{e}^{\mathrm{i}\varphi_3} & \frac{1}{2}\mathrm{e}^{\mathrm{i}\varphi_3}\end{bmatrix}\begin{bmatrix}I'\\ I''\\ I'''\end{bmatrix}=\begin{bmatrix}I_1\\ I_2\\ I_3\end{bmatrix} \tag{3-56}$$

得到照明图样信息后，下一步是利用傅里叶频谱叠层成像算法重构超分辨率，其完整流程如图 3-38 所示。

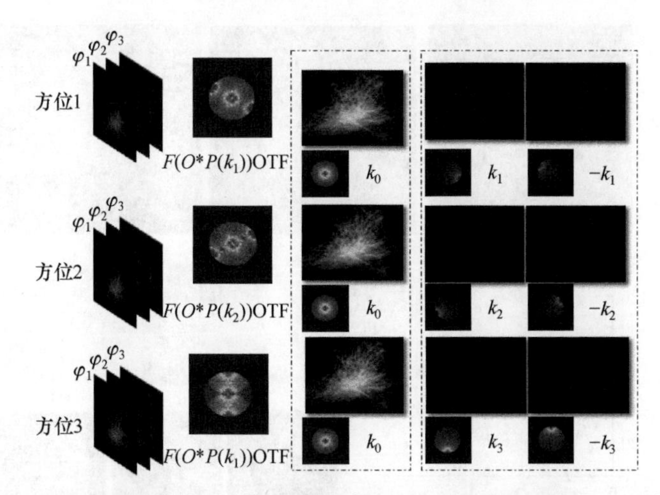

图 3-37　结构光照明傅里叶频谱叠层成像技术实现荧光成像中的频谱移动

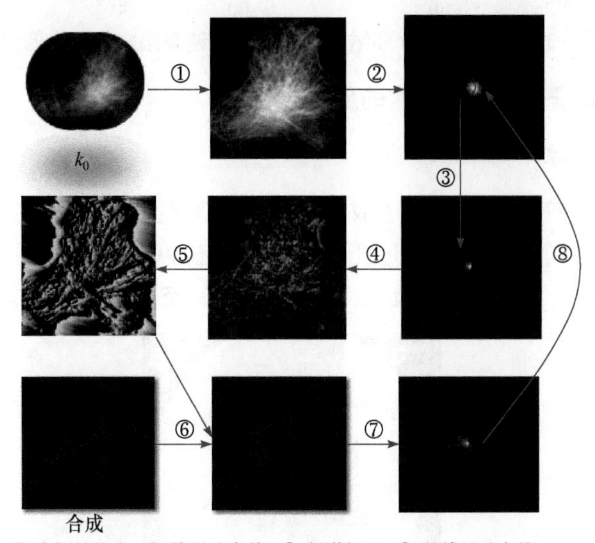

图 3-38　结构光条纹照明的傅里叶频谱叠层成像重构算法流程[17]

结构光条纹照明的傅里叶频谱叠层成像算法和传统 SIM 显微方法都能使频谱覆盖范围提高一倍。图 3-39 对比了宽场、SIM 和结构光傅里叶频谱叠层成像的成像效果。可以发现，SIM 算法的分辨率略高于结构光傅里叶频谱叠层成像算法，但后者的信噪比更好，特别是在图像密集区域。如图 3-39(e)、图 3-39(f)所示，SIM 在此区域已经完全分不清图像，但结构光傅里叶频谱叠层成像算法仍保持有较好的分辨能力。图 3-39(g)～图 3-39(i)给出了宽场，SIM 和结构光傅里叶频谱叠层成像对 200 nm 荧光颗粒的成像情况。

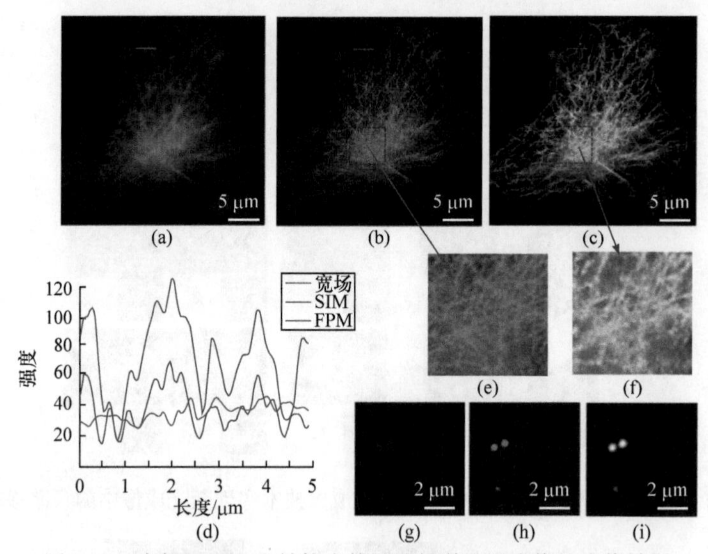

图 3-39　宽场、SIM 和结构光傅里叶频谱叠层成像的成像效果

3.3.4　傅里叶频谱叠层成像技术的应用

1. 高通量成像

如前所述，傅里叶频谱叠层成像技术最主要的贡献是，突破了传统显微镜分辨率与视场之间的矛盾，通过孔径合成和相位恢复同时实现高分辨率大视场下的高通量成像，也就是突破显微镜物镜成像的空间带宽积。如图 3-40 所示，

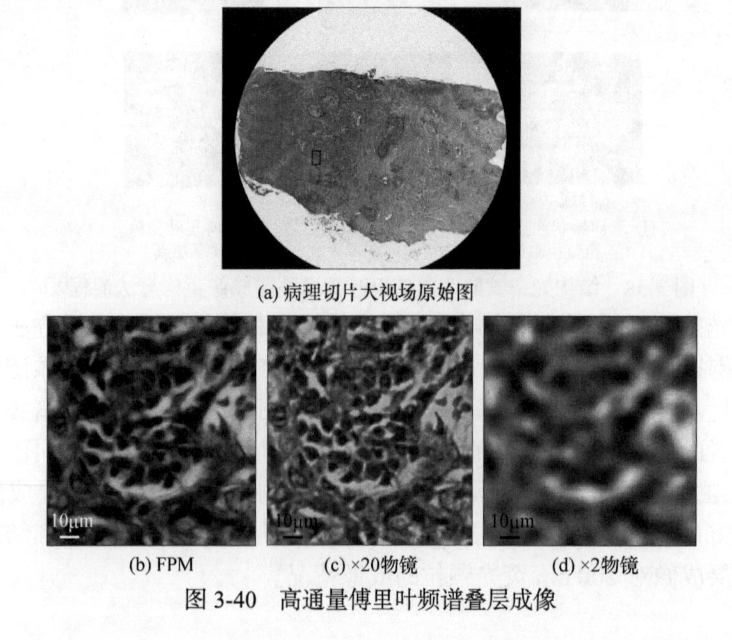

图 3-40　高通量傅里叶频谱叠层成像

傅里叶频谱叠层成像技术在生物医学领域具有较大的应用前景，可一次性对一个病理切片的大部分区域进行高分辨率成像，有助于缩短分析时间，提高诊断效率。同时，傅里叶频谱叠层成像技术还能大大拓展成像焦深范围。传统显微镜的焦深范围由其使用的物镜决定，为了追求高分辨率成像，需要使用大数值孔径物镜，但是会造成视场缩小、焦深变浅。加上待成像样品具有一定厚度，因此在跨视场成像时容易造成焦面偏移。傅里叶频谱叠层成像技术通过在物镜光瞳函数中引入附加相位因子矫正样品离焦，在同一数值孔径物镜下将成像焦深提高了两个数量级[110]。

2. 定量相位成像

一些生物样品对入射光的吸收和散射能力较弱，因此使用常规明场显微镜获取的图像对比度较差。相称显微镜和微分干涉对比显微镜通过将相位延迟信息转换为强度变化解决了对比度差的问题，被广泛应用于活细胞观察。但是，这两种显微镜获取的相位信息仍然与强度信息混合在一起。在傅里叶频谱叠层成像技术中，从原理部分，我们可以看出它不仅可以重构得到高分辨率强度图像，也可以同时输出相应的定量相位图像，从而能够更好地区分一些弱散射和高透射样品结构。如图 3-41 所示[107]，对比发现定量相位图可以提供一些强度图中没有或者不明显的细节信息。如箭头所示区域，在强度图中该结构由于散射太弱而无法分辨，但在定量相位图中可以清晰地表示出来。

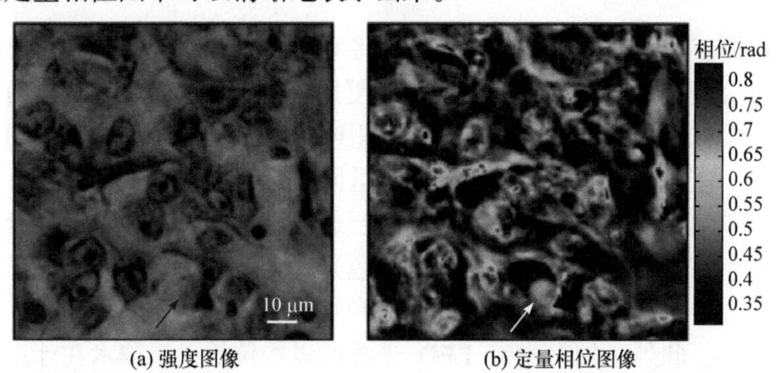

图 3-41　傅里叶频谱叠层成像技术重构得到的组织样品的强度图像和定量相位图像

3. 三维成像

一般的傅里叶频谱叠层成像要求待成像样品必须足够薄。只有在此假设下，不同入射角下获得的低分辨率图像才能够唯一地映射到二维样本频谱的不同通带中，从而使傅里叶频谱叠层成像算法能够精确地对整个频谱进行约束以恢复高分辨率复杂样本图像。如果样品较厚，这种傅里叶域中的一对一映射关系就失效了，重构结果会带来很多误差。用孔径扫描代替光源扫描，可以实现对较厚样品不同深度处的三维折射率成像[111](图 3-42)。

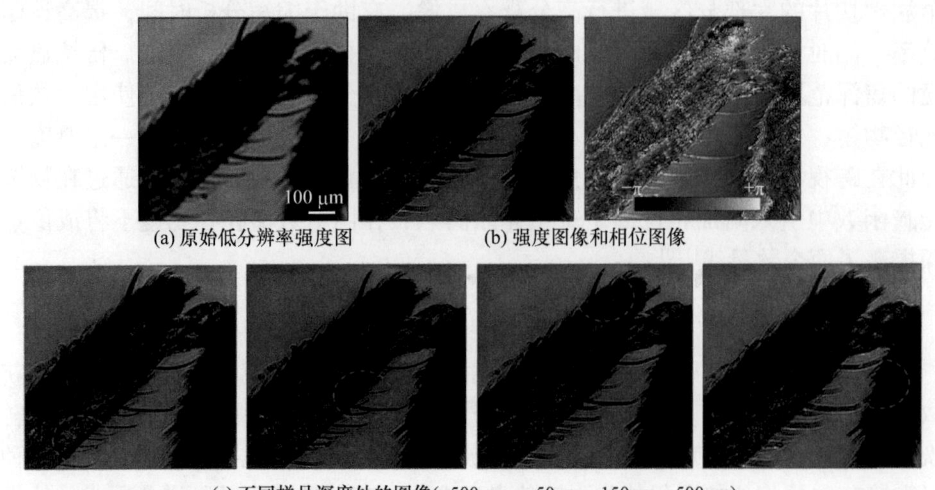

图 3-42　孔径扫描傅里叶频谱叠层三维成像技术

同样，Tian 等[112]利用 LED 倾斜照明的简单系统，用傅里叶频谱叠层成像实现了三维相位分布的显微成像。

4. 彩色光复用

多色复用或多光谱成像在生物医学成像和化学传感中具有较为广泛的用途。傅里叶频谱叠层成像技术也可以用于多色复用成像。图 3-43 为光谱信息复用傅里叶频谱叠层成像技术原理图。与普通傅里叶频谱叠层成像技术的不同，该技术使用红、绿、蓝三原色 LED 灯多光谱通道同时照明，但是相应的低分辨率原始图像仍使用单色相机获取。傅里叶频谱叠层成像重构会将三原色通道分开并最终得到一张彩色高分辨率结果图。因此，多色光谱复用傅里叶频谱叠层成像技术通过计算成像方法可以实现彩色光谱的复用和解复用，而无需使用滤光片和光栅等其他分光元件。此外，加上宽带 LED 光源的成本较低，该技术在计算多光谱成像中具有较大的应用前景。

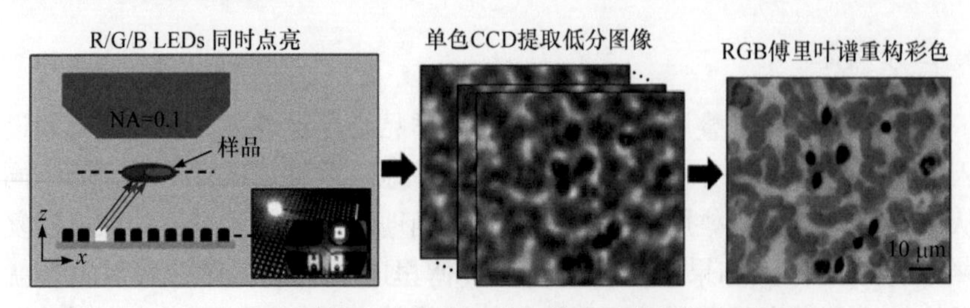

图 3-43　光谱信息复用傅里叶频谱叠层成像技术原理图

3.4 小　结

本章论述移频量在经典衍射极限以内的两种主要的移频成像技术与算法，即SIM成像技术、傅里叶频谱叠层成像技术。应该指出的是，这两种技术分别对应非相干照明频域合成与相干光照明频域合成两类方法。这两类合成技术都碰到如何仅从强度图像实现多频谱的合成的算法与技巧问题。从物理层面来说，按照照明或成像目标的发光方式来说，就是存在相干光与非相干光两大类，在相干光系统中，一般采用主动照明的结构光或信息编码模式；对于非相干光，如荧光发光成像的场合，就必须通过加载图案来实现相干性，进而在相干域中实现移频与频谱合成。应该指出的是，如果是相干光的结构光成像，并不提高分辨率，仅是将相干光的分辨率提高到相应物镜的数值孔径对应于非相干光照明时的分辨率。只有在利用结构光照明的非相干光成像时，才有可能实现物镜数值孔径两倍的超分辨成像效果。

第 4 章　跨越传播场波矢的移频超分辨光学成像

传播场可以传输空间频率在 4π 内对应自由空间频域的光波，而携带有样品更多细节信息，即频率超过传播场自由空间波矢的散射光则以倏逝场的形式束缚在样品的近场区域，无法被远场成像。上一章我们论述了传播场光照射样品引起的移频成像效应。在传播场(远场)进行探测成像时，移频成像最大分辨率小于 2 倍传播场频率 k_0。本章介绍用比传播场波矢更大的光照射样品时，可以出现的显著移频超分辨成像现象。

如图 4-1 所示，跨越传播场波矢的移频成像可以实现非常大的频谱的拓宽，极大地延伸成像系统的分辨率。在图 4-1(b)中，细线圆圈表示传输场(远场)的空间频谱范围。点划线圆圈表示显微镜物镜成像的空间频谱范围。k_0 为传播场最大自由空间波矢，k_c 为物镜截止频率，箭头表示移频照明波矢。

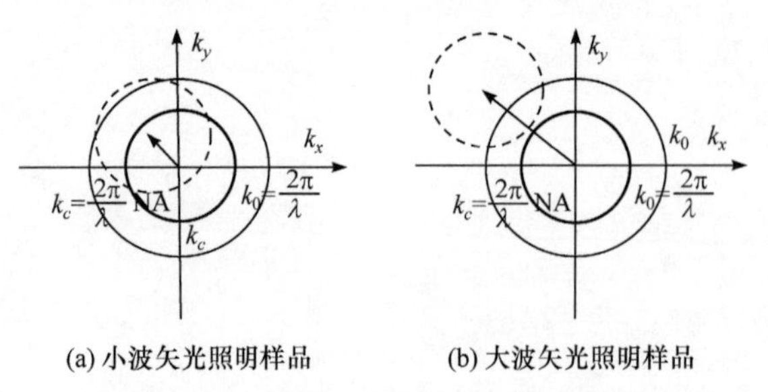

(a) 小波矢光照明样品　　(b) 大波矢光照明样品

图 4-1　传播场波矢内的移频与跨传播场波矢的超分辨移频

4.1　全内反射倏逝场宽场移频超分辨显微成像

当光波的空间频率超越传播场的频率范围时，就进入倏逝场的频率空间。最简单的获得跨越传播场波矢光的方法，就是利用全内反射产生倏逝场的光波。

如图 4-2 所示，当一束光由光密介质(折射率为 n_1)入射到光疏介质(折射率为 n_2，$n_1 > n_2$)，入射角大于全反射角时，会在界面处发生全反射。从电磁场的连续条件看，电磁场在两种介质的界面处不会突然中断，必然会有光场透射到光疏介质一侧。透射到光疏介质一侧的这部分光通常被称为倏逝波。这是一个沿 z 方向强度衰减，沿表面传播的波，具有如下形式，即

$$E = E_0 \mathrm{e}^{-\frac{z}{d}} \mathrm{e}^{\mathrm{i}(k_x x + k_y y - \omega t)} \tag{4-1}$$

其中，E_0 为倏逝波的初始振幅值；d 为倏逝波在 z 方向的穿透深度；k_x 和 k_y 为倏逝场沿着对应方向的照明波矢大小；ω 为倏逝波的角频率。

倏逝波振幅衰减为原来的 $1/e$ 时的空间距离，穿透深度 d 为波长量级，即

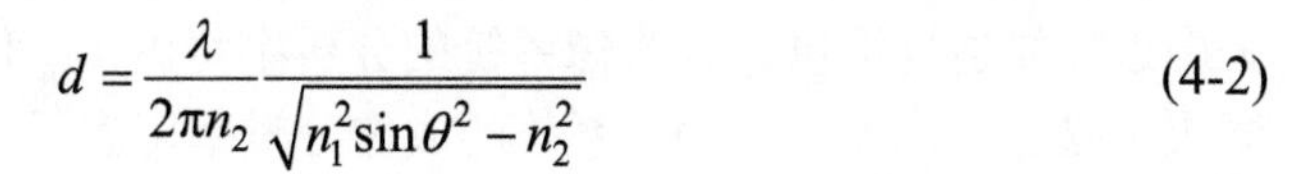

$$d = \frac{\lambda}{2\pi n_2} \frac{1}{\sqrt{n_1^2 \sin\theta^2 - n_2^2}} \tag{4-2}$$

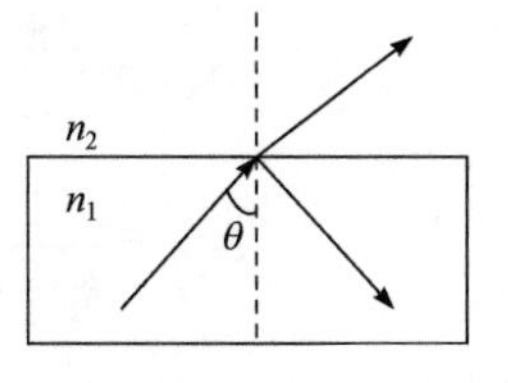

图 4-2　全反射倏逝场与倏逝场照明移频超分辨成像

当样品放置在倏逝波照明场范围内时，样品的微纳结构将与倏逝场发生相互作用，打破倏逝波的表面波状态，形成散射至远场的散射光场，并被其上方的显微镜物镜接收成像。在该过程中，样品二维空间频谱中的部分高频信息将借助移频效应被平移到显微镜物镜系统的通频带范围内并成像于远场。这就是全内反射移频超分辨显微成像的基本原理。

假设全内反射倏逝场为

$$I(x,y) = A \cdot \mathrm{e}^{-|k_z'|z} \mathrm{e}^{\mathrm{i}(k_x' \cdot x + k_y' \cdot y)} \tag{4-3}$$

其中，k_x'、k_y' 和 k_z' 为倏逝场照明波矢沿 x、y 和 z 方向的分量。

在 $z=0$ 平面处，该照明场与物体 $O(x,y)$ 发生相互作用时，接收到的远场散射场可以表示为

$$I(x,y)O(x,y)\big|_{z=0} = \iint_{-\infty}^{+\infty} F(k_x,k_y) \mathrm{e}^{\mathrm{i}[(k_x+k_x')x+(k_y+k_y')y]} \mathrm{d}k_x \mathrm{d}k_y \tag{4-4}$$

由于倏逝场横向照明波矢 $k_{\mathrm{evn}}^2 = k_x'^2 + k_y'^2 = k_0^2 - (k_z')^2 = k_0^2 + (k_z')^2 \geqslant k_0^2$，因此只要改变 k_z 的大小就可以获得远超入射光波矢的倏逝场。

倏逝照明光场的横向波矢与物函数对应横向分量的叠加作用，使来自物函数的散射场光波矢发生平移。原本位于以 $(-k_x',-k_y')$ 为中心，k_0 为半径的高频信息将以低频传播场的方式传输至远场。并且，随着倏逝场照明波矢横向分量的增加，能够观察到的样品频谱信息更高。

假设透镜/物镜的数值孔径为 NA，数值孔径角为 θ，物镜系统的极限分辨率

仅为

$$\Delta = \frac{\lambda}{2n\sin\theta} = \frac{\lambda}{2\mathrm{NA}} \tag{4-5}$$

其中，n 表示样品周围介质的折射率；$\mathrm{NA} = n\sin\theta$。

相比传统光学显微镜系统，波导表面倏逝场照明成像方法中，照明光场的波矢由近场倏逝场提供，其成像系统的分辨率将由 k_{evn} 和显微镜物镜的数值孔径共同决定($k_{\mathrm{evn}} - k_c, k_{\mathrm{evn}} + k_c$)，系统的成像分辨率可表示为

$$k_{\mathrm{evn}} = \frac{2\pi n_{\mathrm{eff}}}{\lambda_0} = \frac{2\pi n_p \sin\vartheta}{\lambda_0} \tag{4-6}$$

$$\Delta_{\mathrm{eff}} = \frac{2\pi}{k_c + k_{\mathrm{evn}}} = \frac{\lambda_0}{\mathrm{NA} + n_{\mathrm{eff}}} \tag{4-7}$$

其中，$k_c = \dfrac{2\pi \cdot \mathrm{NA}}{\lambda}$ 为显微系统通频带的截止频率；n_p 为波导折射率；ϑ 为光束在棱镜内的入射角(全反射面的入射角)。

通常情况下，全反射表面倏逝场的模式有效折射率高于物镜数值孔径，对应的理论分辨率能够打破显微镜系统的分辨率极限。与传统突破衍射极限的方法相比，该方法可以提供一条全新的途径——提高照明倏逝场横向波矢的大小。

表面近场倏逝场能提供横向波矢更大的传播光场。如果利用表面波器件的表面倏逝场进行样品的照明，则照明光波的矢量波矢可以远超越成像光学系统数值孔径的波矢限制，实现大范围的深度移频，进而实现跨衍射极限的移频超分辨显微成像，以及被观测微纳样品更高空间频谱信息的获取。

基于棱镜的表面倏逝场照明的移频超分辨显微成像方法如图 4-3 所示。当一束平行光在棱镜内以全反射形式入射到棱镜界面处时，在棱镜界面的上表面将产

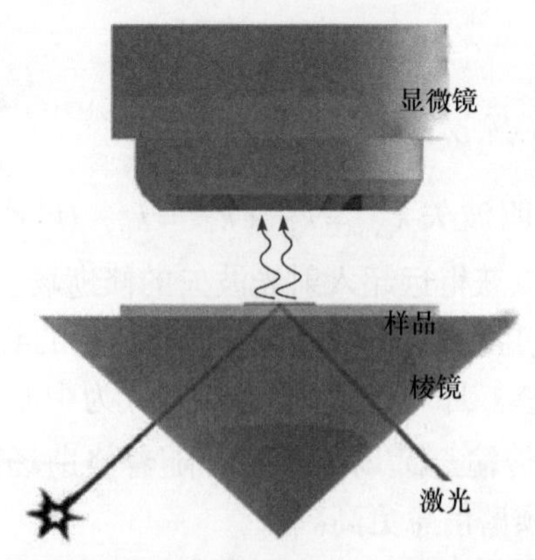

图 4-3　基于棱镜的表面倏逝场照明的移频超分辨显微成像方法

生近场倏逝场。样品放置在棱镜全反射的底面上，显微镜物镜调焦在样品面上，用来直接接收样品对全反射倏逝场场扰动产生的散射光。在棱镜型结构系统中，系统的成像视场范围与照明光斑大小相关，通过选用较大光斑尺寸的倏逝场照明被观测微纳样品，可显著提升系统的成像视场范围。但是，成像系统的分辨率与全反射入射角、棱镜材料的折射率有着直接的联系。

如果系统中物镜的视场为 W、物镜的数值孔径为 NA、棱镜的折射率为 n_p，则可以知道该超分辨成像系统的成像性能。当入射棱镜的光在全反射面上为掠入射时，最大分辨率 $\Delta = \dfrac{\lambda_0}{\mathrm{NA} + n_p}$。瞬间成像视场 w 取决于照明光束在全反射面的照明区域与物镜视场的小者。

在成像过程中，由于需要对各个方向空间频谱进行移频，所以最好采用圆锥形棱镜。这样入射光就可以在水平面上旋转一周，形成不同方向的频谱照明。周向移频超分辨显微如图 4-4 所示。图中，虚线圆域为物镜基频子孔径频谱范围，三个圆域表示照射光转到三个水平方向照明，可以形成样品不同方向空间频谱的覆盖。

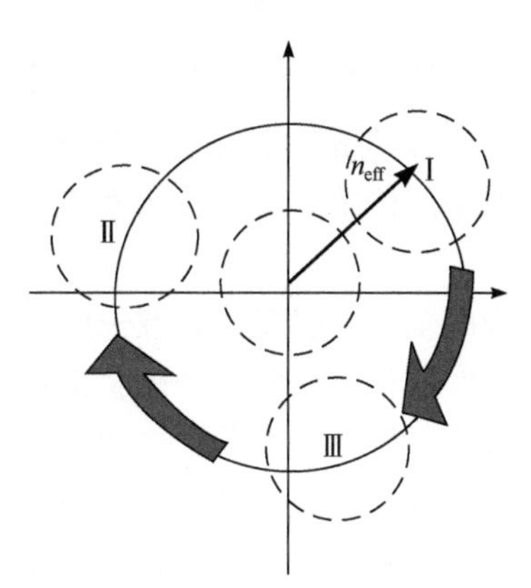

图 4-4　周向移频超分辨显微

需要指出的是，对于这样的全内反射倏逝场照明移频超分辨显微成像系统，瞬间成像视场大小主要由物镜的视场决定。为了获得较大的视场，可以选用小数值孔径的物镜(低倍物镜)，多次移频获得大视场超分辨的成像效果[113]。

如图 4-5 所示，第一列为样品图案，第二列为光学显微宽场成像，第三列为单方向移频照明图像，第四列为 3 个方向移频的频谱合成，第五列为最终移频合成后的超分辨图像。可以看出，样品的电镜图样、光学显微镜成像图像、单方向移频照明图像、三个方向频谱合成图像，以及最后移频后呈现的超分辨成像结果。移频成像可以显著提升成像的分辨率。

值得注意的是，我们需要充分考虑成像物镜数值孔径覆盖的频率范围，以及倏逝场频率范围该范围主要由棱镜折射率与照明光的入射角决定。一般情况下，当 n_{eff} 小于物镜的数值孔径时，不会产生缺频(0 频缺失)，当 n_{eff} 大于 2NA 时，就必须考虑变入射角多圈移频，这样才能填补基频的缺失。

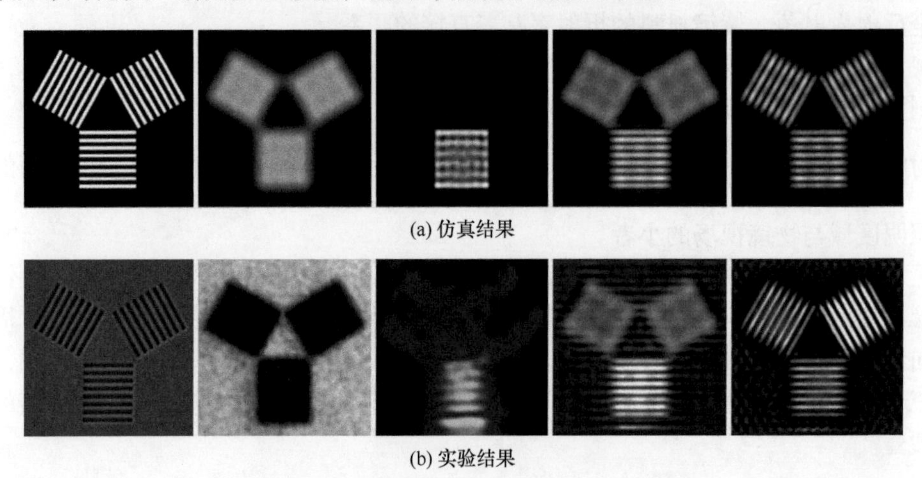

图 4-5　全内反射移频超分辨成像仿真与实验结果

我们已经知道，全反射棱镜的折射率在基于全内反射移频超分辨成像中的重要性，因此如果采用高折射率的棱镜，就可以实现很大范围的移频成像，即深移频成像。

实际上，利用样品基板的全内反射获得大波矢照明光，进而实现超过成像物镜衍射极限，即超过截止频率的移频成像，必须获得移频之后频谱的强度与相位信息，以便实现全频谱的合成。这就要求基于表面波的移频成像系统需要像合成孔径一样，利用干涉方法，获得移频后具有干涉现象的图像，以获得移频图像的强度与相位信息。因此，全内反射倏逝场照明移频合成孔径成像如图 4-6 所示。

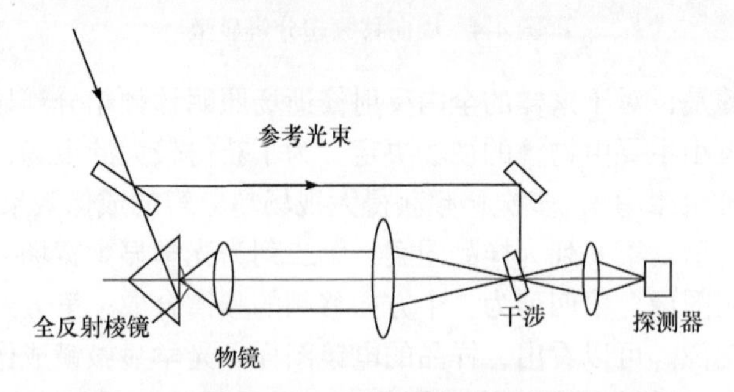

图 4-6　全内反射倏逝场照明移频合成孔径成像

在该系统中，进入棱镜产生全内反射的激光被分出一束与成像光路的散射光干涉。这样用面阵传感器探测干涉图案，就可以得出移频后图像的强度与位相信息。

另外一种方法是借助强度图像直接反演，该方法最早由费努普于 1978 年提出[60]。利用傅里叶频谱中的强度分布直接反推二维图像的方法，直接通过迭代实现傅里叶频谱合成后的图像重建。此外，结构光照明移频成像算法与傅里叶频谱域叠层成像算法也可以用于强度图像的移频合成，进而获得移频超分辨成像结果。

另外，从全内反射时倏逝场在光疏媒介的穿透深度公式可以看出，对于给定的高折射率棱镜，全内反射形成的表面波倏逝场的波矢大小可以通过全反射界面上入射光的入射角来调节。入射角越大，穿透深度越小，表面波倏逝波的波矢就越大。因此，可以利用这个特性，通过改变入射角，改变倏逝场与样品的作用深度。注意，这个深度的变化是非常精细的，可以到纳米量级。这意味着，可以通过这种技术获得纳米级的超高分辨深度成像[81]。

4.2　平面波导照明宽场移频超分辨显微

光波导是一种传输光的通道。光波在光波导中传播时，在波导表面就会存在表面波，也就是表面倏逝场。光波导主要有光纤波导与平面波导两大类。下面重点介绍平面波导构建的移频超分辨成像系统与其他几种产生大波矢表面波倏逝场的表面器件在移频超分辨成像中的应用。

与光纤波导的一维传播特性相比，高折射率薄膜平面波导具有二维方向传播特性，因此在移频超分辨成像上比光纤波导具有更强的二维成像能力。不仅如此我们还可以通过平面波导表面倏逝场在样品中穿透深度随波导模式的变换实现三维超分辨的成像。

平面波导中不同波导模式的电场分布[114]如图 4-7 所示。最简单的平面波导就是三个折射率为 n_1、n_2、n_3 媒介组成的三明治结构。为了形成波导，必须满足 $n_2>n_1$、$n_2>n_3$。一般情况下，在折射率为 n_3 的衬底上制备 n_2 高折射率厚度为 d 的薄膜，n_1 可以是空气或者水，此时 $n_2>n_3>n_1$。平面光波导中可以存在离散的导波模式场，模式场的个数取决于波导的结构，主要由各层折射率与 n_2 薄膜的厚度 d 决定。

不同导波模式的波矢 β 可以通过波导的色散方程来确定。平面光波导 TE 模式的色散方程为

$$k_z d = m\pi + \arctan\left(\frac{\alpha_1}{k_z}\right) + \arctan\left(\frac{\alpha_3}{k_z}\right) \tag{4-8}$$

其中，$k_z^2 = k_0^2 n_2^2 - \beta^2$；$\alpha_1^2 = \beta^2 - k_0^2 n_1^2$；$\alpha_3^2 = \beta^2 - k_0^2 n_3^2$。

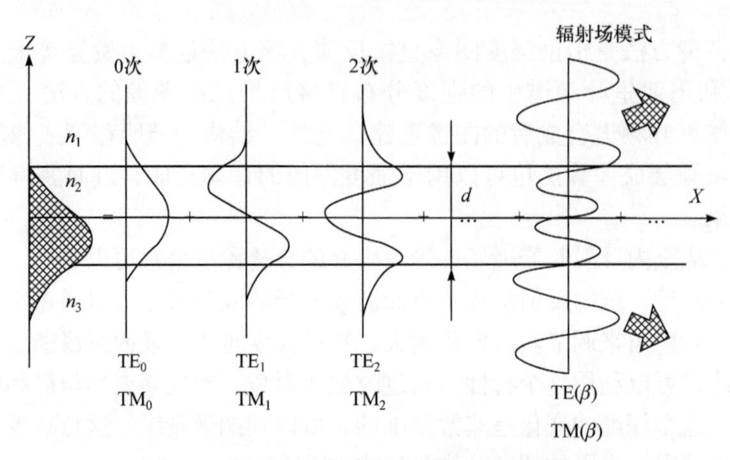

图 4-7　平面波导中不同波导模式的电场分布

波导结构中导波电场可以表示为

$$E_y(z) = A\exp(-\mathrm{i}\beta x)\begin{cases} E_1\exp\left(-\alpha_1\left(z-\dfrac{d}{2}\right)\right), & z \geqslant d/2 \\ E_2\cos(k_z z - \phi), & -d/2 < z < d/2 \\ E_3\exp\left(\alpha_2\left(z+\dfrac{d}{2}\right)\right), & z \leqslant -d/2 \end{cases} \tag{4-9}$$

平面波导的主要耦合模式如图 4-8 所示。外来光束可以通过端面耦合、棱镜耦合与光栅耦合等方式耦合入波导。端面耦合是利用聚焦透镜直接将光束聚焦到波导膜层。棱镜耦合是利用光束在棱镜内的全内反射，实现倏逝场与波导倏逝场之间的匹配耦合。光栅耦合是利用光栅来增大波矢使之与波导波矢匹配，进而实现高效耦合。

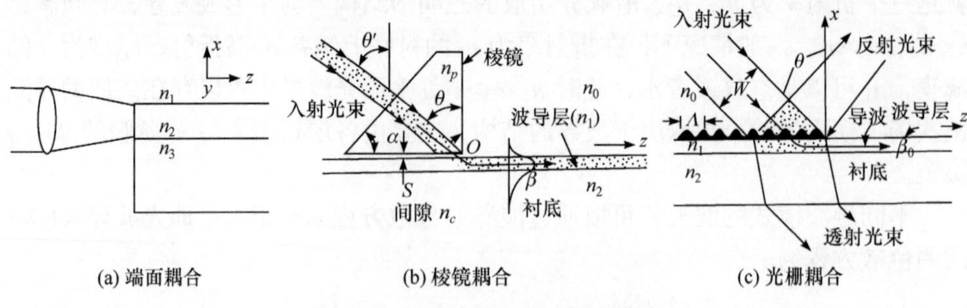

图 4-8　平面波导的主要耦合模式

当一束光耦合进高折射率的薄膜波导并在薄膜波导内沿着波导维持低损耗长距离传输时，薄膜波导表面同样会产生大横向波矢的倏逝波。只要能有效降低薄膜波导对入射光场的吸收损耗，以及散射损耗，我们就可能在很大的视场范围内进行有效的光在波导内传播，进而在波导表面上实现大面积的倏逝场照明，并借助移频成像将超分辨成像的视场范围显著扩大。

在薄膜波导结构中，移频量取决于波导的传播常数 β。它取决于波导薄膜的折射率，以及其与周边媒介折射率的差异。波导薄膜材料的折射率越高(如 Al_2O、TiO_2 等)，移频照明波矢就越大，被观测微纳样品成像的分辨率就越高。

对于一个给定的显微成像系统，如果能够提供无限大的倏逝场照明波矢，理论上就能实现对任意小尺寸细节的超分辨成像。因此，利用波导进行移频成像的一个关键是如何设计制备一个高折射率低光学损耗的光学波导，以及如何高效地将外部的光束耦合到光学波导中去。

由于光波导宜于集成化、芯片化，我们可以利用集成光波导发展出各种移频成像芯片技术。将集成波导与光学显微相结合是构成片上移频超分辨的核心，可以用传统的光学显微镜通过改变样品载玻片(将载玻片换成移频芯片)的方式，达到超分辨成像的目的。

我们提出一种简易光学波导移频超分辨成像显微系统，即 NWRIM[115]。该系统不但能实现超分辨成像，还能有效降低样品成像的背景噪声，提高成像的图像信噪比。对于超分辨成像而言，提高成像信噪比是十分重要的。该技术的基本原理架构如 4-9 所示。选择一个光洁衬底，在其上制备高折射率的平面光学波导层，即一层一定厚度的比衬底折射率高的透明光学薄膜，将具有窄谱荧光发光性能的纳米线环置于波导表面，导波光的波矢，也就是波导的传播常数β，表征倏

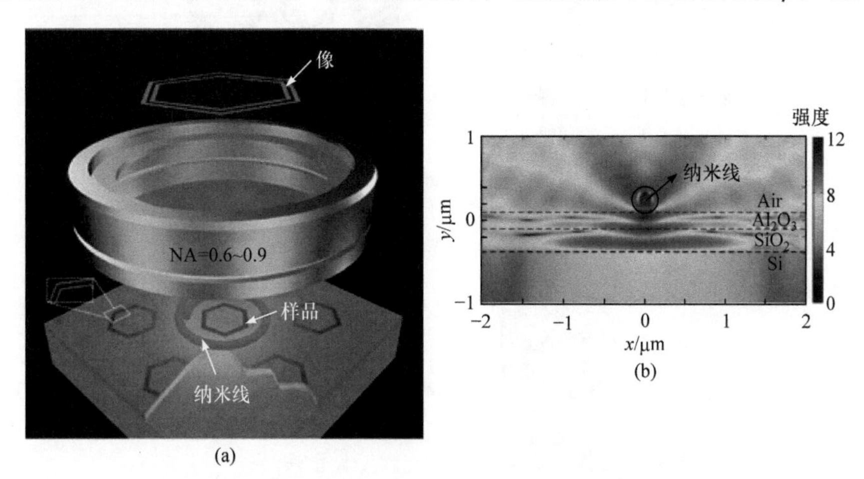

图 4-9 纳米线环形照明移频显微成像的原理示意图

逝波的波矢利用外部激光照射纳米线，激发纳米线发射荧光。由于纳米线位于波导层的上方，纳米线的折射率也比周围空气高，因此其发出的辐射光的很大一部分就是倏逝场模式。因此，辐射出的荧光很容易耦合到波导当中传播，并在薄膜波导表面形成荧光波段的倏逝波。当该倏逝波遇到置于波导表面的样品时，样品空间微纳结构特性将干扰影响倏逝场的传播，形成可向远场传播的散射场，即波导表面的倏逝场被样品的结构扰动而散射，样品的高频空间信息便随着散射光被样品上方的显微镜物镜接收成像。

这种基于荧光纳米线-薄膜波导移频模组可以方便地用传统显微镜来观测，利用移频效应使传统显微镜具有超分辨显微成像的能力。图 4-10 为 NWRIM 集成在传统显微镜上的工作系统图。泵浦激光可通过传统显微镜的照明光路被物镜聚焦在薄膜波导表面，激发半导体纳米线发出荧光。通常，选择的荧光纳米线都是下转换材料，纳米线被激光激发辐射的光波长比激光波长长。由于纳米线放置与波导表面上，纳米线辐射的荧光有一部分很容易耦合到薄膜波导，并形成导波光在波导中传播，因此就在波导外表面形成表面倏逝场。当倏逝场照明样品时，样品扰动的散射光传出表面，被显微镜物镜收集，并经过长波通滤光片将其中的泵浦激光滤去，仅留下信号光被相机探测。这样强大的激发光就被滤掉，使图像有好的信噪比。考虑待观察样品也有可能被泵浦激光激发，可在泵浦光路中添加扩束装置和遮板，将激发光斑中心区域的光挡住。遮板处于与观察样品光学共轭的位置。这样“甜甜

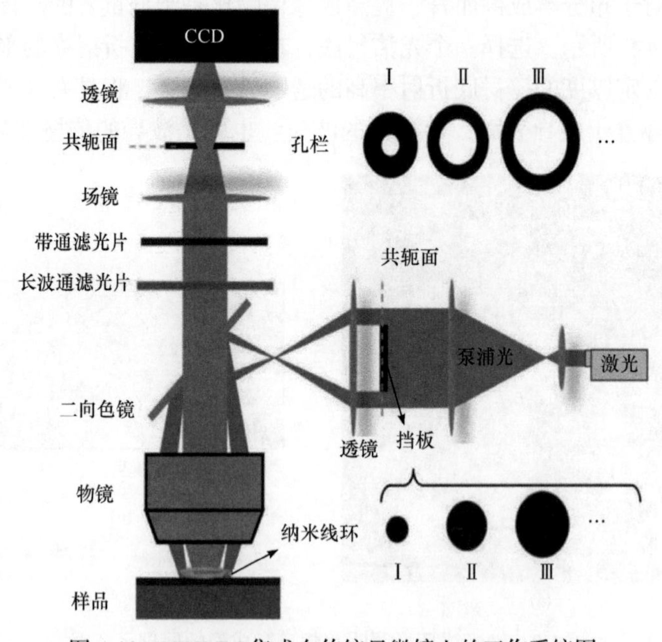

图 4-10 NWRIM 集成在传统显微镜上的工作系统图

圈”式的激发光斑就只激发纳米线环，从而可以拟制样品被激发造成的噪声或破坏。另外，有空心光阑置于成像光路中与观察样品光学共轭的位置，用于在相机前拦住纳米环光源的像，使最终得到的像中只包含样品信息。遮板与空心光阑的尺寸都与纳米线环的直径相匹配，如图 4-10 中的Ⅰ、Ⅱ、Ⅲ所示。

在实际成像中，波导结构是首先在硅片表面制备 SiO_2 薄膜，然后在 SiO_2 薄膜上镀一层 Al_2O_3 薄膜作为光波导，即 Al_2O_3-SiO_2-Si 双层膜结构。Al_2O_3 膜层厚度为 200nm，SiO_2 膜层厚度为 280nm。采用 CdS 纳米线作为荧光纳米线，放置在 Al_2O_3 波导表面上。

用离子束刻蚀机在波导上刻蚀双沟道微结构的槽宽为 85nm、内边间距为 85nm，深度为 75nm 的图案作为成像样品图案。所使用的 CdS 纳米线与刻槽结构平行放置，倏逝波的传播方向与 CdS 纳米线和双道结构垂直。显微镜物镜的数值孔径 NA =0.85。在 520 nm 的普通照明下，显微镜物镜的成像系统分辨率极限为 373nm($0.61\lambda / \mathrm{NA}$)，远大于双道刻槽结构的中心间距。如图 4-11 所示，从实验成像来看，在普通照明下无法被分辨的尺寸，可以在倏逝波照明下清晰地分辨出来。图 4-11(b)的上、下插图分别为传统科勒照明与倏逝波照明下的成像的放大显示。

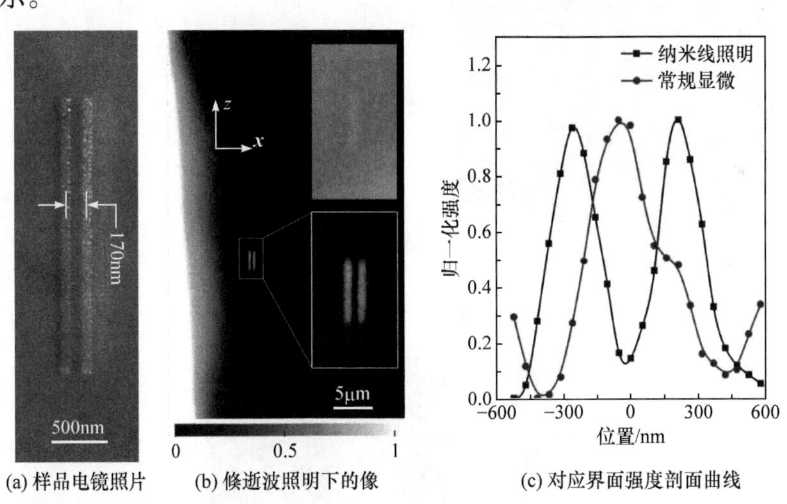

(a) 样品电镜照片　(b) 倏逝波照明下的像　(c) 对应界面强度剖面曲线

图 4-11　CdS 纳米线照明对槽宽 85nm、内边间距 85nm 的双道结构成像

倏逝波照明的横向波矢的提升，可以通过使用折射率更高的材料作为薄膜波导来实现。薄膜材料的折射率越高，传导模式的有效折射率就越高，倏逝波的横向波矢就会越大，成像分辨率也会越高。图 4-12 显示了将 Si 基底上的 SiO_2 薄膜作为波导(厚度 300nm)，对一个亚衍射 V 形结构的观察，其中用于照明的 CdS 纳米线与该 V 形结构平行放置。该 V 形结构的两根刻槽分支的宽度为 150nm，它们之间的间距在结构的一端为零，另一端增加至几百纳米。因为分支间距过小，

所以在普通照明下，只能看到一条模糊的图形，没有细节。在倏逝波照明下，两根分支在内边间距分开至 35nm，即中心间距 185nm 处实现超分辨显微成像。图 4-13 显示了使用折射率更高的 TiO_2 材料作为薄膜波导对槽宽 70nm、内边间距 70nm 的双道刻槽的观察。相比 SiO_2 薄膜波导，它可以实现中心间距为 140nm 的更精细的空间分辨率。

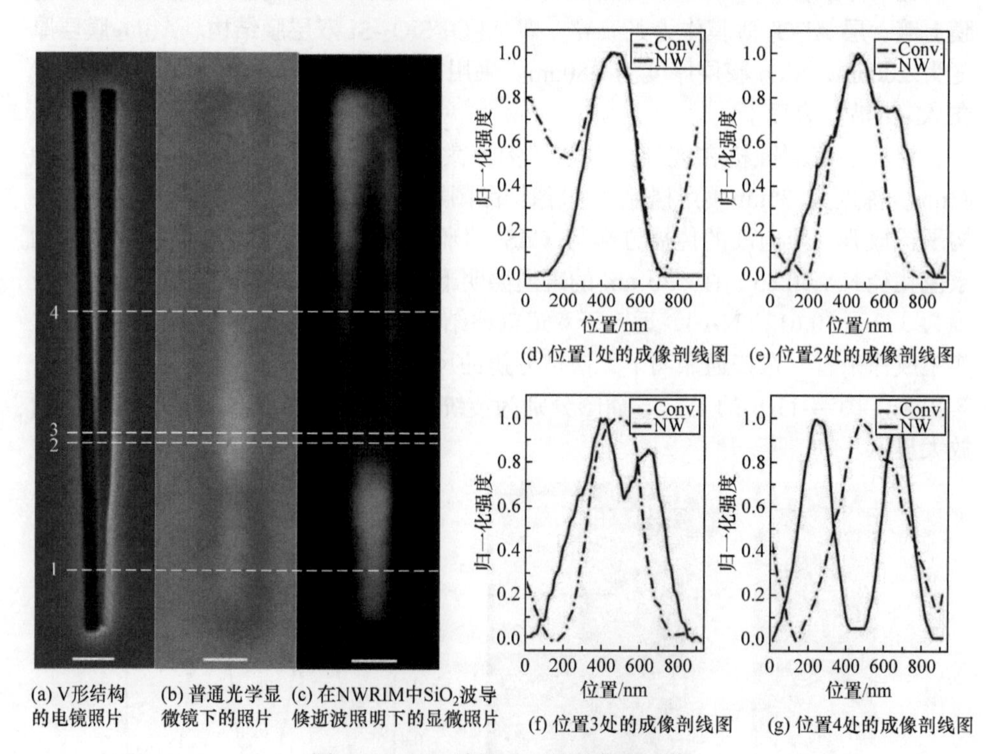

图 4-12 SiO_2 波导对 V 形结构的成像

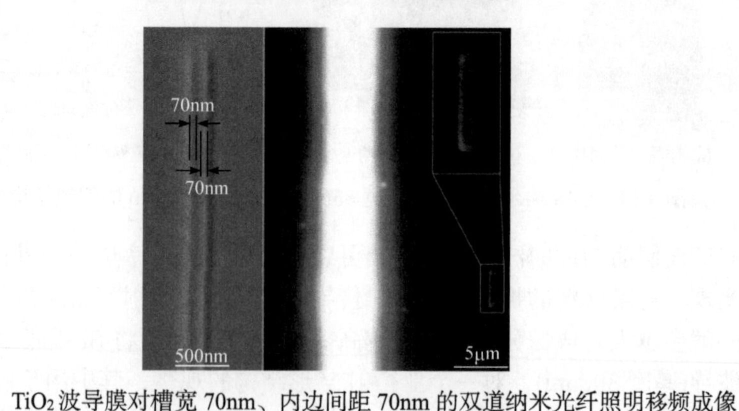

图 4-13 TiO_2 波导膜对槽宽 70nm、内边间距 70nm 的双道纳米光纤照明移频成像

事实上，照明倏逝场的波矢大小还受到薄膜波导的光学特性，以及照明波长

的限制。其中，薄膜波导的光学特性同薄膜材料的选择和镀膜工艺有直接的联系。这里所用的光学薄膜结构较为简单，通常仅包括衬底层、低折射率层，以及高折射率波导层。制备光学薄膜波导时，薄膜波导的质量取决于沉积粒子的能量，以及成膜后膜层的细微结构。在电子束蒸发镀膜中，温度是对薄膜质量影响较大的一个因素，随着基板温度的提升，蒸发沉积的粒子在基底表面的迁移率得到提升，薄膜在成膜过程中的微孔会更少，薄膜结构更致密，相同厚度条件下，薄膜的折射率会更高。因此，要合理选择制备工艺获得高折射率的波导，实现更高的分辨率。同时，尽可能减小薄膜中的微结构缺陷，减小波导的损耗，以扩大导波光的传播距离，减小传播损耗，实现大视场的超分辨成像。

表 4-1 显示了将不同材料的半导体纳米线与不同的材料的薄膜波导结合，可实现的最高分辨率(NA=0.85)。当使用 ZnO 纳米线与 TiO_2 薄膜波导结合时，受益于短荧光波长与波导材料的高折射率，可实现的最高分辨率可以达到 70nm。

表 4-1　TiO_2、Al_2O_3 及 SiO_2 三种波导材料上可实现的最高分辨率 (单位：nm)

纳米线	波导薄膜		
	SiO_2 上的 200nm 厚 TiO_2 膜 (k_{eva}=2.5)	SiO_2 上的 200nm 厚 Al_2O_3 膜 (k_{eva}=1.61)	Si 上的 200nm 厚 SiO_2 膜 (k_{eva}=1.266)
CdS NW(520nm)	90	130	170
ZnO NW(390nm)	70	100	120

另外，薄膜波导相对周围材料的折射率也反映了光学薄膜波导对光场的约束强度，进而决定系统的成像视场范围。对于三种衬底结构模型，即 280nm SiO_2-Si、150nm TiO_2(300℃)-280nm SiO_2-Si，以及 150nm TiO_2(室温)-280nm SiO_2-Si，所选用的模式场光源波长为 520nm。如图 4-14(a)所示，当光场在低折射率 SiO_2 波导内传输时，光场会较快地泄漏进衬底硅层，并转化成热能被消耗掉。在实际应用中，也可在 SiO_2 层和高折射率薄膜波导之间先镀制低折射率 MgF_2 波导层，进一步抑制硅层的吸收损耗，提升整个系统的成像视场范围。

此外，波导膜层的厚度也需要优化，波导膜层太薄，无法形成导模，很难形成导波光；波导层薄膜太厚，有可能形成多个波导模式。需要指出的是，不同导波模式的波矢是变化的，因此多模波导意味着照明区域有多个波矢的表面波在传播照明，这样就会使移频成像复杂化。

假设显微镜物镜的数值孔径为 0.85，结合前面的分辨率公式可以给出相应的系统最佳分辨率曲线。随着薄膜厚度的增加，薄膜波导内模式的有效折射率得到提升，相应地，系统分辨率也进一步得到提高。但是，薄膜波导的厚度并不能无限制增加，当薄膜波导厚度增加到一定程度时，波导内模式场数目开始增加。由

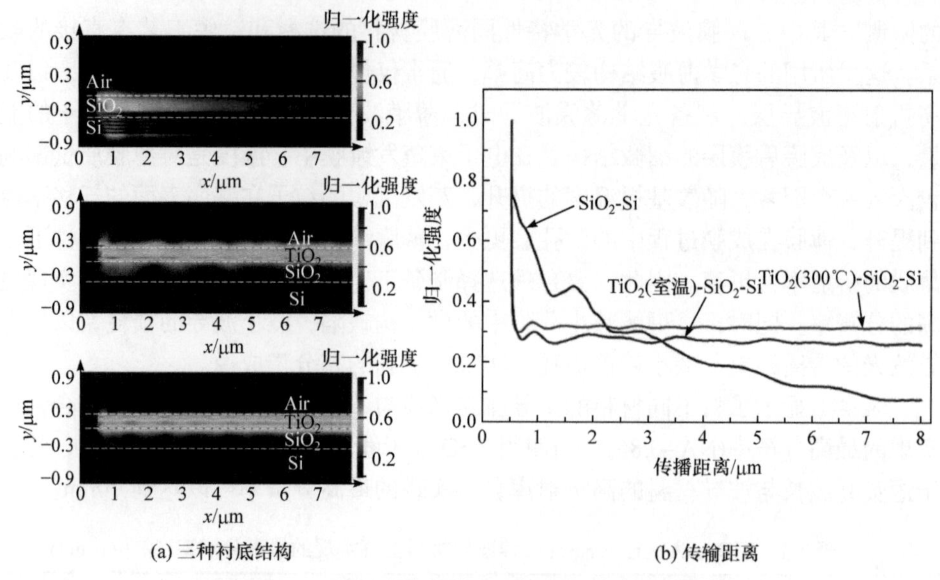

图 4-14　三种衬底结构模型中倏逝场传输距离研究

于不同模式场的有效折射率不同，所引起的移频量也不相同，将为后期的频谱分析带来困难。在满足单模传输条件下，能够提升系统分辨率的有效途径是选用更高折射率的薄膜材料，改善薄膜的制备条件。

前面提到，需要将外部传播场的光耦合进薄膜波导形成波导光。为了简化耦合波导光的难度，这里采用放置在波导表面的微纳光源耦合方法。我们知道当发光光源的尺度很小时，会有相当一部分辐射能量为倏逝场。这样可以通过发光光源的表面倏逝场与波导倏逝场的耦合，提供薄膜波导的照明光场。在半导纳米线被激发条件下，波导中的传导光并非从外界激光通过复杂的耦合装置导入，而是来自于置于波导表面的半导体纳米线光源，这种芯片化设计，有效地降低了系统的复杂度。另外，由于纳米线荧光为部分相干光，照明时可以较好地抑制相干噪声，提高信噪比。

使用 SiO_2-Si 单层膜结构与纳米线光源耦合(图 4-15(a))时，光在 SiO_2 层中传导中，会不停地向 Si 基底中泄露。图 4-15(b)所示为 SiO_2-Si 基底结构中的光能量分布。仅在距离光源 10 μm 的范围内可以获得较强的光能量分布。相比起来，使用的 Al_2O_3/TiO_2-SiO_2-Si 双层膜基底的结构可以将光更好地束缚在高折射率 Al_2O_3/TiO_2 层中，在其表面实现更加稳定的倏逝波的传播。图 4-15(c)、(d)所示为 Al_2O_3-SiO_2-Si 双层膜基底结构。由于 Al_2O_3 层(折射率 1.77)两边的材料折射率(SiO_2 折射率 1.45，空气折射率 1)均比较小，在 Al_2O_3 膜层内可以形成良好的波导条件，实现更远的光传播距离和照明视场。

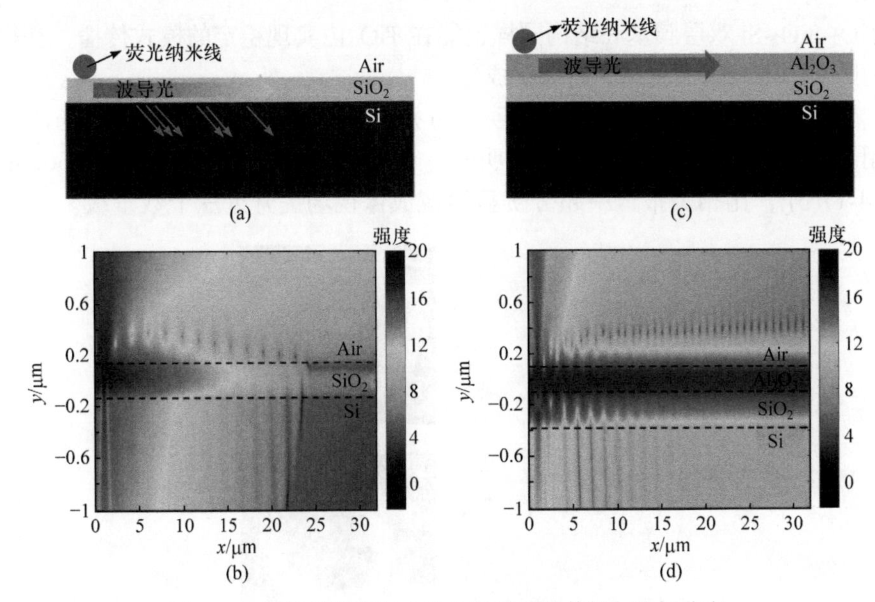

图 4-15　光波导倏逝场在光波导周边的传播与光场分布

图 4-16 所示为 SiO_2-Si 基底、Al_2O_3-SiO_2-Si 基底两种结构超分辨成像视场大小。在 SiO_2-Si 基底结构上，仅距离纳米线光源 6μm 处可以成像，可以获得较高的信噪比；在 Al_2O_3-SiO_2-Si 基底结构上，照明的距离可以达到 30μm 以上。同样

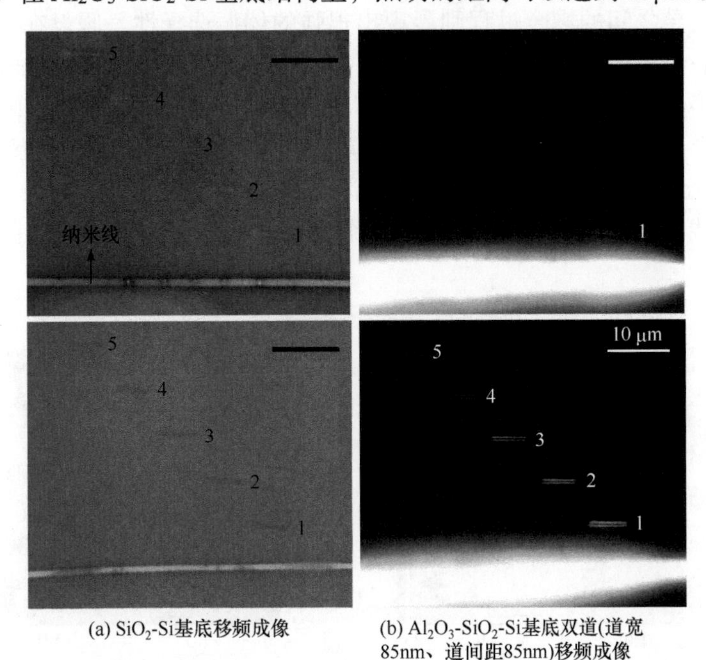

(a) SiO_2-Si基底移频成像　(b) Al_2O_3-SiO_2-Si基底双道(道宽85nm、道间距85nm)移频成像

图 4-16　SiO_2-Si 单层膜基底、Al_2O_3-SiO_2-Si 双层膜基底上移频成像视场大小

的 TiO_2-SiO_2-Si 双层膜基底结构同样也能在 TiO_2 内实现稳定的模式传播，获得可观的照明距离与超大视场的超分辨成像。

采用 360°纳米线环倏逝场照明，分别获取两种波导上的成像视场范围。采用 TiO_2 薄膜波导提供倏逝场照明时，系统的成像视场范围达到约 6000μm^2(图 4-17(b))，比相关报道中超分辨显微镜成像视场提升近三个数量级。

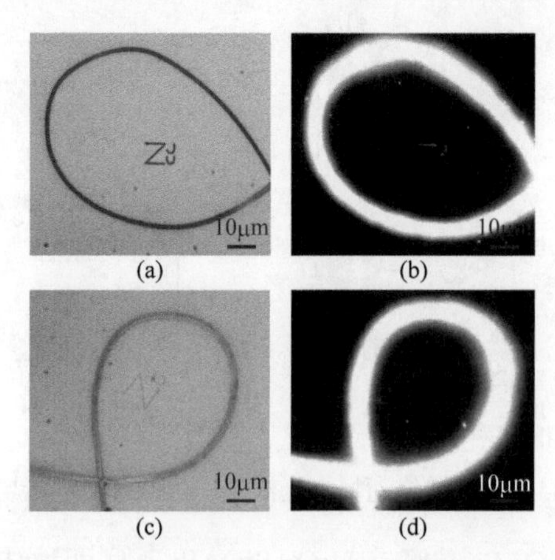

图 4-17　圆环荧光光纤照明的物体成像效果

来自半导体纳米线自发荧光的偏振态是随机的，但是半导体纳米线出射荧光与薄膜波导之间的耦合过程则展现出很强的偏振选择性。假设在半导体纳米线内设置一偶极子发光源，并设置衬底结构为在硅片上镀制 280nmSiO_2 薄膜，仿真分析半导体纳米线各偏振态光场与薄膜波导间的耦合情况。如图 4-18 所示，当偶极子沿着 S 偏振方向(偏振方向沿着半导体纳米线轴向)振荡时，出射光能够高效地耦合进衬底波导内；当偶极子沿着 P 偏振方向(偏振方向沿着半导体纳米线径向方向)振荡时，半导体纳米出射光与衬底薄膜波导间的耦合效率极低。

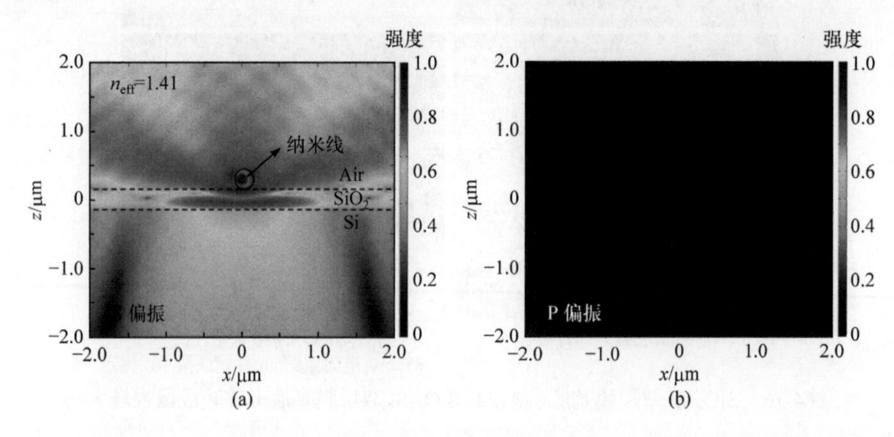

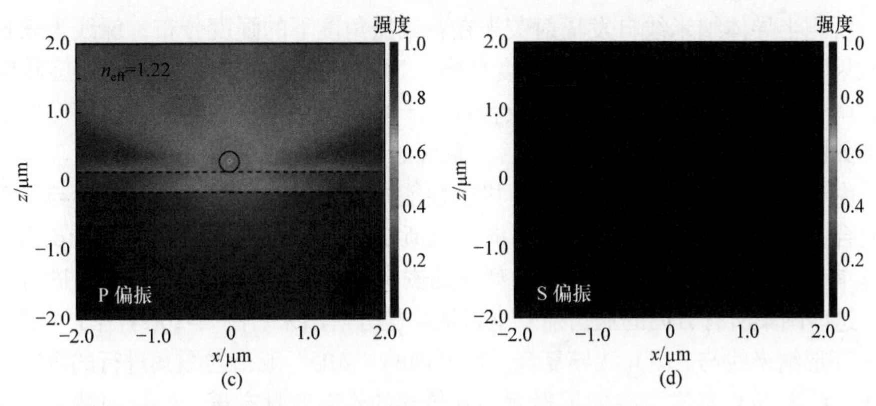

图 4-18　荧光光纤与波导之间的发光与耦合

导波在薄膜波导内传输时的偏振特性与耦合光场偏振选择性一致时，耦合效率高。在距离半导体纳米线很近的尺寸范围内，倏逝场的偏振态较为复杂。在实际应用中，为了降低纳米线自由发散光产生的背景噪声，被观测样品通常放置在距离纳米线足够远(5 μm 以上)的位置，以避免多偏振模态的影响。在后面有关薄膜波导内模式场传输的仿真中，模式光源的偏振方向相应地被设置为 S 偏振。

与薄膜波导内传输光场的偏振性一致，微纳样品的远场散射成像过程也表现出 S 偏振(平行于半导体纳米线轴向方向)特性。如图 4-19 所示，黑色曲线表示实

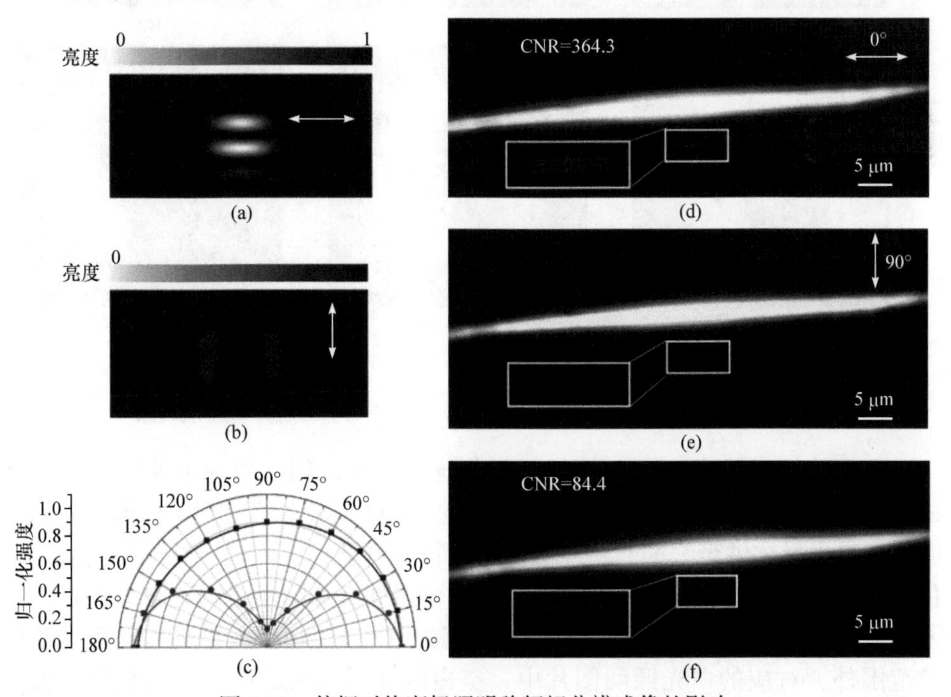

图 4-19　偏振对倏逝场照明移频超分辨成像的影响

验中所测半导体纳米线自发辐射荧光在各偏振角度下的强度分布，绿线为来自样品散射场在各个偏振角度下的强度分布。通过在 CCD 前放置一个可旋转偏振片，调整偏振片的偏振角度平行或者垂直于半导体纳米线轴向方向，相应的实验结果如图 4-19 所示。加入偏振片后，系统的信噪比提升 4 倍以上[116]。

由于半导体纳米线表体比大、机械性能好，可以安全地弯曲成环形与薄膜波导复合，为环内区域提供 360°全方向的倏逝波照明。图 4-20(a)～图 4-20(d)为 CdS 环形纳米线与 SiO_2 波导复合，对刻蚀的嵌套三角形和圆形亚衍射图案进行的观察。这些图案所有方向的亚衍射双道特征均被分辨出来。图 4-20(e)～图 4-20(f)为 CdS 环形纳米线与 Al_2O_3 波导复合，对刻蚀的“ZJU”亚衍射图案进行的观察。由于 Al_2O_3 比 SiO_2 具有更高的折射率，其传导的倏逝波具有更大的横向波矢，因此分辨尺寸也更加精细，可以实现周期分辨率优于 142nm 的二维超分辨显微成像(物镜的衍射极限分辨率为 373nm)。

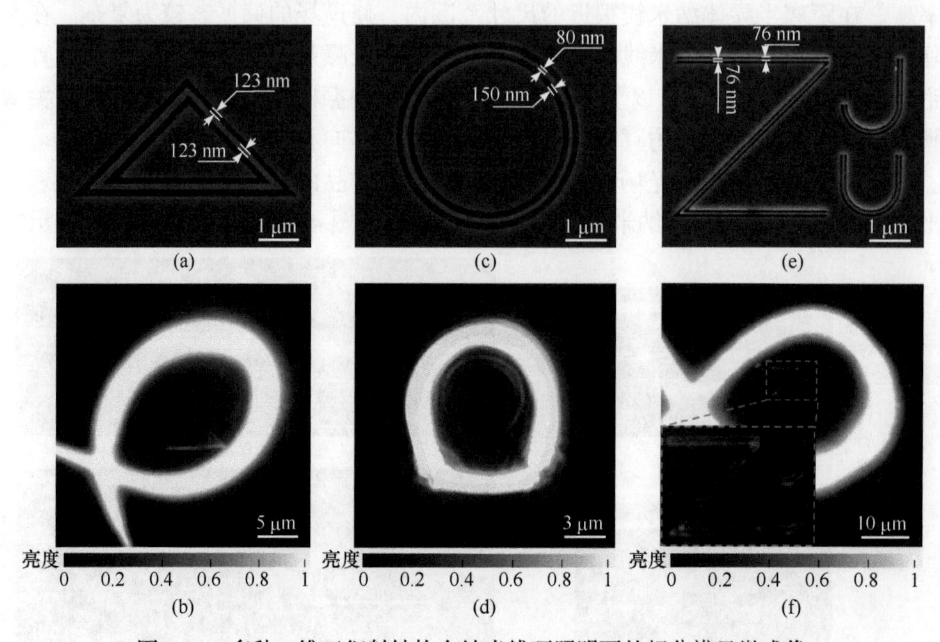

图 4-20　多种二维亚衍射结构在纳米线环照明下的超分辨显微成像

半导体纳米线发光产生的移频超分辨成像可以用于集成电路芯片、蓝光 DVD 等的观测。借助集成芯片，以及蓝光 DVD 光盘内的薄膜结构形成导波照明，来自半导体纳米线的光场能够有效地耦合到器件的内部，并维持高波矢的传输。在图 4-21(a)和图 4-21(b)中，CdS 纳米线环被置于蓝光光盘空白区与写入区的交界线处。由于蓝光光盘磁道宽度为 150nm 位于显微镜物镜可接收频谱范围外，对应的白光照明图片中，空白区和写入区的亚波长细节均未被分辨。当采用半导体纳米线环倏逝场照明周围区域时，空白区的光栅结构，以及写入区的刻点结构均被清晰成像。图 4-21(c)～图 4-21(f)为对集成芯片的观察。当放置在微结构附近的 CdS 纳米线环被激发时，暴露出的亚波长微结构被清晰的区分开。

值得指出的是，虽然实验中围绕观察样品的环状光纤的倏逝场照明使波导上的样品看起来似乎已经完整成像，但是因为环状光纤产生了围绕样品的各个方向的疏逝场照明，所以各个方向移频重叠的结果造成已经成像的假象。这个像是有变形的，只有通过各个方向严格的逐一单独移频成像计算，才能够真正准确重现成像效果。

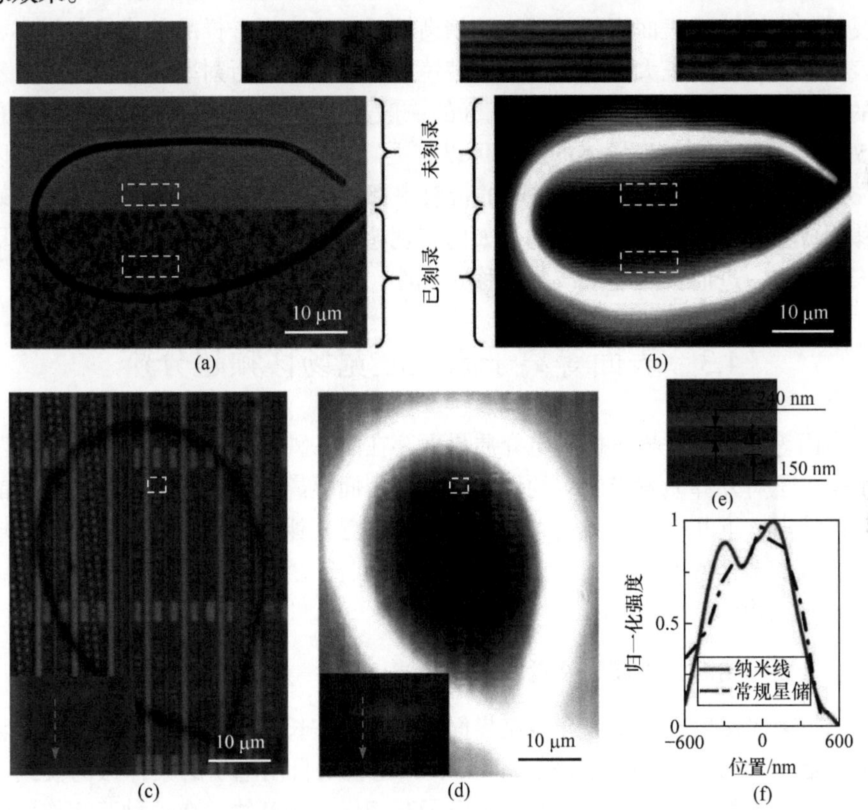

图 4-21 NWRIM 在蓝光光盘与集成电路芯片上的应用

在波导倏逝场照明移频成像技术中，还有一个成像物镜数值孔径大小选择与波导波矢匹配的问题。由前面对移频成像机理的介绍可知，采用单一移频波矢照明成像时，仅能提供对应移频波矢处，物镜数值孔径对应频谱宽度频谱区间的样品结构信息。为了使移频成像之后的像不产生畸变，需要移频后的子孔径频谱与垂直照明的基频子孔径频谱重叠。

总之，波导表面放置荧光纳米线可以充分利用波导的高折射率与低光损耗的特点，方便地将纳米线的荧光耦合入波导，实现移频超分辨的显微成像，而且由于波导的光损耗较低，因此成像的视场可以很大。这就从另外一个角度说明，我们可以借助移频效应，低数值孔径的大视场的物镜实现超大视场，超分辨的显微成像。

但是，基于光波导的表面倏逝场照明的超分辨移频成像，还是强烈依赖光波导的折射率，以及成像的光波长，因此成像的分辨率还是受到客观材料折射率的限制。有没有可能摆脱材料折射率的限制，获得更高的超分辨成像呢？下节利用 SPW 获得无限大波矢疏逝场的超分辨成像技术。

至此我们已经论述了全反射与基于光学波导的表面波移频成像。可以看出，全反射与光学波导表面都可以用表面倏逝场的照明来提升样品的成像分辨率，但是表面倏逝场的波矢大小还是取决于棱镜或光学波导的折射率，即取决于自然界中的光学材料的折射率。目前可见区的一般光学玻璃材料的折射率基本分布在 1.35～2.4，只有一些半导体的晶体可以有更高的折射率，如 GaP 晶体等可以接近 3.5，但是不论如何，光学材料的折射率都是有限的，因此基于光学波导效应的移频成像的分辨率也是有限的。如何实现超过目前光学材料折射率限制的更大波矢表面波，进而实现超大波矢的移频成像，这就是后面两节的主要内容。

4.3 表面等离子激元波宽场移频超分辨

表面等离激元是导电体与电介质界面存在的一种电磁振荡。这种电磁振荡本质上是电子对外界激发光的集约谐振响应。表面等离激元具有空间局域性和能量增强的特点，近几十年来吸引了研究学者的广泛兴趣，被广泛应用于各个领域，包括亚波长分辨率成像[117-119]、传感[120]、亚波长光波导[121,122]、光刻[123,124]、光镊[125]和光学模拟计算[126]。

4.3.1 表面等离激元大波矢倏逝场照明光波

当一束光照射在金属与介质交界面时，如果波长与入射角合适，在金属与介质的界面上会激发一种表面波，即 SPW，也就是自由电子的集体振荡模式产生的波。它是入射光子与金属表面自由电子互相作用的产物。在这种互相作用中，自由电子在入射光子的激发下产生相干振荡，并在振荡频率与入射光频率匹配时形成共振。通常情况下，SPW 的色散关系可以表示为[127]

$$k_{\mathrm{SPW}} = k\sqrt{\frac{\varepsilon_d \varepsilon_m}{\varepsilon_d + \varepsilon_m}} \tag{4-10}$$

其中，$k=2\pi n/\lambda$为激发光的波矢；ε_d 和 ε_m 为分界面两侧介质与金属的介电常数。

由于金属的介电常数 $\varepsilon_m < 0$，因此 SPW 的波矢要比激发光的波矢大，合理

选择金属与介质的介电常数，有可能将 SPW 的波矢变得很大。因此，采用 SPW 进行样品照明可以通过移频效应获得更高的成像分辨率。2005 年，斯莫利亚尼诺夫等利用金膜的 SPW 效应实现了局域的超分辨显微成像[128]。他们将一高分子液滴放置在金膜上激发 SPW，激发的 SPW 照明直接刻蚀于金膜表面的微小结构。由于高分子液滴的椭球形状，样品会在液滴焦点处形成一变形的放大虚像，放大的像可以通过显微镜进行观察[129]。

根据电磁场的麦克斯韦方程组，对于一个金属与介质组成系统，入射的光波当光波波矢满足特定条件时，在金属与介质表面处会产生 SPW。表面倏逝波的模式可以在界面处存在并传播。由边界连续条件可推出 SPW 的模式，进而获得 SPW 的色散关系式(式(4-10))，可以作出 SPW 的色散关系曲线。如图 4-22 所示，厚金属膜曲线(粗点划线)为光线的色散曲线 $\omega = c \cdot k_x$，其中ω表示入射光的角频率，c 为光波的传播速度，k_x 为入射光波矢沿横向 x 方向分量的大小。薄金属膜(二根实线)曲线为 SPW 的色散曲线。

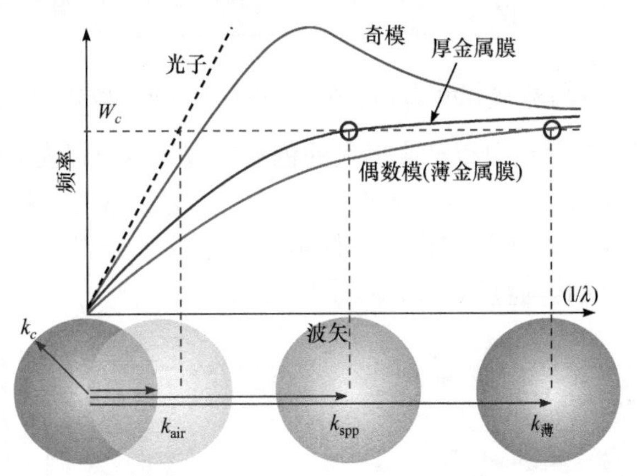

图 4-22　SPW 的波矢与光波频率关系

可以看出，对于入射频率为 w_c 的光波，形成 SPW 后，表面波矢 k_{spp}(图 4-22 中的小圈点处)可以远大于光波波矢，即 $k_{spp} \gg k_{air}$。对于几十纳米厚的金属结构，不同截面处的表面等离激元模式将发生耦合，将表面等离激元的色散关系劈裂成奇模式和偶模式[130]。特别是，SPW 的波矢$\left|k_{spp}\right|$会随着金属厚度的减小而增加，这有利于获得更高的超分辨图像。当然，金属膜不可能无限薄，一般利用单层金属膜可以获得相当于折射率为 3～4 波矢的 SPW。

单层金属薄膜产生的 SPW 波矢还与金属薄膜厚度，以及周边介质折射率相关。一般周边折射率越高波矢越大，金属薄膜越薄，波矢就越大，但是介质折射率是有限的，为了获得更大的波矢，如果采用单层金属薄膜结构就必须有更薄的薄膜[131]。单层金属膜 SPW 随周边介质折射率，以及金属薄膜厚度的影响如图 4-23 所示。

由于当薄膜的厚度小于 10nm 后，很难获得连续、无氧化金属膜，因此利用单层金属膜的 SPW 的波矢还是在很大程度上受金属膜厚度的限制。只有制备出极薄的金属膜(小于 5nm)，才可能获得极大波矢的 SPW。

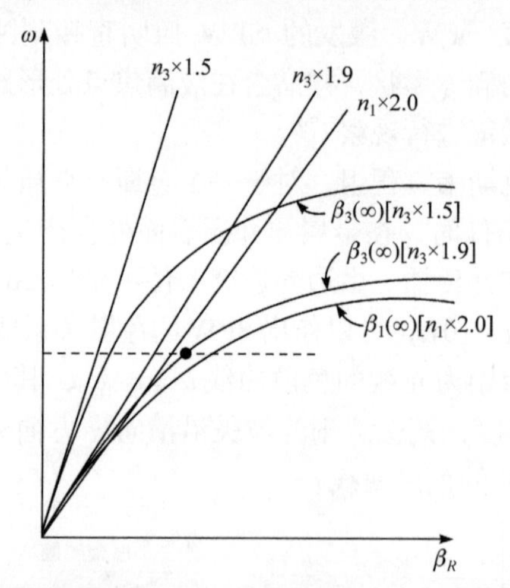

图 4-23 单层金属膜 SPW 随周边介质折射率，以及金属薄膜厚度的影响

近年来出现的超材料可以产生巨大的色散效应，也可以为大波矢表面波的产生提供新途径。HMM 是一种典型的超材料[132]。它通常有两种不同的结构，一种是金属与介质交替的薄膜结构，一种是金属小柱子与周边介质的混合结构。HMM 的多层薄膜结构与金属线结构如图 4-24 所示。

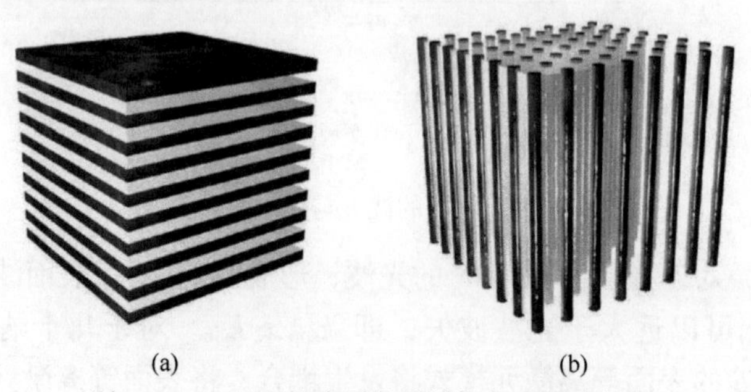

图 4-24 HMM 的多层薄膜结构与金属线结构

多层膜 HMM 的 TM 波色散关系为[133]

$$\frac{k_x^2+k_y^2}{\varepsilon_{\parallel}}+\frac{k_z^2}{\varepsilon_{\perp}}=k_0^2 \tag{4-11}$$

其中，k_x、k_y、k_z 为 x、y、z 方向的波矢；$k_0=\omega/c$ 为自由空间波矢，ω 为光波频率，c 为光波速度；$\varepsilon_{\parallel}$ 为 z 方向的介电常数；$\varepsilon_{\perp}$ 为 x、y 方向的介电常数。

对于多层金属薄膜，HMM 的介电常数为

$$\varepsilon_{\perp} = \frac{\varepsilon_m t_m + \varepsilon_d t_d}{t_m + t_d}, \quad \varepsilon_{\parallel} = \frac{t_m + t_d}{t_m / \varepsilon_m + t_d / \varepsilon_d} \tag{4-12}$$

其中，ε_m 和 ε_d 为金属和介质的介电常数；t_m 和 t_d 为金属和介质薄膜的厚度。

通过改变这四个参数，可以使 $\varepsilon_{\perp} \cdot \varepsilon_{\parallel} < 0$ 实现双曲线色散。需要注意的是，有效介电理论近似式(4-12)仅在长波长极限成立。换句话说，HMM 每层的厚度应远低于有效均匀化的工作波长大小。考虑多层 HMM 通常通过电子束和溅射沉积方法制备，最小金属和电介质层厚度应大于 5nm。该层厚度远小于紫外和可见光的工作波长，但是仍足以消除量子尺寸效应在金属中引起的额外空间色散，从而保证设计和制造的 HMM 之间电磁响应的一致性。

HMM 的 $k_{\text{spp}} \gg \omega/c$，且 $\varepsilon_{\perp} \cdot \varepsilon_{\parallel} < 0$，式(4-11)的双曲等频面渐近逼近一个圆锥体，并且

$$k_n = \sqrt{k_x^{\ 2} + k_y^{\ 2}} \cong \sqrt{-\frac{\varepsilon_{\parallel}}{\varepsilon_{\perp}}} k_z \tag{4-13}$$

所以，我们就可以通过调节 $\varepsilon_{\perp}$ 与 $\varepsilon_{\parallel}$，使 $k_n = k_{\text{spp}}$ 变得非常大。

根据有效介质理论，对于薄膜型 HMM，当金属材料与介质材料确定之后，其等效折射率与薄膜的基本周期、金属膜和介质膜的厚度比相关。在金薄膜与 Al_3O_2 薄膜的 HMM 结构中，等效折射率随薄膜基本周期大小的变化如图 4-25 所示。图中，ρ 是每一个基本周其中金属与介质膜的比例。可以看出，只要基本周期的厚度小一点，等效折射率就可以超过 100[133]。理论上，利用 HMM 可以实现无限大的波矢 SPW，也就是无限大波矢的表面倏逝场。

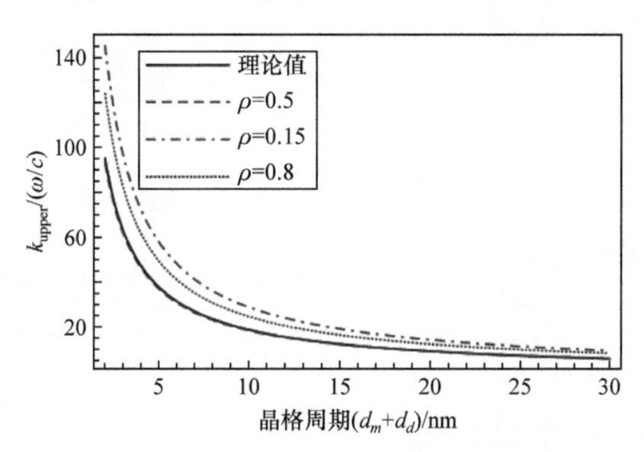

图 4-25 HMM 激发 SPW 的等效折射率随薄膜基本周期大小的变化

为了在可见光区实现大波矢 k_x 的 SPW，我们采用金属 Ag 与 SiO_2、Al_3O_2 等组合，通过厚度调整，即减薄金属薄膜的厚度至 5nm 左右，就可能获得等效于光学介电常数接近 100 的超大波矢的表面倏逝场波的报导，如图 4-26 所示[134]。因此，可以说 HMM 为移频超分辨成像提供了一种极为有利的照明光条件。

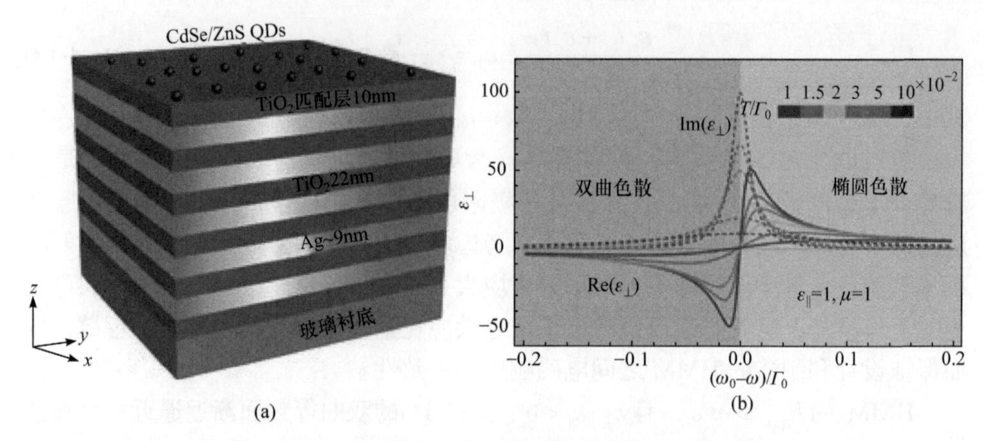

图 4-26 HMM 的大色散在谐振区域具有极大的 SPW

利用 SPW 的大波矢，就可以实现移频量非常大的超分辨的移频显微成像，为此需要将外加光源耦合至超材料中，并在相应结构中激发出表面等离子波。由于 HMM 外部媒介的折射率都是有限的，所以难以形成与 SPW 波矢匹配的照明光，因此需要各种耦合技术将外部照明的常规传播场光束，通过耦合技术转化为表面波，形成大波矢的表面等离子波。SPW 的主要激发模式如图 4-27 所示。

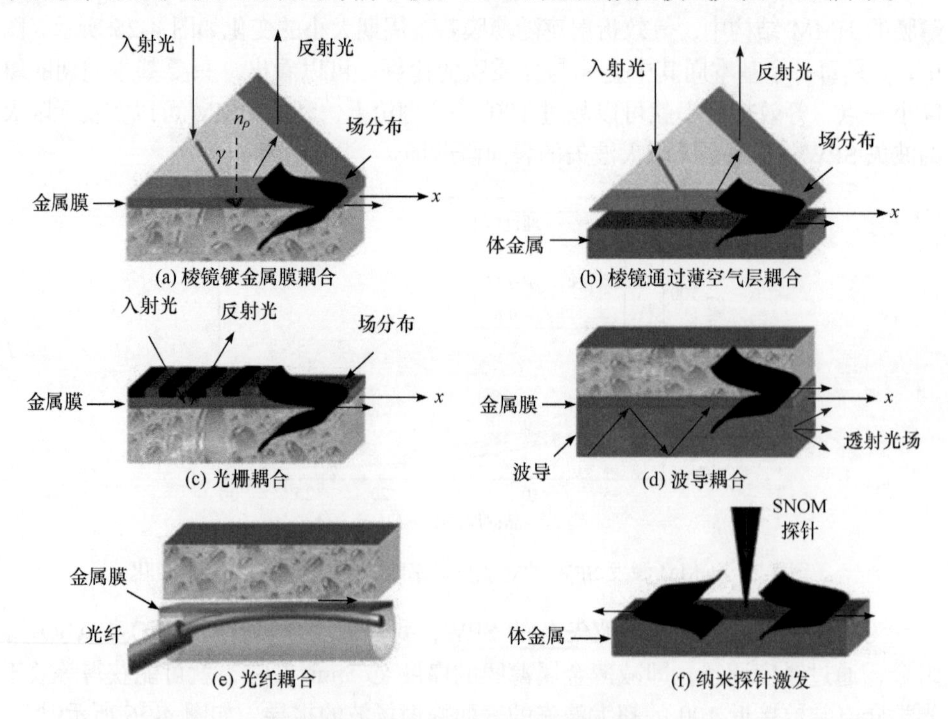

图 4-27 SPW 的主要激发模式

可以看出，耦合高频 SPW 的基本原理就是空间频率必须匹配，因此最灵活的空间匹配就是利用光栅提升入射光的空间频率，匹配 SPW 的高频，可以通过改变光栅的周期来匹配不同频率的 SPW。

我们已经具备了产生无限大波矢的能力，也具有将传播场的光波耦合匹配到 SPW 器件，激发出 SPW 的技术，也就是我们已经具备了产生无限大波矢照明表面样品的表面波。下面从相干光 SPW 移频超分辨与非相干光移频超分辨成像两个方面论述基于大波矢 SPW 移频超分辨成像技术。

4.3.2　基于大波矢 SPW 相干移频超分辨显微成像技术

采用单层金属膜激发 SPW，可以实现基于 SPW 表面波照明的移频超分辨显微成像。这种基于 SPW 的移频如果是针对非荧光标记样品的移频成像，可以采用相干信号的移频成像技术；如果对应于荧光标记的样品，则可以利用对向传播 SPW 的干涉构建 PSIM，以便激发样品荧光，实现 SPW 结构光荧光超分辨移频成像。

基于 SPW 照明的相干移频超分辨成像系统如图 4-28 所示[135]。激光(波长为 640nm)经过准直扩束后，由二维振镜(2D-GM)进行二维扫描，再经过一系列的透镜后汇聚到物镜的后焦面，经过物镜变成平行光照明样品。振镜可以改变入射光在物镜后焦面处的位置，可以实现入射光在后焦面进行圆形扫描。扫描圆半径的改变对应入射光经物镜(NA=1.49、100×)后照明样品入射角的改变。样品是在一个玻璃衬底上镀上 50nm 的 Ag 膜，然后在其上刻蚀的一些精细的光栅结构。入射光照明样品，若入射角度大于临界角，则在样品表面产生倏逝波。当入射角刚好等于激发 SPW 的波矢角度时，在样品面激发 SPW，等离子体激元波将沿样品表面传播。样品被 SPW 照明后产生散射(或衍射)。其散射(或衍射)光被同一个物

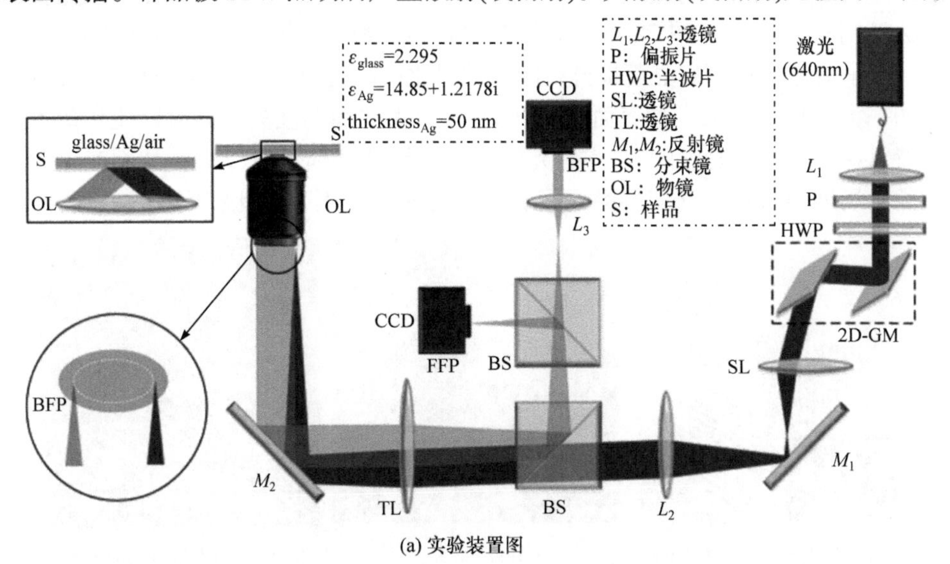

(a) 实验装置图

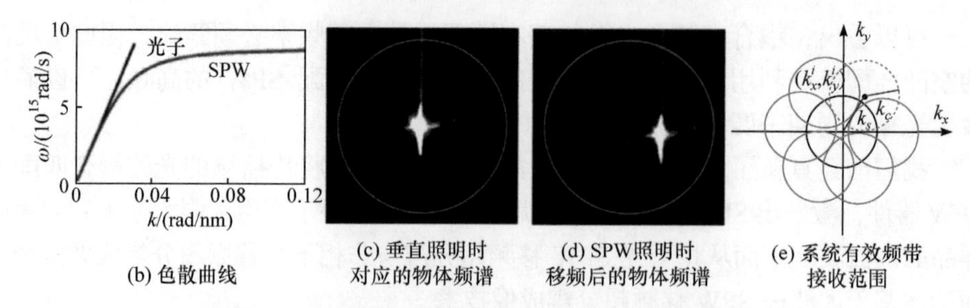

(b) 色散曲线 (c) 垂直照明时对应的物体频谱 (d) SPW照明时移频后的物体频谱 (e) 系统有效频带接收范围

图 4-28 基于 SPW 照明的相干移频超分辨成像系统

镜接收，然后成像到相机 CCD。系统安置两个相机，其中一个用于对物镜后焦面(频谱面)成像，一个对样品面成像。改变入射光的方位角，可以获取物体沿不同方向移频后的低分辨率图像，将这些原始数据代入傅里叶频谱叠层成像算法中重构，即可以恢复出样品的强度和相位超分辨图。

移频超分辨成像结果如图 4-29 所示。样品为用 FIB 沿三个不同方向刻蚀的光栅结构，周期为238nm，物镜的衍射极限430nm。图 4-29(a)为电镜拍摄的样品光栅。图 4-29(b)为 AFM 扫描得到的结果。用这种移频超分辨显微镜可以对样品的形貌进行成像。图 4-29(c)为显微镜系统沿着某一方向照明时激发出对应方向倏逝波照明得到的图像。可以看到，光栅只有在被移频的那个方向的结构可以观察到，另两个方向的光栅由于在衍射极限以下没有经过移频而不能清晰观察到其光栅结构。图 4-29(d)和图 4-29(e)分别展示了用傅里叶频谱叠层成像对样品拍摄多个角度的图像重构后得到的强度和相位图，经过傅里叶频谱叠层成像重构后，三个方向的光栅结构均能被观察到，同时，其恢复的相位可以反映样品的形貌，通过与 AFM 扫描成像进行对比，傅里叶频谱叠层成像所恢复的相位(刻蚀深度)与 AFM 扫描得到的结果吻合，表明傅里叶频谱叠层成像恢复的相位准确可信。

除了成像分辨率有显著提升，图像的对比度改善也成为 SPW 移频超分辨成像的一大优势。作为一种表面波，SPW 具有大的横向波矢的同时，还具备另一个特点——场增强特性[136]。入射光的大部分能量被耦合到 SPW，从而产生强烈的表面场增强效应，光与样品之间有更强的相互作用，因此利用 SPW 照明样品

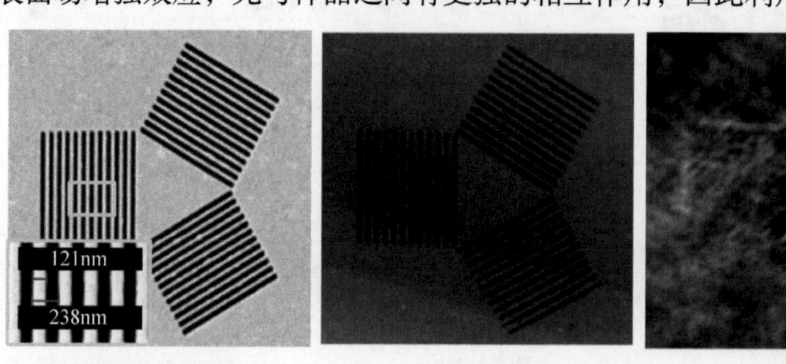

(a) 光栅电镜图(线宽121nm) (b) AFM图 (c) 某一方向SPW照明的图像

(d) 傅里叶频谱叠层成像重构的强度图

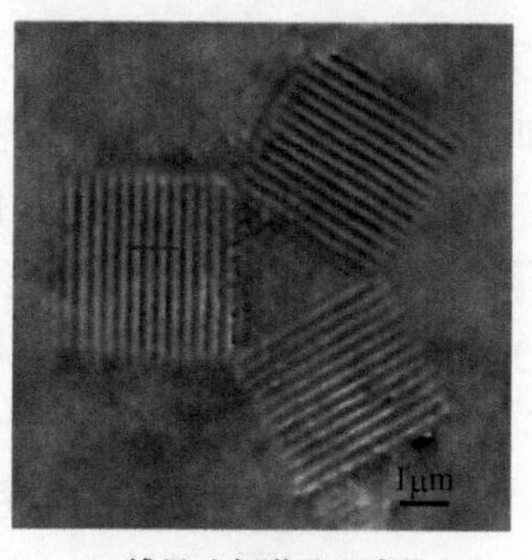

(e) 傅里叶频谱叠层成像重构的相位图

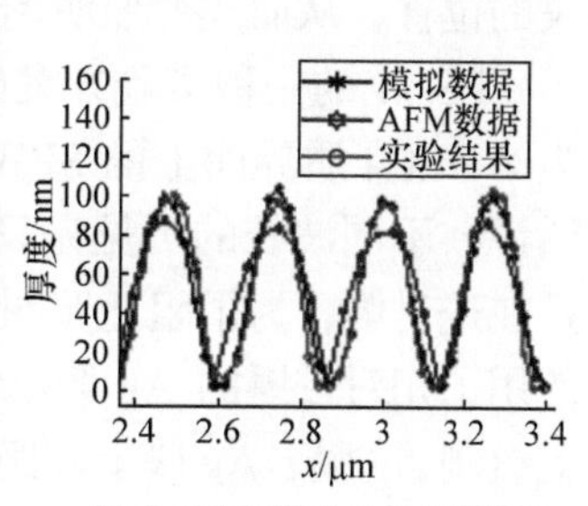

(f) 中红线位置对应各方法数图

图 4-29　移频超分辨成像结果

可以使获得的图像具有高对比度。

4.3.3　基于大波矢 SPW 非相干移频超分辨显微成像技术

利用表面等离激元的局域性，以及大波矢的特点，加州大学圣地亚哥分校的刘照伟等提出 PSIM[137]。其原理与普通结构光照明超分辨显微术类似，都是利用相干光干涉产生的条纹来照明荧光样品，但 PSIM 是利用相向传播的两个相同波矢的 SPW 进行干涉，形成更高的空间分辨率干涉条纹，并以此条纹结构光激发荧光标记的样品，从而实现 SPW 结构光的荧光移频超分辨，即大波矢 SPW 非相干光移频超分辨显微成像。

相比 SIM 技术，采用具有更高空间频率的表面等离激元干涉图案作为激发光，具有更高的空间分辨率。此外 PSIM 与经典 SIM 相比，还有以下特点：第一，由于是 SPW，所以在深度方面的局域性更强，也就是仅薄层样品激发荧光，背景噪声更小。第二，SPW 的干涉条纹周期是 $2k_{\mathrm{spp}}$，所以有很高的分辨率，将样品很高频部分信息平移到物镜的频谱接受范围内。由于每次采集的图像是样品高低频的混叠，因此最终的图像需要对采集到的图片进行算法重构。在重构过程中，为了分别获取空间频谱 $F_o(k)$、$F_o(k-k_s)$、$F_o(k+k_s)$，每个条纹方向至少需要三次相位。此外，为了实现二维频域的全覆盖，需要条纹的方向。一般来说，为了获得一幅二维的超分辨图，共需要 9 幅结构光照明图。

PSIM 的空间频移可以描述为 k_{spp} 的移频结果。为了激发表面等离激元，需要满足等离激元与入射光的波矢匹配条件。PSIM 中用的比较多的方式是光栅耦合、边缘/刻槽耦合和物镜耦合。激发表面等离激元的均匀性对于 PSIM 成像的分辨率和信噪比的提升有很大的帮助。

为了重构超分辨显微图像，在 PSIM 成像的过程中需要多次改变照明条纹的位移并采集相应的图像。对于边缘/刻槽激发方式来说，照明图案的调整可以通过改变入射光的照明角度引入额外的相位差。这种相位差的变化会传导到干涉条纹的位移，从而改变照明图案。

PSIM 的一种实验方案如图 4-30 所示[138]。这里选择 Ag 薄膜产生 SPW，因为 Ag/电介质界面上的 SPW 可以在相对较低的损耗下覆盖整个可见光谱。换句话说，不同波长的可见光只要适当调节入射角均可能激发 SPW。由于成像物镜是在透射侧，为了阻止照明光直接透过金属膜进入成像物镜，降低信噪比，实验使用了相对较厚的 Ag 膜(250nm)。样品如图 4-30(a)～图 4-30(d)所示。玻璃基板上镀制 Ag 膜，Ag 膜上间距 7nm，间隔 100nm 的细缝。在 Ag 膜上制作的狭缝阵列的周期和宽度分别为 7.6μm 和 100nm(图 4-30(c)、图 4-30(d))。当光线照射到样品上时，狭缝会产生 SPW，并在狭缝之间的方块内形成 SPW 干涉图案。狭缝阵列的周期为 SPW 传播长度，以实现沿其传播方向相对均匀的 SPW 干涉条纹。

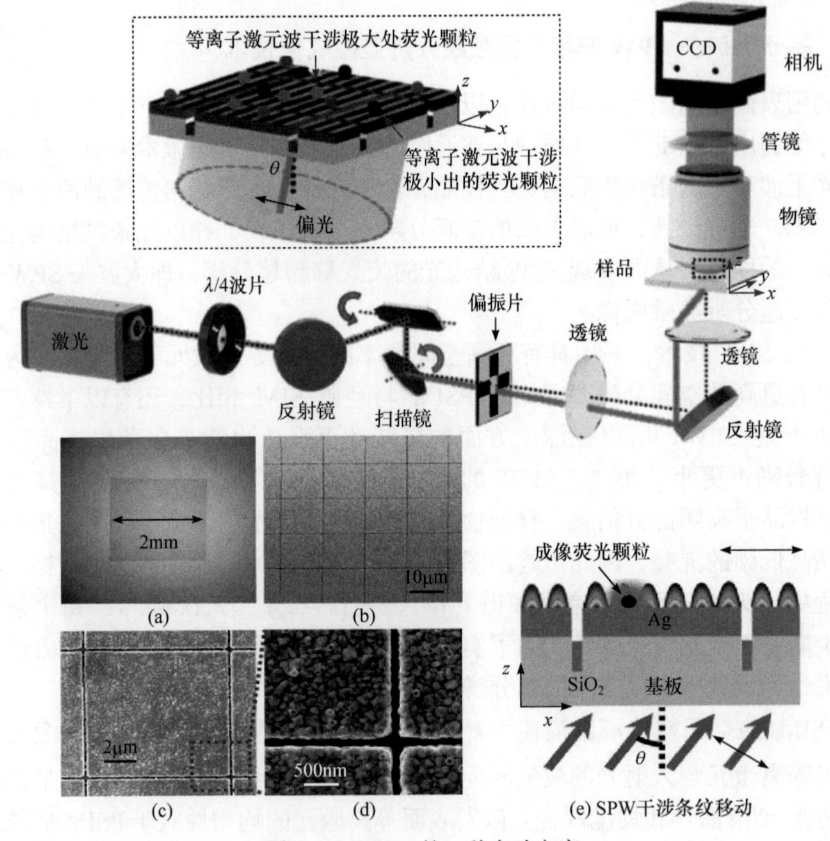

图 4-30　PSIM 的一种实验方案

选择直径为 100nm 的荧光珠作为 PSIM 成像目标，并将其放置在图案化 Ag 膜的顶部，如图 4-30(e)所示。改变光束入射角，可以移动干涉条纹。等离子激元波的干涉图案方向分别沿 x、y 方向。

超分辨率图像是在一维干涉条纹照明下，由六个衍射受限子图像重建而成的。该子图像沿 x、y 方向横向平移，使用 B-SIM 进行图像重建。与传统荧光图像(图 4-31(a))相比，三个直径为 100nm 的珠子(图 4-31(b))的超分辨率图像显著提高，如图 4-31(c)所示。

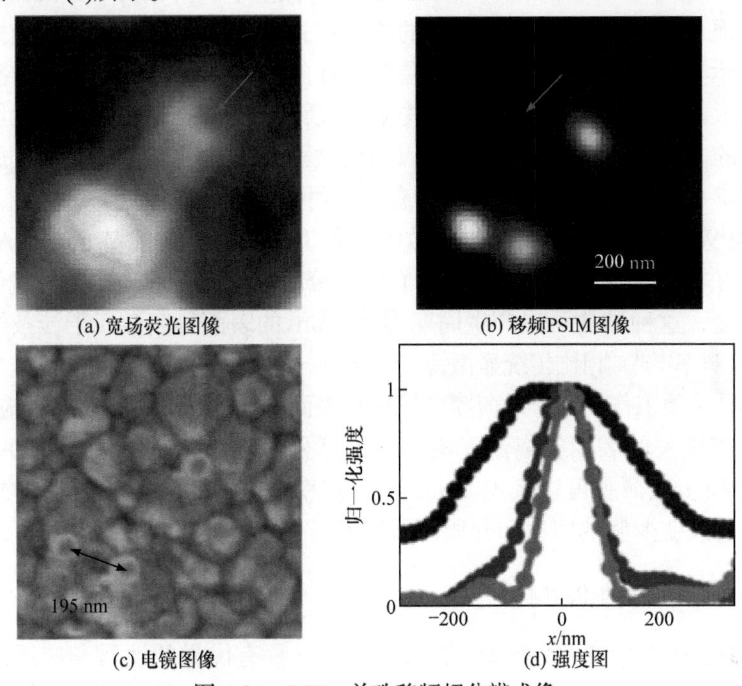

图 4-31　PSIM 单珠移频超分辨成像

比较相应的傅里叶频谱，单个直径为 100nm 的荧光珠的半最大宽度从 327nm 减小到 123nm，分辨率可以提高 2.6 倍。这与基于 SPW 矢量(k_{spp}=1.44k_0，其中 k_0 是照明激光的自由空间波矢量)和探测目标数值孔径(NA=1.0)估计的理论增强因子一致。

PSIM 成像的分辨率主要取决于用于照明的衬底 SPW 的产生与干涉条纹的形成。目前已有的研究主要侧重于设计衬底结构，以激发具有更大波矢的表面等离激元，从而产生更高的分辨率，我们可以从衬底材料进行分类，阐述目前几种主要的 PSIM 衬底模式，即基于金属/介质多层的超表面结构，以及基于石墨烯/介质结构的 PSIM 衬底结构。值得指出的是，现有的 PSIM 还仅是一个频率的移频成像。当频率大于成像物镜截止频率的 2 倍时，就会缺频，造成图像失真。

1. 基于金属/介质多层超材料衬底的 PSIM

2012 年，Wang 等[139]率先在实验上证明了用等离激元驻波对纳米颗粒进行超分辨成像的可能性。他们采用在玻璃衬底上镀制聚甲基丙烯酸甲酯(polymethyl methacrylate，PMMA)，然后在 PMMA 上镀制 65nm 金属 Ag 薄膜，并在金属 Ag

上刻制四个方向光栅的方法，构建 SPW 及其干涉区域，并用此 SPW 干涉条纹结构光激发荧光标记的样品。用 NA=1.42 的物镜成像观测，对发光波长中心为 645 nm 的荧光样品实现分辨率为 172 nm 的超分辨成像。

为了提高 PSIM 的分辨率，研究人员主要侧重于设计更为巧妙的衬底结构，如多层金属/介质结构。金属介质中的能量模式可以用各个单层表面模式的线性组合来表示。因此，当金属/介质的层数增加的时候，模式的最大有效折射率会相应地增大。利用金属/介质多层结构来激发深亚波长的表面等离激元可以构建极为精细的 SPI。类似地，我们也可以利用这种结构进行深移频超分辨成像。

然而，一般的表面等离激元存在有效折射率和传输距离矛盾的问题。为了同时提高 SPW 的有效折射率和传输效率，鱼卫星等提出一种基于 Ag-Al_2O_3-Ag-SiO_2-Ag 的多层结构的 PSIM 衬底。有限差分时域仿真计算表明，通过优化各层薄膜的厚度，这种结构可以产生周期为 84 nm 的表面等离激元干涉条纹，实现 45nm 的分辨率[140]。相比传统显微镜，基于该衬底的 PSIM 可以实现 5.3 倍的分辨率提升。另一项工作利用介质薄膜之间短程表面等离激元的对称耦合效应[141]，可以产生超高波矢的表面等离激元模式。计算分析表明，利用 Ag/Al_2O_3/Ag/H_2O 的金属/介质多层薄膜可以实现 16nm 的分辨率，是普通光学显微镜的 13.6 倍。此外，通过改变薄膜的厚度和介质的折射率，可以有效调控等离激元。

2. 基于石墨烯的 PSIM

石墨烯是一种由碳原子组成的二维材料，具有优异的性质和广泛的应用前景，受到很多研究学者的追捧。这些性质包括超高的电子迁移率和电导率调节能力[142]。类似于贵金属中存在自由电子谐振现象，掺杂石墨烯中的电子也可以对外界激发电磁场能量具有谐振响应，即所谓的石墨烯等离子激元波。相比金属表明等离激元，石墨烯激元具有更大的有效折射率和较小的传输损耗。其传输距离甚至可以达到激发模式的几十倍。最重要的是，石墨烯激元的传输距离和有效折射率可以通过改变外界温度场、电场等影响石墨烯的化学势能来调节[143,144]。由于石墨烯的这些内在的性质，基于石墨烯的研究取得了重要的研究进展，并且综合应用于共形光学[145]、纳米成像[146,147]和可调节超材料[148]等领域。此外，上转换荧光颗粒(将近红外发光转化为可见光发光)的研究为近红外石墨烯应用于可见光超分辨成像打下了坚实的基础，可以极大地促进这一领域的发展。因此，有望将石墨烯应用于 PSIM 超高分辨成像。

基于石墨烯的PSIM理论模型由祖拜里等提出，采用单层石墨烯加单层介质的结构。该衬底激发的石墨烯等离激元的有效折射率可以达到 45.7。通过优化费米能级、激发光波长和介质的介电常数等参数，最终可以实现 10nm 的分辨率[149]。几种产生超大波矢的衬底结构如表 4-2 所示。

表 4-2　几种产生超大波矢的衬底结构

超材料结构	材料	最大波矢	参考文献
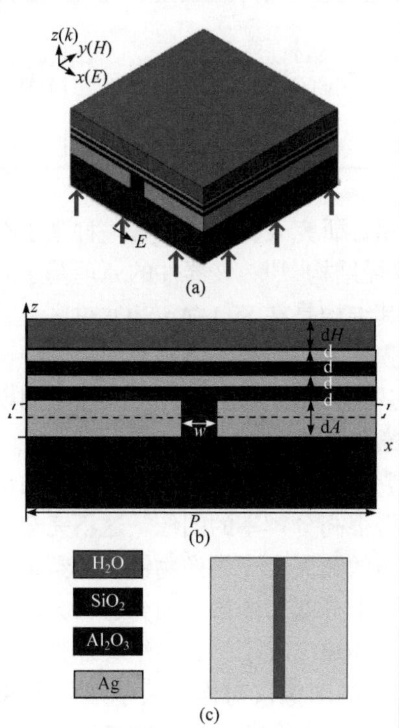	Ag Al_2O_3 SiO_2 H_2O	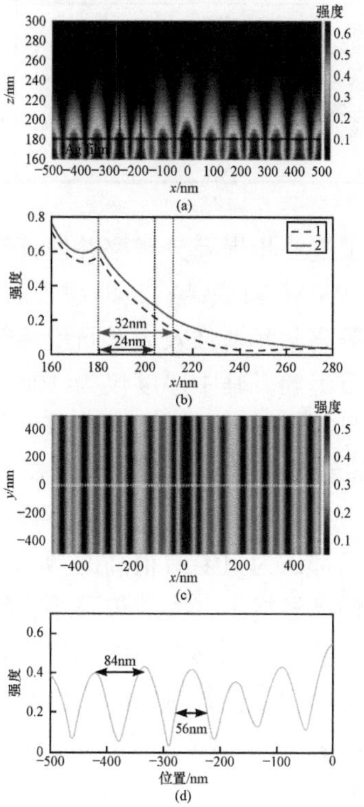	[140] [141]
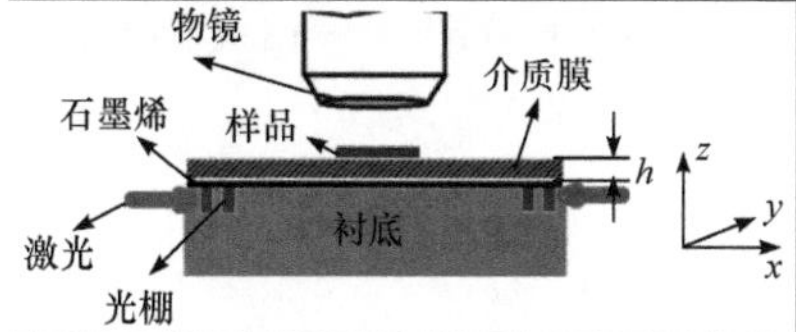	衬底与介质薄膜的折射率均为$\sqrt{2}$	最大波矢 $45.7k_0$ $\lambda_{gp} = 0.0219\lambda_0$	[146]
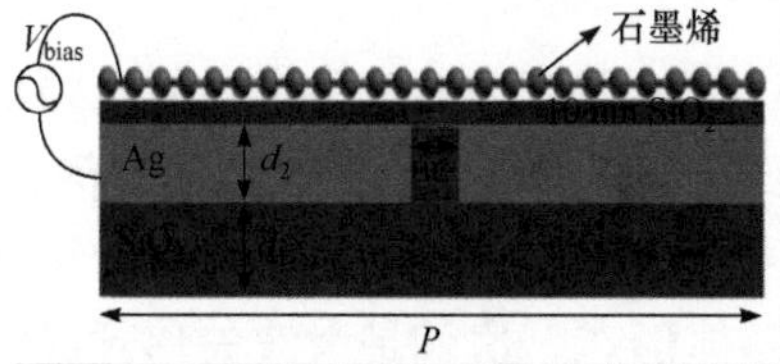	石墨烯 SiO_2 Ag	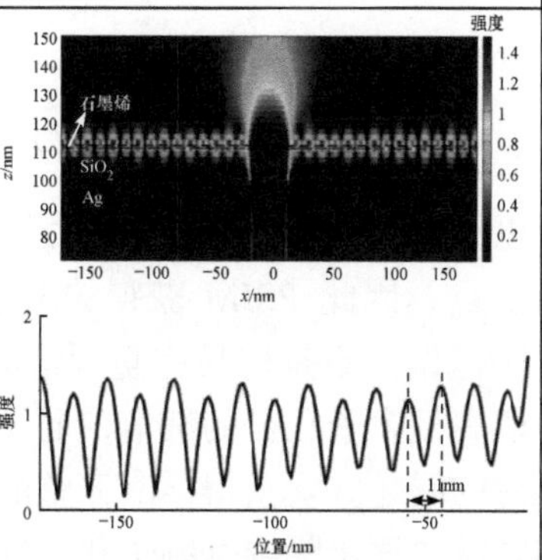 10nm@900nm～2.7μm	[147]

续表

超材料结构	材料	最大波矢	参考文献
	可调谐石墨烯透镜 SiC、SiO_2	λ/10 以上的分辨率 中红外，太赫兹可调谐	[143]

为了进一步提高分辨率并使其符合实际应用，研究人员设计了另一种基于石墨烯的 PSIM 衬底结构，即超表面的混合石墨烯结构[147]。该器件的原理基于局域表面等离激元增强效应和石墨烯等离激元，其结构是在 SiO_2/Ag/SiO_2 衬底上放置一层石墨烯。其中厚度仅为 10nm 的 Ag 薄膜作为石墨烯等离激元的激发源，可以满足很高的波矢匹配。仿真结果表明，采用 980nm 的激发光可以产生周期为 11nm 的等离激元干涉条纹模式，其理论分辨率可以达到 6nm。

应该指出的是，上述的研究都是理论模型分析，而且存在对移频成像的误解，他们都认为只要有很高的频率照明就能获得很高分辨率的图像。这不完全正确。我们已经指出，大波矢移频，特别是当移频的波矢大于成像物镜截止频率的两倍时，直接观测移频后的图像，就会得到一个十分变形图像。因为，移频后成像频域与基频子孔径域的频谱已经完全脱离，在频域出现了严重的缺频环带。

实际上，当移频波矢非常大时，移频后拍摄的图像仅对样品极小细节(尺度与移频频率响应的分辨率极限对应)是成立的。由于成像频谱宽度的是物镜，常规数值孔径决定。所以过高的移频频率造成的缺频效应十分严重。超大移频产生的图像频谱缺失如图 4-32 所示。

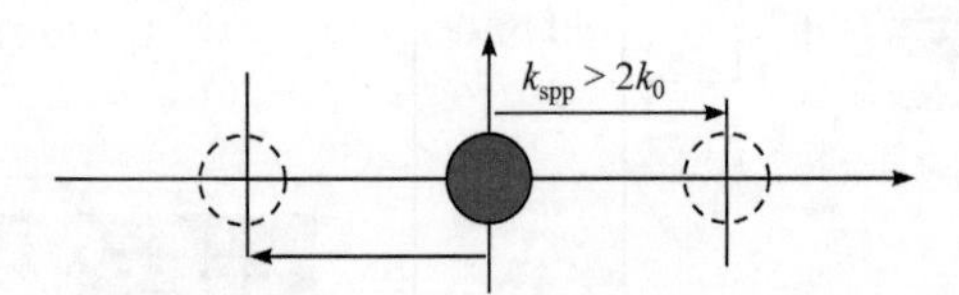

图 4-32 超大移频产生的图像频谱缺失

可以看出，当 SPW 的波矢大于 2 倍的 $NA \cdot k_0$ 时，由于 NA 确定的截止频率小于 $NA \cdot k_0$，因此 PSIM 获得的图像仅是高频子孔径谱域(蓝色虚线频域的信息)对应的图像，而不是样品完整频谱的图像信息[149]。换句话，就是成像的仅是样品这一段高频率子孔径的细节，而没有样品的整体形态。这就是大波矢移频成像必须关注的问题。要获得样品完整的频谱图像，必须调谐移频波矢的大小，从最大的移频波矢逐步降到基频子孔径的大小，以便多次调谐移频子孔径的成像，覆盖整个从基频子孔径到最高移频子孔径的所有频谱。总之，对于极大波矢的表面波移频成像，就必须采用移频成像的干涉合成可调移频技术，通过改变结构光的频率，实现基频子孔径频域到极大波矢移频子孔径频域的频谱衔接。

4.4　局域等离激元结构光照明超分辨显微成像技术

移频超分辨成像的分辨率与移频光波矢大小密切相关，而大波矢 SPW 的获得除了前面的 HMM，具有横向微纳结构金属膜也可以产生非常大波矢的局域表面等离激元共振波。

利用微纳结构为周期分布的金属膜，我们可以生成强局域等离激元。它的波矢可以非常大，因此可以进行更大范围的移频。局域等离激元是指金属制备成纳米颗粒，电子的共谐振荡受制于纳米颗粒几何形状产生的边界条件，电子谐振在特定的波长处与激发其的电磁场产生共振。这样的共振称为局域表面等离激元共振波。在利用局域等离子激元波进行超分辨显微成像中，可以采用人工制备的规则周期结构分布的等离激元天线阵列激发产生局域表面等离激元共振波照明样品。与 PSIM 或者 SIM 不同，局域表面等离激元共振波的空间频谱移频量是由等离激元天线阵列的周期决定的，因此可以实现任意移频量的控制。假如 SPW 天线阵列的周期为 p，那么其空间频谱移频量可以表示为 $k_s = 2\pi / p$ 。

2017 年，彭斯图等证明了局域等离激元显微镜的超分辨能力[150]。该天线阵列由六角分布于 SiO_2 或者是蓝宝石衬底的纳米银盘组成。银盘上覆盖有一层保护层，用来保护该银盘阵列不被氧化，以及与所观察的生物样品隔离。同时，该保护层的厚度需要控制在一定范围，使生物样品与银盘的间距在表面等离激元的衰减距离之内。为了保证最终成像效果，局域等离激元天线阵列的大小和周期需经过仿真优化设计，采用 60nm 直径和 150nm 周期的局域等离激元天线阵列，实现 74nm 的分辨率($\lambda/(5.6\mathrm{NA})$)。采集到的图是由局域等离激元结构产生的近场模式分布调制的样品远场散射光的图像。周期分布局域等离子激元波显微示意图如图 4-33 所示[151]。

激发激光通过 2D 扫描镜引导，通过 4f 系统定义激光入射到 LPSIM 基板的角度。无论角度如何，平面内偏振都由定制的偏振器保证，从而确保正确的激发模式。另一红外捕获激光器用于移动和控制样品微球的位置。发射的荧光通过物镜收集，然后滤光镜过滤并传递到发射检测器 CCD。在重构算法上，由于大多数 PSIM 都是用高频的 SPW 激发荧光标记样品的荧光，基本上都采用 SIM 的重构算法，因此需要在设计表面结构时能够体现三个方向的结构，进而构造出结构光反演时方向需求，因此六边形分布的纳米结构最为经典。

为了重构最终的超分辨图，需要改变激发光的偏振和入射角度。2018 年，Bezryadina 等[152]用 LPSIM 成功地实现了在低激发光强(100～150W/cm^2)下的视

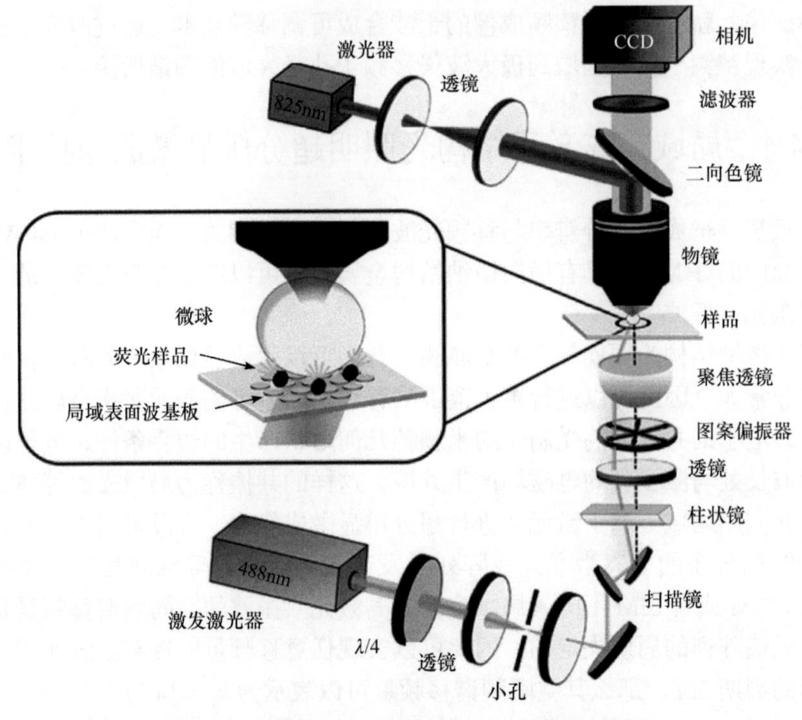

图 4-33 周期分布局域等离子激元波显微示意图

频级速度(30～40Hz)的超分辨成像(分辨率 $\lambda/(6\mathrm{NA})$)。为了获得最优的分辨率，采用的阵列结构参数为银盘直径 60nm、周期 125nm。该实验采用绿色荧光分子标记的细胞微管作为样品，证明该成像方法的生物兼容性。为了进一步提高分辨率，该移频方法还可以与微球透镜成像结合起来，采用低数值孔径的物镜实现 57 nm ($\lambda/10$)的分辨率。

这里也需要指出 LPSIM 由于结构上为二维分布的规则周期结构，所以容易构成多个方位的协同照明移频。为了精确实现移频，需要通过偏振面的旋转，选择移频方向，然后经过多方向逐一移频的精确合成，才能获得真正的准确图像。

与 PSIM 不同，LPSIM 的相对空间移频量与激发波长和衬底的介电常数无光，仅取决于局域等离激元天线阵列的周期。因此，为了实现更高的分辨率，理论上可以通过加工制备更小周期的阵列来实现。然而，当天线阵列的周期小于 $\dfrac{\lambda}{4\mathrm{NA}}$ 时，空间频域将出现频谱空缺，导致图像重构出现扭曲失真。最近的研究表明，在 LPSIM 的重构过程中，采用盲结构光照明的算法将比 SIM 算法更有利。B-SIM 采用代价函数最小化方法在空间域对图像进行迭代优化重构。实验过程中提供的信息越多将得到越高的分辨率。该算法可以弥补缺频的影响，但是最优分辨率也无法突破理论极限$\frac{\lambda}{6\mathrm{NA}}$。为了弥补缺频的影响，可以设计准周期结构，采用不同的波长照明从而激发不同的空间频谱。

LPSIM 的照明端和探测端可以实现有效的分离，因此可以同时实现高速大视场和超分辨成像。其缺点在于，大波矢移频造成与基频域之间的缺频，使 LPSIM 还是一种高频窄频段的成像，图像会有严重畸变。它的成像依赖大面积精细加工的衬底结构，如果加工有缺陷将引入误采样，产生失真的成像结果。此外，由于放置样品的表面有微纳结构，会引起放在其上的样品变形，实际的增强区域减小，图像出现畸变。与其他近场照明方式类似，LPSIM 只能探测到衬底表面一定范围内的样品，其成像深度受到倏逝场衰减深度的限制。如果仅需要对样品表面进行成像，这种方法可以实现更高信噪比的成像结果。

4.5　小　结

本章我们论述利用超过传播场波矢 k_0 的表面波来照明样品，通过移频实现光学超分辨的移频成像。在这样的技术中，非常重要的就是引入各种高频的表面波进行精确照明，包括对表面波频率的调控、表面波方向的调控、表面波偏振的调控。应该说，移频超分辨适用于荧光标记的生物样品，也适用于一般的非荧光类工业样品。特别是，利用高频表面波仅是照明样品，成像还是采用经典的远场成像物镜，可以解决超分辨成像工作距离受限的问题，构造出近场照明，远场成像的超分辨成像新模式。当移频的表面波频率大于 k_0 的 3 倍以上时，就必须考虑移频之间存在的缺频。这个现象对于尺度小于移频频率对应频率范围的物体而言，直接移频成像的近似性很高。但是，如果是比较大的样品，或样品大小对应的空间频率对应物体的尺度，则会产生很大的偏差，这时就需要进行变频合成，通过对变频的编码照明，实现变频移频，填补缺失的频率。当然这就需要多次移频成像，以时间为代价，因此也满足信息探测量守恒原则。

第 5 章　非线性结构光照明显微宽场移频超分辨成像

第 3 章我们讨论了结构光照明荧光显微成像的移频效应。经典 SIM 是线性系统，即荧光显微术中荧光染料的荧光辐射率与激发光光强成线性关系，相对宽场成像，线性 SIM 最高可以提升一倍的分辨率。本章介绍荧光分子的非线性效应，即 NL-SIM。引入荧光非线性发光效应的 SIM 可以进一步提高分辨率，实现超分辨显微成像。

已知的荧光非线性现象有许多种，包括双光子或多光子吸收、受激辐射、基态损耗、饱和，以及光开光等。应用荧光非线性效应的显微成像技术包括双光子或多光子荧光显微术[153]、STED[33]、基态损耗显微术[154,155]，NL-SIM[156-159]。实现 NL-SIM 主要有两种，一种是利用荧光分子的饱和效应，另一种是应用特殊荧光分子(具有光致开关特性)的光开关效应。

5.1 荧光饱和效应的结构光照明显微

荧光饱和效应作为实现光学非线性的一种简单方式首先被应用到 SIM 技术中，我们将实现这种 NL-SIM 的技术称为 SSIM[156,157]。它可以通过增加激发光光强来实现。为了更好地理解 SSIM，我们从 NL-SIM 提升分辨率的原理开始论述。

5.1.1 非线性结构光照明显微提高分辨率的原理

显微成像的过程是一个卷积过程，可表示为

$$D(r) = \mathrm{Em}(r) * H(r) \tag{5-1}$$

其中，$D(r)$ 为探测器探测的图像的强度分布；$H(r)$ 为系统的探测点扩散函数点扩散函数；$\mathrm{Em}(r)$ 为荧光样品的辐射强度分布。

在传统的荧光显微成像中，样品的荧光辐射强度分布 $\mathrm{Em}(r)$ 可表示为荧光样品分布 $S(r)$ 与激发光光强 $I(r)$ 的乘积，即

$$\mathrm{Em}(r) = I(r) \cdot S(r) \tag{5-2}$$

式(5-2)表示荧光辐射强度与入射照明光强之间成线性关系，将其代入式(5-1)，拍摄所得的图像为

$$D(r) = (I(r) \cdot S(r)) * H(r) \tag{5-3}$$

做傅里叶变换可得

$$\tilde{D}(k) = (\tilde{I}(k) * \tilde{S}(k)) \cdot \tilde{H}(k) \tag{5-4}$$

其中，$\tilde{D}(k)$、$\tilde{I}(k)$ 和 $\tilde{S}(k)$ 为 $D(r)$、$I(r)$ 和 $S(r)$ 的傅里叶变换；$\tilde{H}(k)$ 为探测点扩散函数点扩散函数 $H(r)$ 的傅里叶变换，为成像系统的 OTF。

在传统的宽场成像中，样品被均匀的平面波照明，意味着 $\tilde{I}(k)$ 是一个在原点处的 delta 函数，因此式(5-4)可写为

$$\tilde{D}(k) = \tilde{S}(k) \cdot \tilde{H}(k) \tag{5-5}$$

式(5-5)表示均匀照明的宽场成像中，能通过显微系统的物体频谱受限于其 OTF。图 5-1 第一行为常规结构光照明显微，第二行为 NL-SIM。如图 5-1(e)所示，黑色圆所示区域的物体只有低频信息可以通过，分辨率受到阿贝衍射极限的限制。

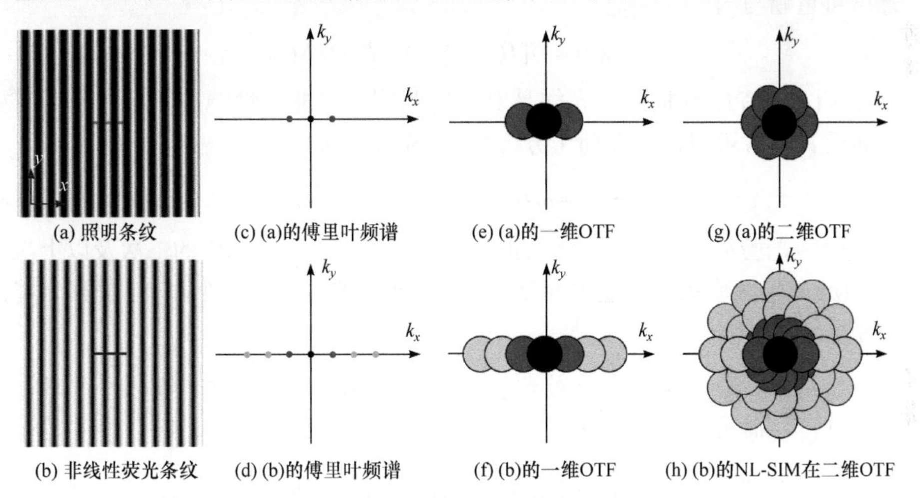

图 5-1　NL-SIM 提升分辨率原理

当照明光场为非均匀分布时，如采用正弦条纹照明时(图 5-1(a))，有

$$I(r) = I_0(1 + \cos(pr + \varphi)) \tag{5-6}$$

其中，I_0 为照明条纹的峰值光强；p 和 φ 为照明条纹的空间频率和相位。

照明正弦条纹对应的频谱分布是三个 delta 函数，如图 5-1(c)所示。这种情况称为线性结构光照明显微。将式(5-6)代入式(5-4)可得拍摄的图像的傅里叶频谱分布，即

$$\begin{aligned}\tilde{D}(k) &= I_0\left[\left(\delta(k) + \frac{1}{2}\mathrm{e}^{\mathrm{i}\varphi}\delta(k-p) + \frac{1}{2}\mathrm{e}^{-\mathrm{i}\varphi}\delta(k+p)\right) * \tilde{S}(k)\right] \cdot \tilde{H}(k) \\ &= I_0\left(\tilde{S}(k)\tilde{H}(k) + \frac{1}{2}\mathrm{e}^{\mathrm{i}\varphi}\tilde{S}(k-p)\tilde{H}(k) + \frac{1}{2}\mathrm{e}^{\mathrm{i}\varphi}\tilde{S}(k+p)\tilde{H}(k)\right)\end{aligned} \tag{5-7}$$

可见，拍摄得到的图像频谱是三个频带的叠加，式(5-7)第一项表示系统接收到宽场成像对应物体的低频子孔径频谱(图 5-1(e)黑色圆域内频谱)，第二、第三项对应于接收到的物体频谱平移后的高频分量(接收到的频谱如图 5-1(e)所示深灰色圆内区域)，其频移量为照明条纹的空间频率 p，因此系统可接收最高的物体频率为条纹频率与系统截止频率之和，即 $|p|+k_c$，其中截止频率 $k_c=(2\pi/\lambda_{\mathrm{emi}})2\mathrm{NA}$。由于照明条纹的空间频率也受到衍射极限的限制，即 $|p|\leqslant(2\pi/\lambda_{\mathrm{exc}})2\mathrm{NA}$，因此 SIM 可实现最高约两倍分辨率的提升，其扩展的一维和二维 OTF 如图 5-1(e)和图 5-1(g)所示。

以上讨论的是荧光辐射强度与照明光强成线性关系时的情况，如果出现饱和荧光等非线性现象，荧光辐射光强与激发照明光强成非线性关系，则分辨率可以得到理论上无限的提升[160]。考虑荧光的非线性物理过程，式(5-2)对应的荧光辐射强度可重新写为

$$\mathrm{Em}(r)=F[I(r)]\cdot S(r)=I'(r)\cdot S(r) \tag{5-8}$$

其中，$I'(r)=F[I(r)]$ 描述荧光样品对入射照明光的非线性响应关系，称为有效辐射条纹，通常可以进行泰勒无穷级数展开得到，即

$$I'(r)=a_0+a_1I(r)+a_2I^2(r)+a_3I^3(r)+\cdots \tag{5-9}$$

若照明光场呈现式(5-6)所示的正弦条纹分布，则式(5-9)中的二次及以上次幂将使 $I'(r)$ 产生频率为 p 的整数倍次谐波(如果所描述的非线性含有 l 次幂，将产生 $l-1$ 个新的谐波)，即

$$I'(r)=b_0+b_1\cos(pr+\varphi)+b_2\cos(2pr+2\varphi)+b_3\cos(3pr+3\varphi)+\cdots \tag{5-10}$$

对其进行傅里叶变换可得

$$\begin{aligned}\tilde{I}'(k)&=b_0\delta(k)+\sum_{m=1}^{\infty}b_m(\mathrm{e}^{\mathrm{i}m\varphi}\delta(k-mp)+\mathrm{e}^{-\mathrm{i}m\varphi}\delta(k+mp))\\&=\sum_{m=-\infty}^{\infty}b_m\mathrm{e}^{\mathrm{i}m\varphi}\delta(k-mp)\end{aligned} \tag{5-11}$$

由此可见，在非线性条件下，对应的有效辐射条纹 $I'(r)$ 的频谱是无穷个 delta 函数的组合，如图 5-1(d)所示(最高谐波只显示到 2 次谐波)，因此拍摄的图像频谱可以由式(5-7)改写为

$$\begin{aligned}\tilde{D}(k)&=(\tilde{I}'(k)*\tilde{S}(k))\cdot\tilde{H}(k)\\&=\sum_{m=-\infty}^{\infty}b_m\mathrm{e}^{\mathrm{i}m\varphi}\tilde{S}(k-mp)\tilde{H}(k)\end{aligned} \tag{5-12}$$

由式(5-12)可见，图像的频谱 $\tilde{D}(k)$ 是无穷个物体频谱产生 mp 频移后被 $\tilde{H}(k)$ 滤波的具有不同权重的频带 $\tilde{S}(k-mp)\tilde{H}(k)$ 的叠加，其最高移频量决定最终的分

辨率，如果成像过程中无噪声，则分辨率理论上可以达到无穷小。由于实验中成像过程中会产生噪声，因此只有有限个(m)频带分量的信息强度大于噪声强度，即式(5-12)将缩减到有限个频带的叠加，即仅有$|m| \leqslant M$对最终分辨率产生贡献。图 5-1(f)和图 5-1(h)显示了 NL-SIM 新增 2 次谐波后扩展的 OTF。

5.1.2　饱和结构光显微的实现原理

对于普通的荧光染料，荧光非线性效应最直接简单的一种实现方式可以通过荧光分子激发态 S_1 饱和来完成。在通常的荧光辐射过程中，一个荧光分子处于基态 S_0 的电子吸收一个波长为 λ_{exc} 的光子后跃迁到激发态 S_1，然后经过一段时间(荧光寿命)后通过发射一个波长为 λ_{emi} 的光子从激发态 S_1 跃迁回基态 S_0。荧光饱和效应即当照明光强达到一定强度后将激发大部分荧光分子到激发态 S_1。此时，再增加入射光强大小而不再产生额外荧光辐射强度增强的现象。具体可进行如下分析。

当用光强为 $I(r)$ 的连续或长脉冲光照明吸收截面为 σ，荧光寿命为 τ 的荧光团时，荧光的辐射强度 $\mathrm{Em}(r)$ 与入射光光强的关系可以表示为一个有理函数[157]，即

$$\mathrm{Em}(r) \propto k_f \cdot I(r)/(c/(\sigma\tau)+I(r)) = k_f \cdot \alpha \tag{5-13}$$

其中，c 为常数；k_f 为辐射率常数；α 称为荧光辐射率。

由式(5-13)可见，当入射光强 $I(r)$ 或者 $\sigma\tau$ 较小时，荧光辐射强度 $\mathrm{Em}(r)$ (或荧光辐射率 α)与 $I(r)$ 呈线性关系；当入射光强 $I(r)$ 或者 $\sigma\tau$ 达到一个较大值时，荧光辐射强度 $Em(r)$ (或荧光辐射率 α)将达到一个稳定值 k_f。此时，荧光团呈现荧光非线性效应，达到饱和。荧光辐射率与入射光强之间的关系如图 5-2(a)所示。当荧光辐射率为 $\alpha = 0.83$ 时，对应的入射光强为荧光饱和阈值光强 $I_t(r)$。当入射光强度分布为式(5-6)所示的正弦条纹时，对应的荧光辐射强度 $\mathrm{Em}(r)$ (或荧光辐射率 α)与照明条纹峰值有关。图 5-2(b)显示了不同照明峰值光强 $I_p(r)$ 分别为阈值光强 $I_t(r)$ 的 0.25、1、4、8 倍时对应的有效辐射条纹 $I'(r) = \alpha$ 的不同分布情况。可以看到，当照明峰值小于阈值时，对应的有效辐射条纹仍为正弦条纹；当入射光强大于阈值时，有效辐射条纹分布产生畸变，接近于矩形分布。图 5-1(b)所示为入射光强为阈值强度 5 倍时的有效辐射条纹图像。图 5-2(c)所示为有效辐射条纹的傅里叶频谱分布。由此可见，当入射光强超过阈值时，则有效辐射条纹 $I'(r)$ 将产生比照明条纹本身更多的谐波级次。照明光强越高，对应的有效辐射条纹包含的谐波级次越多，每个谐波产生在照明条纹空间频率 p 的整数倍 mp 处，其中 $m = 0, \pm 1, \pm 2, \cdots$。

由式(5-12)可知，当用高光强正弦条纹照明样品时，拍摄得到的图像频谱是

物体频谱产生不同频移 mp 得到的对应频带的叠加(图 5-2(d))，在 OTF 通带内包含物体被移频后的高频信息。

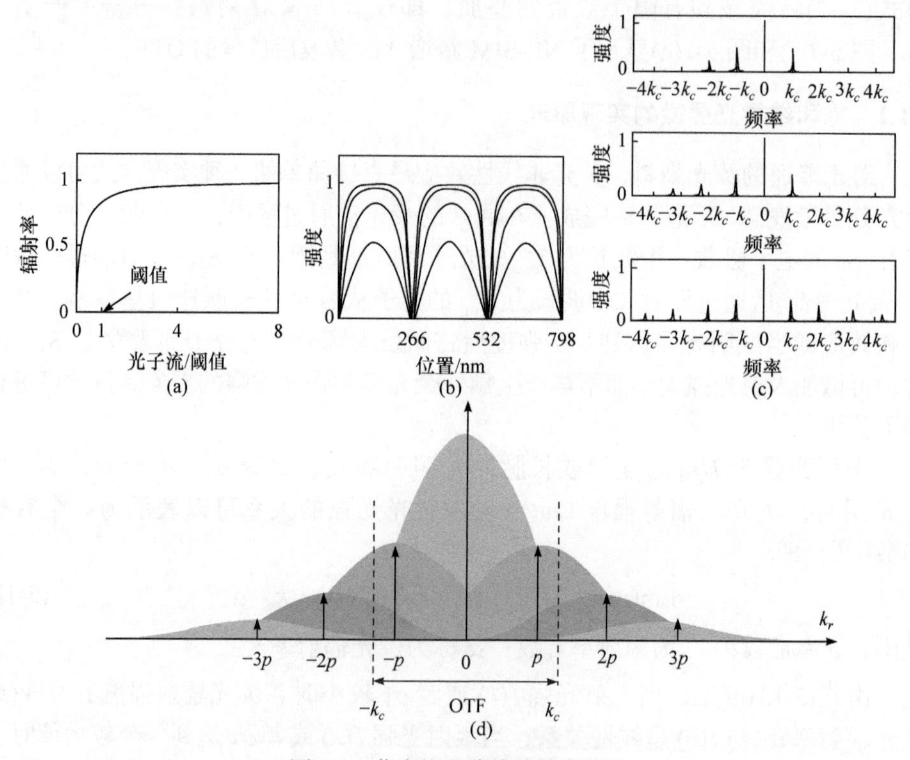

图 5-2　荧光饱和非线性效应[160]

5.1.3　非线性结构光照明超分辨成像的通用方法

为了获得样品的超分辨图像，首先要将所拍摄图像的不同频带提取出来[161]。考虑对式(5-12)产生贡献的频率分量为 $|m|\leqslant M$，即产生 $N=2M+1$ 个频带的叠加($2M+1$ 项叠加)，为了将这 $2M+1$ 个频带，即 $\tilde{S}(k+Mp)\tilde{H}(k)$，…，$\tilde{S}(k+p)\tilde{H}(k)$，$\tilde{S}(k)\tilde{H}(k)$，$\tilde{S}(k-p)\tilde{H}(k)$，…，$\tilde{S}(k-Mp)\tilde{H}(k)$ 进行分离，则需要拍摄 $N=2M+1$ 张不同的图像进行求解。这可以通过用具有不同相位 $\varphi_n(n=1,2,\cdots,N)$ 的条纹照明样品时拍摄的多张图像实现，然后求解具有式(5-12)形式($|m|\leqslant M$)的方程组成的线性方程组，将线性方程组写成矩阵形式，即

$$\tilde{D}(k)=M\tilde{R}(k) \tag{5-14}$$

其中，$\tilde{D}(k)=[\tilde{D}_1(k),\tilde{D}_2(k),\cdots,\tilde{D}_N(k)]$，$\tilde{D}_n(k)=b_m \mathrm{e}^{\mathrm{i}m\varphi_n}\tilde{S}(k-mp)\tilde{H}(k), n=1,2,\cdots, N$；$\tilde{R}(k)=[\tilde{R}_{-M}(k),\cdots,\tilde{R}_0(k),\cdots,\tilde{R}_M(k)]$，$\tilde{R}_m(k)=\tilde{S}(k-mp)\tilde{H}(k), m=-m,-m+1,\cdots,M$。

同时，调制矩阵 M 中的元素为 $M_{nm}=b_m\mathrm{e}^{\mathrm{i}m\varphi_n}$，通常条纹相位 φ_n 设为 $[0,2\pi]$ 区间的等间距分布，即 $\varphi_n=2\pi n/N,\ (n=1,2,\cdots,N)$。因此，可以通过 M 的逆矩阵求解样品的不同频带，即

$$\tilde{R}_m(k)=\tilde{S}(k-mp)\tilde{H}(k)$$
$$\tilde{R}(k)=M^{-1}\tilde{D}(k) \tag{5-15}$$

由此可以从拍摄的图像分离出样品的不同频带 $\tilde{R}_m(k)=\tilde{S}(k-mp)\tilde{H}(k)$，但显然这些频带是经过移频的。为了得到准确的物体频谱，需要将这些频带移回它们原来的位置，得到移动后的频带 $\tilde{R}_m(k+mp)=\tilde{S}(k)\tilde{H}(k+mp)$。

最后，通过广义维纳滤波公式将不同的频带进行加权平均拼接起来，得到物体的估计频谱，即

$$\hat{\tilde{S}}(k)=\frac{\sum_{m=-M}^{M}\tilde{H}^*(k+mp)\tilde{R}_m(k+mp)}{\sum_{m=-M}^{M}|\tilde{H}(k+mp)|^2+\omega^2}A(k) \tag{5-16}$$

其中，$\tilde{H}^*(k)$ 为 $\tilde{H}(k)$ 的复共轭函数；ω^2 为维纳参数，用于正则化以避免分布出现零的情况；$A(k)$ 为切趾函数，可以是三角函数、余弦钟函数等，用于矫正振铃效应产生的伪像。

将估计频谱 $\hat{\tilde{S}}(k)$ 傅里叶逆变换到空域即可获得物体的超分辨图像 $S(r)$。

5.2 基于荧光光开关的非线性结构光照明显微技术

5.1 节介绍了普通荧光分子均可通过增大照明光强实现荧光饱和效应的 SIM 技术。由于需使用强光(照明条纹峰值功率通常为 10MW/cm^2)实现超分辨所需的非线性，容易使荧光分子发生漂白，因此对荧光样品具有光毒性。本节介绍利用特殊荧光染料的可逆光开关特性实现另一种 NL-SIM 技术。相对饱和荧光效应，该技术无需使用高光强(荧光蛋白 Dronpa 仅需 1～10W/cm^2)便可以实现荧光的非线性效应[158]。

类似于单分子定位显微术[36]，利用荧光可逆光开关特性实现 NL-SIM 时通常需要两束激光作用于荧光分子(图 5-3)。Skylan NS 是 2016 年发表的一种可光切换的绿色荧光蛋白，来源于大叶藻。当一束 405nm 波长的激活光作用于样品上，使原本处于“关”状态(受激发时不发射荧光的状态)的荧光分子被激活达到“开”状态(发射荧光的状态)；然后将波长为 488nm 的激光作用其上，它一般有两个作用。一是，用于激发激活的荧光发出荧光；二是，当荧光分子受到该波长

光作用时又可以使荧光分子回到“关”状态。通常荧光分子的这一开关过程在其淬灭之前可以重复数十次，这取决于荧光分子的性能。

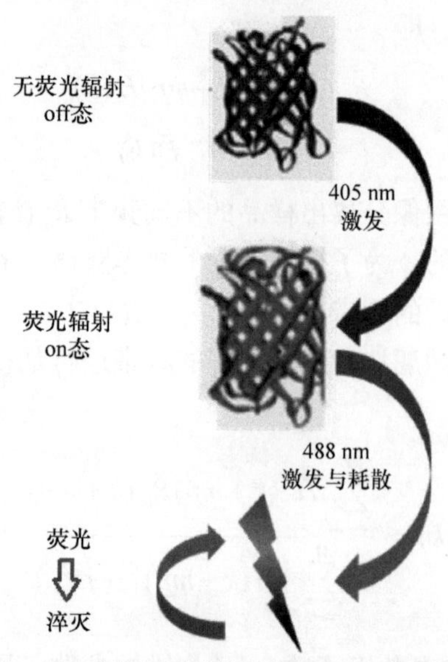

图 5-3 可逆光开关荧光分子的开关特性

基于荧光可逆光开关的 NL-SIM 一般有两种，一种为饱和去激活 NL-SIM(简称 SD NL-SIM)[158]；另一种根据激活光是否使荧光分子激活达到饱和状态，将其分使荧光分子达到饱和的饱和条纹激活 NL-SIM(简称为 SPA NL-SIM)，否则称为条纹激活 NL-SIM(pattern activation nonlinear SIM，PA NL-SIM)[159]。

5.2.1 条纹激活非线性结构光照明显微

如图 5-4 所示，PA NL-SIM 照明成像过程主要分为三步。

首先，用 405 nm 波长的条纹激活光照明荧光样品。此时，激活光光功率较低，通常功率为 1W/cm^2，因此被激活的荧光分子与其光强成线性关系，仅有一小部分荧光分子被激活。激活光照明时间越长，被激活的荧光分子越多。图 5-4 显示了在激活光一定饱和因子下的谐波分量的强度分布。

然后，用同样条纹分布的 488 nm 波长激发光照明样品，此时被激活的荧光分子发出荧光被探测接收。由于该波长的激发光亦会使荧光分子损耗(去激活)，因此随着激发光照明的时间增长，所探测的荧光条纹也逐渐衰减变形。这种变形使其含有高频的谐波分量。

最后，用一均匀的激发光照明样品，将剩余的荧光分子全部去激活。

当采用光强为 $I_{\text{act}}(r)$ 的激活光条纹作用于可激活荧光样品使其激活后，通过光强为 $I_{\text{exc}}(r)$ 的激发光条纹照明荧光样品使其发出荧光被探测接受，在进行数据

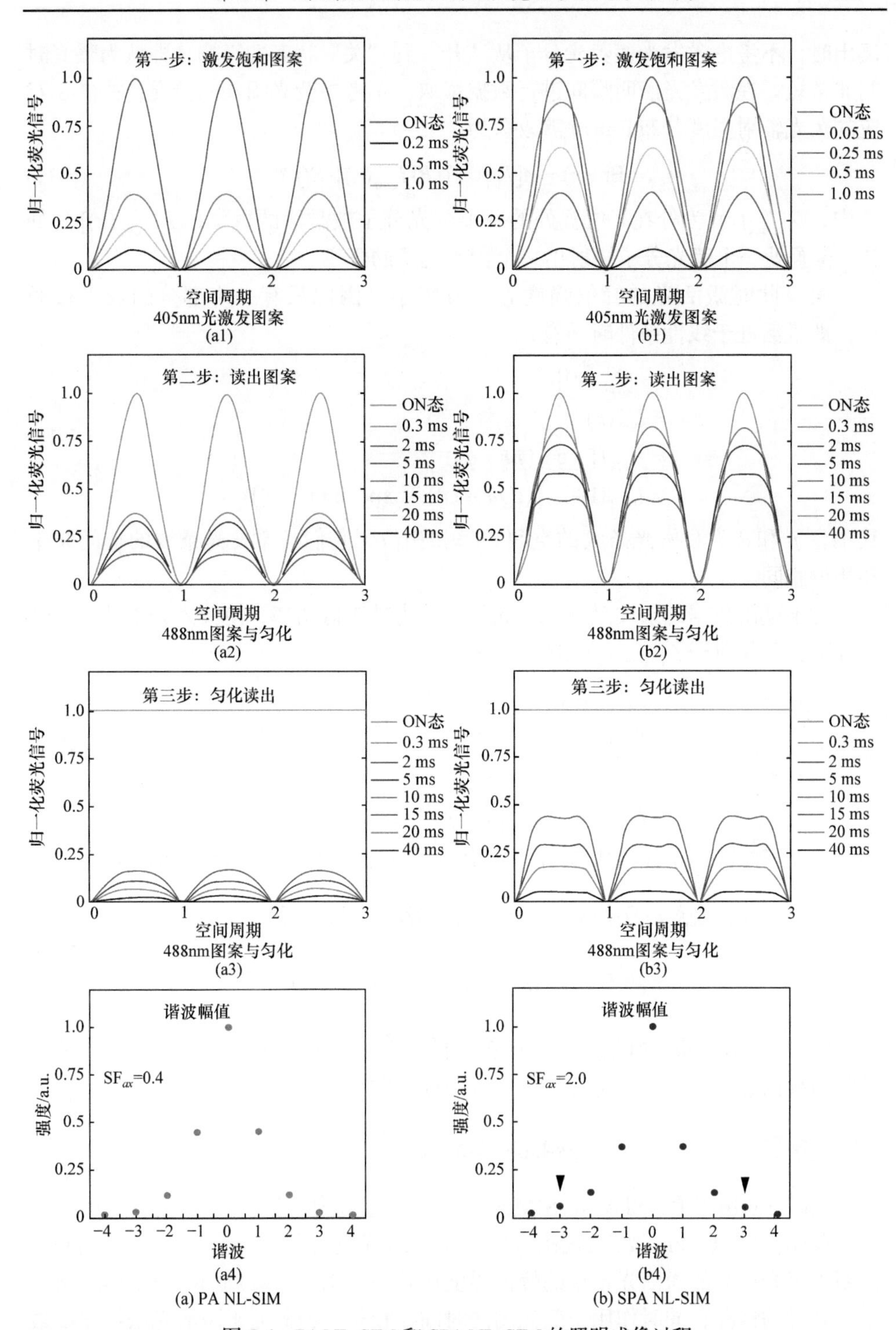

图 5-4　PA NL-SIM 和 SPA NL-SIM 的照明成像过程

读出时，不考虑激发光使荧光分子从“开”到“关”状态的影响，即认为曝光时间非常短。在激发光照明瞬间进行数据读取，不考虑荧光损耗的情况，式(5-8)对应的荧光辐射强度分布 $\mathrm{Em}(r)$ 需改写为

$$\mathrm{Em}(r) = A[I_{\mathrm{act}}(r)] \cdot F[I_{\mathrm{exc}}(r)] \cdot S(r) \tag{5-17}$$

其中，$A[I_{\mathrm{act}}(r)]$ 为处在 r 位置处的一个荧光分子被激活的概率；$F[I_{\mathrm{exc}}(r)]$ 为处在 r 位置处一个荧光分子辐射出一个荧光光子的概率。

假设此时激活光的峰值强度 $I_{0\mathrm{act}}(r)$ 较小，因此只有一小部分的荧光被激活，即激活处于线性条件时，有

$$\begin{aligned} & A[I_{\mathrm{act}}(r)] \\ & = I_{\mathrm{act}}(r) \\ & = I_{0\mathrm{act}}(1+\cos(pr+\varphi)) \\ & = I_{0\mathrm{act}}(1+\exp(\mathrm{i}(pr+\varphi))+\exp(-\mathrm{i}(pr+\varphi))) \end{aligned} \tag{5-18}$$

其中，p 和 φ 为激发光条纹的空间频率和相位，它们与激发光条纹的空间频率和相位相同。

对于读出数据的条纹激发光，此处也认为处于低功率，使荧光分子处于线性条件下，于是对于 $F[I_{\mathrm{exc}}(r)]$ 亦有

$$\begin{aligned} & F[I_{\mathrm{exc}}(r)] \\ & = I_{\mathrm{exc}}(r) \\ & = I_{0\mathrm{exc}}(1+\cos(pr+\varphi)) \\ & = I_{0\mathrm{exc}}(1+\exp(\mathrm{i}(pr+\varphi))+\exp(-\mathrm{i}(pr+\varphi))) \end{aligned} \tag{5-19}$$

将式(5-18)和式(5-19)代入式(5-17)，再代入式(5-1)，进行傅里叶变换可得

$$\begin{aligned} \tilde{D}(k) = & \tilde{S}(k)\tilde{H}(k) + \frac{1}{6}\mathrm{e}^{\mathrm{i}\varphi}\tilde{S}(k-2p)\tilde{H}(k) + \frac{1}{6}\mathrm{e}^{-\mathrm{i}\varphi}\tilde{S}(k+2p)\tilde{H}(k) \\ & + \frac{2}{3}\mathrm{e}^{\mathrm{i}\varphi}\tilde{S}(k-p)\tilde{H}(k) + \frac{2}{3}\mathrm{e}^{-\mathrm{i}\varphi}\tilde{S}(k+p)\tilde{H}(k) \end{aligned} \tag{5-20}$$

由式(5-20)可知，所拍摄的图像包含样品 $\tilde{S}(k \pm p)\tilde{H}(k)$ 和 $\tilde{S}(k \pm 2p)\tilde{H}(k)$ 的频带的高频信息。其分辨率是传统宽场显微成像的三倍。

5.2.2 饱和条纹激活非线性结构光照明显微

如图 5-4(b)所示，SPA NL-SIM 的成像过程也分为三步。

首先，用 405 nm 波长的条纹激活光作用于荧光样品。与 PA NL-SIM 不同，作用于荧光样品的激活光条纹的峰值强度比较高，图 5-4(b1)显示了采用 4W/cm^2 激活光时的情况，同时作用于荧光团的时间比较长，因此处于激活光条纹强度最

大值附近的荧光团被激活的状态达到饱和，所采用的激活光功率越强，作用于样品的时间越长，荧光被激活的状态越饱和，最后荧光发出的条纹包含的谐波分量越多。图 5-4(b4)显示了激活饱和因子为 2 时的谐波分量情况。

然后，如图 5-4(b2)所示，与 PA NL-SIM 的情况类似，用 488 nm 波长的低功率条纹激发光照明样品，样品发出荧光被探测接收。该激发光亦使荧光分子去激活，因此照明时间越长，剩余被激活的荧光分子越少，形成的荧光条纹产生变形，其变形包含更高的谐波分量。

最后，如图 5-4(b3)所示，用均匀的激发光照明样品，使剩余激活的荧光分子全部去激活。

在此种情况下，荧光样品同样先受到激活光条纹作用使其激活，然后通过激发光条纹的照明使荧光团发出荧光并读取数据。由于用激发光作用时，读取时间相对 PA NL-SIM 时较长，激发光同时对荧光样品产生损耗，即使其从“开”态变为“关”态，因此最终荧光辐射强度分布 $\mathrm{Em}(r)$ 可以表示为

$$\mathrm{Em}(r) = A[I_{\mathrm{act}}(r)] \cdot B[I_{\mathrm{exc}}(r)] \cdot F[I_{\mathrm{exc}}(r)] \cdot S(r) \tag{5-21}$$

其中，$A[I_{\mathrm{act}}(r)]$ 为处在 r 位置处的荧光分子在激活光作用下被激活的概率；$B[I_{\mathrm{exc}}(r)]$ 为 r 位置处荧光分子在激发光作用下仍处于激活状态的概率；$F[I_{\mathrm{exc}}(r)]$ 表示 r 位置处的一个荧光分子辐射出一个荧光光子的概率。

下面讨论这几个变量在 SPA NL-SIM 中的具体表示。

对于 $A[I_{\mathrm{act}}(r)]$，由于作用于荧光样品的激活光条纹的峰值强度 $I_{0\mathrm{act}}(r)$ 比较高，同时作用于荧光团的时间 τ_{act} 比较长，因此处于激活光条纹强度最大值附近的荧光团被激活的状态达到饱和(如图 5-4(b1))。根据特征衰减常数 Δ_{act}，在 r 位置给定荧光团最初保持在非荧光状态的概率随总剂量 $I_{\mathrm{act}}(r)\tau_{\mathrm{act}}$ 的增加呈指数下降，因此在激活光 $I_{\mathrm{act}}(r)$ 的作用下，给定荧光团处于激活荧光态的概率可以表示为

$$A[I_{\mathrm{act}}(r)] = 1 - \exp\left(-\frac{I_{\mathrm{act}}(r)\tau_{\mathrm{act}}}{\Delta_{\mathrm{act}}}\right) \tag{5-22}$$

其中，$I_{\mathrm{act}}(r)$ 仍然有式(5-18)表示的正弦条纹分布形式，因此 $A[I_{\mathrm{act}}(r)]$ 可以展开为各个平面波的线性叠加形式，即

$$A[I_{\mathrm{act}}(r)] = A(r, \mathrm{SF}_{\mathrm{act}}) = \sum_{n=-\infty}^{\infty} A_n(\mathrm{SF}_{\mathrm{act}}) \exp(\mathrm{i}n(pr + \varphi)) \tag{5-23}$$

其中，$\mathrm{SF}_{\mathrm{act}} = I_{0\mathrm{act}}(r)\tau_{\mathrm{act}} / \Delta_{\mathrm{act}}$ 定义为激发饱和因子。

由式(5-22)可以发现，当 $\mathrm{SF}_{\mathrm{act}} \ll 1$ 时，有 $A[I_{\mathrm{act}}(r)] \propto I_{\mathrm{act}}(r)$，这时便对应于上述线性激活 PA NL-SIM 时的情况。此时，产生的一次谐波分量不能忽略，因此可以得到三倍宽场的分辨率。但是，当 $\mathrm{SF}_{\mathrm{act}}$ 逐渐增大超过 1 时，产生的谐波分量

系数 $A_n(\mathrm{SF_{act}})$ 随着 n 的增加将不能再被忽略，因此可以得到更高的分辨率。

对于读出数据的条纹激发光，此处也认为处于低功率，使荧光分子处于线性激发条件下，因此 $F[I_{\mathrm{exc}}(r)]$ 仍有式(5-19)的形式。

同时，在用条纹激发光照明荧光样品时，荧光也产生损耗(去激活)，所以对于 $B[I_{\mathrm{exc}}(r)]$ (或 $B[I_{\mathrm{depl}}(r)]$)的形式较为复杂。经验测得，从激发光照明到样品开始读取数据到时刻 t，在 r 处的荧光分子仍处于激活状态的概率，可以表示为

$$B[I_{\mathrm{exc}}(r),t]=\frac{1}{1+I_{\mathrm{exc}}(r)t/\Delta_{\mathrm{depl}}} \tag{5-24}$$

其中，Δ_{depl} 为损耗衰减特征常数。

由于激发光是式(5-19)所示的正弦条纹形式，因此式(5-24)仍可以展开为各个平面波的线性叠加形式，即

$$B[I_{\mathrm{exc}}(r),t]=\sum_{n=-\infty}^{\infty}B_n(I_{0\mathrm{exc}}t/\Delta_{\mathrm{depl}})\exp(\mathrm{i}n(pr+\varphi)) \tag{5-25}$$

对于初始时刻($t=0$)，$B[I_{\mathrm{exc}}(r),t]=1$，此时没有荧光分子被去激活，在中间某一个时刻 t，随着谐波数 n 的增加，系数 $B_n(I_{0\mathrm{exc}}t/\Delta_{\mathrm{depl}})$ 不能被忽略，因此分辨率也进一步提升。当然，随着 $t\to\infty$，$B_n(I_{0\mathrm{exc}}t/\Delta_{\mathrm{depl}})\to 0$，因为此时剩余被激活的荧光分子几乎都被损耗。

由于激活的荧光分子数随着激发光曝光时间 τ_{exc} 的变化而变化，因此对所拍摄的图像 $D(r)$ 有贡献的有效系数应关于 τ_{exc} 求平均，即

$$B^{\mathrm{eff}}(r,\mathrm{SF_{depl}})=\frac{1}{\tau_{\mathrm{exc}}}\int_0^{\tau_{\mathrm{exc}}}B[I_{\mathrm{exc}}(r),t]\mathrm{d}t=\sum_{n=-\infty}^{\infty}B_n^{\mathrm{eff}}(\mathrm{SF_{depl}})\exp(\mathrm{i}n(pr+\varphi)) \tag{5-26}$$

其中，$\mathrm{SF_{depl}}=I_{0\mathrm{exc}}(r)\tau_{\mathrm{exc}}/\Delta_{\mathrm{depl}}$ 为激发过程的损耗饱和因子。

将式(5-19)、式(5-23)和式(5-26)代入式(5-21)，荧光辐射强度分布 $\mathrm{Em}(r)$ 可改写为

$$\mathrm{Em}(r,\mathrm{SF_{act}},\mathrm{SF_{depl}})=A(r,\mathrm{SF_{act}})\cdot B^{\mathrm{eff}}(r,\mathrm{SF_{depl}})\cdot I_{\mathrm{exc}}(r)\cdot S(r) \tag{5-27}$$

由于 A、B、F 均可表示为平面波的 e 指数形式，因此 $\mathrm{Em}(r)$ 可以写为

$$\mathrm{Em}(r,\mathrm{SF_{act}},\mathrm{SF_{depl}})=\sum_{n=-N}^{N}G_n(\mathrm{SF_{act}},\mathrm{SF_{depl}})\exp(\mathrm{i}n(pr+\varphi))\cdot S(r) \tag{5-28}$$

其中，N 为最大的谐波数，通常随着 $\mathrm{SF_{act}}$ 与 $\mathrm{SF_{depl}}$ 的增大而增大。

将式(5-28)代入式(5-1)，进行傅里叶变换可得

$$\tilde{D}(k)=\sum_{n=-N}^{N}G_n(\mathrm{SF_{act}},\mathrm{SF_{depl}})\mathrm{e}^{\mathrm{i}n\varphi}\tilde{S}(k-np)\tilde{H}(k) \tag{5-29}$$

因此，图像频谱包括样品的高频频带 $\tilde{S}(k\pm np)\tilde{H}(k)$，可以提高分辨率。

5.2.3 饱和去激活非线性结构光照明显微

饱和去激活非线性结构光照明的成像过程可以用图 5-5 说明。SD NL-SIM 使荧光分子实现开关状态的过程中用到了均匀的激活光和条纹的去激活光，实现饱和去激活 NL-SIM 达到超分辨的过程通常分为三步。

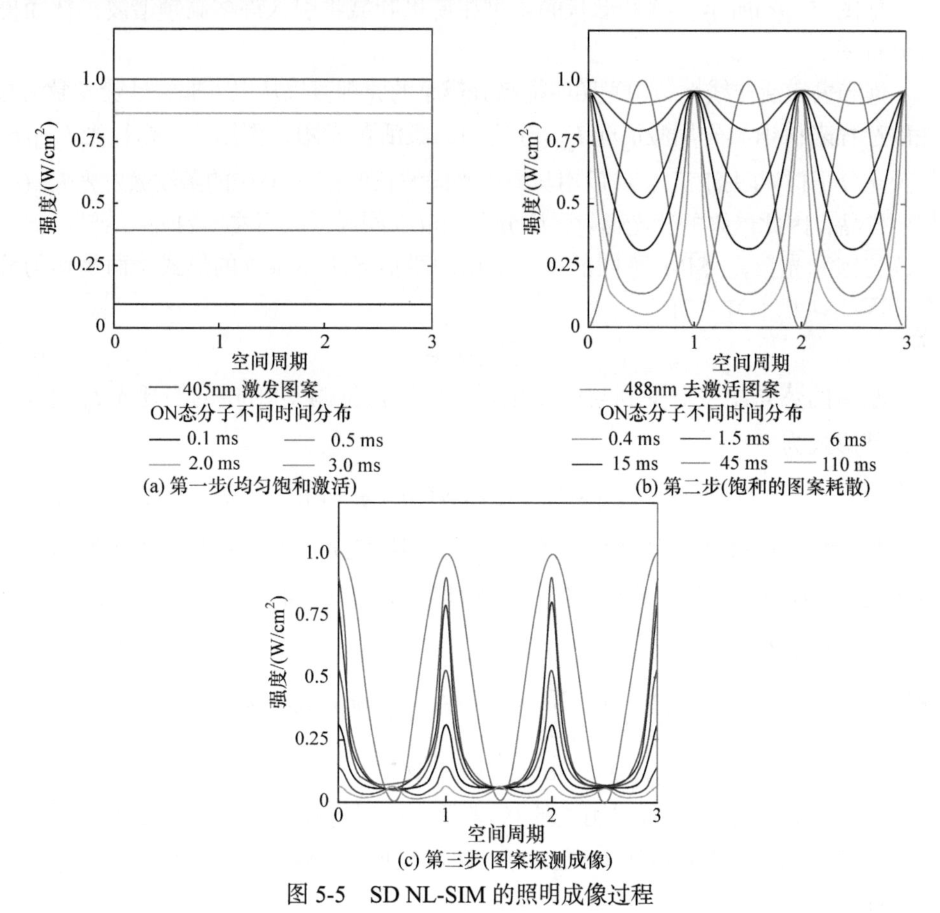

图 5-5　SD NL-SIM 的照明成像过程

首先，使用低功率(小于 1W/ cm^2)的 405 nm 激活光均匀地照明荧光样品，使其分子处于激活的“开”态，如图 5-5(a)所示。曝光的时间越长，被激活的荧光分子越多。

然后，用高功率(峰值功率为 100W/ cm^2)的 488 nm 去激活条纹光照明样品，使被照明部分的荧光分子从激活的“开”态变为“关”态。此时，该部分荧光发分子若用激发光照明则不产生荧光，被 488 nm 去激活光照明越久，则变为“关”态的荧光分子比例越多，从而使未被去激活(在照明条纹零强度附近依旧为“开”态)的荧光分子越来越少而集中在照明条纹的零强度附近狭窄的位置处，如

图 5-5(b)所示。当样品被曝光至 110 ms 时，仍处于“开”态的荧光分子被压缩至狭窄区域。

最后，用同样波长的产生 180°相移的条纹照明样品，使仍处于“开”态的荧光分子发出荧光，同时接收该荧光信号。由于去激发，有效辐射条纹也变得细窄，如图 5-5(c)所示。这种形状的条纹在傅里叶域将引入许多高频谐波，从而提高分辨率。

饱和去激活非线性结构光照明提高分辨率的原理可以从以下非线性荧光激活与耗散过程来认识。先用激活光 $I_{\text{act}}(r)$ 均匀的激活荧光团，再用条纹损耗光 $I_{\text{depl}}(r)$ 使荧光分子损耗(去激活)，最后用与损耗光同波长但相移 180°的条纹激发光 $I_{\text{exc}}(r)$ 照明样品，因此最终的荧光辐射强度分布 $\text{Em}(r)$ 同样可以用式(5-21)表示[160]。

与饱和光荧光 SIM 不同的是，采用的激活光不是条纹的形式，而是均匀分布，因此 $A[I_{\text{act}}(r)]$ 具有

$$A[I_{\text{act}}(r)] = 1 \tag{5-30}$$

激活的荧光团接着受到与激发光同波长但相位偏差 180°的损耗光 $I_{\text{depl}}(r)$ 作用，其形式为

$$I_{\text{depl}} = I_{0\text{depl}}(1 + \cos(pr + \varphi + \pi)) \tag{5-31}$$

与 SPA NL-SIM 情况类似，荧光分子受到损耗光去激活后仍然处于激活态的概率与 $I_{\text{depl}}(r)$ 作用的时间 τ_{depl} 有关，因此有效 $B^{\text{eff}}(r, \text{SF}_{\text{depl}})$ 同样与式(5-26)形式相同，可以表示为

$$B^{\text{eff}}(r, \text{SF}_{\text{depl}}) = \sum_{n=-\infty}^{\infty} B_n^{\text{ eff}}(\text{SF}_{\text{depl}}) \exp(\text{i}n(pr + \varphi + \pi)) \tag{5-32}$$

其中，$\text{SF}_{\text{depl}} = I_{0\text{depl}}(r)\tau_{\text{depl}} / \Delta_{\text{depl}}$ 定义为损耗饱和因子。

对于 $F[I_{\text{exc}}(r)]$ 同样可以用式(5-19)表示。最后将式(5-19)、式(5-30)、式(5-32)代入式(5-21)，将结果再代入式(5-1)，做傅里叶变换可以得到所拍摄的图像频谱，即

$$\tilde{D}(k) = \sum_{n=-N}^{N} Q_n(\text{SF}_{\text{depl}}) \text{e}^{\text{i}n\varphi} \tilde{S}(k - np) \tilde{H}(k) \tag{5-33}$$

其中，不可忽略的谐波级次 N 取决于 $I_{\text{depl}}(r)$ 作用的饱和程度 SF_{depl}；拍摄的频谱含有物体高频频带 $\tilde{S}(k \pm np)\tilde{H}(k)$。

5.3　基于三维结构光照明的 I5S 显微成像及其非线性技术

前面章节讨论了利用荧光非线性效应实现超分辨的结构光照明二维显微宽场

成像。本节讨论非线性结构光照明在三维宽场显微成像中的应用。特别地，我们将详细介绍基于六光束干涉产生结构光照明的 I5S[162,163]技术。该方法可以在实现横向分辨率提升的同时，大大提高轴向分辨率。我们还将讨论荧光非线性效应应用于 I5S 实现三维超分辨的相关内容。

5.3.1 基于三维结构光照明的显微成像

为了实现对细胞内部的细胞器或亚细胞器的成像，通常需要进行三维成像，以便对细胞结构的整体形貌有更全面的了解。在生物医学中，结构往往决定功能，三维成像实现对细胞器的功能观察显得尤为重要。

与横向分辨率受到衍射极限类似，显微成像系统的轴向分辨率同样在衍射极限范围内。如图 5-6(a)所示，光学显微成像系统的三维点扩散函数的轴向分布。它呈椭圆形，横向点扩散函数和轴向点扩散函数的尺度分别大约为 200nm 和 500nm，即光学显微成像的分辨率极限。图 5-6 中第一行为单物镜，第二行为对向双物镜。

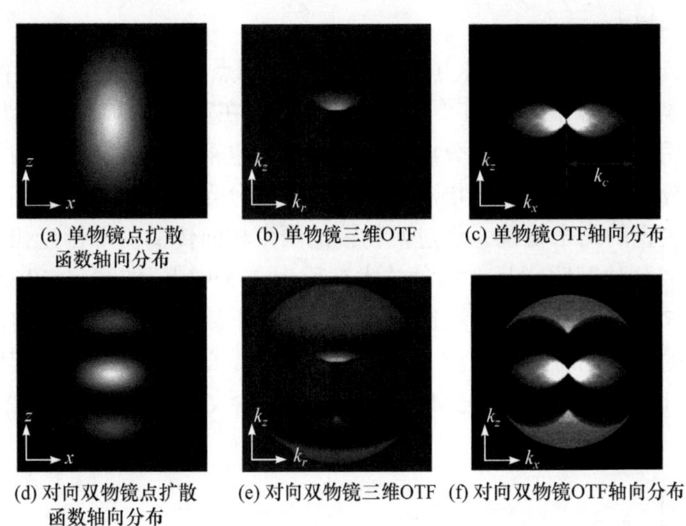

图 5-6　单物镜和对向双物镜显微成像系统的点扩散函数和 OTF 轴向分布

为了提高显微成像系统的分辨率，特别是轴向分辨率，几十年来人们做出了许多努力。分辨率受到衍射极限限制的根本原因在于显微系统的有限光学元件尺寸对光线收集角的限制，因此提高物镜的有效收集角，即数值孔径，成为对提高分辨率的最初尝试。目前，人们已经熟练掌握了大数值孔径消像差物镜的设计与制造，数值孔径已基本达到可实现的极限。如果单个物镜的光线收集角有限，利用两个或多个物镜同时接受信号，就可以提升分辨率。在早期的射电天文望远成像中，人们在地球的不同位置处布局多个望远成像系统，通过多个望远镜同时接受星体发出的信号，然后利用合成孔径的技术将这些信号进行相干叠加，可以大大提高成像的分辨率[164]。借鉴这种思路，显微成像提出在物体的另一侧对向增加一个显微镜物镜，即接受物体前后两侧发出的信号进行相干成像，通过这种方法，系统的三维探测点扩散函数沿轴向可以实现压缩，从而提高系统的轴向分辨率[165]。图 5-6(d)显示了对向双物镜接收信号时的探测点扩散函数沿轴向的分布，对比单物镜的情况(图 5-6(a))，可以发现双物镜得到的点扩散函数的中心光斑相比单物镜沿光轴方向得到压缩，进而实现轴向分辨率的提升。从傅里叶域的角度进行分析，单物镜对应的显微系统的 OTF 分布呈现一个中间凹陷的飞碟形状(图 5-6(e))。其轴向分辨率之所以较低，是因为 OTF 沿轴向存在这个凹陷的缺失锥，如图 5-6(b)和图 5-6(c)所示，从而导致轴向光学层切能力差。在对样品某一层进行成像时常常受到焦外信息的干扰，它们形成的背景使焦面图像变得模糊不清。采用对向双物镜探测在一定程度上沿 k_z 方向扩展了 OTF，如图 5-6(e)和图 5-6(f)所示。其三维 OTF 由三部分组成，除了原来的飞碟形状，上下各增加了一个类似半球的形状，进而在空间形成接近球形的区域，OTF 的扩展表示空间分辨率的提升。

采用对向双物镜接收这种方法最早被应用到点扫描共焦显微成像中的 4pi-B[165]，以及宽场成像中的 I2M[166,167](图 5-7(a))。在宽场成像中，类似于 2D-SIM 在横向上使用非均匀照明提高分辨率，如果轴向也采用非均匀照明的方式，则以相应地提高分辨率。古斯塔夫松出一束激光经过分光后再分别入射到如上述探测时那样正对放置的两个物镜，经过两物镜的两束相向传播的平行光相互干涉，沿光轴方向形成驻波照明样品。这种技术被称为 I3M[167]，如图 5-7(b)所示。进一步，如图 5-7(c)所示，即入射光通过双物镜产生干涉进行照明，又由这两个物镜对样品发出的信号同时进行探测，则可以进一步提高轴向分辨率至宽场显微成像的 7 倍[163]。这种技术被称为 I5M[168]，其名称的含义表示将 I3M 与 I2M 结合。

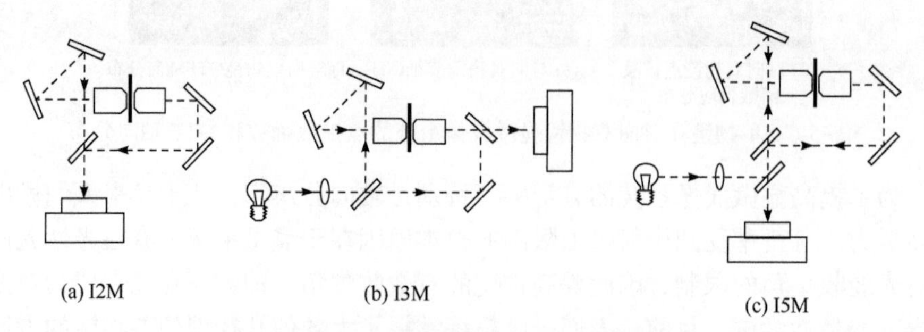

图 5-7　双物镜宽场显微术中的三种成像方法

以上讨论主要是提高轴向分辨率的技术，如果结合结构光照明在横向产生干涉条纹进行照明的方法，由 I5M 又可以进一步发展出一种既提高轴向分辨率，又提升横向分辨率的显微成像方法——I5S[162]。I5S 是将 SIM 与 I5M 结合的超分辨显微成像技术，即照明场不再像 I5M 那样单纯沿着轴向呈非均匀分布，沿横向也是非均匀光场。与 3D-SIM[169]类似，I5S 是利用多光束干涉产生沿横向和轴向非均匀分布的光斑照明样品。与 3D-SIM 不同，三维结构光照明只利用一个物镜进行照明和探测，而 I5S 利用对向双物镜照明和探测。三维结构光照明的两种显微成像装置如图 5-8 所示。在图 5-8(a)所示的 3D 结构光照明方法中，入射光通过空间光调制器产生衍射、滤波得到三束光，经物镜后形成三束平行光——两束

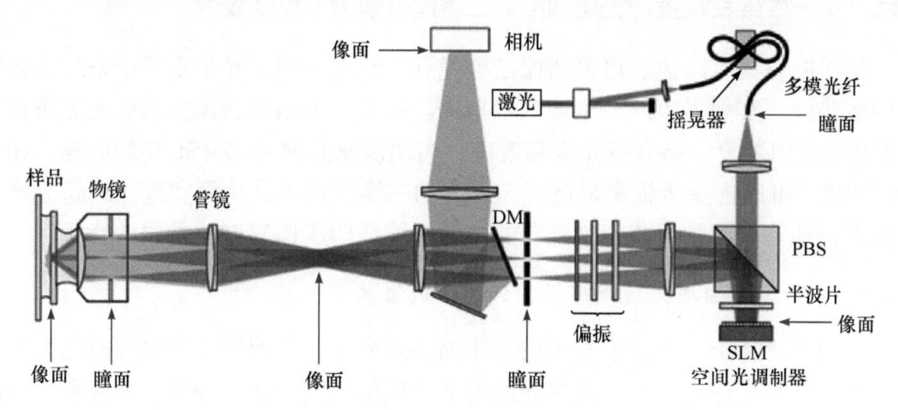

(a) 基于空间光调制器的3D-SIM[162]的成像装置

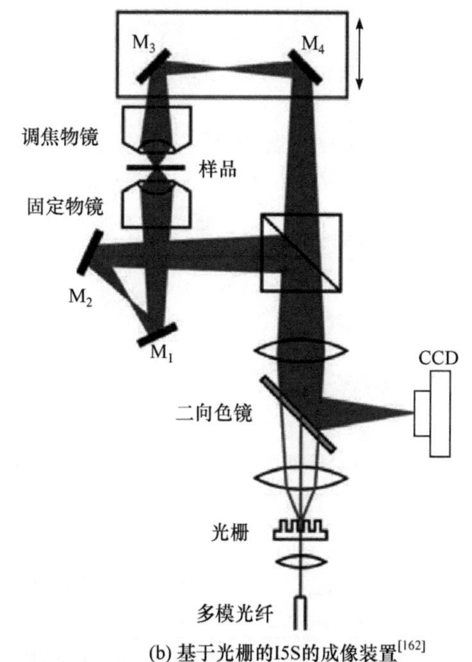

(b) 基于光栅的I5S的成像装置[162]

图 5-8　三维结构光照明的两种显微成像装置

侧向斜入射，一束垂直入射。这三束平行光在样品上互相干涉形成三维空间中非均匀分布的光斑照明样品，样品发出的荧光信号通过该物镜接收后成像到相机上。图 5-8(b)所示的 I5S 则是采用光栅对入射光进行衍射形成三束光，再分成两路形成六束光，每三束光各自经过一个物镜，在样品面上六束光互相干涉形成干涉光斑照明样品，样品发出荧光信号再由这两个物镜同时接收，然后在相机上进行相干成像。

5.3.2　基于二维扫描振镜光斑调控的三维超分辨 I5S 显微成像

扫描振镜具有高速、可灵活操控等优点被广泛应用于光学系统中来改变光束的传播路径，实现光束的一维或二维扫描。基于二维扫描振镜实现照明光斑调控的 I5S 的成像装置，结合荧光饱和效应，实现快速的饱和 I5S(SI5S)的成像。相对 I5S，SI5S 可以进一步提高显微成像系统的三维分辨率，从而实现三维超分辨。这对生物细胞内细胞器或亚细胞器的内部三维结构成像有至关重要的意义。

1. 基于二维扫描振镜光斑调控的 I5S 成像装置

如图 5-9 所示，经过准直扩束的线偏振激光由一个偏振分束镜分成两束光，反射光路为 S 光偏振光路，透射光路为 P 光偏振光路，偏振棱镜 1 前放置一半波

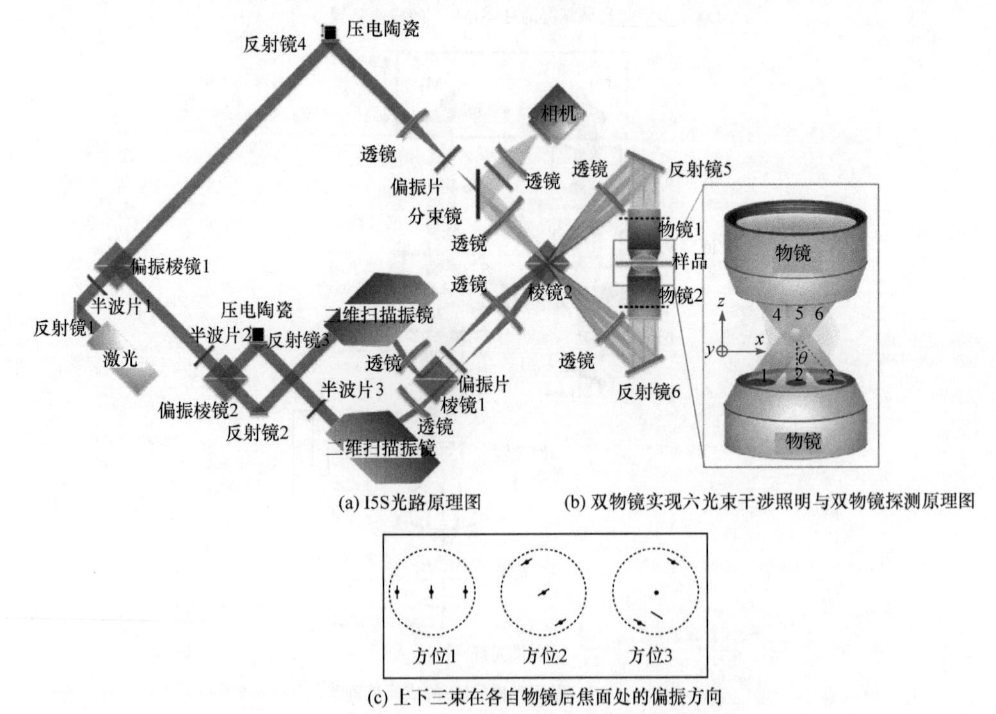

(a) I5S光路原理图　(b) 双物镜实现六光束干涉照明与双物镜探测原理图

(c) 上下三束在各自物镜后焦面处的偏振方向

图 5-9　基于二维扫描振镜的饱和效应 SI5S 成像装置

片，用于调整反射和透射这两路光的光强比为 2∶1。

从偏振棱镜 1 反射的 S 光偏振光路进一步经过一偏振分光镜 2 进行分光，分成 I5S 的两路边缘光束，同样反射光路为 S 偏振光路，透射光路为 P 偏振光路，放置在偏振棱镜 2 前的半波片用于改变光束在入射到偏振棱镜 2。

之前的偏振方向，使光束经过偏振棱镜 2 后分出的两路光光强一致，保证前后两次所分出来的三束光光强相等。相等的光强之间的干涉可使最终得到的干涉光斑具有最佳对比度。这两束边缘光束分别进入二维扫描振镜改变光束的路径。在反射光路即 S 偏振光光路上，二维扫描振镜前放置的半波片用于改变光束偏振方向由 S 偏振变成 P 偏振，从而使这两束边缘光束的偏振方向一致。这两个边缘光束然后经过一个合束镜 1 进行合束。经偏振棱镜 1 透射的光路作为 I5S 的中心光路。

经过上述分光后的三束光再经过一个分光镜 2 进行分束，每束光分别被反射和透射，于是产生上下两路各由三束光组成的光路。分别汇聚到上下两个物镜(NA=1.49)各自的后焦面位置上。由上下两个物镜各自出射的三束平行光在样品面上相遇，六束光产生干涉(图 5-9(b))形成沿三维空间非均匀分布的干涉光斑(图 5-10(d))照明样品。

被干涉光斑照明后的样品发出受三维调制的荧光信号，荧光同时被上下两个物镜接收(如图 5-9(b))，然后汇聚到合束镜棱镜 2 进行合束，在相机上相干成像。

类似于经典 SIM，所拍摄的图像对应的频谱是高低频混叠在一起的混频信号。为了在后续的图像处理过程中将物体的各个频带提取出来，需要改变照明光斑的相位拍摄多组样品三维图像。这可以通过中心光路和其中一个边缘光路中平面镜上安装的压电陶瓷 1 和 2 进行实现，它们可以改变对应的光程，从而改变六束光之间相对的相位差，进而实现照明光斑的空间移动。同时，为了获得分辨率沿三维方向的最大提升，通常需要改变照明光斑的空间频率和方向，调整边缘光束经过的两个二维扫描振镜 1 和 2，可以改变上下两路边缘光束在物镜后焦面相对焦面中心的距离(半径)和方位，从而改变上下边缘光束经过两个物镜后相对光轴的夹角 θ 和方位角，从而改变干涉光斑的空间频率和分布方向，夹角 θ 越大，空间频率越高，可以对样品产生越高的频率调制，实现越高的分辨率提升。为了重构样品的三维超分辨图像，需要对样品拍摄多张图像，整个三维图像数据获取过程通常可以按以下顺序进行，首先改变照明条纹的相位，然后沿轴向方向移动样品，最后改变照明光斑的方向，即①在同一个照明光斑的方向和相位下移动样品沿 z 轴步进，使其每一层经过物镜焦面拍摄一系列二维图像获得样品在某一方向某一相位的三维图像；②调整压电陶瓷 1 和 2 改变照明光斑的相位，重复①，直到完成某一方向下所有对应相位的三维拍摄；③控制二维扫描振镜 1 和 2，使照明光斑方向改变，重复步骤①和②，直到完成所有方向的拍摄。

2. 基于二维扫描振镜光斑调控的饱和荧光超分辨 I5S 成像原理

我们在第 3 章详细讨论了 SIM 在二维方向上提高分辨率的基本原理，即通过条纹照明的方式调制样品。样品的高频频谱移动到显微系统的低通带范围内被接收，因此结构光照明可以提高显微成像系统分辨率。同样，在三维成像中，采用特定图案结构光光斑调制样品可以实现相似的移频效应，进而接收物体的三维超分辨频谱信息。式(5-1)～式(5-4)可以扩展到三维的情况，只是对应的系统探测点扩散函数和探测 OTF 均为三维分布的情况，对应到 I5S 成像中，其接收的物体发出的荧光信号同样是一个混频信号。如果采用无规律的光斑作为照明，则信号的提取将变得非常复杂，为了将物体不同频带的频谱以简单的方式直接提取出来，所用的照明光斑需满足以下条件。

(1) 它必须是有限个分量的和，每个分量可以分离成一个横向分布函数与轴向分布函数的乘积，即

$$I(r_{xy},z)=\sum_{m}I_m(r_{xy})J_m(z) \tag{5-34}$$

其中，r_{xy} 为横坐标 (x,y)；$I_m(r_{xy})$ 为照明光斑的横向分布函数；$J_m(z)$ 为轴向分布函数。

(2) 每个横向分布的函数 $I_m(r_{xy})$ 必须是一个简谐波函数，即仅含一个空间频率。

(3) 需满足如下要求之一，即轴向分布函数 $J_m(z)$ 同样也是一个简谐波函数，或者当对样品沿着 z 轴平移经过物镜焦面拍摄一系列二维图像而获得样品三维分布数据时，照明光斑的轴向相对物镜焦平面是固定不动的，而非相对物体固定不动。通常后者使人们对轴向分布函数 $J_m(z)$ 具有更广泛的选择。

为了通过图 5-9 所示的装置实现的照明方式，得到满足上述条件的照明光斑，假设图 5-9(b)与图 5-10(a)所示的进行干涉的六束平行光的复振幅分布为

$$\begin{aligned}&E_1(r)=\mathrm{e}^{\mathrm{i}(k_{xy}r_{xy}+k_z z+\phi_1)},\quad E_2(r)=\mathrm{e}^{\mathrm{i}(kz+\phi_2)},\quad E_3(r)=\mathrm{e}^{\mathrm{i}(-k_{xy}r_{xy}+k_z z)}\\&E_4(r)=\mathrm{e}^{\mathrm{i}(k_{xy}r_{xy}-k_z z+\phi_1)},\quad E_5(r)=\mathrm{e}^{\mathrm{i}(-kz+\phi_2)},\quad E_6(r)=\mathrm{e}^{-\mathrm{i}(k_{xy}r_{xy}+k_z z)}\end{aligned} \tag{5-35}$$

为了使分析简洁，假设六束光的振幅均为 1，$k=\sqrt{{k_{xy}}^2+{k_z}^2}=n(2\pi/\lambda_{\mathrm{exc}})$ 为照明光的波数，k_{xy} 和 k_z 分别为照明光的横向波矢和轴向波数，$n=1.518$ 为折射率油的折射率，ϕ_1 是第一束(及第四束)相对第三束(及第六束)的相位差，ϕ_2 是第二束(及第五束)相对第三束(及第六束)的相位差。这六束光在样品面上互相干涉，形成三维空间非均匀分布的光斑，其强度分布可以展开表示为

$$
\begin{aligned}
& I(r) \\
& =\left(\sum_{l=1}^{6} E_l\right)\left(\sum_{l=1}^{6} E_l^*\right) \\
& =6+2(\mathrm{e}^{\mathrm{i}2k_z z}+\mathrm{e}^{\mathrm{i}2k_z z})+(\mathrm{e}^{\mathrm{i}2kz}+\mathrm{e}^{\mathrm{i}2kz}) \\
& \quad +\mathrm{e}^{\mathrm{i}[k_{xy}r_{xy}-(k+k_z)z+(\phi_1-\phi_2)]}+\mathrm{e}^{-\mathrm{i}[k_{xy}r_{xy}-(k+k_z)z+(\phi_1-\phi_2)]}+\mathrm{e}^{\mathrm{i}[k_{xy}r_{xy}-(k+k_z)z+\phi_2]}+\mathrm{e}^{-\mathrm{i}[k_{xy}r_{xy}-(k+k_z)z+\phi_2]} \\
& \quad +\mathrm{e}^{\mathrm{i}[k_{xy}r_{xy}-(k-k_z)z+(\phi_1-\phi_2)]}+\mathrm{e}^{-\mathrm{i}[k_{xy}r_{xy}-(k-k_z)z+(\phi_1-\phi_2)]}+\mathrm{e}^{\mathrm{i}[k_{xy}r_{xy}-(k-k_z)z+\phi_2]}+\mathrm{e}^{-\mathrm{i}[k_{xy}r_{xy}-(k-k_z)z+\phi_2]} \\
& \quad +\mathrm{e}^{\mathrm{i}[k_{xy}r_{xy}+(k-k_z)z+(\phi_1-\phi_2)]}+\mathrm{e}^{-\mathrm{i}[k_{xy}r_{xy}+(k-k_z)z+(\phi_1-\phi_2)]}+\mathrm{e}^{\mathrm{i}[k_{xy}r_{xy}+(k-k_z)z+\phi_2]}+\mathrm{e}^{-\mathrm{i}[k_{xy}r_{xy}+(k-k_z)z+\phi_2]} \\
& \quad +\mathrm{e}^{\mathrm{i}[k_{xy}r_{xy}+(k+k_z)z+(\phi_1-\phi_2)]}+\mathrm{e}^{-\mathrm{i}[k_{xy}r_{xy}+(k+k_z)z+(\phi_1-\phi_2)]}+\mathrm{e}^{\mathrm{i}[k_{xy}r_{xy}+(k+k_z)z+\phi_2]}+\mathrm{e}^{-\mathrm{i}[k_{xy}r_{xy}+(k+k_z)z+\phi_2]} \\
& \quad +2(\mathrm{e}^{\mathrm{i}(2k_{xy}r_{xy}+\phi_1)}+\mathrm{e}^{-\mathrm{i}(2k_{xy}r_{xy}+\phi_1)})+\mathrm{e}^{\mathrm{i}(2k_{xy}r_{xy}+2k_z z+\phi_1)}+\mathrm{e}^{-\mathrm{i}(2k_{xy}r_{xy}+2k_z z+\phi_1)} \\
& \quad +\mathrm{e}^{\mathrm{i}(2k_{xy}r_{xy}-2k_z z+\phi_1)}+\mathrm{e}^{-\mathrm{i}(2k_{xy}r_{xy}-2k_z z+\phi_1)}
\end{aligned} \tag{5-36}
$$

由式(5-36)可以发现，照明光斑的强度分布满足上述三个条件的前两个。显然，式(5-36)表示为几个不同分量的和，同时每个分量可以表示为横向分布函数与轴向分布函数的乘积(e 指数函数的乘积等效于指数幂求和)；同时，横向分布函数 $\mathrm{e}^{\mathrm{i}(mk_{xy}r_{xy}+\phi')}$ 为简谐波函数($\phi'=\phi_1-\phi_2$ 或 $\phi'=\phi_1$ 或 $\phi'=\phi_2$)。为了满足第三个条件，即在图像拍摄的整个过程中，照明光斑始终相对物镜焦平面保持沿光轴方向固定不动。这个过程包括光斑的相移过程，也就是说照明光斑在改变相位时，光斑只沿横向产生平移，沿轴向固定不动，这一点对后续的图像重构至关重要。为了实现这一点， ϕ_1 和 ϕ_2 需满足特定的关系。如果我们使 ϕ_1 和 ϕ_2 满足 $\phi_1=2\phi_2=2\varphi$ ，则式(5-36)可以改写为

$$
\begin{aligned}
& I(r) \\
& =6+2(\mathrm{e}^{\mathrm{i}2k_z z}+\mathrm{e}^{\mathrm{i}2k_z z})+(\mathrm{e}^{\mathrm{i}2kz}+\mathrm{e}^{\mathrm{i}2kz}) \\
& \quad +2\mathrm{e}^{\mathrm{i}(k_{xy}r_{xy}+\varphi)}(\mathrm{e}^{-\mathrm{i}(k+k_z)z}+\mathrm{e}^{-\mathrm{i}(k-k_z)z}+\mathrm{e}^{\mathrm{i}(k-k_z)z}+\mathrm{e}^{\mathrm{i}(k+k_z)z}) \\
& \quad +2\mathrm{e}^{-\mathrm{i}(k_{xy}r_{xy}+\varphi)}(\mathrm{e}^{-\mathrm{i}(k+k_z)z}+\mathrm{e}^{-\mathrm{i}(k-k_z)z}+\mathrm{e}^{\mathrm{i}(k-k_z)z}+\mathrm{e}^{\mathrm{i}(k+k_z)z}) \\
& \quad +\mathrm{e}^{\mathrm{i}2(k_{xy}r_{xy}+\varphi)}(2+\mathrm{e}^{\mathrm{i}2k_z z}+\mathrm{e}^{-\mathrm{i}2k_z z}) \\
& \quad +\mathrm{e}^{-\mathrm{i}2(k_{xy}r_{xy}+\varphi)}(2+\mathrm{e}^{\mathrm{i}2k_z z}+\mathrm{e}^{-\mathrm{i}2k_z z})
\end{aligned} \tag{5-37}
$$

式(5-37)可以进一步整理成式(5-34)所示的形式，即

$$
I(r)=\sum_{m=-M}^{M}\mathrm{e}^{\mathrm{i}m(k_{xy}r_{xy}+\varphi)}J_m(z)=\sum_{m=-M}^{M}I_m(r_{xy})J_m(z) \tag{5-38}
$$

其中， $M=2$ 表示照明光斑横向分量数。

式(5-37)的第 2～6 行分别对应横向分量为 $m=0,1,-1,2,2$ 的情况，第 m 个分量照明光斑的横向分布为 $I_m(r_{xy})=\mathrm{e}^{\mathrm{i}m(k_{xy}r_{xy}+\varphi)}$ ，是空间频率为 k_{xy} 的简谐波。对

式(5-38)(其分布如图 5-10(d)所示)做傅里叶变换得到照明光斑的频谱分布，如图 5-10(c)所示。由于 $I_m(r_{xy})$ 的存在，每个横向分量 m 处均有 delta 函数的分布，同时照明光斑又受到 $J_m(z)$ 的调制，delta 函数将沿 k_z 不同的分立位置处均有分布，如图 5-10(c)的每一列均有离散的点分布。这些点的位置可以通过图 5-10(b)中每两个复振幅分量点之间的矢量差位置确定，于是傅里叶空间中共产生 19 个频谱分量。

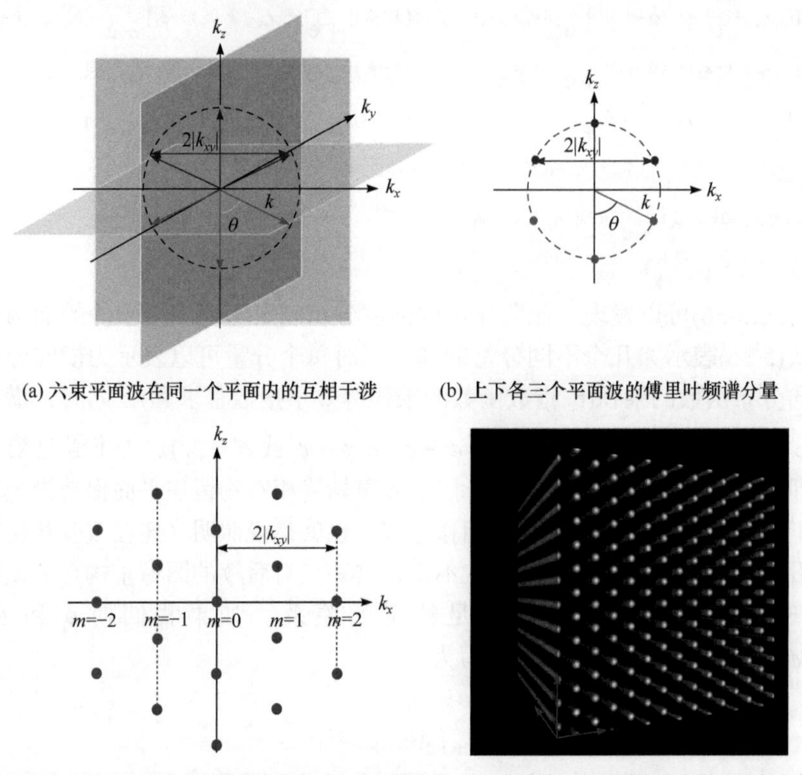

(a) 六束平面波在同一个平面内的互相干涉　(b) 上下各三个平面波的傅里叶频谱分量

(c) 六束光互相干涉产生光斑的强度分布对应的频谱分量　(d) 六束光互相干涉产生光斑的强度分布

图 5-10　六束光干涉产生沿三维方向非均匀分布的照明光斑

相位 ϕ_1 和 ϕ_2 之间的两倍关系可以通过图 5-9 所示装置中的两个压电陶瓷 PZT1 和 PZT2 实现，使照明光斑相移时，第一束光(或第四束光)的相位(或光程)步进相对第二束光(或第五束光)的相位(或光程)实现两倍的关系。图 5-11 显示了式(5-38)对应照明光斑在进行五步相移时的光斑移动情况，光斑只进行横向移动，同时保持轴向相对选定坐标系(物镜焦面)不动。图中，黄色虚线指示照明光斑相移时的横向移动，蓝色虚线指示照明光斑相移时的轴向固定。

为了更直观的理解上述第三个条件在成像过程中的重要作用，假设另一种情况，即在三维图像拍摄的过程中，照明光斑的轴向相对物体不动，而非相对物镜焦平面不动。在这种情况下，将式(5-2)代入式(5-1)，并且用积分的形式表示图像

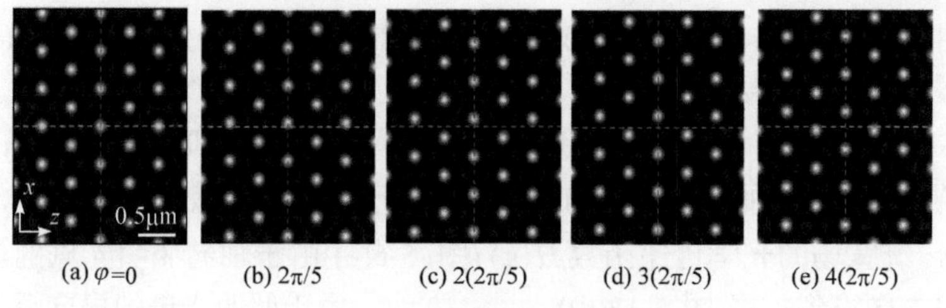

(a) $\varphi=0$　(b) $2\pi/5$　(c) $2(2\pi/5)$　(d) $3(2\pi/5)$　(e) $4(2\pi/5)$

图 5-11　五步相移时照明光斑的移动

拍摄的卷积过程，即

$$\begin{aligned} D(r) &= \mathrm{Em}(r) * H(r) \\ &= (S(r) \cdot I(r)) * H(r) \\ &= \sum_{m=-M}^{M} \int S(r') I_m(r'_{xy}) J_m(z') H(r-r') \mathrm{d}r' \end{aligned} \tag{5-39}$$

其中，r' 为物体所在的空间坐标系；r 为像空间所在坐标系；$r-r'$ 为显微系统的坐标系，用于表示显微系统相应的点扩散函数 H 的坐标系。

因为成像过程中，照明光斑相对物体是不动的，所以 I 与物体 S 共用坐标系。如果此时考虑照明光斑沿轴向不再相对物体不动，而是相对物镜的焦平面不动，则照明光斑对应的轴向分布函数 J_m 不再与物体共用坐标系 z'，而是与物镜共用相同的坐标系，即与显微系统的点扩散函数 H 具有相同的坐标系 $z-z'$，因此照明光斑的轴向分布函数 J_m 将与点扩散函数 H 相乘而不再是与物体函数 S 相乘。式(5-39)可以改写为以下卷积积分形式，即

$$\begin{aligned} D(r) &= \sum_{m=-M}^{M} \int S(r') I_m(r'_{xy}) J_m(z-z') H(r-r') \mathrm{d}r' \\ &= \sum_{m=-M}^{M} (I_m(r_{xy}) S(r)) * (H(r) J_m(z)) \end{aligned} \tag{5-40}$$

可以看出，I5S 实现分辨率的提升是通过照明光斑的横向分布调制样品，同时系统的点扩散函数 H 受到照明光斑的轴向分布调制形成新的有效点扩散函数。为了更直观地理解，对式(5-40)做傅里叶变换，可得

$$\begin{aligned} \tilde{D}(k) &= \sum_{m=-M}^{M} (\tilde{I}_m(k_{xy}) * \tilde{S}(k)) \cdot (\tilde{H}(k) * \tilde{J}_m(k_z)) \\ &= \sum_{m=-M}^{M} (\mathrm{e}^{\mathrm{i}m\varphi} \delta(k-mk_{xy}) * \tilde{S}(k)) \cdot \tilde{H}_m(k) \\ &= \sum_{m=-M}^{M} \mathrm{e}^{\mathrm{i}m\varphi} \tilde{S}(k-mk_{xy}) \tilde{H}_m(k) \end{aligned} \tag{5-41}$$

其中，$\tilde{H}_m(k) = \tilde{H}(k) * \tilde{J}_m(k_z)$ 为每个横向分量 m 对应的 OTF，如图 5-12(a)～(c)

所示，由系统的探测 OTF(图 5-6(e))与照明光斑的轴向频谱分量(图 5-10(c)每列的点所示)之间的进行卷积得到。

由式(5-41)可见，所拍摄样品的图像通过两种方式增加普通宽场显微成像无法探测的信息。一方面，每个横向分量对应的光学传递函数 $\tilde{H}_m(k)$ (图 5-12(a)～(c))相比传统宽场的光学传递函数 $\tilde{H}(k)$ (图 5-6(e))由于轴向照明光斑的调制，使其沿轴向方向得到扩展(图 5-12(d))。另一方面，由于照明光斑的横向调制作用，物体的频谱在横向方向上产生了 mk_{xy} 的平移，使原先无法通过系统 OTF 的高频成分，移进相应的 $\tilde{H}_m(k)$ 范围内被探测。因此，式(5-41)表示样品图像的频谱是样品不同频带的混叠信号，其中每个频带由物体频谱在横向上进行 mk_{xy} 量值的平移，同时受到相应轴向扩展的 OTF $\tilde{H}_m(k)$ 的滤波调制，并产生相应 $m\varphi$ 的相移得到。

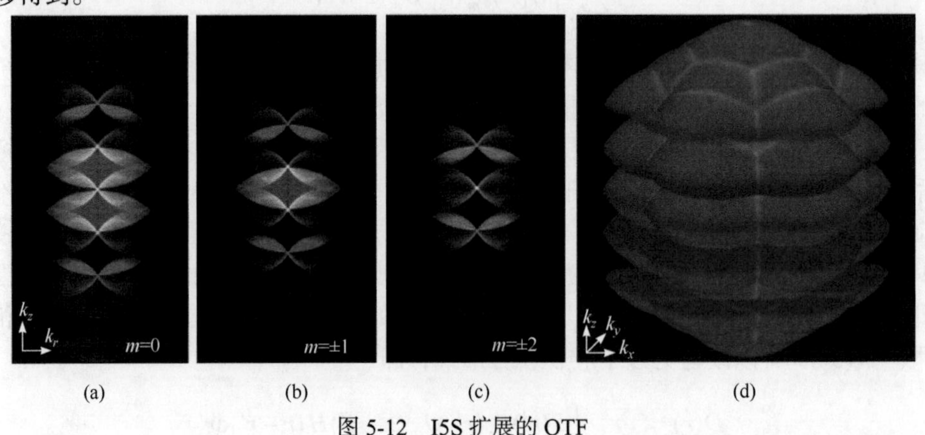

图 5-12　I5S 扩展的 OTF

为了重构样品的结构，首先将拍摄图像的频谱混叠信号的不同频带分离出来，类似于 2D-SIM，需要拍摄多组原始数据，然后通过解线性方程组将不同的频带求解出来。通常多组原始数据可以通过改变照明光斑的相位调制获得，由式(5-41)可知，实际拍摄的图像含有 $N=2M+1$ 个未知频带，因此需要改变 $N=2M+1$ 次光斑相位，拍摄相应的 $N=2M+1$ 组数据集。为了方便，我们通常使光斑的相移在光斑的一个周期范围内等间隔变化，即使第 n 个相位为 $\varphi_n=(2\pi/N)n$，其中 $n=1,2,\cdots,N$。将相位 φ_n 代入式(5-41)，可以得到一组数据集 $[\tilde{D}_n(k)]$，并将其写成以下矩阵形式，即

$$\tilde{D}(k)=M\tilde{R}(k) \tag{5-42}$$

其中，$\tilde{D}(k)=[\tilde{D}_1(k),\tilde{D}_2(k),\cdots,\tilde{D}_N(k)]$；$\tilde{R}(k)=[\tilde{R}_{-M}(k),\cdots,\tilde{R}_0(k),\cdots,\tilde{R}_M(k)]$，$\tilde{R}_m(k)=\tilde{S}(k-mk_{xy})\tilde{H}_m(k),\ m=-M,\cdots,0,\cdots,M$；$M$ 的元素 $M_{nm}=\mathrm{e}^{\mathrm{i}m\varphi_n}$。

因此，可以通过逆矩阵的方式将式(5-42)所示的线性方程组从不同的频带解

出来，即

$$\tilde{R}(k)=M^{-1}\tilde{D}(k) \tag{5-43}$$

其中，M^{-1} 为 M 的逆矩阵。

接着，将解出的频带 $\tilde{R}_m(k)=\tilde{S}(k-mk_{xy})\tilde{H}_m(k)$ 移回它们原来的位置 $\pm mk_{xy}$，得到物体准确的频带 $\tilde{R}_m(k+mk_{xy})=\tilde{S}(k)\tilde{H}_m(k+mk_{xy})$，然后将这些频带通过广义维纳滤波拼接起来，最终可以得到物体频谱的超分辨估计 $\hat{\tilde{S}}(k)$，即

$$\hat{\tilde{S}}(k)=\frac{\sum_{m=-M}^{M}\widetilde{H}_m^{*}(k+mk_{xy})\tilde{R}_m(k+mk_{xy})}{\sum_{m=-M}^{M}|\widetilde{H}_m(k+mk_{xy})|^2+\omega^2}A(k) \tag{5-44}$$

其中，ω^2 为维纳参数；$A(k)$ 为切趾函数，用于矫正由于振铃效应产生的伪像问题。

式(5-44)得到的频谱等效于物体频谱通过一个扩展的有效三维 OTF(图 5-12(d))滤波后的频带。相比传统显微成像通过的频带，物体的频谱得到了大大的扩展。最后，将 $\hat{\tilde{S}}(k)$ 作傅里叶反变换得到物体的三维超分辨图像 $S(r)$。

以上讨论是在荧光辐射强度分布与照明光强成线性关系的情况，如果同样在 I5S 的基础上引入荧光饱和非线性效应，则系统的分辨率可以进一步提高。其理论分辨率可以达到无穷大，我们将这一技术称为 SI5S。在这种情况下，二维荧光非线性相关的理论同样适用，将三维分布的照明光斑 $I(r)$ (式(5-38))代入式(5-8)，由于照明光斑的简谐波特性，式(5-8)的二次及高次幂将使有效辐射光斑 $I'(r)$ 的横向分布函数在空间频率 k_{xy} 的整数倍处产生谐波，得到的 $I'(r)$ 可表示为

$$I'(r)=\sum_{m=-\infty}^{\infty}\mathrm{e}^{\mathrm{i}m(k_{xy}r_{xy}+\varphi)}J'_m(z) \tag{5-45}$$

其中，$J'_m(z)$ 为有效辐射光斑 $I'(r)$ 的轴向分布函数。

图 5-13 显示了当照明光强的峰值为 $5I_t$ 时荧光饱和效应下的有效照明光斑的强度分布。图 5-13 中的曲线显示了对应的有效照明条纹沿图 5-13(a)黑色直线处的曲线分布。对比线性条件下的照明光斑，荧光饱和条件下的有效照明光斑产生畸变，也正是这种畸变使光斑的频谱包含更多的频谱分量。有效照明光斑 $I'(r)$ 的傅里叶变换将在 k_{xy} 的整数倍处产生横向谐波分量，同时轴向的谐波数量相对原来的照明光斑将增加。理论上，横向和轴向的谐波分量数可以达到无穷多个，但是由于这些谐波的强度呈指数速度衰减，因此实验中只有有限的谐波数对应的强度高于噪声水平。图 5-13(b)显示了有效照明光斑 $I'(r)$ 的傅里叶频谱强度分布。高次谐波分量的强度迅速衰减，因此只利用其一次谐波分量。图 5-13(c)显示

了饱和光斑增加到一次谐波时的频谱分量。此时，SI5S 的光斑频谱点阵相比 I5S 扩展了一倍。因此，可得到样品的三维超分辨重构图像。

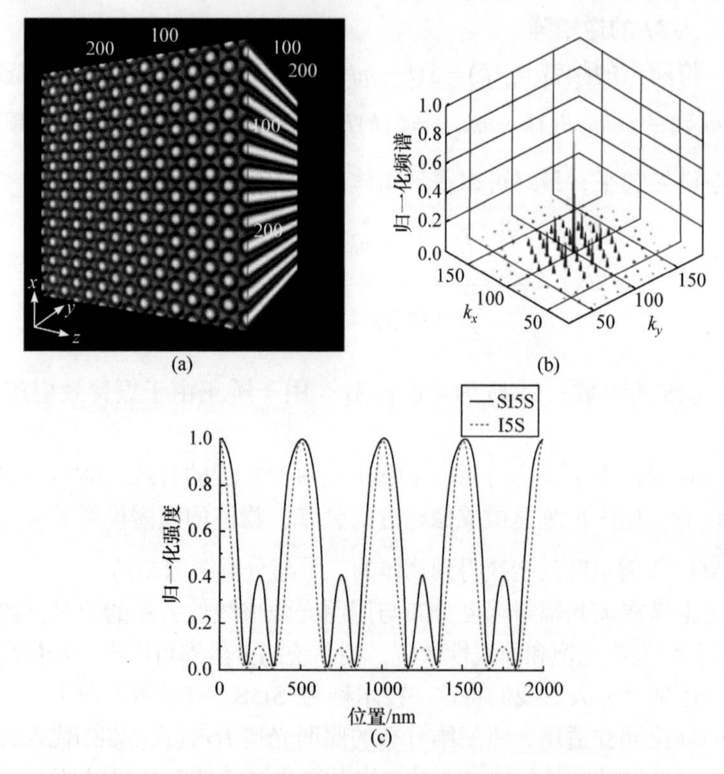

图 5-13　SI5S 的照明光斑与频谱(照明峰值光强为 $5I_t$)

5.4　小　　结

利用结构光照明产生荧光的非线性效应，我们可以获得比数值孔径更高的倍频移频照明频率。特别是，这种移频是低频与高频同时存在的混合频率照明。更重要的是，由于基础的移频是在物镜的数值空间截止频率内，所以非线性产生的高阶频率叠加物镜数值孔径带宽后，构成一个从基频到高阶移频的连续频带，没有出现频带的缺失，因此这样移频成像的结果可以完整体现样品的形貌，不会出现低频与中频的缺失。这是非线性荧光 SIM 的最大优势，但是受到荧光非线性的限制，不可能形成无限大高阶频率的移频，一般不会超过 3～5 阶[169]，因此实际超分辨成像分辨率还是有限的。

第 6 章　扫描型移频超分辨光学成像

1968 年提出的共焦显微成像技术开启了点扫描型光学显微技术的先河。之后，光学扫描成像成为基本的成像技术之一。人们通过扫描技术、扩大成像视场、利用扫描提高成像深度、利用扫描成像提高成像分辨率[170]。特别是，基于共焦显微镜发展出许多种改进型的点扫描显微技术，包括 STED[171]、ISM[172]、FED[173]、SAC[174]等。

前面几章我们主要介绍了宽场照明下的移频技术。事实上，类似于 SIM 成像技术，扫描模式的显微系统也能通过移频的方法将超出光学系统范围的高频信息移动到可探测范围内，进而提高系统的分辨率。鉴于扫描系统的光层切成像能力强、信噪比高等优点，其在生物、材料、医学等研究领域有着十分重要的应用。本章重点介绍几种扫描型移频超分辨光学成像技术。

6.1　微纳光纤移动扫描照明成像

微纳光纤是在单模光纤基础上继续拉制形成的直径更细小的在微米，以及亚微米级的光纤。这样的光纤仍然具有很好的导光特性，而且沿光纤传输的光波有很大一部分是倏逝场[175]，因此利用微纳光纤的侧照明就可以获得高分辨的移频成像。但是，微纳光纤的侧照明疏逝场区域较小。为了扩大倏逝场的成像区域，我们可以采用移动微纳光纤扩大倏逝场照明成像区域的方法，实现大视场超分辨移频成像。因此，微纳光纤移动扫描成像技术是一种直接、无侵入性的远场超分辨方法，将微光纤的近场照明与样品的空间频移结合，在可见光波段可以实现高达几十纳米的空间分辨率，且能够用于观察金属和硅板等不同材料制成的样品[176]。

6.1.1　基本原理

我们知道传统光学显微镜一直以来受到光学衍射的限制，而通过微结构引入倏逝波来提高近场成像分辨率[177]是一种十分常见的突破衍射极限的方法。例如，近场扫描光学显微技术就是利用一个底部极小的探针进行照明成像来实现分辨率的提升[178]，但是其产生的倏逝波强度较弱，因此对信噪比和信号采集时间的要求比较高。而直径接近光波导波长的微纳光纤能够提供较强的倏逝场[175]，被广泛应用于微型谐振器、光学传感和原子操控等领域[179,180]。本节介绍的微光纤移动照明成像技术就是将微纳光纤作为连接近场倏逝波和远场传输的通道，实现远场的超分辨成像。它不像微球成像[181,182]那样仅限于金属物体、半导体，难以精确操控位置的移动。

在微纳光纤移动照明成像技术中，利用微纳光纤侧面的倏逝场充当照亮样品的近场光源。微纳光纤作为一个具有圆形横截面、无限的空气包层和阶跃折射率分布的波导，其侧面有一部分波导场会延伸到空气界面中，形成我们常说的倏逝波。考虑边界条件，倏逝波一般可以被定义为

$$
\begin{gathered}
k_e = nk_0 = \frac{2n\pi}{\lambda_0} \\
\lambda_e = \frac{\lambda_0}{n} < \lambda_0
\end{gathered}
\tag{6-1}
$$

其中，k_e 为倏逝波的波矢；n 为微光纤的模态有效折射率；λ_0 为入射光的波长。

倏逝波照明各种各样的样品，与样品发生相互作用时，倏逝波的波矢量也会相应受到调制产生散射。我们可以使用光栅 k_Λ 来描述这个样品，其将倏逝波矢量 k_e 移动到其他的衍射阶数 N，则

$$
k_{\text{out}} = k_e \pm Nk_\Lambda \tag{6-2}
$$

其中，$k_\Lambda=2\pi/\Lambda$，Λ 为光栅的周期。

这表明，当样品细节被倏逝波照明时，倏逝波矢量的空间频率可能移动到系统带宽内，“被动”地转换回正常的传播模式(图 6-1(a))。在这种情况下，式(6-2)的运算符为减号。因此，样本和图像的空间频率之间的关系可以写为

$$
k_\Lambda = \frac{k_e - k_{\text{out}}}{N} \tag{6-3}
$$

其中，k_{out} 为图像的空间频率，$-k_m \leqslant |k_{\text{out}}| \leqslant k_m$，$k_m$ 为光学显微镜的截止波矢量。

当所有矢量都沿相同方向时，可以获得最高的分辨率。此时，式(6-3)可以进一步简化为

$$
k_\Lambda = \frac{k_e - k_{\text{out}}}{N} \tag{6-4}
$$

1 级衍射对应于 $k_{\Lambda\_\max}$～$k_{\Lambda\_\min}$ 的波矢量带宽，其中 $k_{\Lambda\_\max}=(k_m+k_e)/2$，$k_{\Lambda\_\min}=k_m+k_e$(图 6-1(b))。此频率带宽也可以视为微光纤移动照明成像的通带，因为在该频率带宽内的波矢量只能“一对一”地转换为传播模式，这在成像系统中至关重要。最终分辨率可以推导为

$$\Lambda_{\min} = \frac{2\pi}{k_{\Lambda\_\min}} = \frac{2\pi}{k_e + k_m} = \frac{\lambda_e \lambda_m}{\lambda_e + \lambda_m} \tag{6-5}$$

其中，λ_m 为光学物镜系统的截止波长；$\Lambda_{\min}$ 为可以分辨的最小空间周期。

除了使高频分量在远场中可见，频移还放大了像空间的物体。相应的放大倍数为

$$M_f = \frac{\Lambda_{\text{out}}}{\Lambda} = \left|\frac{k_\Lambda}{k_{\text{out}}}\right| = \frac{k_\Lambda}{|k_e - k_\Lambda|} \tag{6-6}$$

其中，$\Lambda_{\text{out}}=2\pi/k_{\text{out}}$。

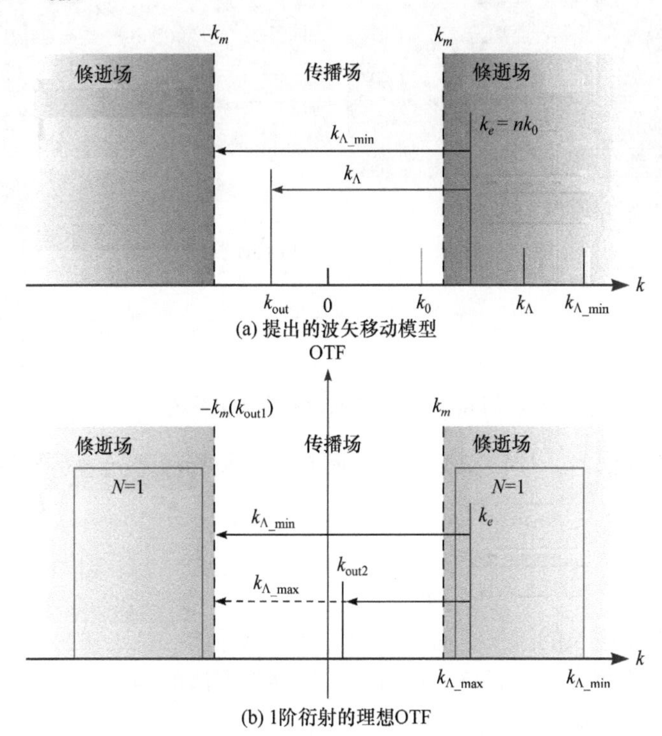

(a) 提出的波矢移动模型

(b) 1阶衍射的理想OTF

图 6-1　基于微纳光纤的超分辨成像系统的频域分析

6.1.2　系统装置

微光纤的超分辨成像系统如图 6-2 所示。可以使用火焰或 CO_2 激光加热锥体拉制法将常见的商用单模光纤制造成微纳光纤，首先剥离单模光纤的保护层，仅保留芯层和包层以避免光纤在加热过程中发生断裂或碳化。拉制温度需要稍高于光纤的熔化温度，以在拉伸区域保持相对均匀的温度。整个过程中拉伸速度约为 10 mm/s，制造出尖端直径约为 1μm 的非常平滑的锥体状光纤。值得注意的是，

尖端直径小于 4μm 的光纤长度不能超过 250μm，否则尖端将太软，以至于无法进行精确定位和移动扫描。另外，进行疏水性表面处理能避免黏连现象并提高移动精度，尤其是使用表面为亲水性的样品(如金属)。

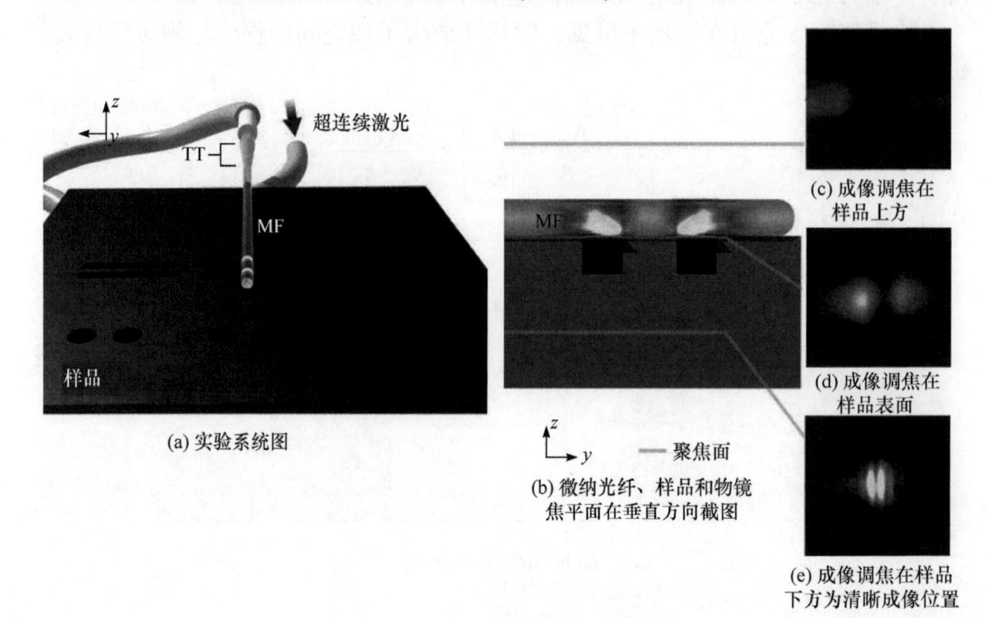

图 6-2　微光纤的超分辨成像系统

选择激光光源时，应该首先考虑空间频率必须能移回光学系统的传播域，这需要满足

$$\frac{Nk_{\Lambda}-k_m}{n}<k_0<\frac{Nk_{\Lambda}+k_m}{n} \tag{6-7}$$

其中，k_0 为工作波长的波矢；对于特定的 k_{Λ}，N 可能是唯一的，否则一个 k_{Λ} 将对应于图像中的两个不同频率，这将会阻碍移频算法的高频信息提取，而无法生成最终的超分辨图像。

实际上，由于一阶衍射收集的信号相对更强，并且在数学计算上更简单，一般将 N 设为 1。需要注意的是，波矢量通带需要进行“一对一”转换。为了使空间频率转换以可控制的方式进行“一对一”转换，必须预先估计样本的频率范围。

此外，实验中的表面污染会导致图像质量的降低。当光源的相干性太高时，该问题会更加严重。因此，在微光纤移动照明系统中，使用能够发出宽带且无偏振激光的超连续激光源比较方便。

图 6-2 使用的样品是采用聚焦离子束在二氧化硅基底刻蚀的图案，光纤的较

宽端固定在压电定位台上，因此可以高精度控制光纤的位置，而尖端则粘附在样品表面进行照明，使用 NA=0.8 的物镜，放大倍数为 100 倍。

6.1.3　实验结果

线对超分辨成像如图 6-3 所示。通过对在硅基板(避免金属性能如表面等离子体激元的影响)上蚀刻的线对进行成像，验证微光纤移动照明显微系统的分辨率。线的宽度和深度分别为 150nm 和 120nm，两条线之间的间隔从 75～208nm 不等(图 6-3(a))。仅使用传统的远场光学显微镜无法分辨出一对(图 6-3(b))，当用微光纤照明时，所有线对都可以清晰地成像(图 6-3(c))[183]。

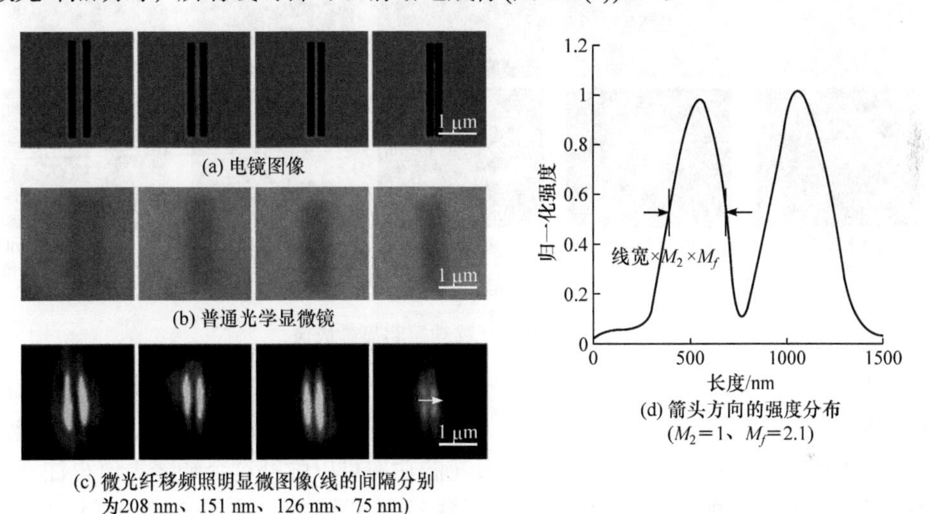

图 6-3　线对超分辨成像

应该注意的是，当成像平面的位置在基板表面下方时(图 6-2(b))，图像是清晰可见的。因为 CCD 观察到的图像实际上是激光的远场投影，而不是同一位置的实际强度分布。传播路径中的任何界面都将不可避免地改变坡印廷矢量的方向，而微光纤的存在使样品表面及其下方的图像变得清晰可见。此外，类似于几何光学，最佳成像平面定义为来自同一物点的坡印廷矢量重新同心的位置。从微光纤逸出的坡印廷矢量在自由空间中发散，因此只有当它们反向延伸时，坡印廷矢量才能相互作用。因此，质量最好的图像是虚像且位于样品表面的下方。与样品的原始图案相比，样品成像无疑是放大的，其总放大倍数为几何和空间频率放大倍数的乘积，即

$$M = M_g \cdot M_f = M_1 \cdot M_2 \cdot M_f \tag{6-8}$$

其中，M_1 和 M_2 为物镜和微光纤的几何放大倍数；$M_f=\Lambda_{out}/\Lambda=k_\Lambda/k_{out}$ 为空间频率的放大率。

因此，当使用直径为 2.5μm 的二氧化硅微光纤来区分 75nm 分离线对时，由于微光纤的放大系数约为 2.10，成像平面低约 2.8μm，计算出的最佳空间分辨率和相应的放大倍数分别为 70nm 和 2.12。同时，在图像中测得的线的 FWHM 约为 360nm(图 6-3(d))，相当于 172nm 的线宽，仅比实际值宽 21 nm。

图 6-4 显示了微光纤移动照明显微系统对更复杂形状的图案(点和字母)，以及不同材料基板(蓝光光盘，导电玻璃和二氧化硅)的成像结果，清楚地证明了其在成像各种材料亚衍射细节中的能力。

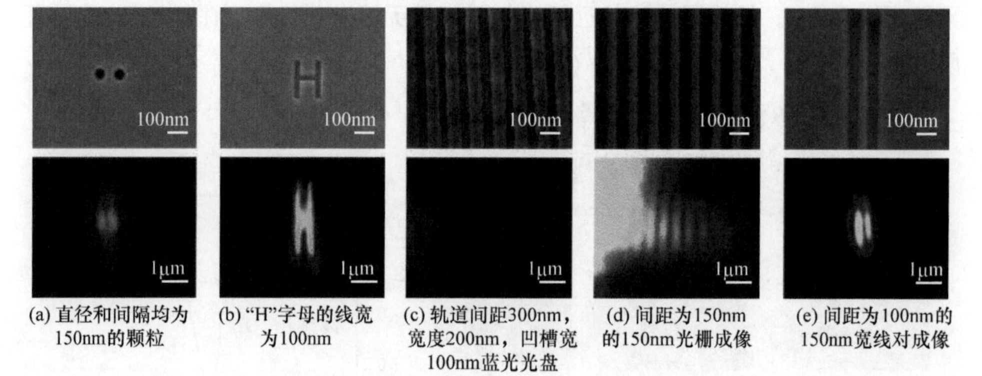

(a) 直径和间隔均为150nm的颗粒　(b) "H"字母的线宽为100nm　(c) 轨道间距300nm，宽度200nm，凹槽宽100nm蓝光光盘　(d) 间距为150nm的150nm光栅成像　(e) 间距为100nm的150nm宽线对成像

图 6-4　微光纤移动照明显微成像

此外，还可以采用一些方法进一步提高微光纤移动照明显微技术的成像质量。例如，使用更大直径的微光纤增大成像视场，虽然较粗的微光纤会导致倏逝波减弱而降低图像对比度，但是提高激光的功率可以弥补这个缺陷。值得注意的是，如果微光纤的直径大于 4.5μm，并且倏逝场的功率低于总入射功率的 0.05%，会导致无法观察到任何结果。因此，使用微光纤扫描并利用拼接算法生成更大的图像是增大视场更好的办法。

根据式(6-5)，可以通过减小 λ_e 或 λ_m 来提高系统的分辨率。前者可以通过增加微纤维的折射率 n 来实现，但是会牺牲成像视场与图像的对比度。后者可以通过换物镜数值孔径来实现。

同样，我们可以移动光纤，利用光纤的倏逝场进行侧照明移频成像，通过移动光纤实现成像视场的扫描，克服光纤侧照明区域有限的劣势，实现光纤移动扫描移频超分辨成像。光纤侧照明扫描移频成像如图 6-5 所示。

可以看出，由于采用拉锥光纤进行照明，虽然看起来光纤是贴附在样品(具有线条刻痕图形的样品)表面，但是因为与表面还有一定的距离，所以光纤侧面倏逝场对样品表面照明产生移频成像是透过光纤实现的，也就是我们可以通过光纤区域看到光纤后面样品放大的图像(线条)，这实际上是移频成像的放大作用[184]。所获取样品的远场像包含微纳光纤的伪影，信噪比较差。同时，由于照明倏逝场被约束在光纤周围，整个系统的成像视场范围狭小，因为光纤的倏逝场传播方向是确定的，所以仅能实现对微纳样品某个方向的频谱进行移频成像，因此往往适合一维超分辨成像的应用。

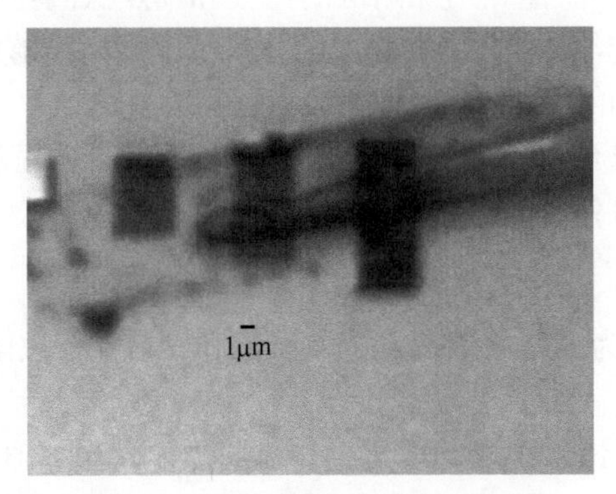

图 6-5　光纤侧照明扫描移频成像

实际上，应用光纤侧照明实现超分辨的移频成像的一大优势是，可以利用对光纤的夹持实现大面积的扫描成像。这是微球移频显微等所不具备的。另外，光纤侧照明移频成像系统比较简单，是一种简易的能够在常规显微镜下就能观看到样品表面超分辨结构信息的初始技术。配合现在的可调波长照明容易实现光谱覆盖的成像，或者一定移频频谱范围的成像。

利用光纤的倏逝场侧照明，我们需要将光纤的外包层去掉，这样光纤的倏逝场才能散布在光纤侧面周围。另外，光纤侧面的倏逝场是一个方向分布的，相当于从光纤向外传播的柱面波。其移频效应仅发生在一个方向，因此仅对一维光栅这一类目标具有比较好的移频效果。对于二维物体的成像，则需要摆动光纤，改变光纤倏逝场照明的方位角，进而获得更全样品空间相位的信息。

6.2　探测侧移频成像

我们知道，SIM 通过使用衍射光栅或空间光调制器产生干涉照明图案，再与不可分辨的空间频率进行混合，移动到显微系统的空间频率通带，从而将分辨率提高两倍。但是，SIM 通常只能对薄样品进行成像，是宽场成像，与点扫描系统不兼容。同样，可以利用空间不均匀成像突破阿贝衍射极限。本节讲述的探测端虚拟移频成像技术并未在照明侧对激发光进行调制，混合出超过系统空间频率带宽的高频信息，而是采用掩模在探测路对样品发出的荧光进行调制，同样可以实现两倍的分辨率提升，更重要的是其能够与多光子激发等点扫描系统中常用的技术相结合，从而实现对厚样品的三维光层切成像。

6.2.1 扫描图案探测显微技术

谢晓亮等提出一种基于空间调制的超高分辨率的激光扫描显微镜，称为扫描图案探测显微技术[185]。他利用探测端的掩模和单点探测器的空间累积成像实现系统的空间频移及其与传统 SIM 相同的分辨率，同时能够以光学层切或者非荧光非相干光学方法(如自发拉曼散射成像)对厚样品成像。

当样品的荧光被线性激发时，荧光的发射与照明光强和荧光团的分布成正比，因此像面的光强分布为

$$I_{\mathrm{im}}(x,t)=h_{\mathrm{ex}}(r-t)s(r)h_{\mathrm{em}}(x-r) \tag{6-9}$$

其中，$h_{\mathrm{ex}}(\cdot)$和$h_{\mathrm{em}}(\cdot)$为系统的激发点扩散函数和发射点扩散函数；$s(\cdot)$为样品的荧光团分布。

如图 6-6 所示，该系统以标准激光扫描共焦显微为基础，通过在探测器前插入一块透射率为 $m(x)=(1+\cos(\omega_s\cdot x))/2$ 的掩模对探测端进行调制，其中 ω_s 为空间调制频率。具有较大探测面积的单点探测器，如光电倍增管将所有通过掩模的信号求和，并将积分强度分配给当前二维振镜扫描位置对应的单个像素，在扫描完整个视场后重构的图像为

$$p(t)=\iint h_{\mathrm{ex}}(r-t)s(r)h_{\mathrm{em}}(x-r)m(x) \tag{6-10}$$

由于$h_{\mathrm{ex}}(\cdot)$和$h_{\mathrm{em}}(\cdot)$均为偶函数，当忽略$h_{\mathrm{ex}}(\cdot)$和$h_{\mathrm{em}}(\cdot)$的差异(即斯托克斯位移造成的红移)，式(6-10)中的 x 和 t 存在对称性时，可以写为

$$\begin{aligned}p(t)&=\int h_{\mathrm{ex}}(r-t)s(r)\left(\int h_{\mathrm{em}}(x-r)m(x)\mathrm{d}x\right)\mathrm{d}r\\&=h_{\mathrm{ex}}(t)\otimes[s(t)(h_{\mathrm{em}}(t)\otimes m(t))]\\&=[(m(t)\otimes h_{\mathrm{ex}}(t))s(t)]\otimes h_{\mathrm{em}}(t)\end{aligned} \tag{6-11}$$

其中，$m(t)\otimes h_{\mathrm{ex}}(t)$等效于 SIM 中具有结构化图案的激发光的点扩散函数，也就是通过透过率变化的掩模调制，扫描图案成像技术也产生了类似结构光照明的效果。

式(6-11)经过傅里叶变换得到图像的频域分布为

$$p(k)=h_{\mathrm{ex}}(k)[s(k)\otimes(h_{\mathrm{em}}(k)m(k))] \tag{6-12}$$

通过探测端调制，我们可以获得类似于 SIM 的成像结果，因此为了提取 $s(k)$ 中位于显微系统通带外的频率分量，我们也需要改变掩模 $m(x)$的方向和相位，以生成一系列图像，然后使用相同的移频算法恢复出超分辨图像。

系统的仿真如图 6-7 斑马图像所示。原始图像的像素尺寸为 50nm，图像的灰度经过归一化。使用的宽场图像的每个像素的平均光子数设为 3000，最大光子数为 10000，激发波长和发射波长分别为 488nm 和 535nm，物镜数值孔径为

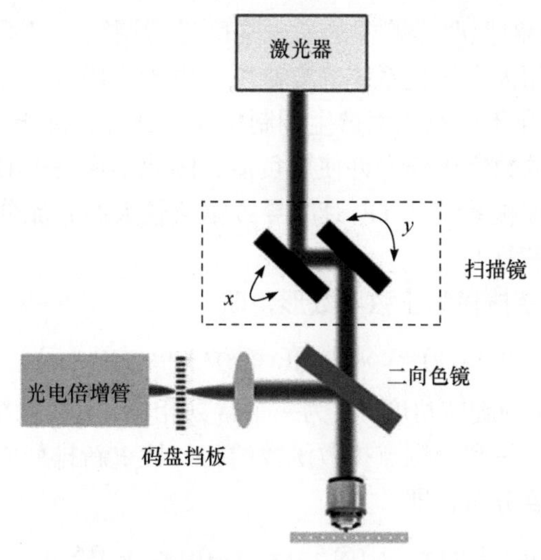

图 6-6　扫描图案探测显微系统示意图

1.4。图 6-7(c)为沿 x 轴的空间调制图案。该方法在重建过程中使用沿 x、y 轴的正弦调制图案，每个轴有三个相位偏移($\phi = 0, \pm \omega t$)，调制周期为 300nm。宽场图像中无法分辨的斑马鼻子上的垂直条纹，在 SPADE 成像中可以很清晰地显示。

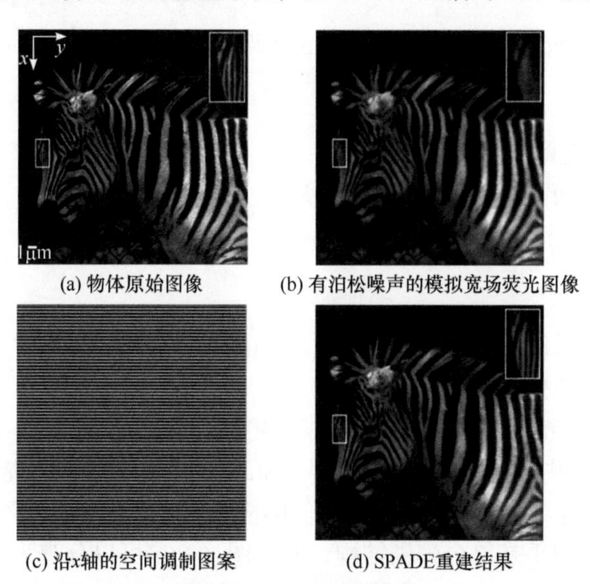

(a) 物体原始图像　(b) 有泊松噪声的模拟宽场荧光图像

(c) 沿x轴的空间调制图案　(d) SPADE重建结果

图 6-7　斑马图像的仿真

6.2.2　基于虚拟结构探测的超分辨扫描激光显微镜

基于 VSD 的超分辨扫描激光显微技术是一种通过对图像进行数字处理实现时空调制的探测端虚拟移频成像技术[186]，因此既不需要像 SIM 那样使用复杂的装置(如光栅或网格)对照明光路中的激光强度进行调制，又不需要在探测光路中使用物理掩模，从而大大简化系统的复杂度。由于采用数字方式进行虚拟调制，VSD 不会因相位变化不够精确而产生调制伪像。此外，基于 VSD 的超分辨扫描激光显微技术采用的数字掩模允许使用负值，因此不像 SPADE 那样存在直流分量，也不会因为谐波被系统 OTF 衰减导致幅值较大的直流分量占主导地位，影响图像高频信息的恢复[187]。

VSD 选取的数字掩模为正弦函数形，即

$$m(x,y)=\cos(2\pi f_0(x\cos\theta+y\sin\theta)+\alpha) \tag{6-13}$$

其中，θ 为正弦条纹的旋转角度；α 为一个常数相位；f_0 为系统的截止频率。

我们可以利用激发和探测点扩散函数的相似性重新排列成像积分公式，得到最终图像的二维强度分布，即

$$p(x_0,y_0)=[(m(x_0,y_0)\otimes h_{\mathrm{ex}}(x_0,y_0))s(x_0,y_0)]\otimes h_{\mathrm{em}}(x_0,y_0) \tag{6-14}$$

经过傅里叶变换，可得

$$p(f_x,f_y)=h_{\mathrm{ex}}(f_x,f_y)[s(f_x,f_y)\otimes(h_{\mathrm{em}}(f_x,f_y)m(f_x,f_y))] \tag{6-15}$$

其中，f_x 和 f_y 为空间频率；$m(f_x,f_y)$为式(6-14)的傅里叶变换，即

$$m(f_x,f_y)=\frac{1}{2}(\sigma(f_x-f_0\cos\theta,f_y-f_0\sin\theta)\mathrm{e}^{\mathrm{i}\alpha}+\sigma(f_x+f_0\cos\theta,f_y+f_0\sin\theta)\mathrm{e}^{-\mathrm{i}\alpha}) \tag{6-16}$$

其中，σ 为狄拉克函数。

将式(6-16)中的常数项忽略后，其变为

$$p(f_x,f_y)=h_{\mathrm{ex}}(f_x,f_y)(s(f_x-f_0\cos\theta,f_y-f_0\sin\theta)\mathrm{e}^{\mathrm{i}\alpha}+s(f_x+f_0\cos\theta,f_y+f_0\sin\theta)\mathrm{e}^{-\mathrm{i}\alpha}) \tag{6-17}$$

因此，超出系统带宽的高频信息 $s(f_x, f_y)$被移动到 $h_{\mathrm{em}}(f_x, f_y)$中，并能被系统探测，其理论分辨率提高了两倍。

基于 VSD 的新鲜分离的青蛙视网膜的超分辨率成像如图 6-8 所示。横向分辨率为 5μm 的常规共焦显微镜只能分辨图 6-8(a)中的部分感光体。基于 VSD 的超分辨率显微技术具有 2.5μm 的横向分辨率能够检测更多的感光体。例如，图 6-8(a)中由白色椭圆区域似乎是单个模糊结构，而在图 6-8(b)可以分辨为七个单独的感光器。基于 VSD 的超分辨率成像结果的分辨率增强还可以通过比较沿图 6-8(a)和图 6-8(b)中绘制的线的强度分布图来示例。三个明显的峰(图 6-8(c)箭头)对应于三个感光体(图 6-8(b)箭头)。

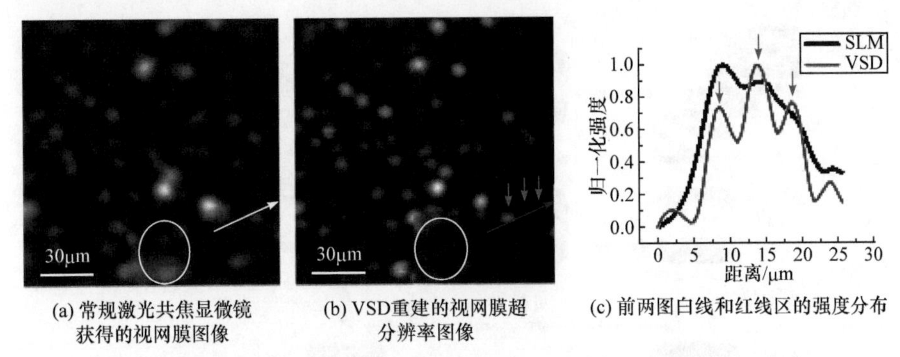

(a) 常规激光共焦显微镜获得的视网膜图像　(b) VSD重建的视网膜超分辨率图像　(c) 前两图白线和红线区的强度分布

图 6-8　基于 VSD 的新鲜分离的青蛙视网膜的超分辨率成像

6.2.3　虚拟 k 空间调制光学显微技术

VIKMOM [69]也是通过对探测端的数字图像进行虚拟调制来获得高频信息，能够将横向分辨率提高 2 倍，并降低背景水平，提高层切效果。VIKMOM 在将探测器阵列采集到的图像转换为 SIM 数据后，采用傅里叶叠层成像算法而非传统的 SIM 移频算法来恢复出超分辨图像，因此具有对噪声不敏感、可校正未知光学像差的优点。

VIKMOM 超分辨图像重构解码过程(图 6-9)，使用带有二维探测器阵列的共焦显微镜进行图像采集。与 VSD 相似，对于每个扫描位置，将激发光斑投影到样品上，并将记录在探测器阵列上的相应图像与数字掩模相乘以进行虚拟调制。当样品被扫描到不同的位置时，可以获得一系列强度图像，再将每张图像的信号求和，并将积分强度分配给该位置的像素。同时，改变虚拟数字掩模的参数获得不同的方向和相位的调制图像，构成一组 SIM 数据 $I_m(r)$。

不同于 VSD，VIKMOM 提出一种对噪声不敏感且能够校正未知像差的成像算法对之前重组出的 SIM 数据进行处理。超分辨图像的恢复过程以迭代方式在傅里叶域和空间域之间切换，使用 $I_{obj}^{(0)}(r)$ 和 $OTF^{(0)}(k)$代表样本空间信息和激发光路中 OTF 的初始估计。通过以下过程更新这两个方程，由式(6-10)可得调制后的图像，即

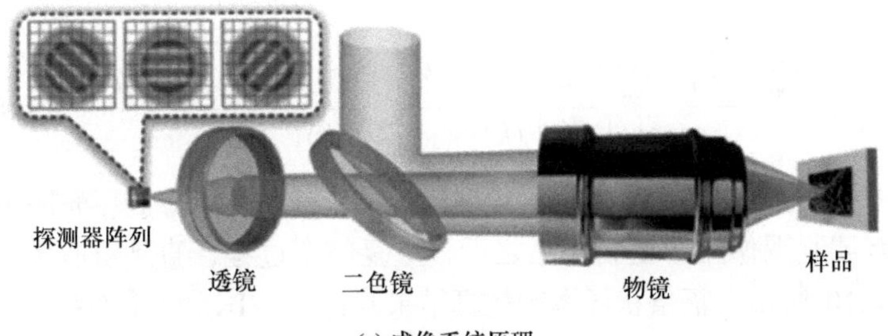

(a) 成像系统原理

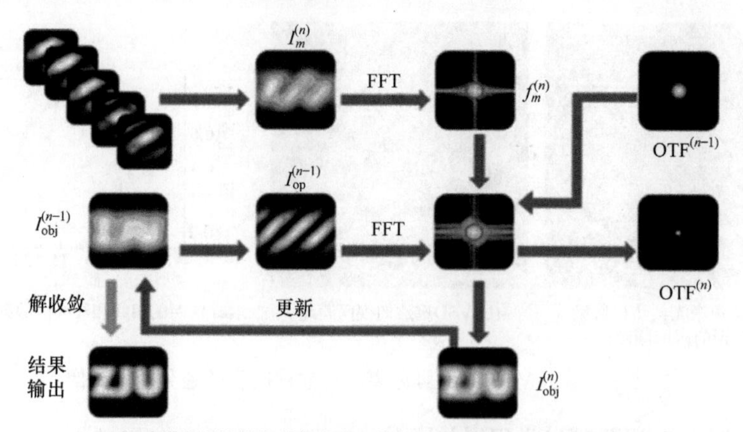

(b) 超分辨率图像恢复的解码程序流程图((n)和(n−1)表示迭代次数)

图 6-9　VIKMOM 超分辨图像重构解码过程

$$I_{\mathrm{op}}^{(n-1)}(r)=I_{\mathrm{obj}}^{(n-1)}(r)(m^{(n)}(r)\otimes h_{\mathrm{de}}(r)) \tag{6-18}$$

其中，$m^{(n)}(r)$为用于虚拟数字掩模；$h_{\mathrm{de}}(r)$为根据实验参数确定的探测点扩展函数；⊗表示二维卷积运算。

然后，使用第 n 个 SIM 图像 $I_m^{(n)}(r)$的傅里叶变换 $f_m^{(n)}(k)$，通过以下方式更新傅里叶域中的调制物体强度，即

$$f_{\mathrm{op}}^{(n)}(k)=f_{\mathrm{op}}^{(n-1)}(k)+(f_m^{(n)}(k)-\mathrm{OTF}^{(n-1)}(k)f_{\mathrm{op}}^{(n-1)}(k))\mathrm{Mask}(k) \tag{6-19}$$

其中，Mask(k)为圆形低通滤波器，用于滤除调制图像中出现的高频噪声。

最初可以将其截止频率设置为激发光的估计频率(对于单光子激发，它被估计为 4 π NA/λ_e，λ_e 为激发光波长)，之后根据重建质量进行微调。最后，获得的空间域物体信息为

$$I_{\mathrm{obj}}^{(n)}(r)=I_{\mathrm{obj}}^{(n-1)}(r)+\frac{(m^{(n)}(r)\otimes h_{\mathrm{de}}(r))(I_{\mathrm{op}}^{(n)}(r)-I_{\mathrm{op}}^{(n-1)}(r))}{\max(m^{(n)}(r)\otimes h_{\mathrm{de}}(r))^2} \tag{6-20}$$

同时，激发 OTF 被更新为

$$\mathrm{OTF}^{(n)}(k)=\mathrm{OTF}^{(n-1)}(k)+\frac{|f_{\mathrm{op}}^{(n-1)}(k)|(f_{\mathrm{op}}^{(n-1)}(k))^*(f_m^{(n)}(k)-\mathrm{OTF}^{(n-1)}(k)f_{\mathrm{op}}^{(n-1)}(k))}{\max(|f_{\mathrm{op}}^{(n-1)}(k)|)(|f_{\mathrm{op}}^{(n-1)}(k)|^2+\delta)}\mathrm{Mask}(k) \tag{6-21}$$

其中，δ 为防止分母中出现零所需的正则化常数；max(·)为二维矩阵中的最大值。

在所有调制图像用于更新样品之后，重复整个过程，直到解收敛。

如图 6-10 所示，辐条状样本的仿真结果验证了 VIKMOM 对噪声的成像鲁棒性。标准差为 10%的高斯白噪声被引入每个探测器元件，再通过无噪声图像和受

噪声影响图像的均方根误差的比值来量化信噪比。显然，在共焦显微镜中使用点探测器会导致成像结果的信噪较低(图 6-10(a))，只是简单地将所有探测器元件记录的图像相加则会导致分辨率降低(图 6-10(b))。然而，使用数字掩模在 k 空间虚拟调制样本信息能够同时提高分辨率和信噪比。图 6-10(c)和(d) 分别显示了 SIM 算法和傅里叶叠层成像算法恢复的图像，验证了 VIKMOM 在横向分辨率和噪声鲁棒性上的优异性能。当场曲像差被引入激发光瞳函数(图 6-10(e))中，SIM 重建结果的图像质量(图 6-10(f))严重降低，VIKMOM 可以恢复出更精确的图像(图 6-10(g)，圆圈表明 VIKMOM 始终可以实现高达宽场显微镜两倍的分辨率)和 OTF(图 6-10(h))。

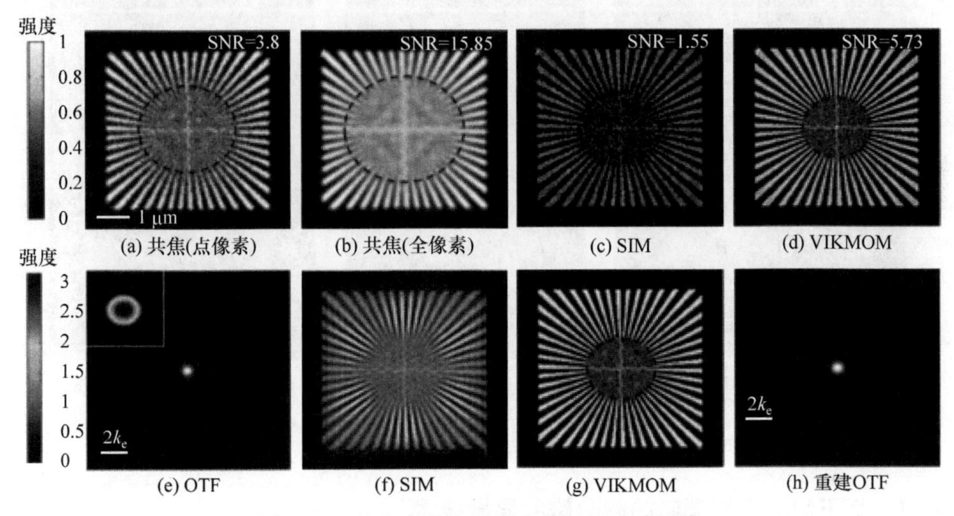

图 6-10　具有高斯白噪声和像差的重建图像

图 6-11 所示为共焦显微镜、Airyscan[188]和 VIKMOM 对 BPAE 细胞线粒体的成像结果。正如预期的那样，线粒体内的精细结构在 VIKMOM 的成像结果中清晰可见，证明了与共焦系统和 Airyscan 相比，其具有更高的分辨率和信噪比。

U373 细胞三维微管结构的成像还证明了 VIKMOM 的光层切能力。由于物理和虚拟意义上的针孔均可以抑制离焦的荧光，因此系统的对比度得到极大的提升，也就是说 VIKMOM 的光层切相应获得增强。

图 6-12 可以清楚地观察到生物样本沿 z 轴的形态变化。为了实现三维成像，除了横向(x 和 y 方向)扫描，还需要在轴向(z 方向)扫描待测样品。然后，在每个 z 层切使用迭代算法为 56×56μm^2 的扫描视场区域重建超分辨率二维图像。最后，将这些二维图像组合起来渲染三维样本信息。使用共焦显微镜，0.2AU 和 1AU 小孔成像方框区域的放大视图分别列在第二与第三行，可以清楚地观察到，与共焦和 Airyscan 技术相比，VIKMOM 横向成像分辨率具有显著的优势。

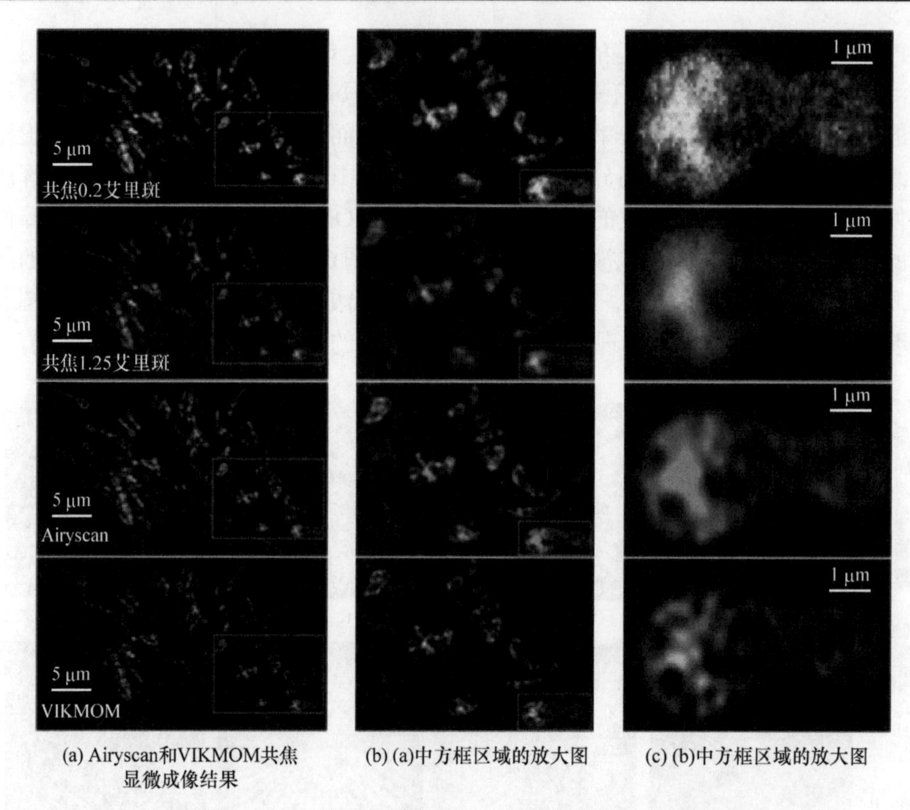

(a) Airyscan和VIKMOM共焦显微成像结果　(b) (a)中方框区域的放大图　(c) (b)中方框区域的放大图

图 6-11　二维生物样品(BPAE 细胞的线粒体)的成像

6.2.4　基于饱和虚拟调制的超分辨率显微技术

饱和虚拟调制超分辨，顾名思义就是利用荧光标记样品的荧光饱和效应，在探测端的移频成像，形成虚拟调制的超分辨成像。为此，我们发展了多焦点饱和图案照明虚拟调制技术，利用荧光饱和激发的非线性效应，以及多焦点照明技术分别提高探测端虚拟调制显微技术的空间分辨率，同时沿用傅里叶叠层成像恢复算法对像差和饱和照明不敏感的特点，可以广泛地用于生物医学成像。

在常规光学显微镜中，荧光团发射的荧光光强与其受到的激发光光强成线性关系。但是，当照明光的光子密度足够大时，荧光蛋白就会产生饱和效应，进而发生非线性响应。这会引入远高于线性响应时的空间频率分量，高频信息经过移频算法的提取后，能够有效提高显微系统的分辨率。在二态荧光系统中，荧光强度 I_{em} 与激发光强度的关系为[189]

$$I_{\mathrm{em}}=\frac{\eta\psi_{\mathrm{exc}}}{\dfrac{1}{\sigma\tau}+\psi_{\mathrm{exc}}} \tag{6-22}$$

其中，ψ_{exc} 为入射激发光的光子通量；σ 为吸收截面；τ 为荧光团的寿命；η 为

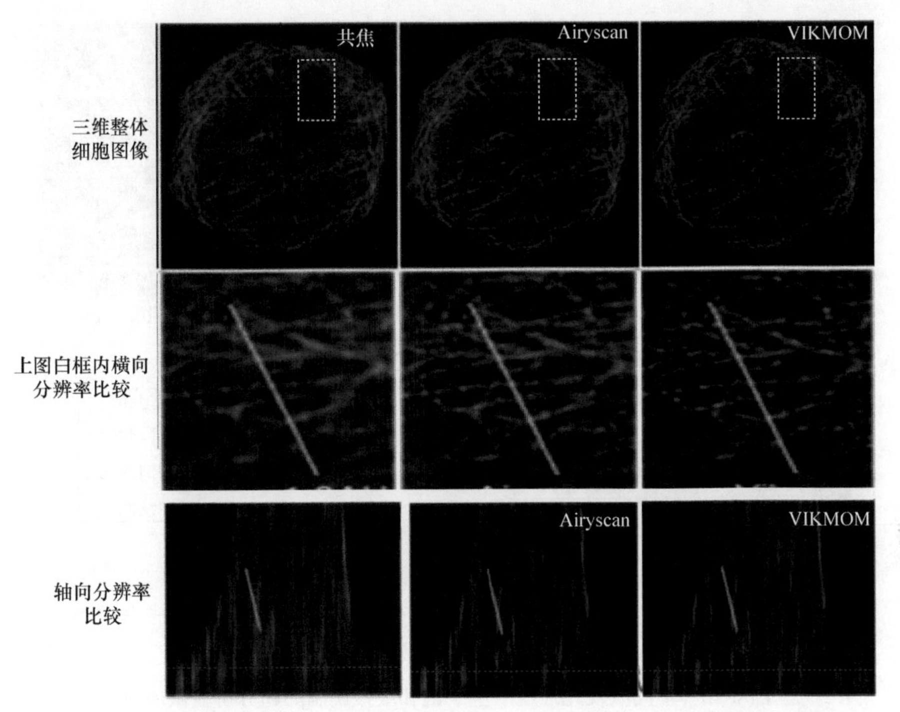

图 6-12　厚度为 6 μm 的三维生物样品(U373 人脑星形胶质细胞的微管)成像

与荧光发射速率相关的常数。

因此，式(6-9)变为

$$p(t)=\iint \frac{\eta h_{\mathrm{ex}}(r-t)}{\dfrac{1}{\sigma\tau}+h_{\mathrm{ex}}(r-t)} s(r) h_{\mathrm{em}}(x-r) m(x) \tag{6-23}$$

为了简化，我们定义一个新的照明函数 $h_s=(\eta f_s h_{\mathrm{ex}})/(1+f_s h_{\mathrm{ex}})$，其中 f_s 为饱和度。式(6-11)可以写为

$$p(t)=(m(t)\otimes h_s(t))s(t)\otimes h_{\mathrm{em}}(t) \tag{6-24}$$

如图 6-13 所示，参数相同时，更高的激发光强意味着更好的分辨率。如果不存在饱和效应，基于虚拟调制的超分辨显微技术的分辨率提高将限制为两倍(图 6-12(a))。当激发光的功率增加时，其有效点扩散函数的边缘变得更陡峭，这就意味着分辨率逐渐增加。

采用周期性的多光斑照明图案能够进一步提高基于饱和虚拟调制的超分辨显微技术的成像速度。两个相邻光斑之间的间隔要足够大，以确保它们不相互干扰。此时，探测器阵列采集的数据与 SIM 的数据相同，但是速度可以得到极大地提升。如图 6-14 所示，两者数据近似相同。其中，星号表示物体位置，箭头表示图案的扫描路径，灰色网格表示传感器的像素，球体表示照明光斑图案。

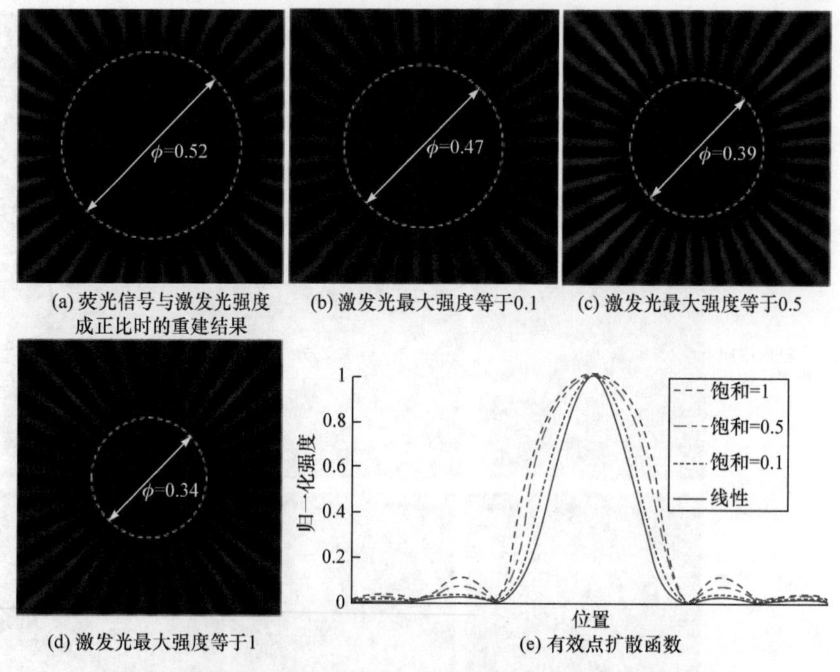

(a) 荧光信号与激发光强度成正比时的重建结果　(b) 激发光最大强度等于0.1　(c) 激发光最大强度等于0.5

(d) 激发光最大强度等于1　(e) 有效点扩散函数

图 6-13　不同激发光强度下基于饱和虚拟调制的超分辨显微成像

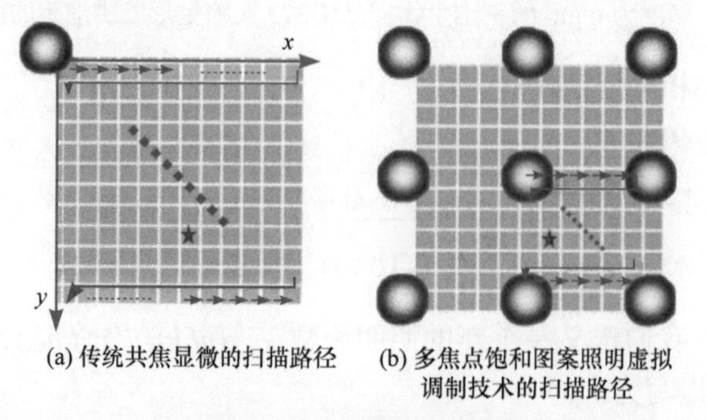

(a) 传统共焦显微的扫描路径　(b) 多焦点饱和图案照明虚拟调制技术的扫描路径

图 6-14　扫描路径比较

为了处理在多焦点照明系统下获取的数据，我们必须知道多焦点图案的初始位置和扫描步骤。如图 6-15(a)所示，可以将重排算法应用于数据以便进一步处理数据。由于荧光团的激发强度达到最大值时，其发射强度将达到最大值，因此我们可以使用此先验知识来估计照明多点图案的初始位置。由于图 6-15(b)所示成像系统分辨率的限制，当照明点的中心移至像素 B 的位置(存在荧光团的位置)时，像素 A 接收到的信号(实线)将达到最大值。为了减少图 6-15(b)所示的串扰引入的定位噪声，采用加权位置函数估计照明图案的真实位置。其中，虚线表示激发光斑，实线表示样品荧光；灰色平行四边形为探测器像素，星号表示荧光团的位置。

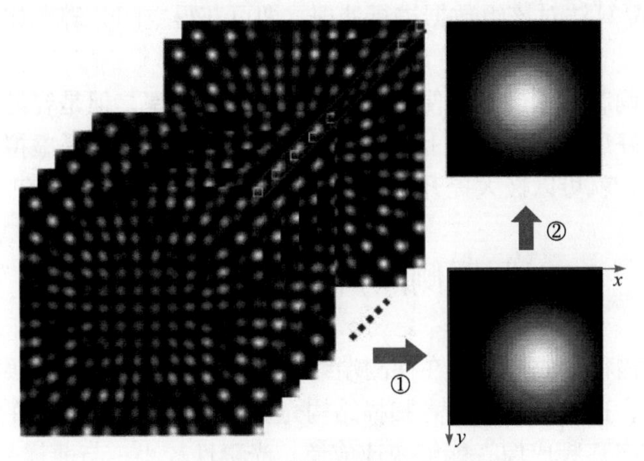

(a) 多焦点图案照明的探测器获取的图像

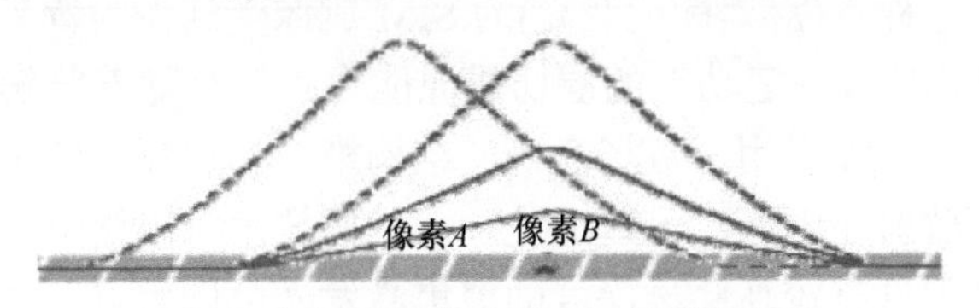

(b) 多焦点图案像素A和B之间的串扰分析

图 6-15　多焦点图案扫描照明与图像数据分布

为减小信号的串扰，最好将两个照明点之间的最小间隔设为大于激发和探测点扩散函数的直径之和，即

$$d=\frac{1.5(\lambda_{\mathrm{ex}}+\lambda_{\mathrm{em}})}{\mathrm{NA}} \tag{6-25}$$

多焦点图案的初始位置除了可以从离最近的照明点中心到点 $p_0=(x_0,y_0)$的相对距离来确定，还可以在 t_x-t_y 坐标中用从位于点 p_0 处($t_0=(t_{x0}, t_{y0})$ 时)到给定位置的相对距离 $\Delta=(\Delta t_x, \Delta t_y)$来表示。因此，确定多焦点图案初始位置的问题可以表示为

$$f(\Delta)=\sum_{p}\{|m(r)-m[\Delta-a(p-p_0)]|\omega(p)\} \tag{6-26}$$

其中，常数 a 为扫描步长与样本平面中共轭像素边长的比率；$\omega(\cdot)$ 为反卷积后的宽场结果；r 为从子数据集的最大值到 t_0 的距离；$m(\cdot)$ 表示模运算符，定义为

$$m(v)=m(v_1,v_2)=(v_1 \bmod L_x, v_2 \bmod L_y) \tag{6-27}$$

其中，L_x 和 L_y 为沿 x 轴和 y 轴的两个相邻点之间的距离。

由于激发光的照明焦点是中心对称的，设 t_0 为子数据集的中心，因此将子数

据集以 $m[\Delta-a(p-p_0)]$的形式重新排列后的相对位置与共焦技术相同。然后，采用 VIKMOM 恢复算法对该组数据进行处理，即可获得空间分辨率和成像速度更好的结果。

虚拟焦斑调制技术虽然方便，也能提升成像分辨率，但是容易出现不真实的图像结果。最好还是采用物理上真实的焦斑调制方法，而不是虚拟的调制，并配合非线性效应，就可以极大提升显微成像的分辨率。

6.3 照明侧点扫描结构光移频显微

前面的扫描移频成像都是在探测端编码移频。我们也可以在照明端进行点扫描的移频编码，这就是照明侧点扫描结构光显微成像技术。经典的 SIM 是一种宽视场超分辨率移频成像，能够快速成像，光毒性较小；与薄样品(厚度<10μm)完美配合。对于厚样本(密集标记荧光)的 SIM 成像受到作为背景噪声的失焦荧光的影响，虽然 SIM 有一定功能的层切成像能力，但是随着分辨率提升，背景信号恶化图像质量。SIM 中用于宽场激发的结构模式具有较小的工作深度，并且由于样品的吸收和散射而沿深度迅速退化。点扫描技术可以缓解宽场结构光照明成像上的局限，采用具有较高穿透深度的聚焦激发光束作为点照明，进而发展出照明侧点扫描结构光移频成像模式。

照明侧点扫描结构光移频成像通过扫描并采集样品成像平面中的聚光点照明的空间点编码图像，捕获多个帧图像信息。点扫描 SIM 也可以与多光子吸收相结合，利用双光子或多光子的非线性效应，缩小作用空间，极大地减少焦斑周围受限体积区域外的吸收，为点扫描成像提供清晰的背景，更好的光学层切等性能。

根据系统配置的不同，点扫描技术包括多种方法。其中最主要的是多焦点结构光照明模式与非线性焦斑调制模式两大类。

6.3.1 多焦结构光照明显微镜

多焦结构光照明显微镜[190-192]提供了像 SIM 一样的分辨率增强，光学切层类似于共焦显微镜。该系统的原型是单点扫描成像显微术[193]，利用共焦显微成像中的点扩散函数，在点扩散函数的傅里叶频域面进行移频，提高成像频率，进而实现点扩散函数的宽度压缩，最后利用压缩点扩散函数进行反傅里叶变换，获得成像的图像。

单点成像扫描显微镜 ISM 的系统原理图如图 6-16 所示。可以看出，与经典共焦系统不同，它用阵列探测器代替经典共焦系统的点探测器，用面阵探测器获得镜筒筒镜放大的显微镜物镜点扩散函数的光斑，进而对光斑的分布进行成像与精细测量，移频等到新的窄的点扩散函数。理论上，可以获得 1.7 倍的分辨率提升。

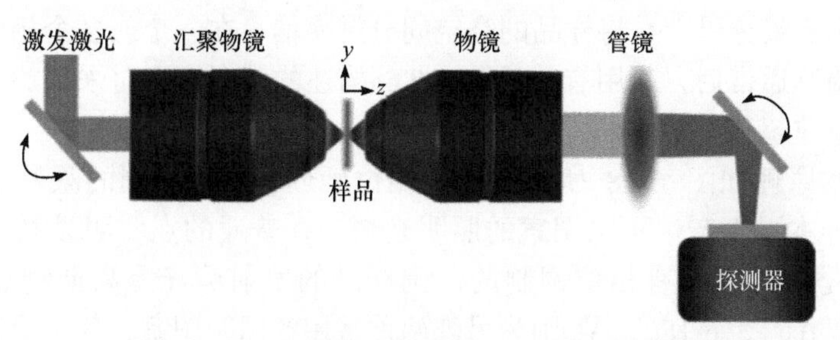

图 6-16　单点成像扫描显微镜 ISM 的系统原理图

由于用点状照明激发样品，通过扫描样品平面上的激发光束记录多帧。这种成像的速度比共焦成像的速度更慢，因为共焦成像采用单点探测器，一般信号灵敏度高，探测时间短，阵列探测器需要寻找读出信号，时间比单探测器要长，因此 ISM 的成像速度一般比经典的共焦慢。为了克服这个问题，人们提出 MSIM[194]。MSIM 用多点激励阵列在样品平面上的二维晶格图案，通过图像扫描显微镜的并行化提高成像速度。为了覆盖整个视场，多焦点激发模式在空间移动，并且在每次移动后捕获荧光图像。成像速度取决于多焦激发模式的周期性；高频模式可以加快采集过程。多焦结构光照明显微成像如图 6-17 所示。

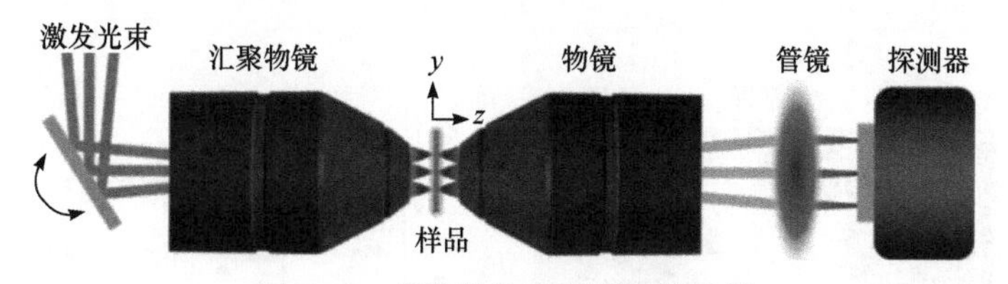

图 6-17　多焦结构光照明显微成像

人们还利用双光子或多光子效应来做 ISM，这样就可以利用非线性的局域效应，进一步提高显微成像的分辨率。然而，激励焦点内的串扰随着模式频率的增加而增加。最终的 MSIM 结果是通过后处理方案实现的，后处理方案包括针孔、适当的缩放、求和和和反卷积。

6.3.2　非线性焦斑调制显微技术

NFOMM[195]也是通过高强度照明带来的荧光激发的非线性效应来扩展系统的有效空间频率带宽，同时其采用空间光调制器在激发光路进行光斑图案调制，以相对简单和灵活的系统实现与 STED 相媲美的性能，并且 NFOMM 是作为现有激光扫描显微镜的附加模块实现的，易于光学对准，是生物学基础研究的合适观察工具。

在 NFOMM 中，通过适当的聚焦光场调制(相位调制产生的点扩散函数的空间频率重新分配和强照明引起的饱和激发调制)，以及非线性发射可以保留来自物体的突出高频分量。在将样品的高空间分辨率信息在一个或多个相位调制下移入系统的检测通带后，使用有效系统 OTF 描述的正向模型对采集的记录进行后处理，以重建超分辨对象。

其基本原理如图 6-18 所示，经过相位延迟和偏振调制的激发光波前被物镜聚焦在样本平面产生不同图案的照明光斑。在普通的点照明显微镜中，如果光子响应是线性且没有相位调制的，则样品的发射荧光是高斯型点扩散函数(图 6-18(Ⅳ))。图 6-18(Ⅴ-Ⅵ)则为另外两种常用的照明图案，其是通过对应的掩模调制入射光束的相位而生成的。当增加其照明功率时，样品的荧光发射会产生非线性效应。以上三种照明的对应有效 OTF 显示在图 6-18 的第三行中，其中 SDE 模式携带着更强的高频分量，而 y 方向 SLE 模式与前两个发射模式相比，它涵盖了更多沿 x 方向的高频分量。图 6-18 给出了沿 x 方向的 $\mathrm{OTF_{eff}}$ 归一化轮廓曲线，以直观地比较三种不同照明光斑的性能。当将照明强度增加到 100 kW/cm^2 时，由于荧光饱和而产生的非线性效应扩展了 GE 模式的有效 OTF。SDE 模式，以及 SLE 模式也都扩大了频带，它们的高频分量相比饱和 GE 模式明显增加。因此，SDE 和 SLE 的频域分布范围更广，分辨率更高。值得注意的是，饱和 GE 模式中高频分量较少，这就是点扫描 SSIM 的实验分辨率提高被限制在 2.6 倍的原因[195]。

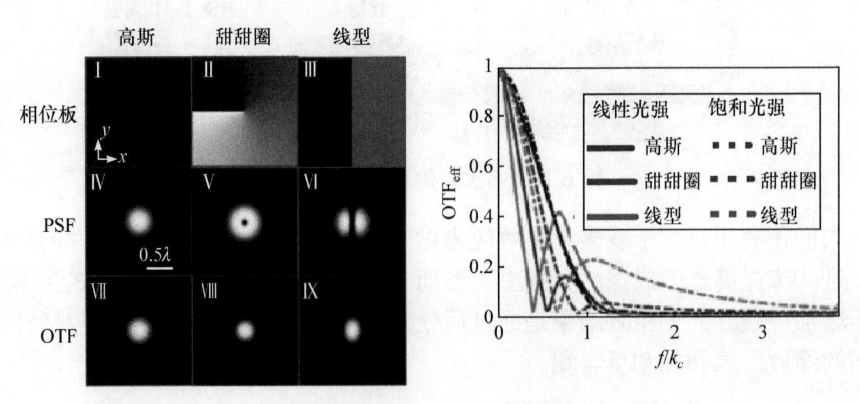

图 6-18　NFOMM 工作原理

SDE/SLE 模式能够将样本的高频分量移至系统的通带。后处理算法对于获得最终的超分辨率图像至关重要。理查德森-露西(RL)反卷积算法[196]是一种常用的用于恢复已知点扩散函数的模糊图像的基于贝叶斯的最大似然估计迭代算法。点照明系统中一般采用的单点探测器主要受到泊松噪声的影响，因此通过使用迭代更新的方法在对数尺度上寻找概率最大值来估计可能样本的 RL 反卷积算法是一个可靠的选择。迭代模型为

$$s^{k+1} = s^k \times F^{-1}\left(\frac{F(I)}{F(s^k) * \mathrm{OTF}_{\mathrm{eff}}} \times \mathrm{OTF}_{\mathrm{eff}}^{*}\right) \tag{6-28}$$

其中，I 为探测到的图像；F^{-1} 和 F 为傅里叶逆变换和傅里叶变换；*为共轭算子；s^k为经过 k 次迭代后样本的估计值；$\mathrm{OTF}_{\mathrm{eff}}$为有效光学传递函数。

开始第一次迭代前的估计值 s^1 一般选择原始图像 I 本身。由于迭代是收敛的，可以设定当迭代前后样本的估计值变化小于某个值时终止迭代，当然也可以提前设置合适的迭代次数。

多图像反卷积算法则需要恢复被多个不同的已知点扩散函数模糊的同一个物体的图像，已经在光片显微成像等领域取得到不错的效果。由于在这些点扩散函数下的成像结果相互独立，因此负对数似然值是不同图像的散度之和。式(6-28)变为

$$s^{k+1} = s^k \times \sum_{i=1}^{N} F^{-1}\left(\frac{F(I_i)}{F(s^k) * \mathrm{OTF}_{\mathrm{eff}}^{i}} \times \mathrm{OTF}_{\mathrm{eff}}^{1,*}\right) \tag{6-29}$$

其中，$\mathrm{OTF}^{i}_{\mathrm{eff}}$为第 i 个 OTF；I_i为对应的第 i 张采集的图像。

NFOMM 将正约束的单视图或多视图 RL 算法与正向模型一起应用，将 SDE/SLE 模式的高频信息提取出来重建超分辨图像。应该指出的是除了提升分辨率之外，NFOMM 还具有移频后的频率信号保持能力。

NFOMM 可以实现更精细的细节，而不会出现位置错误的问题，因此更具有优越性。

NFOMM 可以灵活合并在不同调制条件下采集的多个图像，以提供出色的结果。值得注意的是，在 NFOMM 中，单视图 SDI 图像的采样频率在某个点出现强度急剧减小的现象。即 SDE 的频率不足会呈现模糊区域。该缺陷不会严重影响使用此基于 SDI 的单视图(单视图表示仅通过一张图像，即甜甜圈照明光斑成像结果进行恢复)对离散荧光纳米粒子成像的重建结果，但是会对像细胞微管这样的连续样本成像造成不利影响。通过利用多视图融合，将 GE 图像的傅里叶光谱与 SDE 图像叠加在一起获得合成的傅里叶光谱，从而结合两种照明模式的优势，称为双视图 NFOMM，即 GI 和 SDI 图像被视为两个视图。可以使模糊区域得到补偿，成像模糊被进一步降低。

为了进一步验证 NFOMM 的性能，我们通过 SLE 调制来验证 NFOMM 的成像效果。如图采集四张在不同照明方向(相对 x 方向分别为 0°、45°、90°和 135°)图案下的 SLE 图像，可以在各个方向上实现更高的分辨率而不会模糊。

图 6-19 所示为 635nm 照射波长和 0.74AU 与 0.37AU 针孔尺寸连续激光源下成像的荧光纳米粒子。NFOMM 结果显示了与共焦结果相比显著的分辨率提高，可以清楚地分辨出共焦图像中聚集的大量纳米颗粒。同样，图 6-19(a)和

图 6-19(b)中箭头方向的密度分布曲线显示两个相邻纳米颗粒之间的可见距离为 93nm。这些曾经显示为 1 个颗粒的图像，现在在图 6-19(c)中显示为两个分离的峰(NFOMM 曲线)。根据共焦原理，较小的针孔不仅有助于阻隔离焦的荧光信号以增强对比度，同时还可以直接提高分辨率。图 6-19(e)显示出 0.37AU 的小针孔能达到 61nm 的超高分辨率。

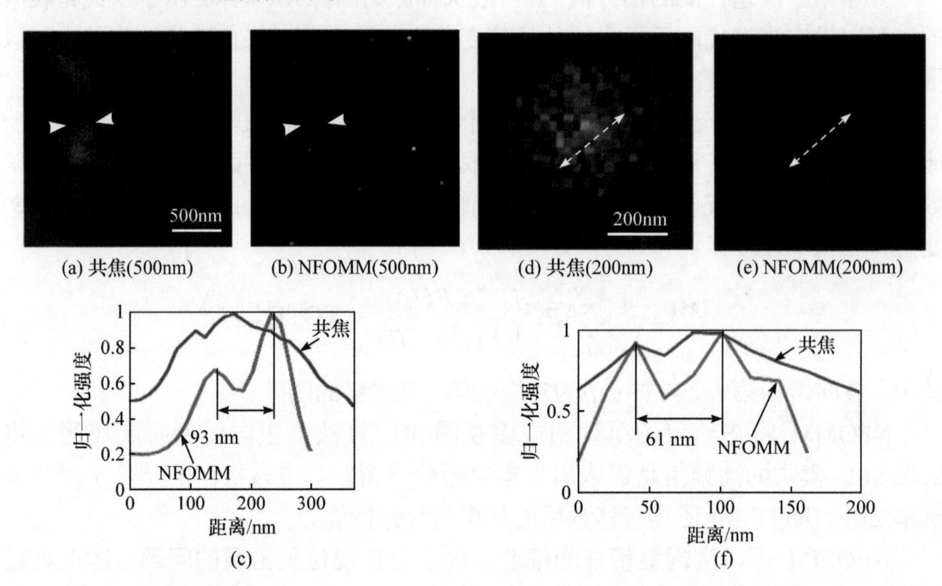

图 6-19　635nm 照射波长和 0.74AU 与 0.37AU 针孔尺寸连续激光源下成像的荧光纳米粒子

6.3.3 饱和图像融合技术

对于 NFOMM 技术来说，与传统的共焦显微成像相同，使用更小的探测针孔意味着能获得更高的分辨率，但是太小的针孔会导致探测器接收到的荧光信号比较微弱，从而严重降低成像结果的信噪比。ISM 技术，也被称为并行探测技术，能够解决分辨率和信噪比无法皆得的问题。其理论于 1988 年被提出，并在 2013 年实验证明，通过将阵列探测器或多个点探测器[197]来替换传统共焦显微镜中使用单个点探测器，在极大提高共焦显微成像探测信号强度的同时，将其分辨率进一步提高至接近衍射极限的 2 倍。

然而，使用并行探测技术来进一步提高 NFOMM 的分辨率时却存在一个问题，即在甜甜圈(或线形)发射模式成像时，外圈子探测器的点扩散函数中心的零强度区域会偏移至远离光轴中心的方向(图 6-20(a))，因此在像素重组相加之后，最终有效点扩散函数的中心区域不再是零强度。如图 6-20(b)所示，采用 SDE/SLE 模式时，这个现象更为严重。正是其中心存在的零强度区域，使系统频率带宽得到极大的扩展。

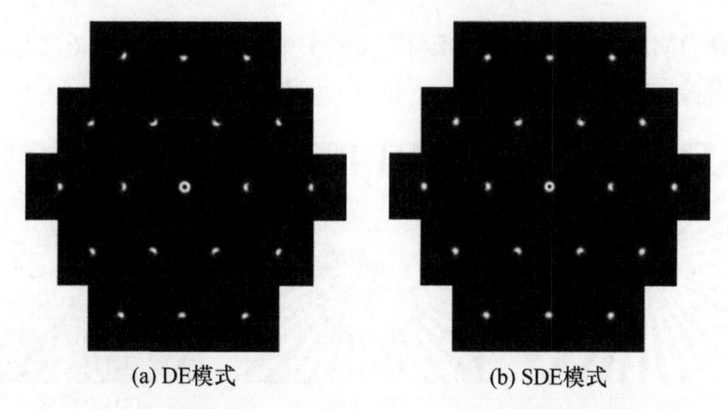

图 6-20 DE 模式和 SDE 模式下各个子探测器的点扩散函数

为了更清晰地证明，我们将 DE 模式和 SDE 模式下采用并行探测技术前后的系统理论 OTF 绘制在图 6-21 中。可以看出，在高频区域(±5k_c 附近)SDE 模式经历并行探测的像素重组后信号强度反而更低了。因此，在 GE 模式下使用并行探测技术来提高其成像结果信噪比和分辨率，而在 SDE/SLE 模式下只选择最中心探测器(针孔大小等效为 0.2AU)的成像结果来提供最多的高频信息。如之前所述，小尺寸的针孔会导致较差的信噪比，因此需要双视图 NFOMM 对两张图像进行融合，从而在保持其高分辨率的同时利用 GE 模式的并行探测图像来弥补小针孔 SDE/SLE 模式图像的频率缺失和信噪比不足等问题，称为饱和图像融合显微术。

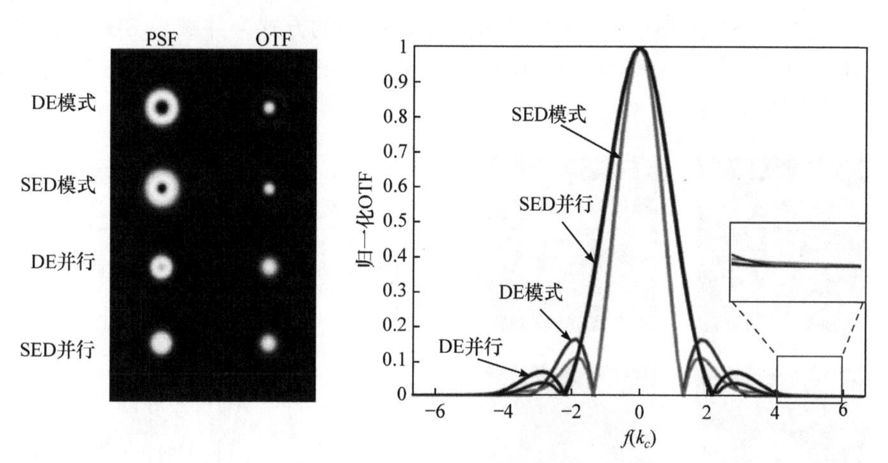

图 6-21 甜甜圈光斑线性、饱和，以及并行探测中的线性与饱和光斑点扩散函数分布

图 6-22 也证明了饱和图像融合显微技术的可行性。为了对比，共焦技术、并行探测技术、NFOMM 技术，以及 SIFM 的成像结果一并列出，可以明显地看出 0.2AU 针孔的 SDE 模式(图 6-22(d))的实线圆圈直径要远小于前三种方法，也就是说其能分辨间距更近的两根相邻辐条，而虚线圆圈处存在的频率缺失问题也

通过双视图 NFOMM 算法利用 GE 模式的并行探测图像(图 6-22(c))得到解决。SIFM 技术的成像结果(图 6-22(f))显示出了远高于普通 NFOMM 的分辨率。

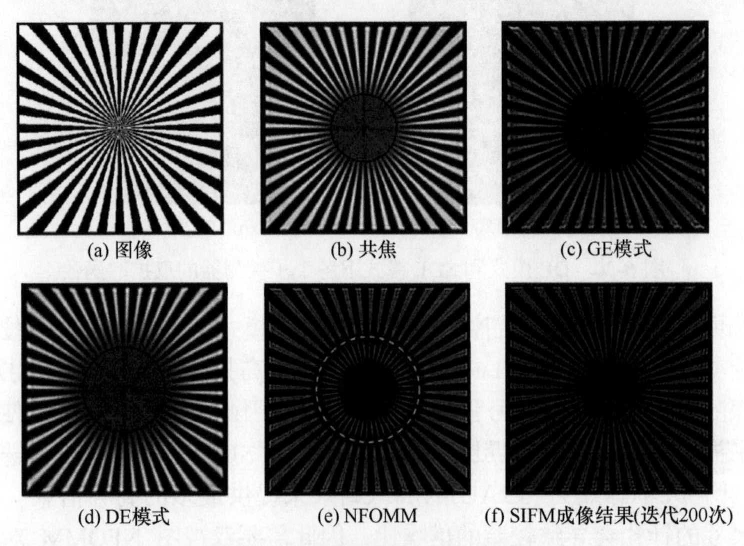

图 6-22　放射状图案样品的成像

如图 6-23 所示，从放大视图可以明显看出 SIFM 技术能够完全分辨开两颗紧靠着的荧光颗粒，而在另三种方法的成像结果中为一个球形或长条形荧光团，从而证明通过将 NFOMM 中 GE 模式采用并行探测的方式，并减小 SDE 的针孔大小，能够有效地提高分辨率。图 6-23(e)定量地给出了 NFOMM 和 SIFM 技术的分辨率分别为 95nm 和 57nm。

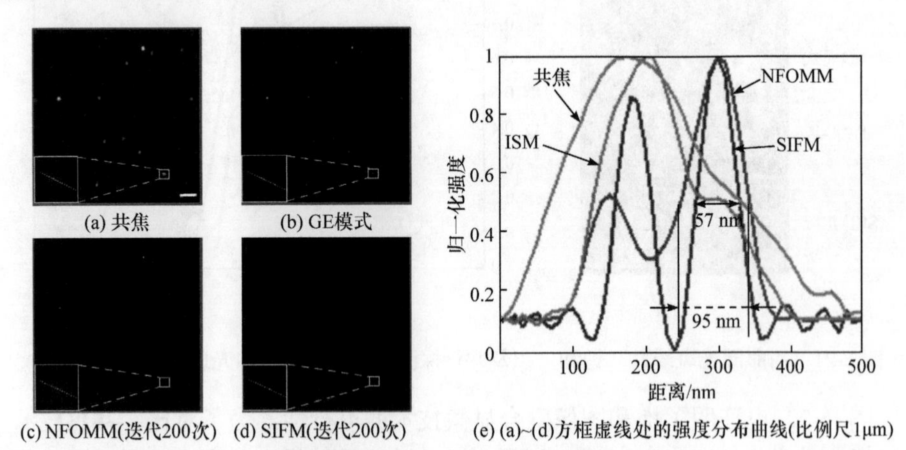

图 6-23　23nm 荧光颗粒的成像结果

6.4 小　　结

本章论述的内容与宽场成像的移频超分辨显微不同，通过介绍扫描型显微成像系统中的移频超分辨成像技术，可以看出移频超分辨的方法具有很好的通量特性。实际上，移频超分辨的核心就是对成像信号进行信息的编码或调制，当探测到具有调制特性的样品信息后，通过解调就可以拓展成像的频谱。在扫描型光学系统中，移频技术的特点在于如何巧妙地将周期调制信号加载进去，从而获得更好的移频信息，进而提升系统的成像分辨率。这种调制可以在显微成像的照明端加载，如光纤侧照明、多斑聚焦扫描、NFOMM 等，也可以在显微成像的探测端加载，如 SPAD，还可以在数据处理端加载，如 VIKOM。所以说，移频成像是一种普适的提升成像分辨率机制，可以依据具体应用中成像的特点，选择在合适的部位实施移频调制技术，提高相应成像系统的成像性能。

第 7 章　片上移频超分辨显微成像

移频成像表明利用表面波的大波矢来照明样品，就有可能获得超过衍射极限的显微成像。因此，将显微照明系统改变成表面波照明是移频超分辨成像的关键技术之一。当前光波导器件是表面波产生的主流器件。将集成光学芯片技术引进移频超分辨显微成像，就可以构造出基于光学芯片的片上移频超分辨显微成像技术。该技术的特点就是不需要对传统宽场显微镜做太大的改变，或者直接利用现有的宽场显微镜，就可以在特殊移频芯片上放置样品，实现超分辨的显微成像。本章论述该技术的基本方法，以及不同的实现思路和技术路径。

片上移频超分辨可以分为基于相干信号的片上移频超分辨显微与基于非相干信号的片上移频超分辨显微两大类。本章从平板型片上移频、发光型片上移频芯片，以及集成波导型移频三类器件的角度，论述移频芯片超分辨显微技术。

7.1　平板型片上移频超分辨显微系统

平板型片上移频超分辨系统主要是指利用高折射率玻璃平板做成片上移频超分辨显微技术。最简单的平板型片上移频成像器件就是一片高折射率玻璃平板，通过制备照射光束偏折结构，实现光波在平板内的全反射，进而利用全反射产生的表面波进行样品照明，以构造出超分辨的移频显微成像芯片。

7.1.1　平板型片上移频成像的原理

平板型片上移频系统简单，就是利用平板玻璃的折射率比周围介质(空气，水等)折射率高的特点，通过调节平板玻璃内部传播光束的传播方向实现光波在平板玻璃内的全反射，进而获得表面倏逝场的照明。为了获得更高的分辨率，一般选择高折射率的玻璃平板，因为高折射率的玻璃平板，就有可能通过平板内的光波全反射，获得更大波矢的表面波。

片上移频超分辨显微的目的是改变现有超分辨显微成像光学系统复杂、价格昂贵的状况，构建简便的超分辨光学显微成像系统[198]。为了简化照明光路与成像光学系统，我们一般采用圆形平板玻璃或者其他折射率的晶圆片(图 7-1)，上表面中心区为样品区域，下表面围绕样品区，设置偏折入射照明光束的平面光栅区域。该区域将垂直入射的照明束倾斜。这样垂直照明平板玻璃或晶圆的光，在平板的下表面就会因为光栅产生衍射偏折。基于光栅的周期可以调整光束的偏折角。偏折的光束倾斜照明平板上表面的样品区域，当倾斜角度大于全反射角时，就在平板上表面样品区域形成全反射照明区，构造出超高波矢的倏逝场，因此将这样的样品装置放置在经典宽场显微镜物镜下，利用显微镜物镜对样品直接成像，就可以获得移频超分辨成像的效果，因此称为平板型移频芯片。由于希望得到不同方位的频谱移频，需要不同方向的光栅，因此光栅在平板玻璃的下表面上应该成圆环分布[199]。

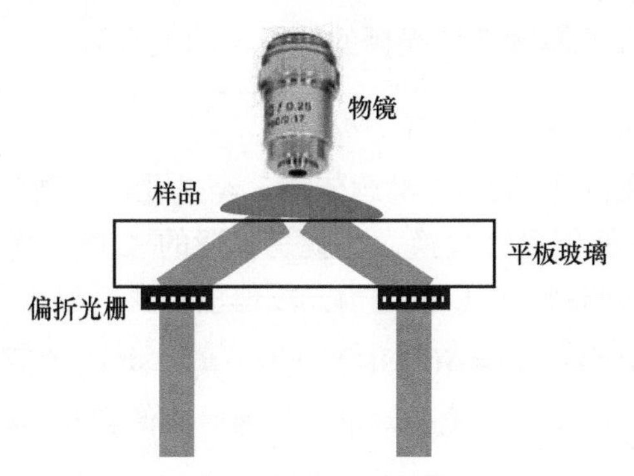

图 7-1　平板型片上移频超分辨显微原理(平板移频芯片)

平板型移频芯片的偏折频谱光栅设计十分关键，与平板晶圆的折射率、照明成像光波的波长相关。如图 7-2 所示，中心的实线圆圈代表普通显微镜所接收的频谱范围，虚线圆圈代表深移频扩展的频谱范围。k_{s1}、k_{s2}、k_{s3}是三个不同半径上光栅偏振对应的移频量，其移频量大小需要考虑物镜的数值孔径，使各移频频谱(即图中各虚线圆圈所代表的区域)之间的重叠面积大于一定的值，以保证图像重构的收敛。

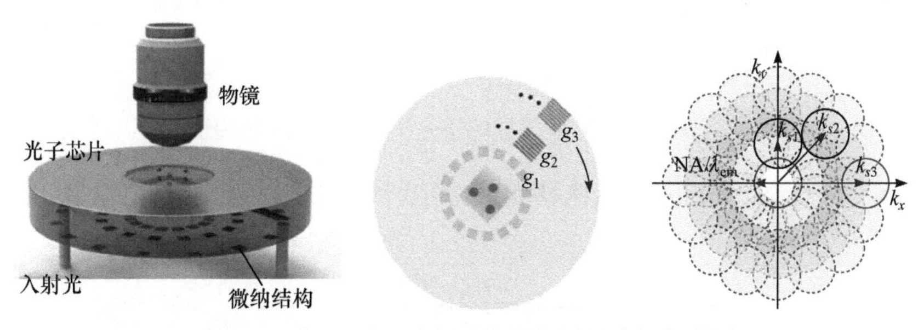

图 7-2　平板型片上移频系统成像原理移频频谱图

假设晶圆芯片的折射率为 n，厚度为 T，其表面放置的薄样品的空间分布为 $\psi(r')$。在晶圆芯片的另一面，围绕芯片中心的位置分布不同周期的光栅结构，其间距为 h_i，使垂直照明的平面光 $I(r)$ 经过光栅之后一级衍射光能到达芯片样品面中心的位置。由于经光栅衍射后的光场携带光栅的动量，横向波矢大于样品所在空间介质所能承载的光波矢，因此到达芯片样品面是以倏逝波的形式存在的。倏逝波与样品相互作用之后将样品的高频转移到低频，以自由空间光的形式传播到远场，其空间分布为

$$S(r') = \psi(r')\mathrm{e}^{\mathrm{i}k\cdot n_{\mathrm{eva}}\cdot r'} \tag{7-1}$$

其中，$n_{\mathrm{eva}} = n_{\mathrm{PC}} \cdot \sin\theta$ 为倏逝波的有效折射率，θ 为光场在芯片中的衍射角，n_{PC} 为平板材料的折射率。

$\sin\theta$ 与移频芯片的厚度 T 和光栅的位置 h_i 的关系为

$$\sin\theta = h_i / \sqrt{h_i^2 + T^2} \tag{7-2}$$

当携带样品信息的光场 $S(r')$ 继续传播，经过孔径函数为 $A(r)$的物镜，其中 $A(r)$是物镜瞳孔函数的傅里叶变换，也就是物镜的 CTF。光场 $S(r')$ 的傅里叶频谱受物镜瞳孔函数的调制，可以描述为光场傅里叶变换与孔径函数的乘积，即

$$\mathcal{G}[S(r')]A(r) = \tilde{S}(r)A(r) = \tilde{\psi}(r - n_{\mathrm{PC}} \cdot \sin\theta)\cdot \mathrm{CTF}(r) \tag{7-3}$$

频谱信息再次经过镜筒透镜逆傅里叶变换后成像到光学相机上，即

$$m_F(x, r') = \left|\mathcal{G}^{-1}(\tilde{\psi}(r - n_{\mathrm{PC}} \cdot \sin\theta)\cdot \mathrm{CTF}(r))\right|^2 \tag{7-4}$$

晶圆型深移频无标记超分辨成像的移频原理示意图如图 7-3 所示。

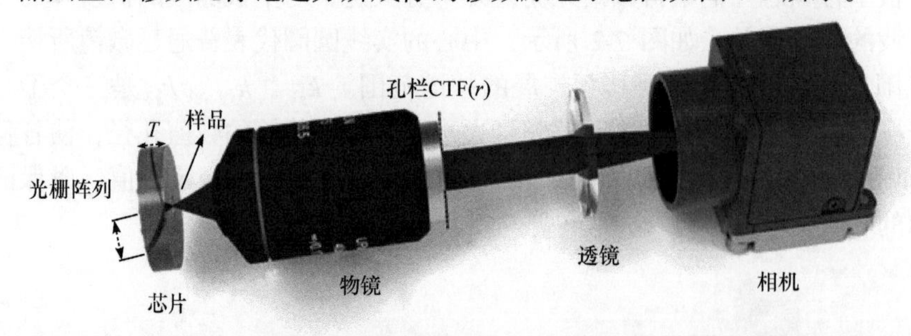

图 7-3　晶圆型深移频无标记超分辨成像的移频原理示意图

对于无标记样品的空间结构移频成像(相干信号的移频成像)，样品的照明波矢为

$$k_s = \frac{n_{\mathrm{PC}} \cdot \sin\theta}{\lambda_{\mathrm{ex}}} \tag{7-5}$$

其中，λ_{ex} 为照明的激光波长。

对于移频无标记成像来说，其理论最高分辨率为

$$\Delta_{xy} = \frac{\lambda_{\mathrm{ex}}}{\mathrm{NA} + n_{\mathrm{PC}} \cdot \sin\theta} \tag{7-6}$$

可以看出，移频量取决于晶圆的折射率，以及光场在晶圆中的传播角度，即 $n_{\mathrm{PC}} \cdot \sin\theta$。无标记移频成像在不同参数(移频材料、沉浸介质)下的分辨率对比如表 7-1 所示。可以发现，在充分利用 GaP 等高折射率横向波矢作为移频照明光的情况下，普通空气物镜(NA = 0.95)即可实现亚 100 nm 的分辨率。如果能利用上高折射率的 CH_2I_2 作为沉浸介质，其理论分辨率可以达到 70 nm 左右。

表 7-1　无标记移频成像在不同参数(移频材料、沉浸介质)下的分辨率对比

波导材料	沉浸介质	空气/nm	水/nm	折射率油/nm	CH_2I_2/nm
		NA=0.95	NA=1.27	NA=1.49	NA=1.7
Si_3N_4	RI=2.08	147	133	125	118
Ta_2O_5	RI=2.21	141	128	120	114
TiO_2	RI=2.56	127	116	110	104
GaP	RI=3.90	92	86	83	74

晶圆 GaP 其折射率在可见光区高达 3 以上，因此由 GaP 形成的表面波可以实现很大的表面波波矢，如果采用这样大波矢的表面波照明样品，就可以形成很深的移频照明。这也说明，平板型片上移频超分辨显微芯片在成像分辨率方面与衬底平板的折射率关系密切。

7.1.2　平板片上移频芯片的制备

由于光学介质材料 GaP 的折射率在波长为 660 nm 处可以达到 3.3，并且传输损耗小，晶圆型 GaP 也已经可以大批量生产。因此，可以选择 GaP 作为片上移频超分辨的芯片衬底。为了研制移频芯片，还需要根据成像物镜的数值孔径，对移频芯片做出 Pb 样品中心不同半径的多圈环状分布的光栅结构。每一圈光栅的周期相同(代表不同方位、相同移频量的移频，离中心半径越远的圈的光栅，光线的偏振角越大)，越靠近圆心的光栅栅距越大。平板型片上移频超分辨显微的片上照明编码图案如图 7-4 所示。

在实际系统中，为了获得更高的分辨率，减少成像次数，一般采用数值孔径为 1.3 左右的物镜来成像。我们在一块 2 英寸(1 英寸 ≈ 2.54cm)GaP 晶圆上一次性制备出数百个平板型片上移频芯片单元。深移频成像芯片的光刻掩膜版设计如图 7-5 所示。图中标志出的 g_1、g_2、g_3 区域为制备有不同周期光栅的区域。可以看出，光栅面有三圈的光栅分布圈，每一圈不同方位的光栅都是圆心对称的。成像面上除了样品放置区，其他区域均采用遮光薄膜处理，以便隔离杂散光提高成像信噪比。

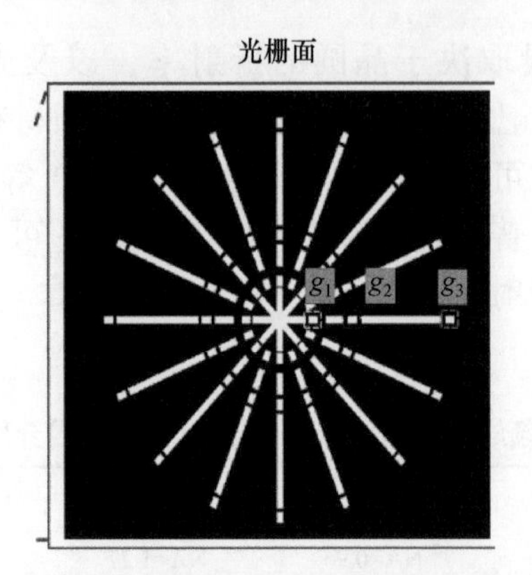

图 7-4　平板型片上移频超分辨显微的片上照明编码图案

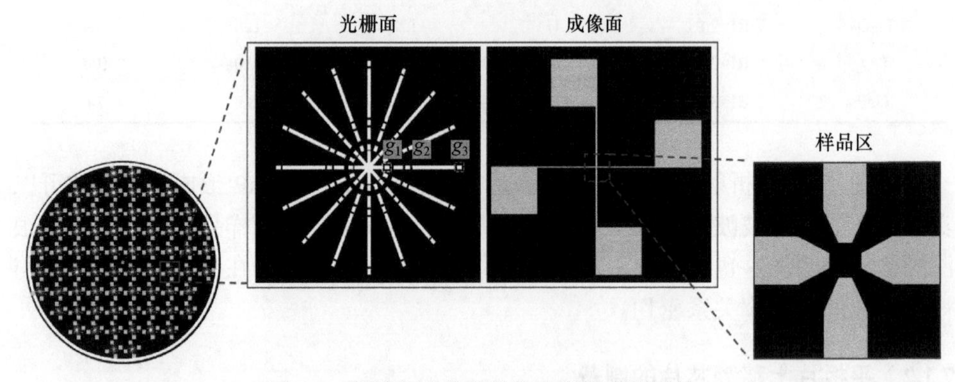

图 7-5　深移频成像芯片的光刻掩膜版设计

为了尽可能提高移频成像质量，消除杂散光影响，需要对光栅层和样品层进行优化设计。其设计主要满足以下要求。

(1) 芯片的光栅层除光栅外均需采用金属薄膜遮光。

(2) 在样品面(或成像面)上与底面的光栅对应处也必须镀制金属膜，以避免零级光的影响。

移频芯片的制备流程如图 7-6 所示。将厚度为 500μm 的双面抛光 GaP 晶圆用丙酮、异丙醇、纯水依次清洗。匀胶机在晶圆的表面旋涂光刻胶 AR-P5350，用 365nm 紫外光刻机对晶圆表面的光刻胶进行掩模曝光，将晶圆放入显影液中显影，获得光刻的大块遮拦图案。然后，用磁控溅射镀 300 nm 厚铬膜。

为了在晶圆另一面镀膜并标志出样品的位置，需要进行双面光刻套刻操作。然后，用电子束蒸镀沉积 50 nm 金膜，并采用 FIB 在标志的位置对金膜刻蚀，制备光栅结构。

优化后的芯片大部分表面被挡光层覆盖，因此耦合光斑面积可以大于光栅面积，只需简单的耦合就可以实现高信噪比的无标记和标记成像。

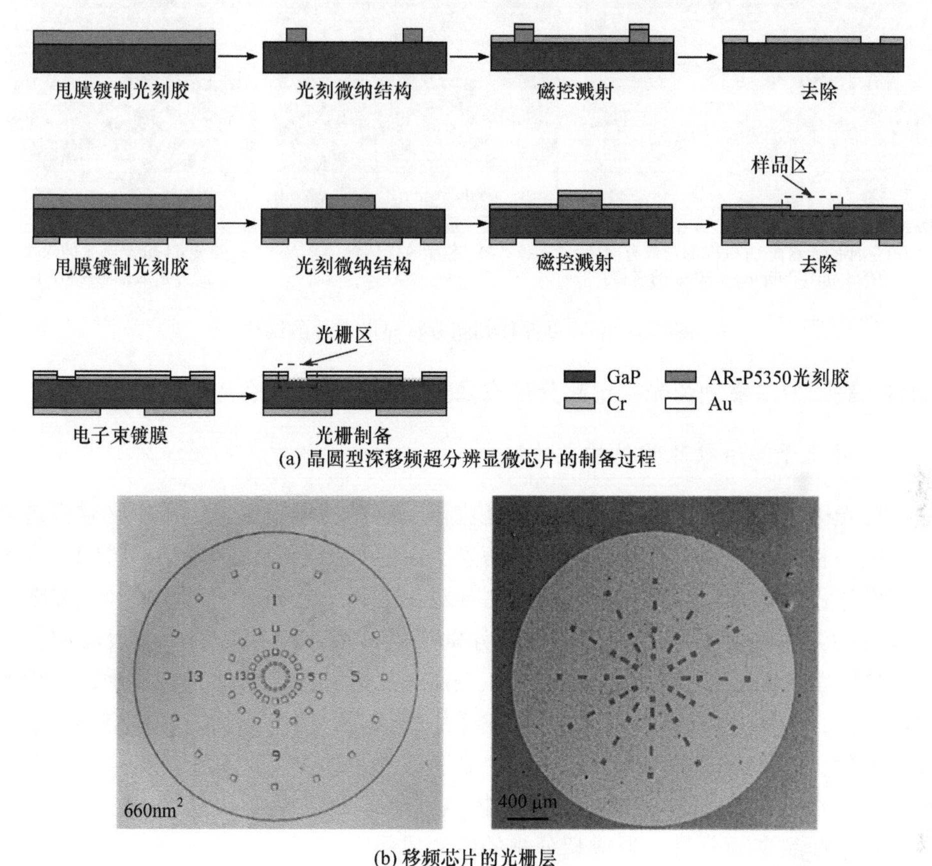

(a) 晶圆型深移频超分辨显微芯片的制备过程

(b) 移频芯片的光栅层

图 7-6　移频芯片的制备流程

采用光刻工艺的优势是可以在一块晶圆上大面积、低成本地制备芯片阵列。由于芯片是透射式照明，芯片表面的遮光结构十分必要。遮光结构的另一个好处是可以准确定位出各个光栅的相对位置和样品区域的位置，方便后续流程中光栅的加工制备。光栅(200～500nm)需要采用 FIB 技术进行制备。芯片的结构如图 7-7 所示。

由于 GaP 的折射率比较高、移频量大，所以为了获得精细的移频细节，我们设计了 8 个方向对的移频，或者是 8 个方向的结构光干涉荧光激发移频。这样的片上移频就可能获得很高的分辨率，同时各个方向的频率也可以很好地再现。值得指出的是，用上述方法研制的移频芯片，既可以应用于相干信号的移频成像，也可以应用于非相干信号的移频成像。

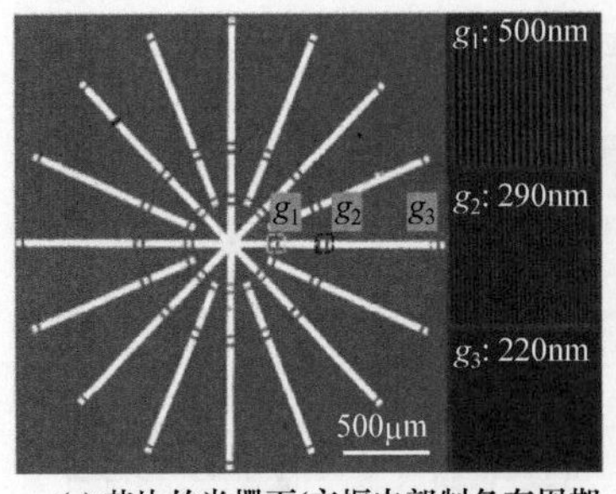

(a) 芯片的光栅面(方框内部制备有周期为500nm、290nm、220nm的光栅)

(b) 芯片的样品面

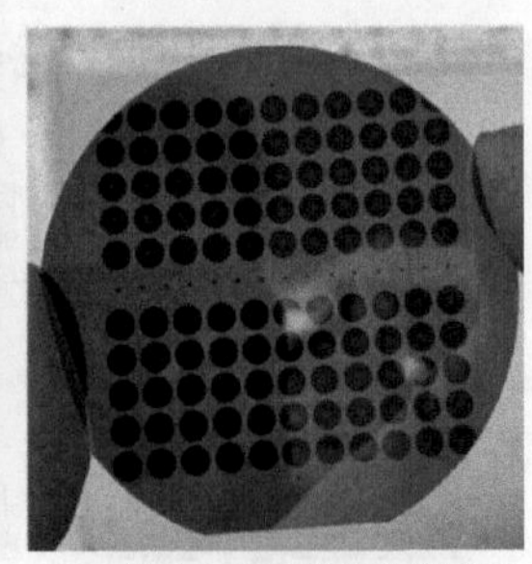

(c) 2英寸GaP晶圆上的深移频超分辨成像芯片阵列

图 7-7　晶圆型深移频超分辨显微芯片的结构

7.1.3　晶圆型深移频荧光标记超分辨成像实验

1. 片上干涉条纹照明结构光的形成

荧光标记的生物样品的移频成像是非相干信号的移频成像，所以必须引进强度周期调制照明，使信号转化为相干信号，以便移频合成，跨越衍射极限。在实际成像过程中，采用两束相干光的照明轴对称的两个光栅区，进而使经过光栅衍射偏折的光束在芯片的上表面样品区分别产生传播方向相对的两个表面波。注意，这两个表面波是相干的，它们将在表面样品区域形成干涉，构成周期结构的调制条纹，利用这样的干涉条纹来激发样品的荧光，使荧光的发光在空间上也形成周期化。由于形成干涉条纹的是两个倏逝波的干涉，因此其干涉的条纹间距是倏逝波波长的 1/2，是非常高频的调制信号，使移频之后可以获得大大高于物镜数值孔径样品高频分量，形成超分辨的移频成像。

为了获得高品质的移频图像，照明干涉条纹的对比度非常重要。照明干涉条纹的对比度越高，其最终的图像重构效果越好。因此，在实际成像过程中，由于不同方位光栅对偏振的作用不同，因此需要在照明光路加入半波片调节入射光栅的光栅偏振方向，以优化其干涉条纹对比度。入射光偏振调节调控干涉光对比度的原理图如图 7-8 所示。与线偏振光相比，椭圆偏振光的干涉对比度将大大降低。

不同偏振条件(TE、TM)下的倏逝波条纹对比度如图 7-9 所示。实验采用 NA=1.49 的油浸物镜收集高横向波矢的耦合场(n=1.4)，入射光的偏振方向沿着图 7-9(a)和图 7-9(b)的箭头通过 HWP 调节。图 7-9(c)显示了沿着图 7-9(a)和图 7-9(b)虚线的强度对比图，TE 光干涉形成的条纹对比度是 7.67，是 TM 光的 5.6 倍。由此，晶圆型深移频荧光标记成像中调节入射光偏振为 TE 光可以大大提高干涉条纹的对比度。

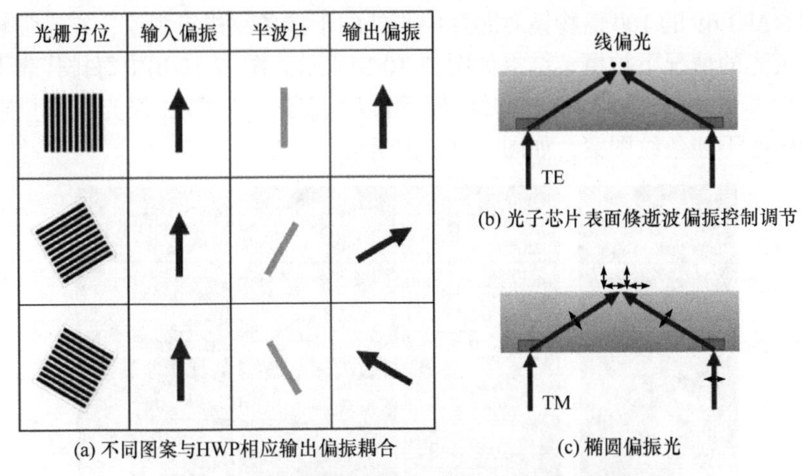

(a) 不同图案与HWP相应输出偏振耦合　(b) 光子芯片表面倏逝波偏振控制调节　(c) 椭圆偏振光

图 7-8　入射光偏振调节调控干涉光对比度的原理图

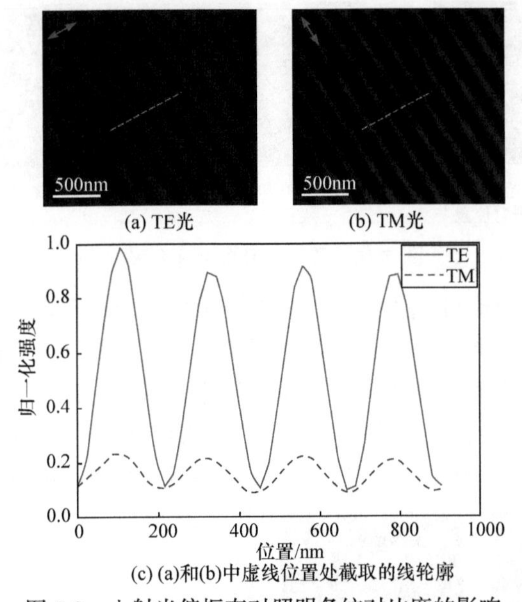

(a) TE光　(b) TM光

(c) (a)和(b)中虚线位置处截取的线轮廓

图 7-9　入射光偏振态对照明条纹对比度的影响

2. 荧光标记样品的片上超分辨成像

对移频芯片表面直径为 40nm 左右的荧光颗粒的样品进行可见光移频超分辨的成像。首先将高浓微球颗粒的溶液稀释，然后洒在晶圆型移频超分辨显微芯片成像区域的表面上。为了使片上荧光颗粒不团聚在一起，先将荧光颗粒原液用无水乙醇按照 1:1000 的比例进行稀释，然后转移到芯片样品区域的表面。

用NA=1.49的100倍物镜对芯片中心处的干涉条纹进行观察，在光强较低没有激发荧光的情况下拍摄，结果如图 7-10(b)所示。图 7-10(b)中每排代表不同的照明方向，每列展示不同的相移结果。可以观察到，光栅±1 级光斑能量在标记位置的中心干涉条纹图案，如图 7-10(a)所示。

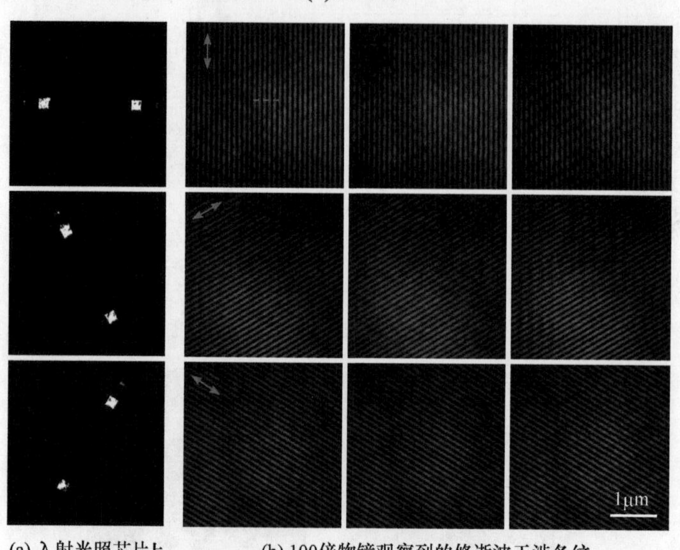

(a) 入射光照芯片上的光栅对位置　　(b) 100倍物镜观察到的倏逝波干涉条纹

图 7-10　移频芯片的片上结构光

我们用有效折射率分别为 0.9、1.6 和 2.4 的倏逝波干涉条纹对荧光样品进行照明，并从低频到高频逐步重构，其结果如图 7-11 所示。可以看到，随着移频量的提高，所重构出来的荧光颗粒越来越清晰。图 7-11 中展示了移频量提高的重构结果，以及相应的频谱范围。可以发现，随着移频量的提高，原本在宽场成像下无法分辨的三个颗粒逐渐被区分。使用最高空间频移值为 2.4 的深移频荧光

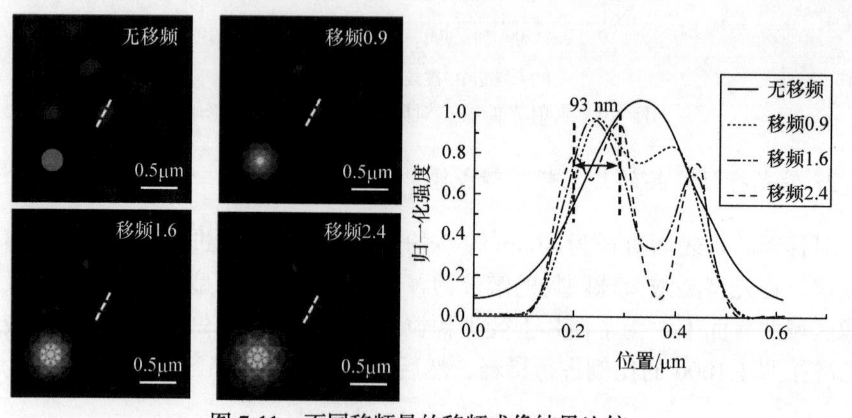

图 7-11　不同移频量的移频成像结果比较

标记的方法可以分辨出相距 93nm 的两个荧光颗粒。值得注意的是，GaP 晶圆本身的折射率为 3.3，因此最高可以实现 75nm 左右的分辨率。实验表明，随着移频量的提高，对光栅制备精度的要求也越来越严格。

为了验证移频超分辨光子芯片适用于细胞成像，我们在芯片的表面样品区转移 U2OS 细胞，并用探针标记法对细胞内的微丝标记荧光探针。如图 7-12 所示，细胞在芯片表面贴壁生长完好，尤其是在芯片中心的六边形成像区域分布有完整平铺的细胞。

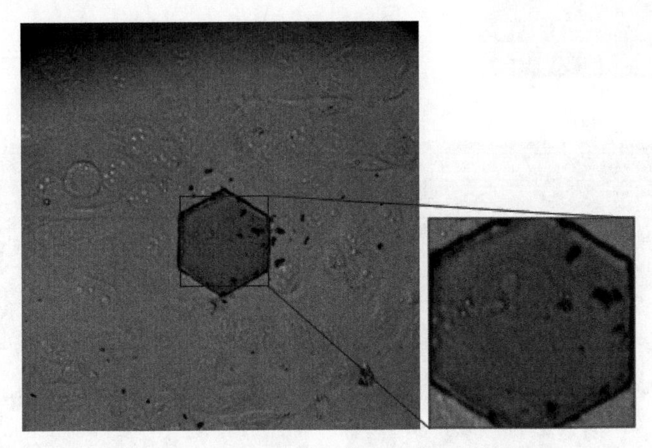

图 7-12　GaP 超分辨显微芯片上培养的细胞

图 7-13(a)所示为芯片表面的结构光图案，表明生物组织对结构光的影响很小。图 7-13(b)所示为一个方向移频的三次相移结果，表明片上超分辨显微可以实现精确的±120°相移。图 7-13(c)所示为细胞的宽场荧光图像。图 7-13(d)所示为深移频荧光标记超分辨重构图。相比宽场成像结果，超分辨成像结果展示了显著的分辨率提升，表明我们的芯片可以替代传统显微镜使用的载玻片，并提高其成像分辨率。

7.1.4　片上相干信号样品的移频成像

对于非荧光标注的样品，利用片上移频芯片进行超分辨显微成像时属于相干信号的移频超分辨成像。

这就需要用不同圈光栅形成不同倾角的光束(不同空间频率)直接照明样品区，逐一用每一圈光栅不同方位的相干光照明样品。用样品上方的成像物镜对样品产生的散射光成像既可以获得不同方位、不同频率的移频图像，然后按照频谱合成技术合成移频后扩大频谱的图像[200]。

这样的移频芯片成像过程分为原始图采集过程和超分辨图像重构过程。其中，原始图采集过程就是利用具有不同波矢大小、不同方位的倏逝波对样品进行照明，利用普通显微镜对样品的散射光进行收集和拍照。成像过程可以分为三个步骤。

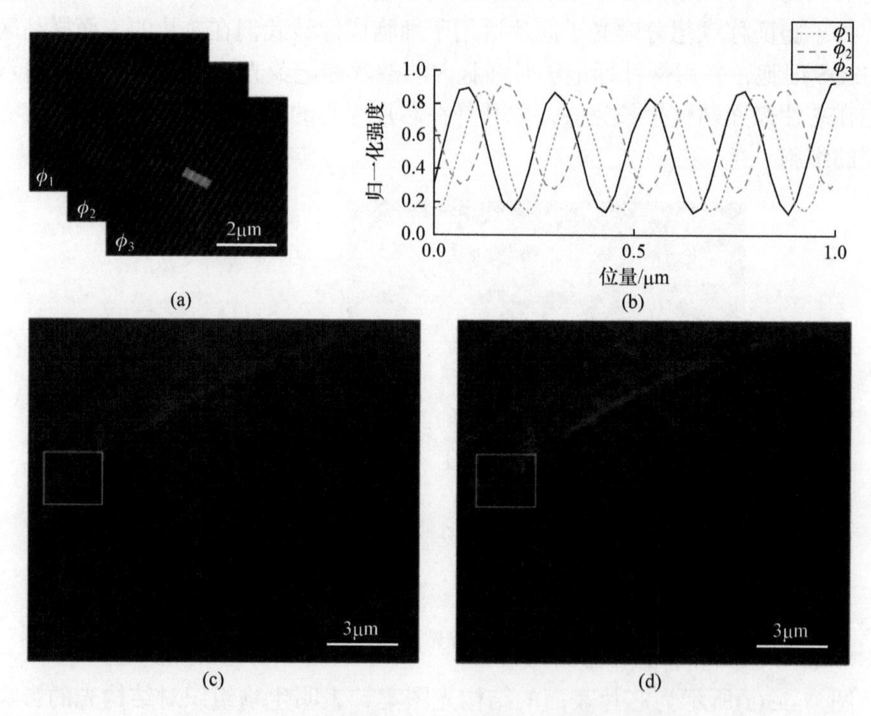

图 7-13　GaP 晶圆片上深移频荧光生物样品成像

(1) 普通显微镜照明样品，用光学相机采集样品的低频空间信息。

(2) 将光斑正入射到不同光栅表面；光场经过光栅发生一级衍射，以一定的角度 θ_m 耦合到衬底光波导中，即

$$\theta_m = \arcsin\left(\frac{\lambda}{n_{\mathrm{PC}} P_m} + \frac{\sin\varphi}{n_{\mathrm{PC}}}\right)$$

其中，λ 为成像光波长；n_{PC} 为衬底材料的折射率；P_m 为光栅的周期；φ 为入射光与波导法线的夹角。

一级衍射光在成像平面发生全反射，产生倏逝波照明中心成像区域的样品，并通过光学接收系统采集样品不同方向、不同频率的高频空间信息。

(3) 超分辨图像的计算重构过程是将采集到的低频、高频空间信息在频谱空间进行频移运算，第 m 圈光栅产生的倏逝波波矢为

$$K_m = K_0 \cdot n_{\mathrm{PC}} \cdot \sin\theta_m$$

其中，$K_0 = \dfrac{2\pi}{\lambda}$ 为入射光在真空中的波矢。

然后，在频域空间进行迭代拼接，得到扩大后的频谱。最后，进行反傅里叶变换重构超分辨的样品图像。

算法重构过程基于传统的优化算法，其目标是通过以下非凸优化来迭代消除或最小化计算图和采集图像之间的振幅之差，即

$$\min_{O(k_x,k_y)} \varepsilon = \min_{O(k_x,k_y)} \sum_{m,\varphi}\sum_{x,y} \left| \sqrt{I_{m,\varphi}(x,y)} - \left| \mathcal{F}^{-1}\{O(k_x - k_{x,m,\varphi}, k_y - k_{y,m,\varphi})\mathrm{CTF}(k_x,k_y)\} \right| \right|^2 \tag{7-7}$$

其中，$I_{m,\varphi}(x,y)$ 为拍摄的强度图像；待成像的 O 是样品函数。

成像系统重构方法可以采用傅里叶频谱叠层算法进行。

采用的激光波长为 660nm，物镜数值孔径为 0.85。在 GaP 平板上做三圈的光栅，移频量分别为 k_s、$2k_s$、$3k_s$，单位移频量 k_s 可以调节，从而调整相邻频谱的重叠率。一周的光栅分 16 个方位。

移频中需要注意频谱重叠率与重构图像质量的关系。不同的频谱重叠率对深移频成像重构的影响如图 7-14 所示。可以看出，随着频谱重叠率的增加，RMS 误差下降很快，到 25%后达到较低的水平并趋于稳定。我们也发现，随着频谱重叠率的增加到 40%以上，RMS 反而变大。我们将此现象归结于移频量的下降导致重构的图像分辨率的下降，因此与输入的真值图的差距变大。

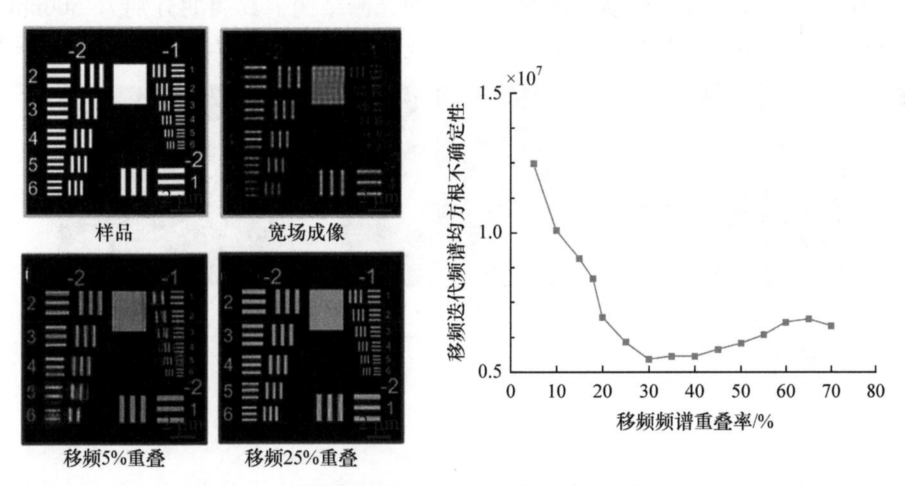

图 7-14　不同的频谱重叠率对深移频成像重构的影响

为了进一步分析每一个方位的光栅衍射倾斜照明光束的作用，采用图形样品(浙大求是鹰)进行深移频无标记超分辨成像实验。结果如图 7-15 所示。

可以看出，采用三圈以上的深移频，每圈 16 方位，可以保证各个频段之间有一定的重叠率。这样才能保证合成的样品有比较严格的图像重现，不出现假象图形或模糊。

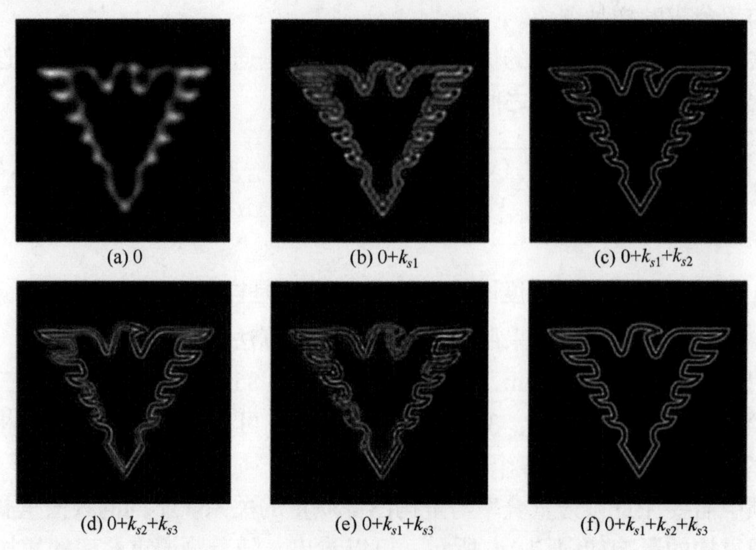

(a) 0 (b) $0+k_{s1}$ (c) $0+k_{s1}+k_{s2}$

(d) $0+k_{s2}+k_{s3}$ (e) $0+k_{s1}+k_{s3}$ (f) $0+k_{s1}+k_{s2}+k_{s3}$

图 7-15 不同方位光栅衍射偏析照明移频成像

移频照明光的波矢有效折射率分别为 1.3、2.3、3.0，这就需要将可调深移频理论用于复杂样品的无标记成像，每个移频量都对应着 16 个移频方向。采用 FIB 在芯片的光栅面相应的位置刻蚀对应周期的光栅结构，其周期分别为 500nm、290nm 和 220nm。在芯片样品面的中心，我们制备了如图 7-16(a)所示的“求是

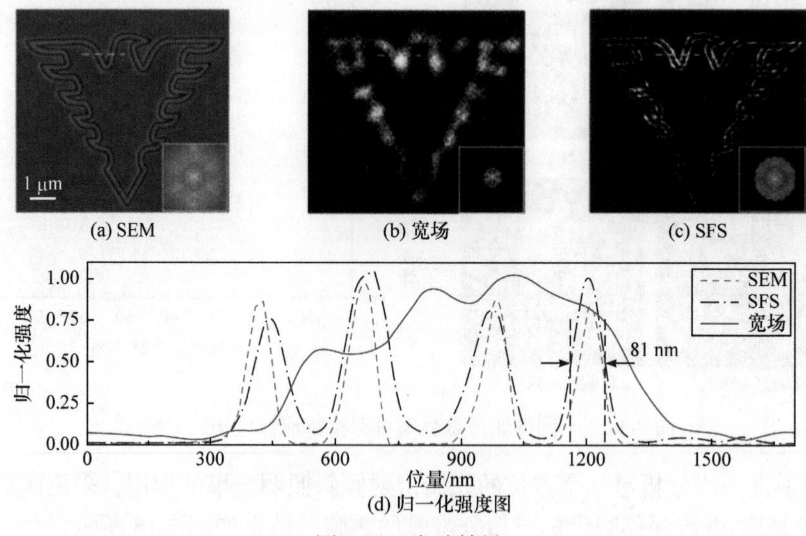

(a) SEM (b) 宽场 (c) SFS

(d) 归一化强度图

图 7-16 实验结果

鹰”图案。求是鹰的边缘区域为中心间距 215nm 的双沟道结构，整个图案的尺寸为 10μm 左右。我们采用 NA=0.85 的 100 倍物镜对倏逝波照明样品的散射光进行成像。

7.2　发光型片上移频超分辨显微成像

发光型片上移频超分辨显微主要是指照明样品的光波源在样品的芯片上，片上已经具备照明的光的条件，所以理论上对成像系统的要求更为简单，仅需要一个显微镜物镜与图像传感器即可，或者需要一个简单片上荧光的激发光源照明芯片即可。

7.2.1　片上宽谱照明光源的制备

为了获得一个片上可以产生照明样品的表面倏逝场，我们需要寻找具有薄膜型发光的波导材料。这样就有希望构建一种照明方向精确可控且强度均一、制备过程简单、可批量生产的倏逝场照明芯片方案。

我们选择了当前发光性能较好的 OLED 发光薄膜解决上述问题。OLED 材料具有量子效率高、出射荧光强、载流子传输速率高，以及热稳定性和化学稳定性佳等特点，可以通过旋涂、真空蒸镀等方式进行大规模制备。通过 OLED 几何形态的控制，例如利用多边形的激发位置可实现照明方向的精确控制。OLED 移频芯片选用二苯乙烯-苯并噻二唑 OLED(F8BT)发光材料作为倏逝场照明源发光材料。在 405nm 等短波长激光激发下，该发光材料的荧光谱能覆盖 480～700nm 波段(图 7-17)[201]，而且薄膜的平整度非常好。

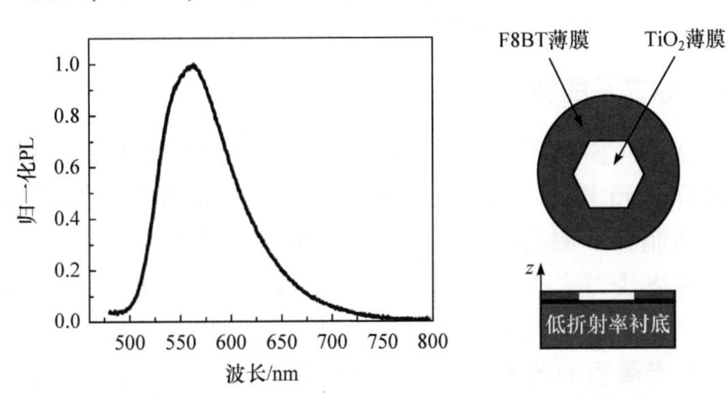

图 7-17　F8BT 发光材料的 PL 谱与移频芯片的结构示意图

如图 7-17 所示，从原理上说就是将 F8BT 薄膜发光(绿色)耦合到 TiO_2 薄膜(白色)，利用 TiO_2 薄膜的高折射率形成波导，样品放置在 TiO_2 薄膜上。TiO_2 薄膜做六方形是为了获得不同方向的表面波照明。发光薄膜的几何形状十分重要，因为具体的膜层几何形状将影响波导中表面光的传播方式。通过激发多边形工作区域周围不同位置处的聚合物发光薄膜，可以对倏逝场照明方向进行精确控制。利用FDTD(finite-difference time-domain)软件可以分析模式场在多边形平面波导内的传输情况。如图 7-18 所示，我们构建了一个 100nm 厚的六边形 TiO_2 薄膜波导，衬底为 SiO_2 玻片，通过在多边形结构的一边引入宽波段模式场光源，利用近场强度监视器获取传输模式场在波导内的横向分布。首先记录 450～650nm 波段 20 个波长处的模式场分布，然后对各个波长处的模式场进行非相干叠加。模式场从 TiO_2 多边形平面波导一边入射时，在 100nmTiO_2-SiO_2 波导结构中的垂直截面方向分布如图 7-18(a)所示。宽波段耦合光场在多边形平面波导内的横截面方向分布如图 7-18(b)所示。可以看出，光场在多边形波导内传输时有一定的发散，但是光场的大部分能量均维持在一个非常小的发散角范围内传输。同时，由于被观测样品通常被放置在光场的中心位置，可以认为多边形波导内的照明方向是单一准直的。

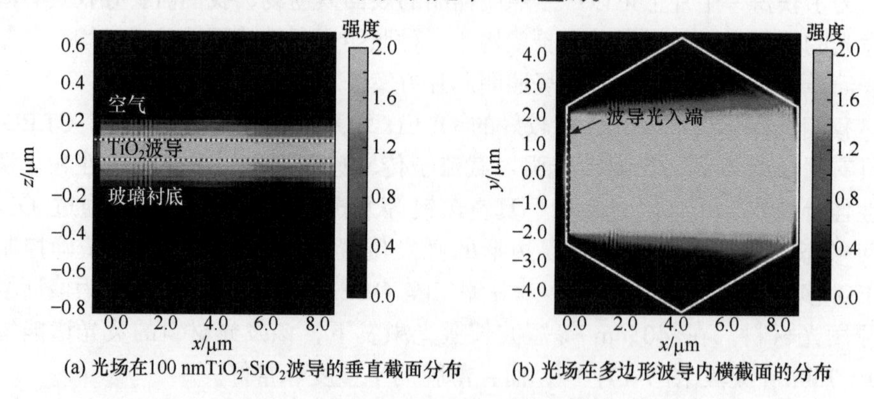

(a) 光场在100 nmTiO_2-SiO_2波导的垂直截面分布　(b) 光场在多边形波导内横截面的分布

图 7-18　传输模式场在波导内的横向分布

7.2.2　移频超分辨芯片的制备

基于 OLED 发光移频超分辨芯片的制备流程如图 7-19 所示。移频超分辨芯片的衬底选用 0.5mm 厚，1.5cm×1.5cm 大小的 K9 玻璃片。通过旋涂烘干技术在玻璃衬底表面制备一层有机发光薄膜，固化后的发光薄膜厚度约 90nm。利用激光直写刻蚀方法，去除多边形区域内的发光薄膜，加工制备多边形样品工作区，即利用电子束蒸发技术制备 TiO_2 平面波导结构(室温条件下制备薄膜波导时，聚合物发光薄膜的荧光效率不会受到影响)。最后，将被观测样品放置在多边形工作区域内[202]。

这样在片上就形成荧光发光区域围成的六边形 TiO_2 样品区，我们就可以在六边形区域内放置显微成像样品。通过激发六边形相应边方向的荧光形成六个方向的传播表面波照明样品，就可以移频成像。由于波导的折射率并不是很高，所

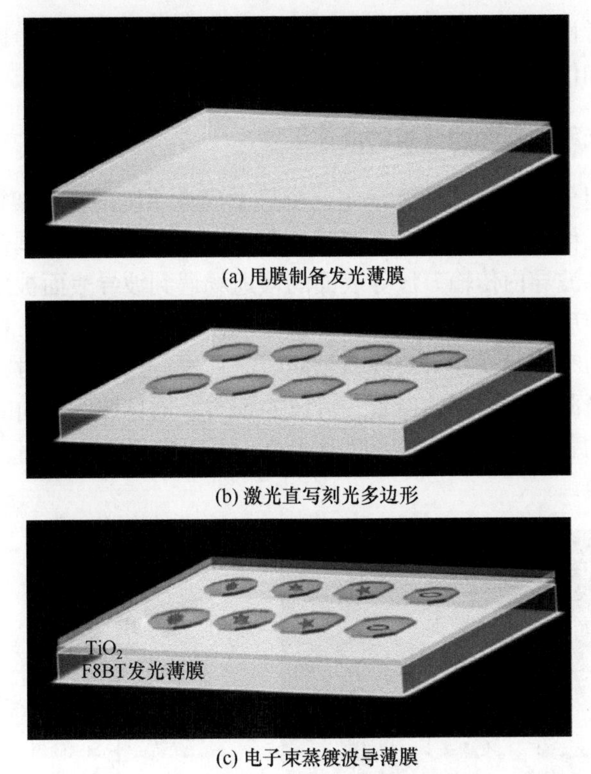

(a) 甩膜制备发光薄膜

(b) 激光直写刻光多边形

(c) 电子束蒸镀波导薄膜

图 7-19　移频超分辨芯片的制备流程

以六个方向的移频已经足够复原出各个方向的频率。普通显微照明条件下，利用激光直写技术在 F8BT 薄膜上刻蚀制备的六边形区域的远场成像图如图 7-20(a)所示。在 405nm 连续激光激发下，刻蚀区域的远场成像图如图 7-20(b)所示。

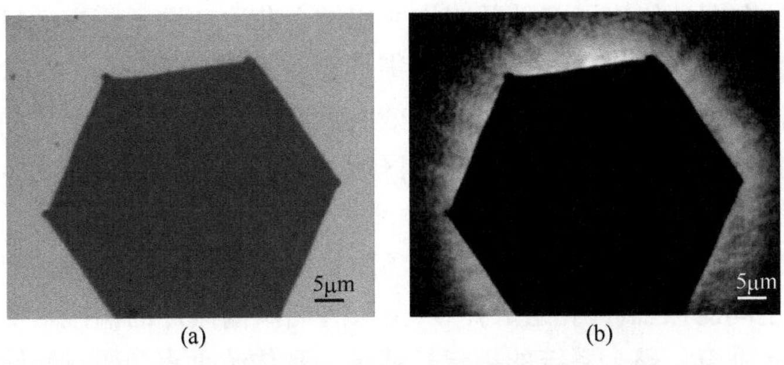

(a)　(b)

图 7-20　六边形区域的远场成像图和刻蚀区域的远场成像图

这里 TiO_2 是波导薄膜，照明光是在波导薄膜中传播的。在整个芯片结构中，衬底玻片的折射率、空气的折射率，以及 F8BT 聚合物发光材料的折射率均小于 TiO_2 薄膜波导。高折射率 TiO_2 平面波导对耦合光场的强约束性，以及薄膜波导表面的光滑性有利于降低耦合光场传输过程中的散射损耗，提升成像系统的成像视场范围和信噪比，以及倏逝场照明场的均匀性。

7.2.3 片上发光系统移频超分辨的成像系统

基于移频超分辨芯片的无标记超分辨显微成像系统的基本架构如图 7-21 所示。当多边形工作区域周围的荧光薄膜被激发时，出射荧光将耦合进高折射率薄膜波导内，并在波导内传输。波导表面的倏逝场遇到波导表面被放置的微纳样品时会被散射。随后，散射场被显微镜物镜接收，并成像于远场。在图像接收端，插入不同波段的窄带滤光片可对倏逝场照明波长进行选择。同时，改变多边形工作区域周围发光薄膜被激发的位置，可以实现对倏逝场照明方向的控制。另外，利用 TiO_2 薄膜厚度控制斜波导光的模式角，可以实现垂直照明，以及不同角度下的斜照明成像。

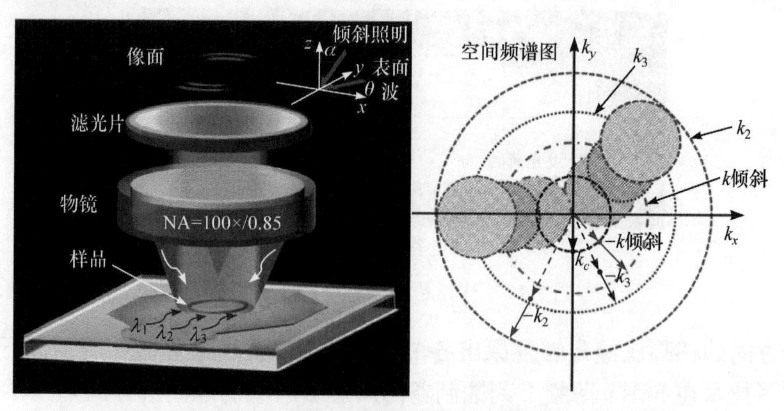

图 7-21 移频超分辨显微成像装置图和频谱叠加重构示意图

图 7-21 右图还给出了多种照明方式相结合获取不同子频谱的过程。垂直照明提供样品的基频信息，不同波长的倏逝场照明提供微纳样品的高频信息，从而保证样品空间高频和空间低频信息的有效叠加。通过将不同入射方向的子孔径空间频谱信息恢复到对应的二维空间频谱区域，可以获取被观测样品宽频段范围内的二维空间频谱信息。

图 7-22 所示为多波长多角度倏逝场照明成像装置图，包括一个垂直照明显微镜系统、空间滤波器(针孔组成)，以及探测端。偏振片的偏振角要需保持与倏逝场照明方向垂直。整个系统的搭建是基于一套传统垂直照明显微镜系统，显微镜物镜参数为 100×/0.85NA，外部激发光源为 405 nm 连续激光器。泵浦激光通过显微镜系统的照明光路聚焦在多边形工作区域的边缘处，激发对应位置的聚合物发光薄膜产生宽谱荧光。通过二维调节反射镜 1 的倾角，沿着多边形工作区域，依次激发不同位置的 F8BT 发光薄膜，改变倏逝场照明方向。在波导表面倏逝场照明移

频超分辨成像过程中，来自微纳样品的远场散射场的偏振方向与倏逝场照明波矢的方向相垂直。因此，在成像端插入一个可旋转偏振片，并根据荧光薄膜被激发位置的不同，改变偏振片的偏振角。偏振通道的引入不仅能有效降低系统的背景噪声，也有利于对倏逝场照明方向的控制。在远场成像接收端，利用一个普通的 CCD 相机记录样品的远场强度像。

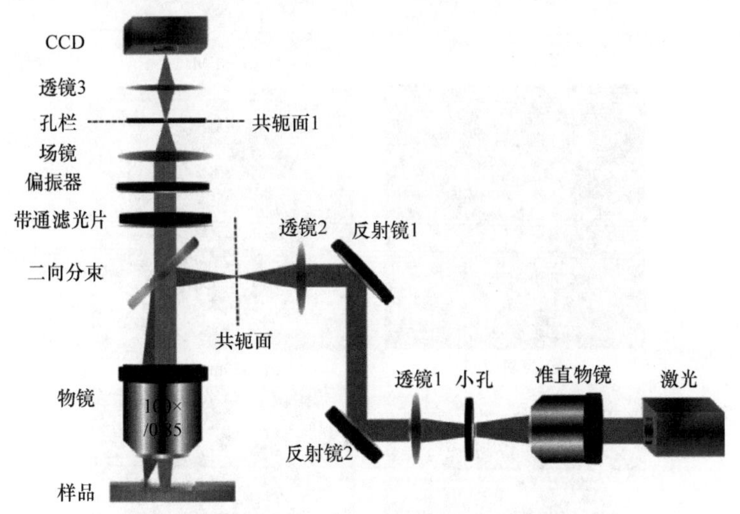

图 7-22　多波长多角度倏逝场照明成像装置图

7.2.4　移频超分辨芯片成像性能

1. 移频超分辨芯片对一维微纳样品的成像

首先在 150 nm 厚度的 TiO_2 高折射率薄膜波导上，沿着平行于四组 OLED 对边的方向，利用 FIB 技术刻蚀如图 7-23(a)所示的四组三沟道刻线结构。三沟道刻槽线宽为 85nm，相邻刻槽中心间距分别为 150nm、160nm、170nm 和 180nm。很明显，在 100×/0.85NA 显微镜物镜的照明和接收下，三道线的结构细节信息是超衍射极限的，所以未被分辨。图 7-23(b)为图 7-23(a)矩形区域的 SEM 图，同时给出了几组刻蚀结构的相对位置。在图 7-23(c)中，斜照明远场成像图给出了对应方向上三沟道刻槽结构的部分细节信息。图中箭头指示方向为斜照明入射方向，斜照明入射角度为 58°。利用显微镜系统的内置卤素灯光源全场激发衬底上的聚合物发光薄膜。该薄膜的发光光谱比较宽(480～650nm)。在 360°倏逝场照明下，采用三种窄带滤光片，即 500nm(FWHM=10±2nm)、532nm(FWHM=10±2nm)，以及 632.8nm(FWHM=10±2nm)获取对应照明波长下的远场成像图。可以看出，三种照明波长下的远场强度图均只给出三沟道刻槽结构的部分细节信息。

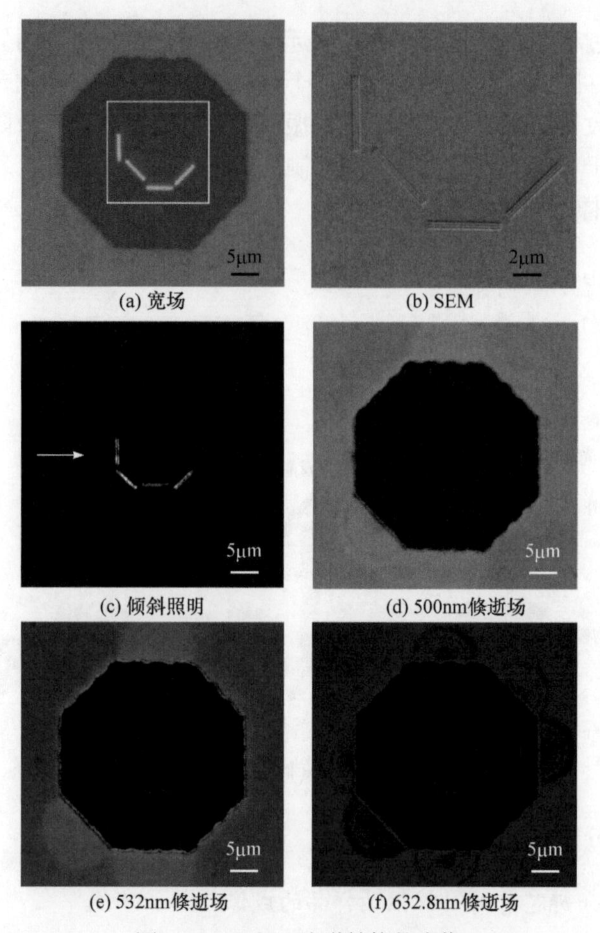

(a) 宽场　(b) SEM
(c) 倾斜照明　(d) 500nm倏逝场
(e) 532nm倏逝场　(f) 632.8nm倏逝场

图 7-23　四组三沟道结构的成像

与双沟道刻线结构相比，三沟道结构样品包含的频谱信息更为丰富。实验结果表明，三沟道结构在单一倏逝场照明条件下的强度图包含的子孔径频谱信息对应的实际物有可能是三沟道结构、双沟道或者其他多沟道结构。通过施加不同的照明方式，利用各照明条件下的子孔径频谱信息，可以对最终重构结果进行约束，移频获得正确的图像。

由于用 CCD 相机的动态范围有限，需要通过手动调节相机和光源参数(如 CCD 的曝光时间、增益大小、激光器的输入电流等)，使最终的成像强度值在不饱和的情况下给出尽量多的信息，以便后期对拍摄到的图片进行精确采样和量化处理。假设垂直照明条件下，样品远场成像图的最大强度值为 1，不同照明方式下样品远场成像图的强度最大值如表 7-2 所示。因此，在图像重构过程中，除了对图像进行降噪和强度归一化处理，还需保证样品不同照明模式下样品远场成像强度图之间满足表 7-2 所示的比例关系。

表 7-2　不同照明方式下样品远场成像图的强度最大值

图片	强度最大值
垂直照明	1
斜照明(0°照明方向)	0.200
斜照明(180°照明方向)	0.224
632.8 nm 倏逝波照明(0°照明方向)	0.014
632.8 nm 倏逝波照明(180°照明方向)	0.014
532 nm 倏逝波照明(0°照明方向)	0.080
532 nm 倏逝波照明(180°照明方向)	0.073

对三沟道结构的移频成像是典型的移频成像效应的体现。围绕四组结构中刻槽中心为 170nm 的一组展开细致的移频成像，如图 7-24 所示。可以看出，移频

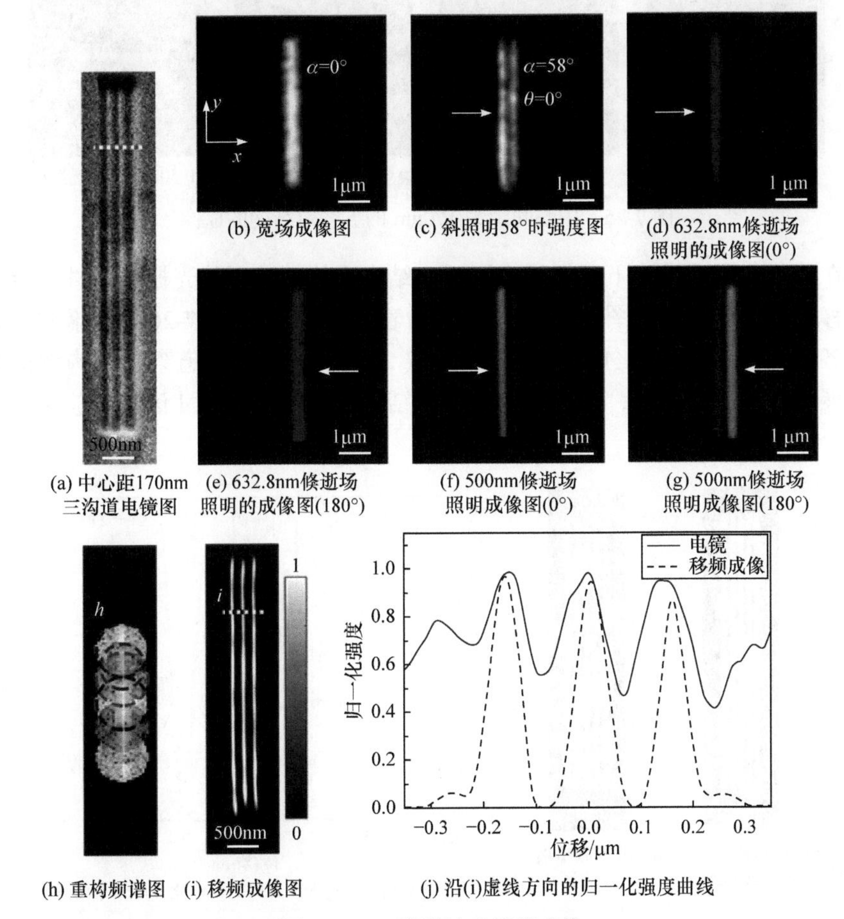

(a) 中心距170nm 三沟道电镜图　(b) 宽场成像图　(c) 斜照明58°时强度图　(d) 632.8nm倏逝场照明的成像图(0°)　(e) 632.8nm倏逝场照明的成像图(180°)　(f) 500nm倏逝场照明成像图(0°)　(g) 500nm倏逝场照明成像图(180°)　(h) 重构频谱图　(i) 移频成像图　(j) 沿(i)虚线方向的归一化强度曲线

图 7-24　三沟道纳米线槽成像

重构结果清晰地给出了三沟道刻槽结构的细节信息，并且与刻槽结构的真实形貌特征相一致。移频重构结果与样品 SEM 图，对应虚线方向，强度曲线图表明了两者的一致性。

实际样品的结构往往更加复杂，为了说明该成像方法的广泛适用性，构建五线对光栅结构。光栅结构的沟道线宽为 85nm，周期为 170nm。采用与三沟道刻槽结构重构成像相同的照明方式，我们对该五线对光栅结构进行移频成像。如图 7-25(a)所示，五线对光栅结构的部分尺寸信息位于普通显微成像系统的衍射极限以外，并能成像于光栅结构在垂直照明条件下的远场强度图中。图 7-25(b)给出了五条线对结构在斜照明光以 58°角入射时的远场成像强度图，三条沟道像与实际形貌特征显然不符。图 7-25(c)和(d)分别是五条线对结构在 632.8nm 和 500nm 倏逝场照明条件下的远场强度图，同样仅给出结构的部分高频信息。

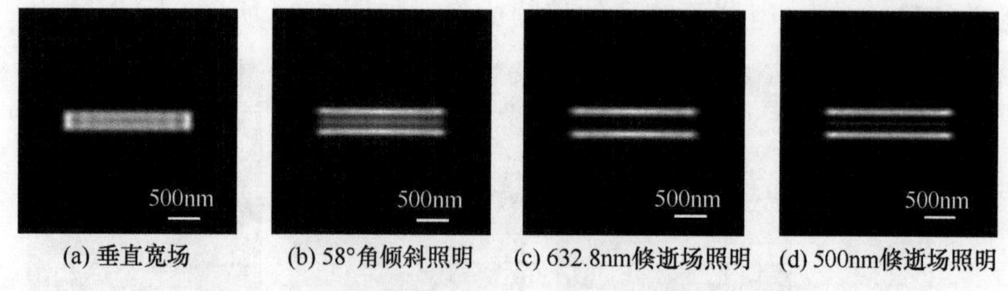

(a) 垂直宽场　(b) 58°角倾斜照明　(c) 632.8nm倏逝场照明　(d) 500nm倏逝场照明

图 7-25　中心间距为 170nm 的五线对结构的成像

在获取各照明模式下远场强度图后，结合重构算法对该光栅结构进行重构成像，移频成像的结果如图 7-26(b)所示。沿着图 7-26(a)和图 7-26(b)中虚线方向，绘制各自的归一化强度分布曲线，如图 7-26(c)所示。五沟道刻槽结构重构中的尺寸展宽问题并不明显，光栅结构的重构结果与样品真实尺寸信息能够实现更好的吻合。

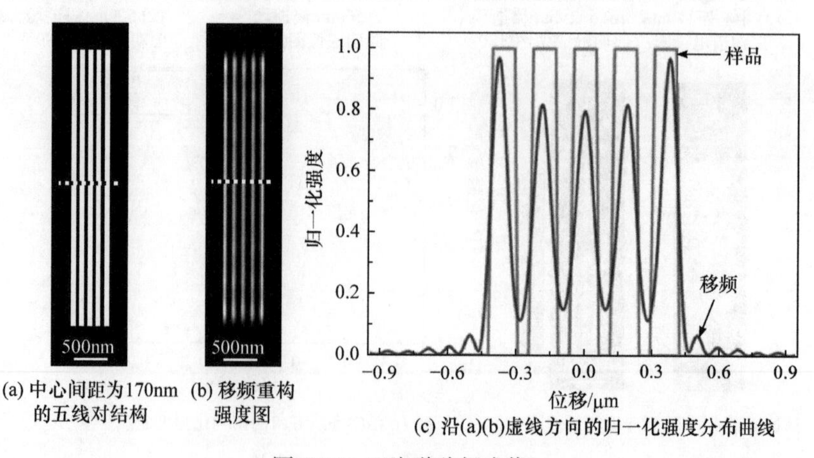

(a) 中心间距为170nm的五线对结构　(b) 移频重构强度图　(c) 沿(a)(b)虚线方向的归一化强度分布曲线

图 7-26　五沟道移频成像

2. 移频超分辨芯片对二维微纳样品的重构成像

要想获取被观测二维微纳样品全方位的频谱信息，需要从多个方位向照明被观察样品，并且倏逝场照明方向数随着照明波矢的增大而增加。下面是一个图形“光”子进行相干光的移频成像。

通过激发多边形区域各个边和顶点附近的发光薄膜，能实现对倏逝场照明方向的精确控制。只要多边形区域的边数不小于三，即能实现对二维微纳样品的全方位超分辨重构成像。首先，观察的二维样品为正十一边形工作区域内刻蚀的汉字“光”。通过激发正十一边形的边和顶点位置，该多边形区域能提供 22 个方向的倏逝场照明。如图 7-27 所示，多边形区域的边长为 15μm，其有效的成像视场范围由各个方向传输光场的重叠区域决定。对于该十一边形工作区，其有效视场范围不少于 200μm^2。刻蚀的二维微结构——汉字“光”为双沟道刻槽结构，刻槽线宽为 76nm，槽间距为 70nm。由于刻槽间距远小于显微系统的成像分辨率，普通显微未能分辨汉字“光”的特征尺寸信息。实验中，垂直照明和斜照明波长为 520nm，斜照明入射角 62°，倏逝场照明波长为 532nm(FWHM=10±2nm)和 632.8nm(FWHM=10±2nm)。

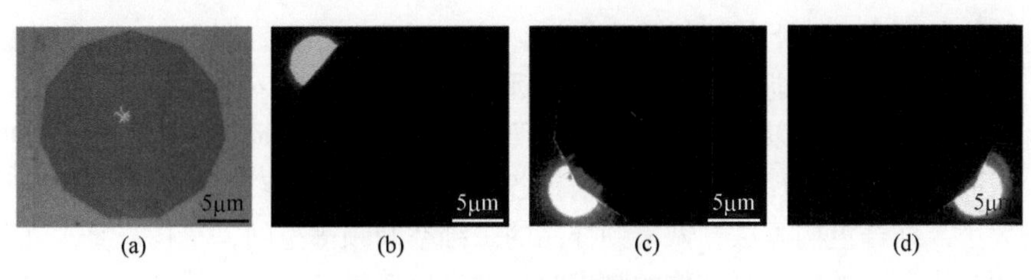

图 7-27　二维样品移频成像

由于斜照明光能提供的移频量较低，实验仅从六个照明方向施加斜照明光场。同时，通过激发正十一边形的边和顶点，实现对倏逝场照明方向的控制。在获取不同照明方式下的远场成像图后，以正十一边形工作区域的边界为参考，对各强度图做对准处理。随后，以相同的尺寸截取各个强度图中的有效区域，截取后的部分远场强度图如图 7-28 所示。斜照明时，移频波矢 $k_0\sin58°$ 未能将汉字“光”的亚波长信息平移到显微系统可接收频谱范围内，实现对微结构特征尺寸的超分辨成像；利用多边形工作区域进行全视场激发，在 360°倏逝场照明条件下，来自各个方向的倏逝场将共同与被刻槽结构相互作用，并被散射至远场成像。可以看到，比较清晰的光图像。通过调控倏逝场激发光的入射方向时，依次激发多边形工作区域的各个边和顶点位置，同时结合相应的窄带滤光片，可以获取不同照明方向下的多波长倏逝场照明成像图。与 360°倏逝场照明下的远场强度图相比，单一方向的倏逝场照明仅提供对应方向的亚波长信息。这与圆环对结构的仿真结果相一致。同时，实验需要根据 F8BT 发光薄膜的被激发位置，调整偏振片的偏振角度垂直于倏逝场的照明波矢方向。

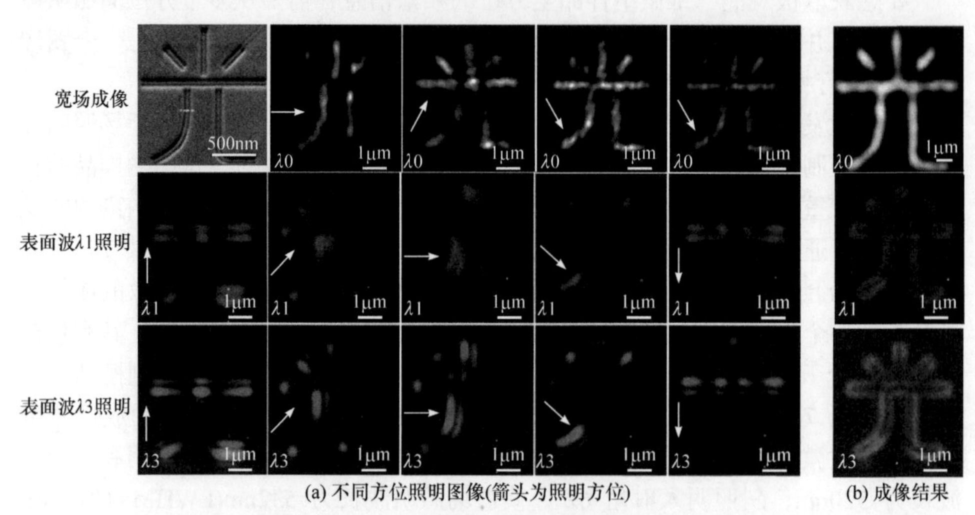

(a) 不同方位照明图像(箭头为照明方位)　　(b) 成像结果

图 7-28　“光”字符在不同移频照明下的成像

获取各照明模式下的远场强度图后，建立直角坐标系，以正十一边形为参考物，确定斜照明及倏逝场照明条件下各远场强度图对应的入射方向角。随后，对垂直照明、斜照明，以及多波长倏逝场照明条件下样品的远场强度图做傅里叶变换，截取对应的子孔径频谱信息。根据各子孔径频谱信息对应的入射方向及移频波矢大小，结合重构算法，恢复到样品的二维空间频谱空间，重构汉字“光”的空间频谱信息。随后，对获取的频谱收敛解做反傅里叶变换，得到汉字“光”的超分辨重构图(图 7-29(d))。比较 AFM 图像，以及移频重构图像，重构结果能够比较准确地给出被观测微纳样品的亚波长尺寸信息。

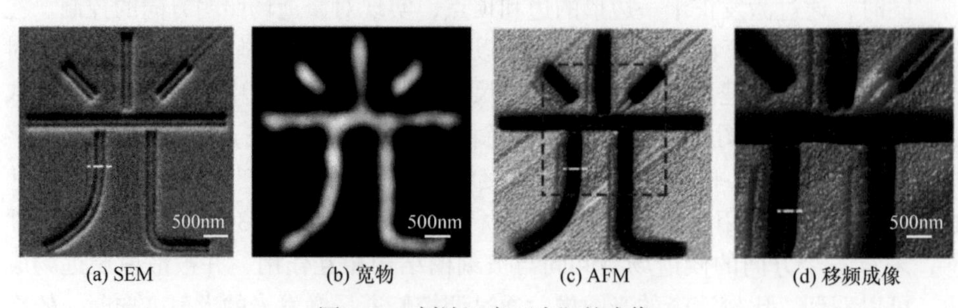

(a) SEM　　(b) 宽物　　(c) AFM　　(d) 移频成像

图 7-29　刻蚀汉字“光”的成像

与一维微结构的重构过程不同，二维微结构频谱信息的重构在两个维度上展开，因此不同照明波矢对应的子孔径频谱信息间存在重叠缺失，可以通过其他方向的子孔径频谱信息的叠加进行部分补充。低频子孔径频谱信息与 632.8nm 倏逝场照明条件下的子孔径频谱信息能够满足一定的重叠率要求，通过移除斜照明条件下的子孔径频谱信息，可以获取更好的汉字“光”的重构成像图。

为了探究该移频超分辨芯片的实际应用能力，我们开展了数组多壁碳管(直径 10～20nm、长度 200～250μm)样品的成像实验。选用的碳纳米管垂直生长在硅片上，利用镊子从衬底撕取部分样品，放置在纯乙醇溶液中，超声振荡处理半个小时以上。随后，利用毛细玻璃管或者吸管取部分溶液于纯净的玻璃衬底之上。待酒精溶液挥发干后，即可得到可观察的样品。实验选用多边形平面波导区域为正八边形，通过激发各个边及顶点可以实现 16 个方向的倏逝场照明。图 7-30(a)中，碳纳米管样品 1 与衬底结构紧密接触，利用普通光学显微镜，未能获取样品中的细节信息。当采用倏逝场照明时，包含在样品中的部分亚波长信息被成像于远场。在获取样品各照明模式下的远场强度图后，采用相同的重构过程，得到碳纳米管样品 1 的超分辨重构图。如图 7-30(d)所示，包含在样品 1 中的细节信息可以有效地展示出来。

基于倏逝场照明的成像和探测方法都面临着倏逝场穿透深度较浅的问题。如图 7-30 所示，被观察碳纳米管样品 2 包含两个多壁碳管带，其中下碳管带与衬底结构实现了很好的接触，上碳管带被下碳管带支撑起来，与衬底之间隔着一定的间距。相同地，普通显微成像系统未能给出样品 2 的任何细节信息。在倏逝场照明条件下，受限于倏逝场的穿透深度，来自上碳管条带的远场散射场强非常微弱。因此，倏逝场照明图对应的子孔径频谱信息无法提供上碳管条带的高频信息。与下碳管带的重构结果相比，上碳管带的重构结果等效于垂直照明和斜照明强度图的叠加重构结果。

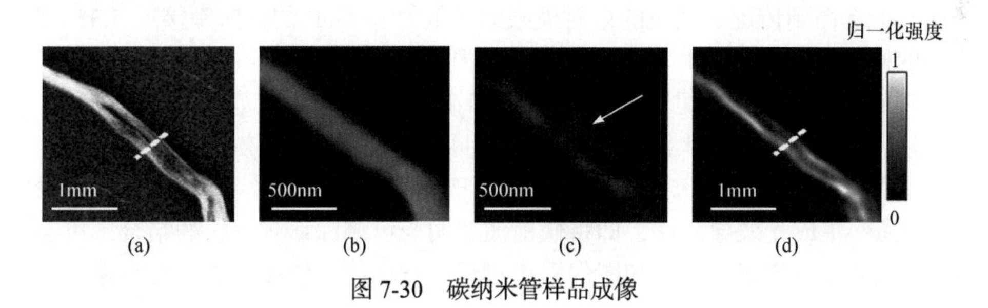

图 7-30　碳纳米管样品成像

7.3　集成波导型片上光学移频超分辨显微系统

利用集成光学波导研制波导型超分辨显微芯片是另一种可能将光源直接耦合在芯片中的移频超分辨显微技术。

随着半导体芯片加工工艺的发展，科研工作者通过片上波导结构与超分辨技术的结合，提出多种新型片上超分辨显微成像方法。2017 年，我们基于移频效应将半导体纳米线与光波导衬底结构结合，提出一种新型的半导体纳米线环倏逝场照明成像方案。在 360°纳米线环倏逝场条件下，该方法可以实现大视场范围内对二维简单微结构的超分辨成像。但是，针对特定材料的半导体纳米线，倏逝场照明波矢单一，成像结果存在缺频和频谱混叠问题，对复杂多周期微纳样品无法实现无变形超分辨成像，因此需要设计移频芯片结构，才能使移频超分辨成像更为有效[203]。2017 年，狄克曼等提出 dSTORM[204]。其成像原理与传统的 STORM 成像相似，通过调控波导内多模模式场的分布，利用模式场的表面场分时调制荧光分子的发光状态，最后重建具有纳米尺度分辨率全视场图像。dSTORM 最终可以实现约 50 nm 的光学分辨率，整个成像过程需要 30min 以上。

利用硅基底上制备(亚)微米量级厚度的光学介质薄膜，形成光学波导，同时构建波导结构形成的模式照明是可控移频成像，是大批量研制芯片的可行技术。

光学介质波导薄膜材料可以分为 SiO_2 波导、聚合物波导、三五族(Ⅲ-Ⅴ)波导、四族(Ⅳ)波导、氮化硅(SiNx)波导、铌酸锂(LN)波导等。其中，三五族材料的光波导具备很高的光学折射率，可以拓宽超分辨移频范围，因此在移频超分辨显微领域具有很大的应用前景。在可见光波段损耗较小的三五族材料中，GaP 材料具有可见光波段几乎最大的折射率($n>3$)。此外，GaP 材料与硅材料几乎晶格匹配，可以实现晶圆级光学薄膜的制备，因此在硅基上制备 GaP 薄膜是可行的。

当照明的波矢超过物镜的截止频率的两倍时，高移频分量与低频分量之间将存在缺频，这会导致图像存在严重的伪影和失真，因此实际线性移频超分辨的分辨率只能提高到传统显微镜的衍射极限的三倍[205]。GaP 的折射率接近 3.3，因此产生的倏逝场波矢比较大，移频深度深。根据移频成像理论，就需要在基频区域与移频后的高频区域之间增加中间区域的移频。由于缺乏大范围调谐空间移频量的方法，因此无法用超大波矢量的倏逝照明实现深亚波长分辨率。

为了解决以上矛盾，我们提出兼容标记样品的 STUN[206]。将 STUN 方法应用于 GaP 集成光波导芯片，即将倏逝波照明与可调深移频方法的结合，可实现 3D 深亚波长分辨率。照明和图像采集过程的宽场特性使该方法具有高速、大视场的特点。

7.3.1 集成光波导的制备方法

可调深移频超分辨显微芯片(图 7-31)采用的是硅片上的 GaP-on-SiO_2 集成光波导表面制备的矩形光波导或浅脊型光波导结构。其中，SiO_2 层作为低折射率材料，可以提高 GaP 波导对基模的约束能力。

GaP-on-SiO_2 集成光波导的制备方法是基于外延生长加晶圆键合的技术。如

图 7-31(b)所示，首先在 GaP 衬底上外延生长一层 GaP 薄膜(先制备一层厚度为 300nm 的 Al0.38Ga0.62P 作为缓冲层)，得到 GaP 晶圆。然后，在 GaP 晶圆表面和具有 2 μm 厚度的热氧化层的硅片表面分别沉积 5 nm 厚的 Al_2O_3 层，并将两者借助 Al_2O_3 层直接键合。为了去除 GaP 衬底，采用湿法刻蚀和干法刻蚀相结合的方式。其中，干法刻蚀采用 ICP-RIE，结合 $SiCl_4$ 和 SF_6 气体可以高度选择性地去除 GaP 衬底。用浓盐酸腐蚀 Al0.38Ga0.62P 缓冲层，留下需要的 GaP-on-SiO_2 晶圆。最后，为了制备 GaP-onSiO_2 集成光波导结构，采用 EBL 技术结合 ICP-RIE 将纳米分辨率的图案转移到光波导层。

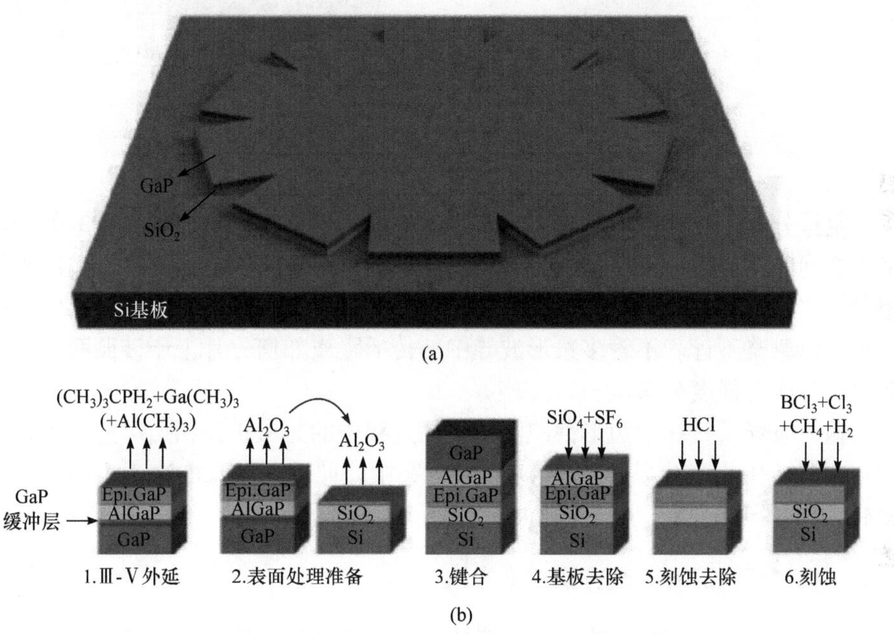

图 7-31　GaP 波导集成光学移频芯片及制备流程

由于将波导中的光场模式作为芯片表面激发光照明样品，其质量直接影响超分辨成像质量，为了不影响最终的成像效果，波导中的模式需要保持为均匀的单模光。GaP-on-SiO_2 集成光波导零阶模的临界波长计算为

$$\lambda_c|_{m=0}=\frac{2\pi h\sqrt{n_1^2-n_2^2}}{\arctan\sqrt{\dfrac{n_2^2-n_3^2}{n_1^2-n_2^2}}} \tag{7-8}$$

其中，m 为模式的阶数；h 为 GaP 波导的厚度；n_1、n_2、n_3 为 GaP 波导、SiO_2 衬底、空气层的折射率。

假设采用 561nm 的光作为导波，并以此作为波导的单模临界波长，计算得到波导的临界厚度为 95nm。因此，只要保证 GaP 厚度大于 9.5nm，就可以实现导波的传输。

多边形波导光的耦合与传播如图 7-32 所示。波导 TM 基模从 P1 输入，并向 P3 传播。输入端口的宽度设置为 20μm，GaP 波导的厚度设置为 500nm。如图 7-32 所示，模式在十边形波导中传播时几乎不发生衍射。

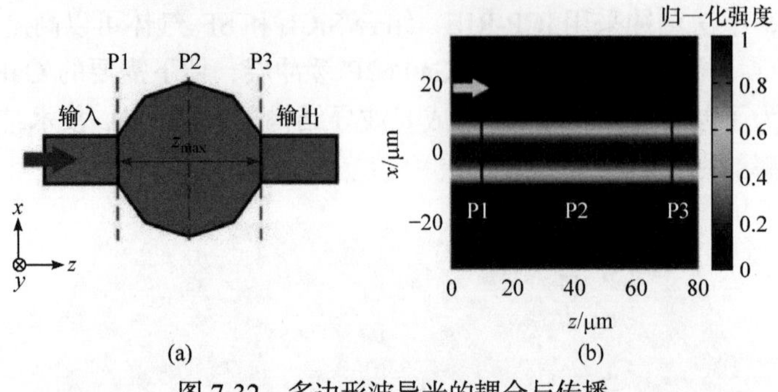

图 7-32　多边形波导光的耦合与传播

定量分析十边形波导中传播一定距离后的输出场与矩形波导在 P3 处的 TM 基模之间的耦合损耗。如图 7-32 所示，对于宽度大于 10μm 的波导，输出光场与矩形输出波导的 TM 基模之间的耦合损耗小于 0.01dB，证明多边形波导中的衍射几乎可以忽略不计。不管多边形波导中的传播距离如何，片上干涉照明图案都只取决于基模的强度分布。

输入波导模式在十边形薄膜波导传播过程中的光束扩撒衍射可忽略不计。因此，在基于集成光波导芯片的 STUN 方案中，照明条纹只取决于不同输入波导 TM 基模的干涉。

7.3.2　横向可调深移频超分辨成像方法

高折射率的 GaP 波导保证了其倏逝波可以带来深移频。为了避免倏逝波照明下的移频成像出现缺频，需要应用 STUN[206]，即对深移频倏逝波实现降频操作。通过操纵两束参与干涉的倏逝波沿着不同方位角进行传输，可以大范围地调谐所叠加的波矢量。该波矢量由两个传播方向之间半角的正弦确定。可调降频的移频成像原理如图 7-33 所示。理论上，通过在 STUN 中引入具有超大有效折射率的波导材料，可以显著提高分辨率。

值得注意的是，这种降频方式不会影响照明倏逝波的穿透深度，因此可以保证只激发同一深度的样品。基于这种调谐机制，十边形的 GaP 集成光波导芯片，10 个输入方向的集成光波导芯片的中间形成十边形样品区域，但只有 10 个输入方向的光场重叠区域才是真正的成像区域(图 7-34)，其直径等于矩形波导的宽度，而不是由远场照明物镜确定。光通过矩形波导进入十边形区域，两个矩形波导的光场模式之间的干涉为波导表面的样品构建了结构光倏逝波照明。矩形波导

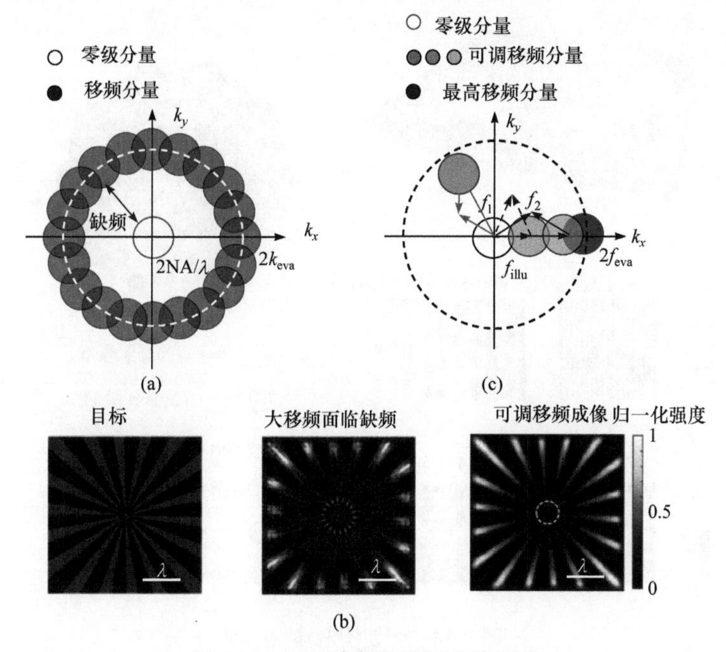

图 7-33　可调降频的移频成像原理

的宽度为几十微米，因此输入模式在多边形区域几乎不发生衍射。通过遍历 10 个输入方向和 5 个方位角实现可调频图像的重构，可以保证空间频域中没有缺频带(集成光波导模式的有效折射率为 3.38、λ_{illu}=561nm、NA=0.9)。

令 n_{eff} 表示波导模式的有效折射率，I_{illu} 和 I_{emis} 分别表示照明强度和荧光发射强度；λ_{illu} 和 λ_{emis} 分别代表照明光波长和荧光发射波长。

干涉条纹的强度分布 I_{illu} 可表示为

$$I_{illu}(r)=A_1(r)^2+A_2(r)^2+2A_1(r)A_2(r)\cos(2\pi(k_1-k_2)\cdot r+\Delta\phi) \tag{7-9}$$

其中，$A_1(r)$ 和 $A_2(r)$ 为两种输入模式的振幅；$2\pi k_1$ 和 $2\pi k_2$ 为它们的传播波矢量，$|k_1|=|k_2|=\dfrac{n_{eff}}{\lambda_{illu}}$；$\Delta\phi$ 为相位差；等号右边的第三项中的 k_1-k_2 与两个输入传播波矢量之间半角的正弦有关，因此可以通过改变 GaP 集成光波导芯片中输入模式的方位角灵活地进行调整。干涉调谐移频即通过选择性从两个输入端口及其之间的夹角光的干涉形成必要的空间频谱信息。图 7-34(d)显示了 GaP 集成光波导芯片的 STUN 模型中可以完全探测到的最大空间频谱半径 $\dfrac{2n_{eff}\cdot\dfrac{\lambda_{emis}}{\lambda_{illu}}+2\text{NA}}{\lambda_{emis}}$，与之对应的横向分辨率为 $\dfrac{\lambda_{emis}}{2n_{eff}\cdot\dfrac{\lambda_{emis}}{\lambda_{illu}}+2\text{NA}}$。

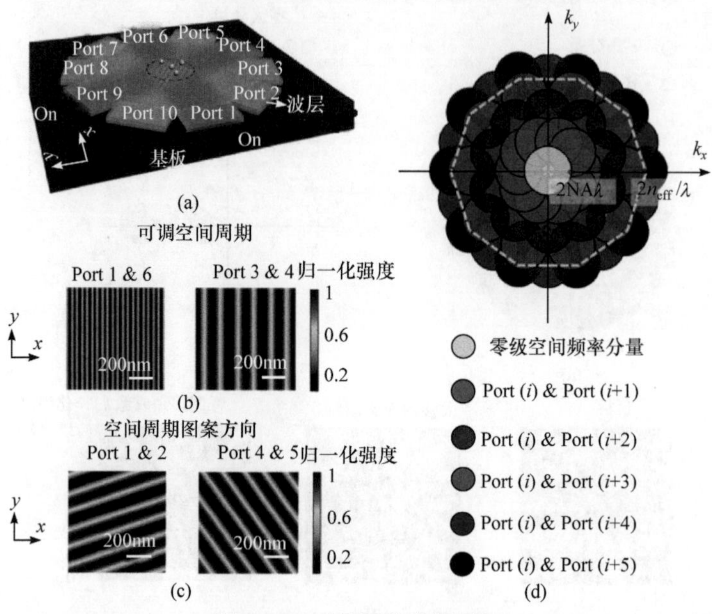

图 7-34　干涉调谐移频原理

具有高折射率的 GaP 波导可以保证其倏逝波带来深移频。为了验证照明有效波矢量的可调性，用 GaP 晶体进行实验，将 639nm 激光通过所制备光栅上的法向入射耦合到 GaP 晶体中，倏逝波可在晶体的另一侧产生。通过制备具有适当周期和方向的光栅控制倏逝波的波矢量和方向。在我们的实验中，首先生成具有 $1.28\times2\pi/\lambda$ 的横向波矢量的倏逝波。如图 7-35 所示，显示了两个倏逝波波矢量之间的夹角为 180°、120°和 60°的干涉图。对应的条纹周期从 0.38λ(241nm)降频为 0.44λ(281nm)和 0.78λ(496nm)，与图 7-35(c)的理论计算值吻合。

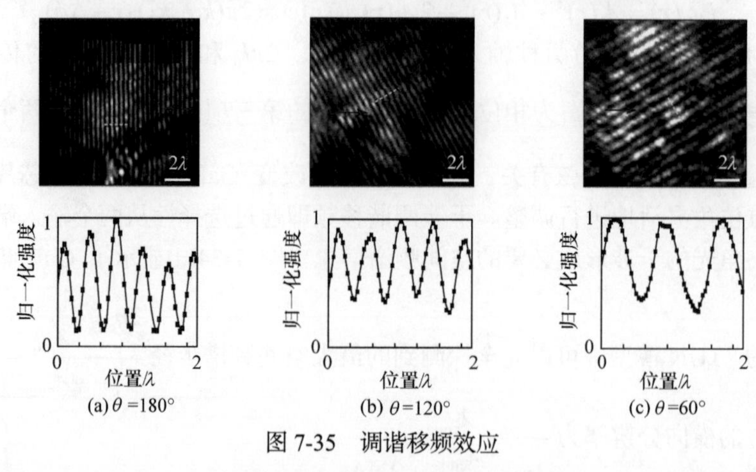

图 7-35　调谐移频效应

成像时，十边形 GaP 波导的边长和厚度分别为 100μm 和 250nm。在 561nm

的波长处，GaP 波导 TM 基模的有效折射率为 3.38。大小为 25nm 的荧光珠(发射波长为 600nm)随机分布在波导表面。使用 NA=0.9 的物镜，通过 STUN 成像，就可以同时获得高分辨率和大视场角方面的优势，如图 7-36 所示。

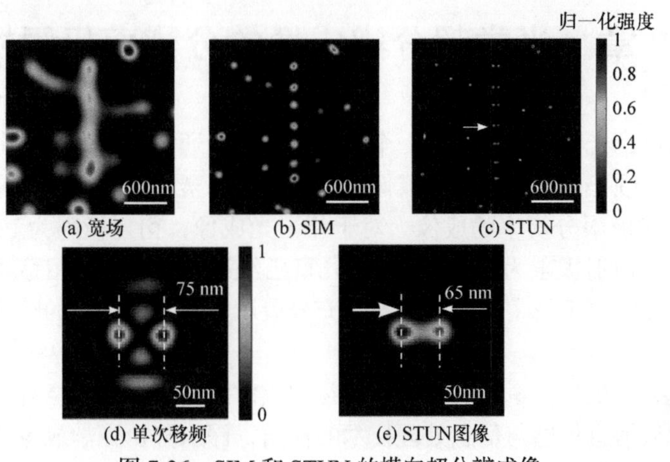

图 7-36　SIM 和 STUN 的横向超分辨成像

7.3.3　可调移频与缺频对比成像

在 GaP 波导为芯片的 STUN 成像中，分辨率可以提高超过成像物镜阿贝衍射极限的 5 倍。对于 STUN 中使用的每个 SFS 向量，记录三个照明相位不同的图像，以求解以原点和 $\pm f_{\text{illu}}$ 为中心的三个空间频域分量。为了使将来的相位调制更加灵活，相位调制可以在芯片外部或在芯片上集成相位调制器来实现。利用 25nm 的荧光球为目标进行成像，图 7-36(c)显示了重构的 STUN 图像。与宽场图像和经典 SIM 图像相比，STUN 的成像分辨率得到显著的提高。STUN 可以分离两个中心距为 65nm 的荧光珠，对应的分辨率可以达到 $\lambda_{\text{emis}}/9$。

照明波矢的可调性对于深移频纳米显微镜的图像重构至关重要。由于经典的重构算法是采用相关性算法来估计照明条纹的周期，方向和相位，频域中的缺失频段将导致相关性计算失败。同时空间频谱丢失也会在重构的图像中产生伪像和失真。STUN 可以填满深移频造成的频谱缺失，保证图像不失真。还有一点值得指出的是，信号减小时，STUN 有比 SIM 更好的信噪比。

7.4　小　　结

利用移频成像原理，我们可以研制出片上移频成像芯片，进而可以利用 STUN 简单地将要成像的样品放置在芯片的特定样品区域，然后利用芯片的照明特性，在简单的宽场成像显微镜中就可以获得移频超分辨的成像。当然，这需要移频成像算法的保证。

第8章 光学超分辨成像的分辨率极限探讨

我们知道，光学成像系统是一个空间频谱的低通滤波器，存在由数值孔径决定的成像截止频率。所谓超分辨成像是指，成像分辨率超过光学成像系统数值孔径决定的衍射极限分辨率的成像。对于相干光成像，衍射极限为λ/NA；对于非相干光成像，衍射极限为λ/2NA。前面几章已经系统介绍了利用移频方法实现超分辨显微成像的原理及主要实现技术，充分展示了移频超分辨的跨越衍射极限成像的能力。

作为全书的最后一章，我们将跳出物理成像的角度，将成像看作信息传感的一种手段，从信息传感与信息处理技术的视角，深入分析光学成像系统的成像分辨率极限问题。

光学成像系统可以近似看作一个信息传递的线性系统，因此很自然可以参照信息论中的信息传输思想，分析光学成像系统的图像信息传递规律。近年来，量子信息技术发展迅速，极大地引起人们的关注。以量子成像为代表的量子传感技术正在快速发展，因此从量子信息的角度如何看待超分辨成像也是一个十分有意思的方向。同时我们身处人工智能时代我们将从 AI 技术出发，探讨深度学习技术在超分辨成像中的应用。

超分辨成像是人类不断追求的目标，因此人们一定会穷尽所有知识与技术不断拓展新知识，提升人类对微观世界的探知能力。这是光学成像技术能够不断发展的动力与源泉。

8.1 光学成像分辨率的信息论模型

一个光学系统的光学成像过程可以看作成像对象的时空信息，以及其他物理特性在此光学系统的传输过程，因此成像对象整体信息传输的保真度就表明该光学系统的信息传输性能。光就是成为成像对象的信息载体，物体图像的传输保真度，即该光学系统的成像能力。分辨率是关键参数之一。

因此，我们可以借鉴信息论对信息传输系统的分析方法，分析光学成像系统的信息保真问题。

8.1.1　香农信息论与光学成像信息容量

经典信息论的核心是香农的信息传递三大定理[207]。将香农信息定理与光学成像系统结合，可以深入认识成像的信息本质。

光学成像是一种时空与物理特性的变换传输过程，所以必须对光学成像的成像信息进行描述与表征。为了将信息论的分析方法应用于成像系统，我们需要对各项成像参数进行信息表述。

根据信息论，一条信息的容量以比特为单位，定义为

$$N = \log_2 m$$

其中，m 为这条信息可能的状态总数。

对于光学成像系统，信息传输的对象是成像目标，光学成像是对目标的时空特性进行光学成像。简化起见，假设成像目标是一个二维目标(二维图像)$O(x,y)$，光学系统的成像是一个对此二维目标的二维成像过程，所成的像也是一个二维图像 $I(x',y')$。

假设 $O(x,y)$有 $L\times H=m$ 个像素，每个像素的数值为 $O(i,j)$ ($i=1,2,\cdots,L$; $j=1,2,\cdots,H$)，其变化范围为 0～2^Q，则图像具有的信息量(单位：bit)为

$$N(O(x,y)) = \lg(m\cdot 2^Q) = Q\lg m$$

注意，这是二维图像为无噪声情形的信息量。成像光学系统是这个成像过程信息系统的信道。

处理信息编码与信息在一个系统中的传输特性时，可以根据经典信息论的香农三个定理。

香农第一定理——无失真信源编码定理。它给出了在无损情况下，数据压缩的临界值。对应于成像系统，实际上指出了图像压缩的极限问题。在无损压缩的情况下，压缩任何东西所需的比特数都大于香农第一定理给出的值。对于光学成像系统，说明了光学图像压缩的极限问题，或者说图像编码的极限问题。

香农第二定理——有噪信道编码定理。它给出了香农容量，涉及奈奎斯特采样定律。奈奎斯特带宽指的是，如果通信系统的信息带宽为 B，那么可被传输的最大的信号速率就是 $2B$。这个限制来自码间干扰。

奈奎斯特准则指出，在没有噪声的完美情况下，数据率的限制仅来自信号的带宽。若带宽加倍，则数据率/信道容量也加倍。但是，实际信道会复杂很多，高斯白噪声、突发噪声、衰减失真都会对信道上传输的信号产生影响，造成噪声信号丢失或者误码等。对于光学成像系统，各种噪声对应成像系统中的杂散光与各种像差。如果考虑光学成像系统的光电探测器，则包含探测器的电子噪声等。光学成像系统的空间带宽积就对应通信系统的带宽。

经典信息论的核心公式就是香农公式，论述在有噪声的情况下，通信系统的带宽与传输信息速率，以及系统信噪比之间的关系。假设信道的带宽为 B(Hz)、信道能够传输的信息速率为 C(bit/s)、信道的信噪比为 S/N，它们三者的关系为

$$C = B \cdot \log_2\left(1 + \frac{S}{N}\right) \tag{8-1}$$

这就是赫赫有名的香农公式。香农公式表明，带宽和信噪比共同决定一个信道的信息传输速率。可以清楚地看出，增大带宽 B 不一定能使 C 不断增加，甚至当 B 趋近无穷大时，C 会趋向于一个定值。这是因为信道带宽趋近于无穷大时，噪声功率也有可能趋近于无穷大。如果信息源的信息速率 R 小于或者等于信道容量速率 C，那么理论上存在一种方法可使信息源的输出能够以任意小的差错概率通过信道传输。如果 $R>C$，则没有任何办法传递这样的信息，或者说传递这样二进制信息的差错率为 1/2。

香农定理指出达到一个既定信道的最大容量，但是没有提及如何去实现它，所以香农容量是一个衡量实际通信系统性能的尺度。此外，上述关于信道噪声的讨论都是以高斯白噪声为前提的，对于其他类型的噪声，香农公式需要加以修正才能适用。因此，我们将香农定理用于光学成像系统时需要对相应的参数按照光学成像的目标进行对应地变换。

香农第三定理——保真度准则下的信源编码定理，或称有损信源编码定理。只要码长足够长，总可以找到一种信源编码，使编码后的信息传输率略大于率失真函数，而码的平均失真度不大于给定的允许失真度，即 $D' \leqslant D$ 。

理想的二维成像光学系统希望得到没有像差的点对点的映射成像，所以经典光学成像系统是无损无失真信息传递。但是，实际的光学成像系统要考虑带宽的影响，也就是数值孔径的限制，存在衍射极限，因此光学系统存在有损的信息传递。因为光学系统受数值孔径限制，存在一定的系统带宽，同时还是有像差等各种系统缺陷的存在，所以是一个有噪声的低通滤波系统[208]。

人们希望实现突破衍射极限成像，从信息论的角度就是实现超过系统带宽的信息传输，为此编码型的信息传递就显得更为重要。针对超分辨显微成像，我们需要从无损信息传递的奈奎斯特准则，以及极限状态下噪声对光学系统信息传递的影响，即噪声下信道的带宽与传输问题一起来思考[209]。

香农对时域通信系统提出通信信道容量的概念，即在时间 T 内，一个时变信号通过一个带宽为 B_T 的频道的信息总量。一般可以用该段时间内的采样点数 M 来描述系统的信息(数量)容量[210]，即

$$M = 2TB_T + 1 \tag{8-2}$$

其中，1 表明传输信息中的直流分量可以用系统通道的零频描述。

如果探测信号得到信号的平均值为 s，系统的噪声为 n，假设通道的带宽是受限且不相关的，则对于相干信号，这个系统的可分辨信号大小为$\left[\dfrac{s+n}{n}\right]^{\frac{1}{2}}$，所以该系统 M 个点的可分辨的信息总数为

$$m=\left[\frac{s+n}{n}\right]^{\frac{M}{2}} \tag{8-3}$$

如果是非相干成像系统，则可分辨信号的大小为$\left[\dfrac{s+n}{n}\right]$。所以，该系统 M 点的可分辨通量能力为$m=\left[\dfrac{s+n}{n}\right]^{M}$。

因此，有噪声时非相干信息系统的通量能力为[211]

$$N=\log_2 m=(2TB_T+1)\log_2\left(1+\frac{s}{n}\right) \tag{8-4}$$

对于光学成像系统而言，这里的信号是成像目标发出的光波，光学成像系统是对物体发出的光波进行成像的。按照香农时域信号的信息量描述方式，考虑一个时变的二维成像目标，即变化的二维图像。该图像具有二维方向(x、y)的空间频率信息，以及随时间变化的变化信息。光学成像系统在 x、y 方向都有信息传输带宽(这个带宽对于相干光，就是$B_x=\dfrac{\mathrm{NA}}{\lambda}$)的限制，探测器的响应速度总是有限的，形成时间上的带宽限制。所以，对于一个给定的光学成像系统，其传输的空间带宽积是一定的。该成像系统的成像信息能力(空间带宽积或信息容量)可以表示为

$$N_F=2(2L_xB_x+1)(2L_yB_y+1)(2TB_T+1) \tag{8-5}$$

其中，B_x 为光学成像系统在 x 方向的空间频率带宽；L_x 为成像系统 x 方向的视场大小；L_y 为 y 方向上的视场大小；B_y 为 y 方向的空间频率带宽；系数 2 为两个正交偏振的光模式。

式(8-5)表示信噪比为 1 时的系统信息容量。

考虑成像系统具有噪声，对于非相干噪声系统，有

$$N_F=2(2L_xB_x+1)(2L_yB_y+1)(2TB_T+1)\log_2\left(1+\frac{s}{n}\right)$$

假设光学成像系统中 x 方向的空间成像范围为 X_x，分辨率为 Δ_x，则有

$$\Delta_x=\frac{X_x}{N_F}=\frac{L_yT}{\left(2\dfrac{\mathrm{NA}}{\lambda}+\dfrac{1}{L_x}\right)(2L_yB_y+1)(2TB_T+1)\log_2\left(1+\dfrac{s}{n}\right)}$$

成像时，总不会是一个点，所以$\dfrac{1}{L_x} \ll 1$，可以略去不计(除非 10 个点以内的成像)，这样有

$$\Delta_x = \frac{X_x}{N_F} = \frac{\lambda}{2\mathrm{NA}} \frac{L_y T}{(2L_y B_y + 1)(2TB_T + 1)\log_2\left(1 + \dfrac{s}{n}\right)} \tag{8-6}$$

Cox 等[212]提出考虑系统信噪比时成像系统总的空间带宽积，而且考虑实际上成像系统不仅是二维成像，而且实际上光学成像是三维的成像，因此光学系统的总信息带宽积应该表示为

$$N_F = 2(2L_x B_x + 1)(2L_y B_y + 1)(2L_z B_z + 1)(2TB_T + 1)\log_2\left(1 + \frac{s}{n}\right)$$

换句话说，整个光学成像系统的信息流传递的总带宽是由成像系统决定的，一旦成像系统的物理参数确定，那么这个成像系统的成像带宽积就确定了。

我们也可以将三维成像空间合并为一个成像体空间[213]，即

$$N_F = (8VB_v + 1)(2TB_T + 1)\log_2\left(1 + \frac{s}{n}\right) \tag{8-7}$$

其中，B_v为描述三维空间弧度参数对应的弧度带宽。

这就是经典光学中成像目标空间结构信息空间带宽积的概念。

事实上，一个光学成像系统还是光波波长的函数，例如可见光成像光学系统，一次拍摄的是彩色图像，因此含有光谱信息。所以，光学成像系统的信道也包含对光谱的通过能力的描述。假设成像信道的光谱带宽为 B_w，则光学成像系统的总信息带宽积(或者说是成像系统的信息传输能力)为

$$N_F = (8VB_v + 1)(2wB_w + 1)(2TB_T + 1)\log_2\left(1 + \frac{s}{n}\right) \tag{8-8}$$

这个信息容量公式富含成像目标的空间带宽积外，还包含时间尺度与波长尺度的信息带宽积，是现代光学成像多参数化的体现。

当然，考虑现代光学成像是复杂的光波映射过程，光学成像是对成像目标的光场进行映射变换的过程。因此，可以从目标光学特性，也就是目标的全光场的角度来考虑成像目标的信息量。换句话说，现代成像可以是对成像目标空间信息、运动变化状态、光谱信息、偏振信息，以及轨道角动量信息的全面成像。成像的信息空间被巨大扩展了，因此描述成像目标的信息量所含的信息空间维数也被放大了，即

$$N_F = (8VB_v + 1)(2wB_w + 1)(2pB_p + 1)(2TB_T + 1)\log_2\left(1 + \frac{s}{n}\right) \tag{8-9}$$

其中，$2pB_p+1$为偏振与轨道角动量维度。

式(8-9)说明了完整光场在一个光学成像系统中传输时，光场各维度参数组成的信息容量的大小的变化规律。因为在经典的光学成像系统中，人们往往提及的信息系统的信息传输空间带宽积主要是频率是视场的乘积，对于现代成像，人们已经不满足于仅对成像目标空间信息的获取，而是对成像目标全光场参数信息的获取。因此，光学成像系统的信息容量与信息空间增大了。

式(8-9)给出了光学成像系统的完整的成像自由度，即成像信息的能力。我们可以从中分析出这个信息传递能力与光学系统成像分辨率的关系。

因为分辨率就是最小可以分辨的距离，信息通量 N_F 是可以通过的信息总数，所以假设空间成像范围为X_v、分辨率为Δ_v、光谱范围为X_w，光谱分辨率为Δ_w、时间分辨率为Δ_t、轨道角动量为Δ_p，且在极限分辨率处，如果信号的大小都可以表述为二进制的，如2^N，则信号数与分辨率之间的关系为[214]

$$N_i=\frac{X_i}{\Delta_i}$$

则分辨率为

$$\Delta_i=\frac{X_i}{N_i}$$

所以式(8-9)可以改写为

$$\Delta_v=\frac{\prod_i X_i}{N_F}$$

可以看出，信息通道的大小变数是噪声导致的，其他都是定数。如果噪声信号是相干的，则式(8-9)中 log 部分应该改为$\log_2\sqrt{\left(1+\frac{s}{n}\right)}$。

注意，式(8-9)由五个部分组成三个空间维度一个时间维度最后一个是信噪比的影响。每一个维度都是该维度视场大小与截止带宽之积。这充分说明，要想大视场又要高分辨很难。特别是，同时、多参数全面突破空间带宽积是不可能的，因为视场大小与分辨率之积是一定的，是由系统决定的，所以在给定系统的带宽积之下，视场越大，分辨率就越低，分辨率越高，视场就越小。

对于给定的光学成像系统，三个空间维度与一个时间维度的带宽积是恒定的，也就是说系统内部的各个维度是可以挪用的，这可以从式(8-6)可以看出。例如，保持一个系统的总带宽积不变的前提下，如果成像过程中降低时间维度的空间带宽积，通过时序式的拍摄多张图像，进行图像融合处理，就可以增大空间维度的带宽积；减小纵向(轴向维度)的带宽积，也可以转换为增加横向方向的空间带宽积。理论上，这就是超分辨成像的基本原理。超分辨成像仅是扩大了某个或某几个方向的截止带宽，并不是打破光学成像系统的整体空间带宽积。

我们就应用光学成像系统空间带宽积理论分析一下，现有的几种超分辨显微成像技术。由于超分辨显微成像已经是将数值孔径推到极限，因此可以很极限地考虑，成像光学系统最大的极限空间频率就是4pi弧度空间频率。视场大小由成像物镜的焦距决定，一旦成像系统的焦距一定，整个系统的空间带宽积就确定了。

(1) 超振效应超级聚焦超分辨显微，就是一种在不改变截止频率的情况下，利用干涉效应不断压缩聚焦点的大小的方法。具体而言，超振效应相当于利用无限大的天线阵，获得超小的聚焦点。它可以极大减小聚焦点的点扩散函数，使聚焦点的点扩散函数可以远小于 4pi 空间角对应的空间频率决定的斑点大小，但是它存在光斑的旁瓣，而且这个旁瓣随着中心焦点的不断缩小而不断扩大。所以，超振效应并没有打破光学成像系统的空间带宽积。

(2) 有限超分辨成像系统。对于像共焦与结构光显微成像系统，它们的分辨率都超过衍射极限，但是不会超过$\lambda/4$。这是因为对于这些成像系统，相当于是一种编码的成像系统，所以引入的调制最大频率就是系统的截止频率，产生最大成像分辨率 2 倍的无编码成像系统。

(3) 移频超分辨成像也没有打破光学成像系统的空间带宽积。超分辨移频只是用很高的频率编码照明，每次成像的频率大小还是光学系统空间带宽积的大小，只不过是多次成像，每次成像仅获取一小段频谱(成像系统成像截止带宽)的图像，利用不同的移频，采用多次移频成像，以便将频谱扩充到整个超宽带华为，从而获得无限高分辨率的图像。因此，从某种程度上说，利用时间维度上空间带宽积的压缩可以促进空间上的带宽积的扩大，即提升空间上的成像分辨率。

(4) 打破带宽积的超分辨成像，只有脱离线性系统。当成像系统是一个非线性系统时，空间带宽积就不再是恒量，而是随光强的变化而变化，因此系统的截止空间频率就会发生变化，如双光子显微、STED 显微成像、饱和荧光成像、STORM 显微成像等都属于这样的超分辨成像系统。

(5) 式(8-9)中值得注意的是信噪比项。它对成像分辨率也有重要影响。例如，一旦我们知道成像系统的点扩散函数，就可以用数字去卷积的方法提升系统的分辨率。理论上，如果没有成像噪声，这种鉴别率板的提升是无止境的，特别是数字图像处理。但是，在实际应用中，任何图像获取过程都有噪声的影响，会极大限制数字去卷积技术对提升分辨率的贡献，因此要想利用数字去卷积提升分辨率，前提是必须有很好的信噪比。

8.1.2　从信息论的角度看成像分辨率极限

前面论述了如何从信息论、信息通量的角度看待光学系统的分辨率极限，这里引用纳尼马诺夫的信息论的角度[215]，进一步分析光学系统能够传输的信息量与系统的结构特性之间的关系。纳尼马诺夫主要用这种方法分析论证超振系统是如何实现超分辨成像的。

设一个用于成像的样品 $\Delta\varepsilon$ (不失普遍性，假设为一维样品)，大小为 L，是一个有灰阶强度变化的信号，且灰阶为 M，照明光是相干光。成像光学系统的分辨率为 Δ，成像探测为远场，即探测器 D 距离样品 R，且 $R \gg L$。样品成像原理图如图 8-1 所示。

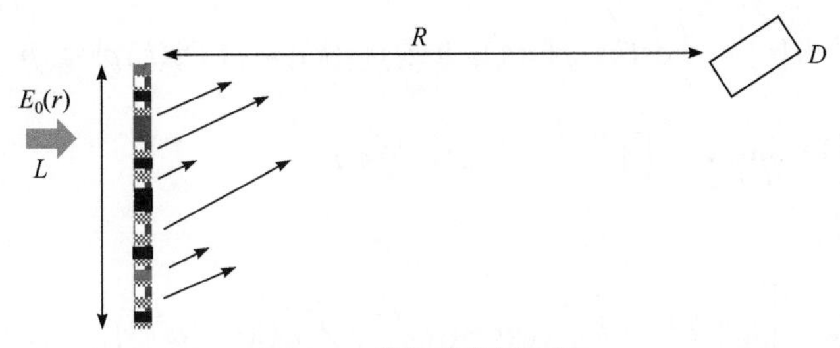

图 8-1　样品成像原理图

按照光学成像原理，假设样品 $\Delta\varepsilon$ 被相干光 $E_0(r)$照明，则远场探测器探测到的信号是一种远场的散射光分布信号，即

$$s(k) = \int \Delta\varepsilon(\hat{r}) E_0(\hat{r}) \exp(\mathrm{i}k \cdot \hat{r}) \mathrm{d}^2 r + n(k) \tag{8-10}$$

其中，$\hat{r} = \hat{x} + \hat{y}$ 为样品面上的矢量；k 为散射光波矢 $k = k_x \hat{x} + k_y \hat{y}$；$n(k)$ 为成像系统的整体噪声，可以由样品引起或探测器本身产生，还可以是成像系统产生的附加噪声。

当成像系统理想地对样品成像时，在探测器 D 获得的信息 T 能够按照分辨率极限恢复样品大小 L，对应的分辨率为

$$\Delta = \frac{L}{T} \tag{8-11}$$

样品每个像素是有灰阶信号的，假设每个像素有 M 阶灰度，因此需要分辨信号的信息量增大为

$$\Delta_M = \frac{L\log_2 M}{T} = \Delta \log_2 M \tag{8-12}$$

这就意味着，光学成像的样品信号是灰阶信号还是二值化信号，其信息量是不一样的，即同一个光学成像系统对这两种样品的分辨率是不同的，因为信息量不同。

按照信息论，探测器获得信号为 s，则探测器获得的信息量为信息熵：

$$H[s] = -\int \mathrm{d}s\ p(s) \lg(p(s))$$

其中，$p \equiv p(s) \equiv p[s(k)]$，是探测器探测到 s 信息的概率。

根据香农定律，系统最终获得的成像信息 T 是系统的互信息函数[210]，即

$$T = H[s] - H[s \mid o] \tag{8-13}$$

其中，$H[s]$ 为探测器接收信息的熵；$H[s \mid o]$ 为条件熵，即

$$H[s \mid o] = -\int \mathrm{d}s\ p[s \mid o] \cdot \log_2 p[s \mid o]$$

由此可知，探测器获取的信息熵为

$$H[s] = -\int \mathrm{d}s(k) \cdot p[s(k)] \cdot \log_2 p[s(k)] = -\int Ds(k) p \log_2 p$$

其中，$\int Ds(k) \equiv \lim\limits_{M \to \infty} c_M \left(\prod_{m=1}^{M} \int \mathrm{d}\xi(k_m) \right) p \log_2 p$。

由此可得

$$H[s] = \sum_{\lambda} \log_2 \left[\pi e \left(2\lambda \left\langle |n(k)|^2 \right\rangle \left\langle |\alpha - \langle \alpha \rangle|^2 \right\rangle + \lambda^2 \eta \left\langle |\alpha - \langle \alpha \rangle|^2 \right\rangle^2 + \left\langle |n(k)|^2 \right\rangle^2 \right)^{1/2} \right]$$

其中，α 为样品对照明光的吸收，如果样品是无吸收的，则 $\alpha=0$；η 为样品吸收的参量，即

$$\eta = \frac{\left\langle \left| \mathrm{Re}(\alpha - \langle \alpha \rangle) \right|^2 \right\rangle \left\langle \left| \mathrm{Im}(\alpha - \langle \alpha \rangle) \right|^2 \right\rangle}{\left\langle \left| (\alpha - \langle \alpha \rangle) \right|^2 \right\rangle} - \frac{\left\langle \mathrm{Re}(\alpha - \langle \alpha \rangle) \mathrm{Im}(\alpha - \langle \alpha \rangle)^2 \right\rangle}{\left\langle \left| (\alpha - \langle \alpha \rangle) \right|^2 \right\rangle}$$

根据信息论，经过成像系统，实际获得的样品信息为成像系统的互信息函数，即

$$T = H[s] - H[s \mid E_0, \alpha]$$

整理可得最终光学成像系统的成像分辨率，即

$$\Delta = \frac{\lambda}{2} \frac{1}{\log_2 \sqrt{1 + 2\mathrm{SNR} + \eta \mathrm{SNR}^2} + \Gamma\left(\dfrac{1}{k_0 L} \right)} \tag{8-14}$$

对于灰度信号的样品，假设灰阶为 M，则成像分辨率为

$$\Delta_M = \frac{\lambda}{2} \frac{\log_2 M}{\log_2 \sqrt{1 + 2\mathrm{SNR} + \eta \mathrm{SNR}^2} + \Gamma\left(\dfrac{1}{k_0 L} \right)} \tag{8-15}$$

其中，$\Gamma\left(\dfrac{1}{k_0 L} \right)$ 是与样品大小相关的函数，当样品有一定大小时，即 $k_0 L \gg 1$

时，可以忽略不计；$\mathrm{SNR}=\dfrac{\left|s(k)-n(k)\right|^2}{\left|n(k)\right|^2}$，表示成像样品的信息与平均值的差异。

因此，从信息论的角度看系统成像分辨率极限的时候，除了与系统的衍射极限相关，还与系统的成像信噪比直接相关。如果信噪比很高，则分辨率可以很高，超过成像系统的衍射极限。虽然式(8-14)允许在无噪声环境中具有无限分辨率，但即使是相对较低的噪声也会显著改变该图像。由于分辨率极限是系统探测的信噪比的对数反比，要将分辨率极限提高十倍，需要将信噪比提高近 5 个数量级。

值得指出的是，光学成像分辨率和瑞利分辨都是指两个点可分辨的最近距离，所以这里隐含的一个条件是，这两个点的信号强度是一样的。如果两个点的强度不一样，也就是灰度信息图像，那么灰度样品的成像分辨率要显著小于二值化样品的成像分辨率。

另外，成像分辨率还与样品的信号稀疏性相关，也就是与样品的信号分布结构特性相关。如果是稀疏结构的样品，同样信号强度的信噪比会好很多，信号的反差会大一些，因此对应的分辨率就可能更高。

从前面两节信息论的角度看待超分辨成像，我们可以总结出以下几个非常重要的观点。

(1) 经典物理的成像分辨率极限与信息论的成像分辨率极限既有关系又有区别。信息论增加了信号与噪声的影响因素，其成像分辨率极限在一定条件下可以超越，甚至远超越物理极限的限制。例如，当信噪比很高或趋于无穷时，从信息论的观点，成像系统的成像分辨率极限可以非常高，远超衍射极限。

(2) 成像系统的成像分辨率极限还与成像系统的信息自由度相关，而成像系统的信息自由度是由成像系统所利用的光波自由度的度数关联的。当一个特殊的成像系统，采用光波中多个自由度调制技术，实现对目标的成像时，从信息论的角度，对于这样的成像系统，限制的或者说守恒的仅是总信息自由度，各个独立的自由度之间是可以互为借用的。换句话说，假设一个成像系统包含光波的三维信息的成像，我们可以牺牲深度维度的自由度提升横向维度分辨率的增高；也可以牺牲时间维度，利用多次成像的处理，提高横向或者三维成像的分辨率。如果我们还利用光谱自由度和偏振自由度，就可以牺牲光谱或偏振自由度的分辨率，达到提高空间维度分辨率的目的。

(3) 成像系统的信噪比对成像系统成像分辨率的影响极大。同样，成像的样品是二值化样品还是灰度样品都影响成像分辨率的极限。这是信息论带给我们不同于物理光学成像衍射极限的新观点。根据信息论，一个光学成像系统的成像分辨率极限固然与物理的衍射极限相关联，但信噪比是一个极为重要的影响因素，甚至是决定性的影响因素。从这个角度说，任何光学成像系统都存在固有的成像噪声(举个例子成像面阵探测器的背景量子噪声)，因此对于一个高信噪比的光学成像系统，其成像分辨率极限可以超过物理的衍射极限，而最终的分辨率极限，实际上是取决于信噪比，也就是成像系统成像的最终光子数。

因此，从信息论的观点，成像系统的成像分辨极限取决于成像探测器处的信号的光子数，或者光通量。这一点在移频超分辨成像中也表现的非常突出。

8.1.3 从信息论的角度看移频超分辨成像的极限

由于表面波的频率可以通过微纳结构与金属薄膜的巧妙组合，获得非常高的等离子激元波频率。例如，双曲色散型超表面就具有无限大的色散频率，也就是表面波的振荡频率可以是无穷的，至少理论上如此。因此，从理论上讲，利用移频技术，人们可以通过多次移频，覆盖成像样品的任意频率范围，进而实现无限高分辨率的超分辨成像。但是，在实际操作中还是存在成像分辨率的极限的。

1. 表面波局域效应引起的极限

(1) 深度局域效应，深度信息减小。表面波的调制频率越高，意味着表面波的局域效应越强。表面波越靠近产生表面波的界面，趋肤效应越强烈，表面波对样品的照明区域就越薄，深度信息就越趋于界面。样品的信号会越来越微弱。

(2) 横向局域效应，传播损耗增大。根据表面波的表达式，我们可以看出，器件结构的材料总是存在一定的吸收与散射损耗。随着表面波调制频率的增高，表面波沿表面传播的吸收损耗增大，同时散射损耗也增大了。因为散射与频率的平方成正比，这样表面的杂散光增大，表面波的传播距离减小。表面波传播距离减小，直接后果成像视场减小，同时由于损耗加大，表面波对样品有效照明的能量减小，所以当视场小到一定程度，就直接限制了成像的分辨率。因此，视场的大小某种程度上决定了移频成像分辨率。

2. 信号噪声对应的极限

高的表面波频率，表面场局域，场的强度减小。总体而言，随着表面波调制频率的升高，局域性增强，局域场在单位面积的强度虽然可以通过对超表面结构的设计获得较大的强度，但是与低频调制相比，场的强度总体会倾向于减小，至少难以增加。

局域效应的增强，在局域区域内样品的信息减弱。由于局域性越来越强，照射的表面场与样品作用的区域越来越小，因此成像的信号也相应越来越弱，样品成像的范围越来越趋肤。在这样系统成像中，成像信号就会减弱到噪声状态，也就是说成像的分辨率(移频的大小)最终由成像系统的噪声水平来决定。探测器的噪声是恒定的，因此当深移频时，随着表面波频率的增大，信号减小，就是使成像的信噪比急剧下降。

因此，移频超分辨成像的分辨率极限与信息论的分辨率极限是十分相似的。它们的共同特点就是极限主要由信号噪声决定，系统成像的信噪比是分辨率极限的最主要因素。其次，成像的深度越来越趋肤化，也就是成像的景深极大地受到高频表面场的压缩。

所以，我们可以做一个简单的总结。从信息理论的观点，以及我们对移频超分辨成像研究的实际可以看出，一个光学成像系统的分辨率极限，从本质上来说，仅取决于该成像系统对此成像目标的成像信噪比。当然，同一个成像系统对不同信噪比对象成像的极限分辨率也是不一样的。因此，成像系统的最终极限不受系统成像物理参数(如数值孔径等)的限制，而是受到成像系统在成像信息传输过程中信号信噪比的限制。

8.2　量子效应下的光学成像分辨率

量子成像技术依赖光的量子特性，具体而言，主要是根据光量子的叠加态与纠缠态特性发展的利用量子特性来实现成像与探测的信息技术。由于经典物理的限制(如噪声)，传统的检测与成像光学仪器与系统仅能达到经典的物理极限，称为标准量子极限(standard quantum limit，SQL)。这也是传统光学的经典成像极限。要从理论角度突破 SQL 的限制，量子光学提供了新途径与新思路。随着量子信息技术的发展，人们对量子态的产生与调控能力得到充分加强与发展。近年来，利用量子态，加上传统的成像、检测技术来提高测量与成像精度，可以突破标准量子极限的$1/\sqrt{N}$ (N 为光子数)。如果用压缩态与量子纠缠态进行测量或检测，则理论上精度可以突破标准量子极限，达到海森堡量子力学的极限[216]，即$1/N$。

本节论述量子光学，特别是量子信息技术在量子成像方面的最新发展，同时展望量子信息技术可能为超分辨成像带来的变革。这个变革性主要体现在两个方面：一是可以产生不接触成像目标，但是利用与成像目标探测的特性，也就是纠缠量子对在动量、能量、位置等的方面的量子关联性进行成像。即便在没有直接探测的情况下，也可实现光谱探测或成像，甚至可以探测光实际上并未与样本互动，也可以对样本进行成像探测；二是，利用多光子的纠缠态与量子的压缩态及其光子数统计，使成像探测的分辨率与精度超越传统的散粒噪声级(或标准量子极限)，向海森堡量子力学极限 $1/N$ 发展成为可能。

量子光学对成像技术的促进主要体现在利用量子信息特性的量子度量学。成像是度量中的一种特殊手段，因此充分借鉴量子度量技术，可以为成像提供量子处理的新手段。光场压缩态与光子纠缠效应是常用的量子度量的技术手段。

光场压缩态的概念是1976年Yuen[217]提出的，随后在理论与实验方面都得到了充分发展。至今，人们在实验室已经实现三种不同的光场压缩态，即正交相位压缩态、光子数压缩态，以及强度压缩态。

在经典检测中，根据海森堡测不准原理，电磁场的场分量不可避免地存在无规律的真空涨落。正是这种涨落从本质上限制了光学测量的精度。这个涨落就是经典的散粒噪声，或者电磁场的量子噪声，也就是前面提及的标准量子极限。我们将通过某种方法将电磁场的某个场分量的噪声压缩到低于其的真空噪声水平的电磁场状态就称为处于压缩态。

当光场的正交相位或正交偏振的量子起被压缩到伏低于标准量子极限时，就称为正交压缩态光场。当光场的光子数起伏的平方小于平均光子数时，称为光子数压缩态；利用光参量下转换产生孪生光束强度差之间的量子关联，使其强度差起伏小于相应的标准量子极限，称为强度差压缩态。

利用不同光场的压缩态，就可以抑制相应光场分量的起伏，提高光场该分量探测的信噪比，进而提高探测精度。实验表明，利用压缩态可以将标准量子极限提升 4～7dB 的信噪比。在超分辨光学显微成像中，随着分辨率的提升，成像的空间区域越来越小，超分辨显微一般的分辨率接近30nm，有的已经小于10nm。这样的小区域发出的光子数也在减少，而且应该考虑其量子发射效应。当采用单光子探测器进行光子量级的探测时，样品可分辨区域的发光也会进入量子状态，因此量子压缩态极可能应用于显微成像。此外，可以寻找具有非线性纳米晶体作为标记物，形成具有纠缠效应或关联效应的局域发射，通过压缩态技术或其他相关技术获得打破标准量子极限的成像分辨率。

实现超标准量子极限的量子探测还可以依赖探测光量子的纠缠效应。NOON态的纠缠就是典型的粒子。所谓 NOON 态是指一种量子力学多粒子的纠缠态，表示模式 A 中 N 个粒子与模式 b 中零个粒子的叠加，反之亦然。通常，粒子是光子，但原则上任何玻色子场都支持 NOON 态。假设 N 个粒子组成下面两个模式的纠缠态，即

$$\frac{1}{\sqrt{2}}\left(|0\rangle\cdots|0\rangle+|1\rangle\cdots|1\rangle\right)$$

状态是 N 个粒子的薛定谔猫态。当对模式$|1$添加一个相位φ时，这个态的两个模式之间建有一个 $N\varphi$的相位差，即

$$\frac{1}{\sqrt{2}}\left(|0\rangle\cdots|0\rangle+\mathrm{e}^{\mathrm{i}N\varphi}|1\rangle\cdots|1\rangle\right)$$

经过一个合适的量子测量之后，可以得到一个振荡周期为 $\frac{2\pi}{N}$ 的曲线。与经典状态测量的结果比，量子纠缠态可以提高精度到 $1/N$，相比经典状态的精度提高了 $\sqrt{N}$ 倍。这就是利用多粒子纠缠态提升传感探测精度的基本原理。

具体到量子成像技术，经过近几年的而发展，一般可以将利用量子对的纠缠效应或者叠加效应的量子成像技术分成三个类型(图 8-2)[218]，即基于干涉型的量子成像、基于相关型的量子成像、基于纠缠型的量子成像。

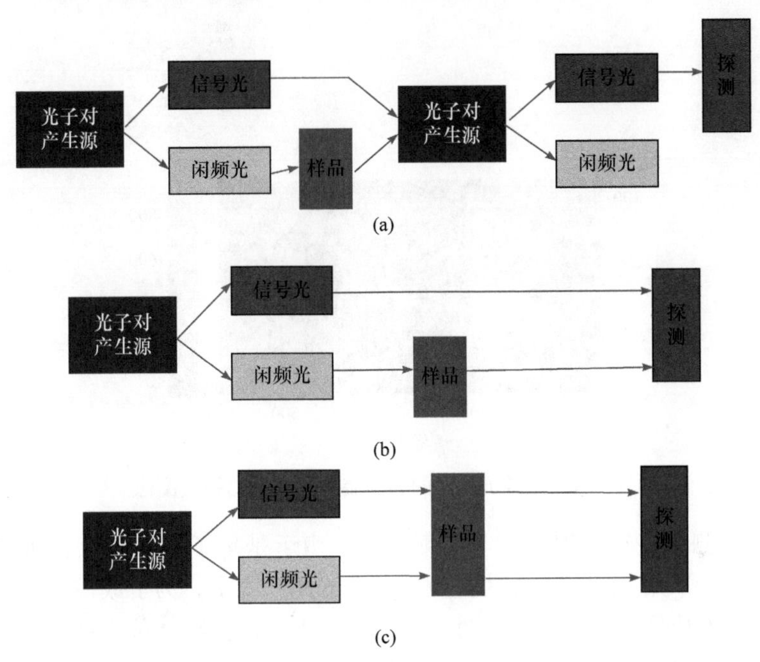

图 8-2　量子成像技术的主要类型

8.2.1　基于干涉效应的量子成像

基于干涉效应的量子成像系统，Mandel 等第一次演示了诱导相干量子成像的实验装置。其原理是[219]，激光入射非线性晶体，形成信号光与闲频光两个纠缠态光束，要成像的目标放置在闲频光的光路中。这两束光再合起来泵浦第二个非线性晶体(图 8-3)，产生两路纠缠光束，探测第二次纠缠光束中的信号光，就可以通过量子测量获得目标的图像。

如图 8-3 所示，532nm 激光经偏振分光棱镜分成两束，其中一束入射第一个非线性晶体形成两束频率不同的纠缠光，其中闲频光被二色镜 D_1 反射，照明成像目标，透过成像目标后与 532nm 经 PBS 分光后的另一束光合束，进入第二个非线性晶体。其出射光与第一个非线性晶体出射的信号光在分光棱镜分光合束进

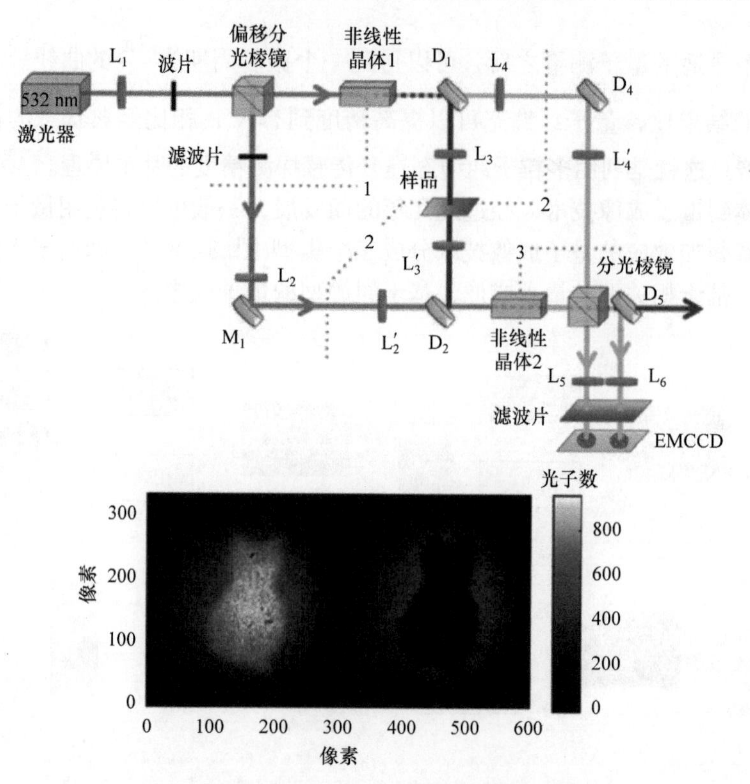

图 8-3　光量子成像的实验装置和成像的强度图像

行干涉。探测该棱镜透射干涉与反射干涉。由于是量子态的光束，所以光子水平，光很弱，采用 EMCCD 作为探测器。在光路系统中，为了成像，第一个非线性晶体的平面成像到第二个非线性晶体的平面上，成像物体位于系统的傅里叶频谱平面上。同时，成像物体平面本身成像到 EMCCD 相机[220]。

实验很难分清成像检测到的闲频光是否由第一个非线性晶体产生，并在检测之前穿过物体(携带成像信息)，或者它是在第二个非线性晶体中产生的，而不与物体相互作用，而是在 EMCCD 探测器上拍摄到成像物体的图像。该图像是在通过分束器后，信号光束的干涉图像中获得的(图 8-3)。

具体地，假设两个晶体之间的物体的透射比函数为 $T(x, y)$，并且也具有能够使透过它的闲置光产生相移 $\gamma(x, y)$。分析表明，在分束器输出端口(由 L_5 和 L_6 表示)检测信号光子的概率为

$$P(L_5/L_6(x, y))=1/2(1\pm T(x, y)\cos\gamma(x, y)) \tag{8-16}$$

因此，可以观察到两种成像，即基于构造性成像和基于式(8-16)不同符号实现的干涉相消。如前所述，物体的透射率决定路径信息，从而决定干涉条纹的可见度。

在极端情况下，当 T=0(闲频光路径被阻断)时，干涉完全消失，无法观察到图像。此外，物体引入的相位会产生不同的光子路径长度。相位差是由实际穿过物体的光的路径长度差而不是相机检测到的光的路径长度差决定的。

这种成像非常有趣的地方是，相机拍摄的光的波长与照明成像目标的光可以完全不同，也就是人们可以照明成像物体用一种波长的光，而对物体的成像却可以用对照明光不灵敏的探测器来成像。

该技术有可能利用多光子效应来提升成像效果。一般的 SPDC 在有足够强泵浦(但仍在自发范围内)或脉冲泵浦过程中，可能产生的高阶光子对。如果我们采用光子计数分辨探测器来探测经过物体高阶光子对的分布与 NOON 态显微镜类似，都是基于N个光子以一种或另一种方式进行干涉。在其中一个干涉臂中具有相函数$\gamma(x, y)$的物体会导致该特定路径可能性的相移为 $N\times\gamma(x, y)$。因此，可以在散粒噪声限值以下实现增强的相位灵敏度和精度。

8.2.2　基于光量子相关性的量子成像

基于光量子相关性的成像的基本原理是，当一对光子的两个光子之间具有空间相关性时，就可以利用这个相关性，让一个光子经过成像目标，而另外一个光子直接探测，进而利用两个光子的相关性得到目标的图像。这种成像方法又称量子鬼成像(quantum ghost imaging，QGI)[221]。

QGI 一般由自发参量下转换效应 SPDC 产生相关联的光子对。光子对的两个光子被分成两个独立的光束。其中一束，如信号光束，用于照亮物体，随后使用所谓的桶形探测器(单探测器)检测发射的信号光子。另一束为闲频光，用具有空间分辨率的阵列探测器或单扫描探测器探测。两个探测器本身都无法生成对象的图像，因为信号光束中的探测器是桶型探测器(也就是只有一个像素)不接收任何空间信息；闲频光中的阵列探测器(或者扫描型探测器)虽然可以探测闲置光的空间信息，但是该光束不经过成像目标，因此不接收有关成像目标的信息。但是，当两次测量信号做相关运算之后，可以在相关信号中得到目标的图像。这种成像方案利用了这样一个事实，即一对光子在时间和理想情况下在空间上总是完全相关，因此使用空间分辨率检测器测量闲频光的位置足以确定信号光子在对象上的位置，而测量传输光子统计最终将导致对该位置处对象传输的估计。如图 8-4 所示，可以发现非线性晶体参数下转换产生的光子对在成像过程中的作用。值得一提的是，在 QGI 系统中，阵列探测器并没有直接朝向成像目标本身，而是朝向照明光源。这种成像有点指“东”摄“西”的味道。

鬼成像也可以用热光或相干光以合适的方式进行空间调制。原则上，可以用光子对实现的每个鬼成像方案也可以用经典光实现。然而，由于一侧的相干光和热光与另一侧的光子对(即数态)的统计特性根本不同，因此获得的图像信噪比存在差异。这表明，使用光子对具有根本的优势。

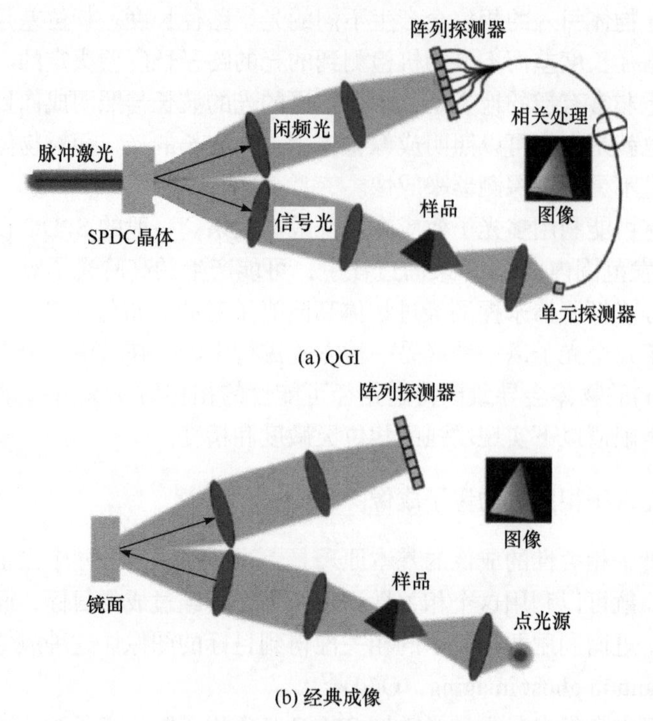

(a) QGI

(b) 经典成像

图 8-4　量子关联成像

在 QGI 成像方案中，为了适应量子效应的弱光特性，成像探测器采用高灵敏的 EMCCD 摄像机，能够超越经典噪声极限，实现亚热噪声成像。在 QGI 系统中，由于信号光子和闲频光之间的完美相关性，可以确保它们共享完全相同的统计数据。这一优势原则上在使用单光子相关测量的 QGI 中也同样满足[222]。然而，到目前为止，仅在只有一个空间模式的光谱实验中得到验证性实现。

QGI 相对经典 GI 的优势在小照度水平下最大，其中经典泊松统计会产生较大的相对不确定性，对于高检测效率和样品中的低吸收，不会引入超过这一优势的泊松不确定性。因此，QGI 似乎特别适合对照明非常敏感的对象成像。这对于波长较短的样品尤其具有价值，因为被测样品很容易被光修改或损坏。此外，它还可用于背景光强度与探测物体的量子光束强度相似或更大情况下的物体探测。

此外，关联探测也可以做高阶关联探测。理论上，高阶关联探测可以改善成像的信噪比[223]，当然要求的光子对也要具有更好的关联性。

8.2.3　基于纠缠效应的量子成像

纠缠光子对中的一个光子与样品的相互作用可以导致有趣的物理探测上的应

用。纠缠可能是量子力学最独特的特征，只有当光子对的两个光子与一个物体相互作用时，才能利用纠缠效应[224]。当使用两个以上光子的非经典态时，也就是多光子纠缠态，可以进一步增强纠缠在量子成像中的优势。所谓的NOON态[225]，就是 N 个粒子或光子的纠缠态，其中一个模式被 N 个光子占据，另一个模式在真空中，反之亦然。

荧光显微镜是生命科学领域的主要工具之一。利用几种植物的自发荧光分子或用荧光团标记功能性细胞部分，使生物医学研究和诊断有了全新的前景。荧光激发也可以通过多光子吸收的过程来实现。在实际应用中，这通常是通过双光子吸收来实现的，光子的波长是跃迁所需波长的两倍。与单光子荧光显微镜相比，使用多光子荧光有几个优点。首先，能量较低的光可以深入组织。其次，超分辨显微中大部分都是采用共焦显微镜。共焦系统使激光聚在一点小区域才可能形成非线性的双光子或多光子激发。这样由于非线性吸收使发射双光子荧光的区域，与单光子共焦荧光显微镜相比，光斑更小了，不仅提高了成像的横向分辨率，也提高了轴向分辨率，并进一步减少背景光的影响。其缺点是，需要使用超短激光脉冲来驱动激发，并且荧光效应强烈依赖激发强度与脉冲的长度。

1997 年，Teich 等[226]提出一个非常有利的建议，即如何利用纠缠光子对克服双光子荧光显微镜的上述缺点。他们采用泵浦光通过非线性晶体的 SPDC 产生信号和闲频光对，将其聚焦到样品中，导致双光子吸收和随后的荧光发射。纠缠光子对激发的双光子荧光显微如图 8-5 所示。

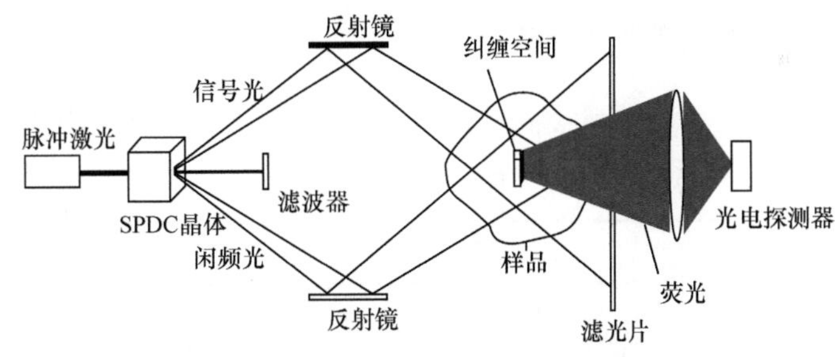

图 8-5　纠缠光子对激发的双光子荧光显微

光子对是由非线性晶体中自发参量转换产生的。然后，将每个双光束导入样本中。在空间(和时间)重叠的体积中，线性响应的光子对吸收驱动荧光。

与经典情况相比，这种方法有以下优点。

(1) 单光子状态下的操作将光毒性和光漂白降至最低，这使该方法非常适合生化光敏样品。

(2) 双光子吸收率，以及荧光强度与入射光子通量成线性比例。

(3) 在经典情况下，激光功率波动会导致不同的主动吸收区，而光子对荧光显微镜则独立于此。

(4) 可用连续激光源，从而避免部署昂贵的脉冲激光系统。此外，它允许更紧凑的设计、更小的占地面积和更低的成本。

(5) 由于信号光子和闲频光在光谱上是反相关的，它们总和的线宽由泵浦激光给出，因此可以非常有效地研究具有窄双光子吸收光谱的样品。在经典情况下，光子根据朗伯定律吸收，吸收系数为γ，光子对的吸收速率为 2γ。这是因为如果两个光子中的任何一个被湮灭，伙伴光子将无法使用，整个光子对丢失。因此，对组织的穿透深度减少 $1/\gamma$。

8.2.4 干涉型量子纠缠成像系统

干涉结构可以应用于量子领域的成像和光谱学研究。量子干涉中常采用的是 MZI。经典情况下 MZI 的工作原理如图 8-6 所示。入射激光束在 50∶50 分束器处相干分离。如果 MZI 两臂是平衡的，那么两个光束的传输路径完全相同，并在第二个 50∶50 分束器处发生干涉。一个输出端口由于相消干涉而保持黑暗，另一个端口包含所有相长干涉出现的亮光。通过在其中一个臂中引入更长的光路，例如，通过插入具有相位延迟 θ 的相位对象，使 MZI 不平衡，两个输出端口将包含具有相同强度的光强与 $\cos^2$ 与 $\sin^2$ 关联的光。这样，MZI 可用于测量路径长度差异。例如，由束流路径中具有特定密度的物质引起的路径长度差异。在此过程中，相位 θ 的测量不确定度由 θ=1/$\sqrt{\bar{n}}$ |sinθ|，其中 $\bar{n}$ 是照明激光的光子平均数，其方向与激光强度成正比。散粒噪声限值 $\Delta\theta_{SQL}$=1/$\sqrt{\bar{n}}$ |表示 θ 等于 π/2 的奇数倍。该极限也称标准量子极限。

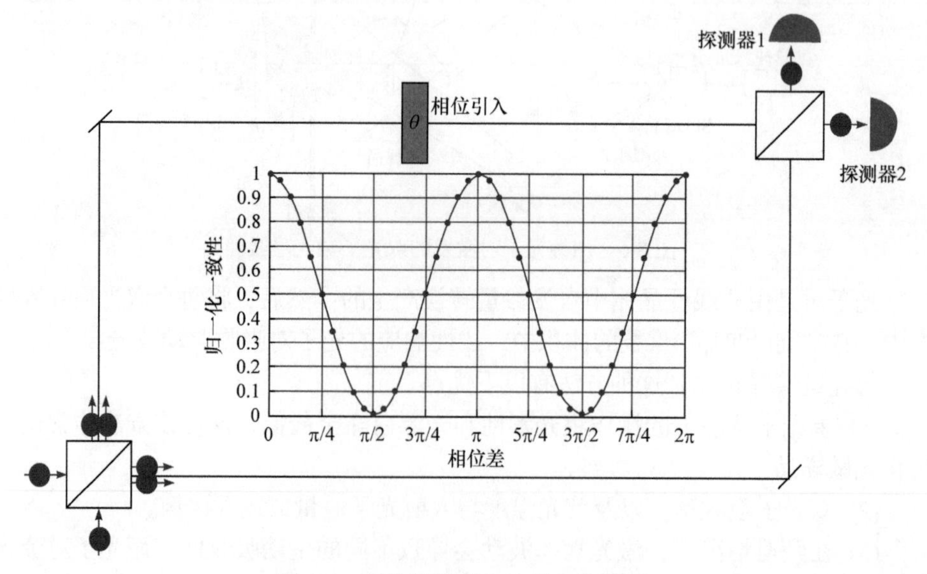

图 8-6　经典情况下 MZI 的工作原理

如图 8-6 所示，在量子状态下，MZI 由两个不可区分的光子进行传输，第一个分束器的每个输入端口中各有一个光子。因此，输入状态为$|1,1\rangle$。由于 HOM 效应[227]，第一个分束器后的状态为$(|2,0\rangle+|0,2\rangle)/\sqrt{2}$。这意味着，两个光子态都沿 MZI 的上臂路径或下臂路径传播。在输出棱镜端将这上下臂走的光进行相干叠加，两个路径可能性之间的相位差θ可以通过两个输出端口的重合测量来探测。此时，重合率可达 $\cos^2(2\theta)$，与单光子或相干激光相比，具有更高的灵敏度。干涉仪具有两个 SPDC 晶体，每个臂有一个，由初始分束器上的泵浦激光相干泵浦。干涉仪的上臂路径或下臂路径都有N个光子沿着这些路径传播最后干涉，相移θ将产生 NOON 态$(|N,0\rangle+e^{iN}\ |0, N\rangle)/\sqrt{2}$。因此，干涉结果的灵敏度将进一步提高，测量不确定度的海森堡极限$(N=\sqrt{\bar{n}})$为

$$\Delta\theta_{\mathrm{HL}} = 1/\ \bar{n}\ \ = 1/\sqrt{\bar{n}}\ \ \Delta\theta_{\mathrm{SQL}}$$

这就意味着散粒噪声限制提高了$1/\sqrt{\bar{n}}$。

这种干涉测量方法可以突破散粒噪声限值，在超精密测量系统中有应用。此外，NOON 状态光刻技术有望获得更小、更精确的纳米结构[228]。尽管这一概念很吸引人，但是也存在一些严重的限制。生成 $N>2$ 的 NOON 态是一项极具挑战性的任务，目前的极限为 $N=7$ [225]。

Ono 等[229]提出如图 8-7 所示的 NOON 态纠缠增强显微成像技术。在系统中，偏振 NOON 态被用于差分干涉对比显微术。该纠缠态是通过 405nm 泵浦的两个正交的 I 型相位匹配 BBO 晶体产生的。通过方解石光束置换器后，可以实现以下量子态，即两个光子要么处于水平偏振的空间模式，要么处于垂直偏振的空间模式。对于给定的平均光子数$\bar{n}=N=2$，信噪比提高了 1.35 ± 0.12 倍。类似研究表明了 $N=3$ 的可行性[230]。

尽管这两种方案原理实验都可行，但它们都受到$N\leqslant 3$的限制。另外，量子成像由于是在光子计数层面探测，一般成像时间长，所以离应用还有不少距离。

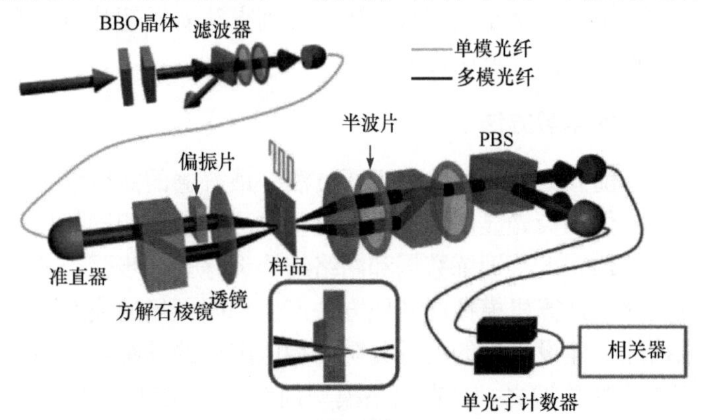

图 8-7　纠缠增强显微镜

前面介绍了干涉、关联和基于纠缠的量子成像等几种主要量子成像技术。很明显，它们还处于探索阶段，还不能实用，其中一些将来显示出巨大的实用潜力。

理解经典成像和量子成像之间的区别非常重要。首先，了解精确的区别有助于确定改进成像的新方法，从而有可能带来新技术。其次，它可能揭示了迄今一直难以捉摸的物理学的一个基本方面，即是什么(如果有的话)使量子光学在成像方面比经典光学更强大？虽然量子纠缠对于改进成像过程可能是非常有帮助的，但它肯定是不够的。这让人想起量子计算。在量子计算中，纠缠是必要的，但不足以获得相对经典计算的预期指数加速。

从理论框架上看经典和量子成像，我们可以将几种基本极限列出。

(1) 压缩态的极限为 $\theta_{\min} \geqslant 0.5\lambda e^{-r} / \mathrm{NA}$，$r$ 为压缩态参数。

(2) 经典成像的分辨率极限为阿贝极限，即 $\theta_{\min} \geqslant 0.5\lambda / \mathrm{NA}$。

(3) M 光子纠缠，成像分辨率极限为 $\theta_{\min} \geqslant 0.5\lambda / M\mathrm{NA}$。

8.3　人工智能图像处理技术的超分辨成像问题

数字化的图像信息可以用数字化的法进行图像处理以提高图像清晰度与分辨率。本节主要论述近年来随着人工智能技术，特别是神经网络技术的发展，出现的许多由低分辨的光学成像系统获得高分辨图像的问题[231]。特别是分析深度学习方法将低分辨图像转化为高分辨图像的分辨率限制问题。

从低分辨图像利用深度学习获得高分辨图像一般有两大类：一类是利用系列的低分辨图像处理获得高分辨图像，另外一类是将单张低分辨图像转化为高分辨图像。在高分辨显微成像中，这两种情况均普遍存在，而且开始获得越来越普遍的应用。

本节集中讨论第二种基于人工智能图像处理方法实现超分辨成像的问题，即单张低分辨图像转化为高分辨图像的技术。

8.3.1　人工智能深度学习方法

深度学习是当前人工智能算法中主要方法。最普遍的深度学习超分辨率技术主要是针对自然图像和荧光显微镜图像。这些方法都遵循相同的技术路线，即选择深度学习网络结构、准备训练数据和网络结构训练三个步骤。其中，训练数据的准备是通过实验、计算机模拟或其他方法产生相同视场的成对低分辨率和高分辨率图像对来构建。建设这样的高低分辨率相应图像的训练数据库是训练数据的基础，也是该方法的关键之一。在网络模型训练中，配对图像用于训练 DNN，以低分辨率图像域作为输入域，同时将高分辨率图像域作为输出域，对构建的

DNN 模型进行训练。网络模型训练好后，我们只要输入要处理的低分辨率图像，就可以在网络输出端获得高分辨率图像的输出[232]。通过这种方式，深度学习可以实现快速计算合成高分辨率图像的能力。深度学习方法可以比物理成像方法更高效地获取高分辨率图像。因此，近年来受到人们的大量关注，并且新技术、新方法层出不穷。如果实施得当，该解决方案在提高空间分辨率和克服衍射极限方面具有潜在的变革性。

在现代光学成像系统中，分辨率主要受到三个因素的限制，即成像系统数值孔径的限制、数码传感器像素的欠采样，以及系统噪声的限制，即

$$s(k)=\int \varepsilon(\hat{r})E_0(\hat{r})O(\overline{r})\exp(\mathrm{i}k\cdot\hat{r})\mathrm{d}^2r+n(k)$$

其中，$\varepsilon(\hat{r})$ 为物体目标；$E_0(\hat{r})$ 为照明光场；$O(\overline{r})$ 为成像系统点扩散函数与采样函数总成；$n(k)$ 为系统噪声。

这些限制的结果就是产生图像细节的缺失，使图像模糊。超分辨率意味着获得丢失的空间频率，增强图像细节，去模糊。数学上，这是一个病态方程的求解问题。因此，深度学习算法正好可以起到这个作用。

经典的从低分辨图像到高分辨图像的转化神经网络结构是 SRCNN [233]。其原理如图 8-8 所示。

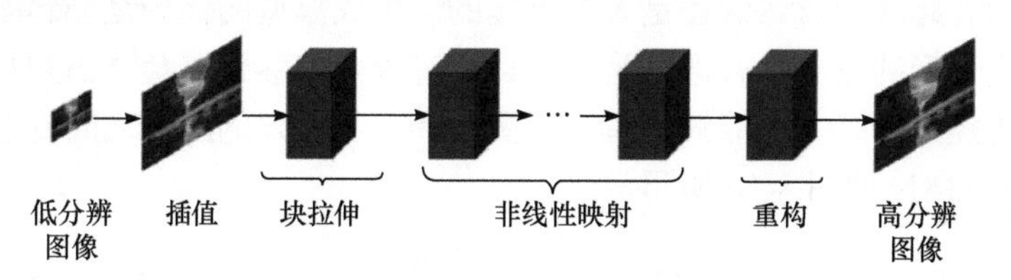

图 8-8　SRCNN 原理图

该方法的特点是，尝试学习输入 LR 图像和相应 HR 图像之间的端到端映射。采用双三次插值作为预处理步骤，将输入的低分辨率图像插值成高分辨率图像，然后通过卷积提取图像的面片作为特征向量，将提取的特征经过非线性映射，每个高维特征映射到另一个高维特征上。最后，通过卷积运算将最后一层非线性映射的输出特征重构到 HR 图像中。SRCNN 只有卷积层，其优点是输入图像可以是任意大小，并且算法不基于面片。

深度学习网络有各种各样，如 FSRCNN[234]、RDN[235]、VDSR[236]、DRCN[237]等。

大多数用于提高图像分辨率的神经网络深度学习方法，其分辨率提升能力(或者称图像放大系数)一般被限制在 2×、3×、4×。否则，LR 空间中可用的特征将不足以精确重建图像。为了获得更高的比例因子，Lai 等[238]提出一种完全渐进的非对称金字塔结构，以适应多个上升比例因子达到 8 倍。此外，使用相互连

接的上下采样级的深度反投影网络[239]可以达到 8 倍的上升比例因子。

GUN 通过逐渐上采样，将 LR 放大到 HR[240]。该网络模型对 LR 逐层增加分辨率，进而获得 HR 图像，探索非局部自相似性，以细化面片的高频细节，从而提升分辨率。该网络原理模型(图 8-9)由输入卷积层、一组上采样和卷积层组成的逐级增加采样密度的中间多层结构和输出层。一般认为，采用非常小的放大系数的渐进式上采样策略在效率方面具有成本效益。

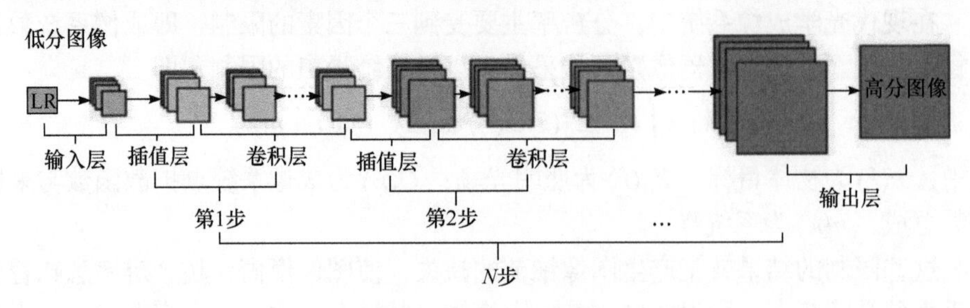

图 8-9　GUN 原理图

GAN[241]是另外一类神经网络，在图像处理，特别是图像理解中有广泛的应用。GAN 包括两个模型，一个生成性模型和一个判别性模型。判别模型的任务是确定图像看起来是自然的还是人工创建的。生成模型的任务是创建图像，训练鉴别器生成正确的输出。有趣的是，在训练过程中，鉴别器会意识到数据的内部表示。因为经过训练，它能够理解真实图像和人工创建的图像之间的差异。超分辨成像中的 GAN 如图 8-10 所示。

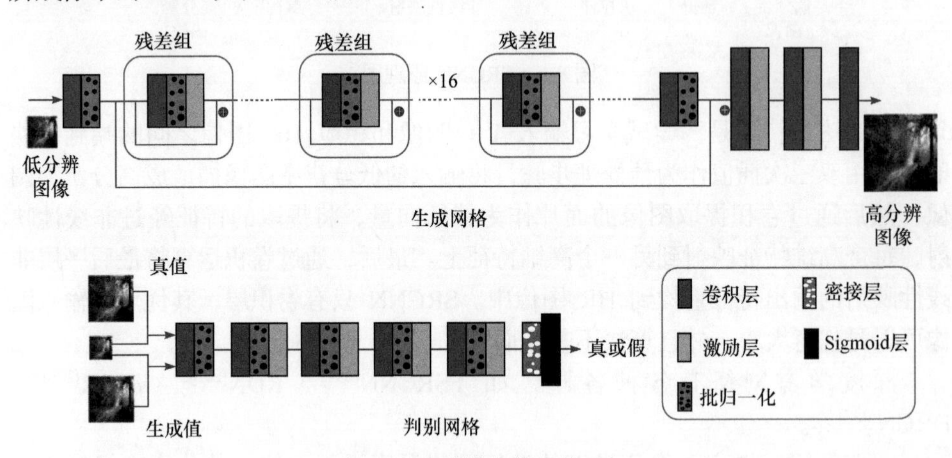

图 8-10　超分辨成像中的 GAN

Ledig 等[242]提出有感知相似性的超分辨 GAN，提供了与感知相似的超分辨成像的性能。进一步，使用扩展 GAN 改进超分辨 GAN，融合了像素损失、感知损失和纹理匹配损失。其优化旨在改善成像，使重建图像看起来逼真。基于 GAN 的超分辨技术的一个主要优点是，GAN 在真实图像训练中采用了很大程度上无监督的训练过程，因此它不需要低分辨图像和高分辨图像之间的标签或先验知识。

在网络训练优化方面，需要建立网络评价函数。评价函数是机器学习中用来测量预测误差或重建误差的一种学习策略，可以为网络模型优化提供数值根据。目前有两种常见的评价函数。第一种采用均方误差作为评价函数(即网络计算图像与目标图像每个像素的差的均方和)[232]，即

$$L_2 = \mathrm{MSE} = \frac{\sum_{i,j,k}(I_1(i,j,k) - I_2(i,j,k))^2}{h \times w \times c}$$

其中，h 为图像的高度；w 为图像的宽度；c 为图像的通道数；$I_2(i,j,k)$为第 i 行，第 j 列，通道 k 的构造单个像素值；$I_1(i,j,k)$是原始单个像素值。

另外一种是每个像素绝对值差，即

$$L_1 = \frac{\sum_{i,j,k}\left|I_1(i,j,k) - I_2(i,j,k)\right|}{h \times w \times c}$$

在利用神经网络进行提升分辨率成像的方法中应该看到，经过网络计算出来的高分辨率图像准确与否与训练集有密切关系。训练好的网络只能获得与训练集最好分辨率的图像。为此，必须有几个客观参数描述不同网络的计算结果。

人们一般采用两种主要的误差参数来检验神经网络的成像精度与性能，即 PSNR 和 SSIM(结构相似性指数)。

PSNR 的定义为

$$\mathrm{PSNR} = 10\lg\frac{R^2}{\mathrm{MSE}}$$

其中，R 为输入图像数据类型中的最大波动；MSE 为两个图像之间的均方误差；PSNR 越高，表示重建图像质量越好。

SSIM 用于量化两个图像之间结构相似性的定量度量[243]，着重于测量图像之间的结构相似性。它包含三个相对独立的元素(亮度、对比度、结构)，即

$$\mathrm{SSIM}(x,y) = \frac{(2\mu_x\mu_y + C_1)(2\sigma_{xy} + C_2)}{(\mu_x^2 + \mu_y^2 + C_1)(\sigma_x^2 + \sigma_y^2 + C_2)}$$

其中，C_1 和 C_2 为避免不稳定性的常数；基态真值平均值和标准偏差分别为 μ_x、μ_y 和 σ_x、σ_y。

在使用基于 CNN 的方法之前，许多传统方法，如插值方法和重建，在图像超分辨率应用中都得到广泛应用。结果表明，基于 CNN 的先驱算法 SRCNN，得到的结果优于传统方法，尤其是在 PSNR 和 SSIM 方面。

首先，与传统插值方法相比，基于 CNN 的方法从输入的低分辨图像中提取

了很多特征。特征的数量(参数的数量)可以根据特征提取期间使用的过滤器的数量而变化。由于有大量可用于特征提取的参数，为模型提供了优化参数值的灵活性，因此使重构输出和实际输出之间的关系尽可能接近。

其次，基于 CNN 的方法有一个反馈回路机制，允许参数微调。对于模型训练的每次迭代，计算重构输出和实际输出之间的损耗差，并反馈给模型网络，以微调参数值。参数微调的目的是使模型预测中的误差最小。

这些网络结构一般可以将低分辨率的图像提高 2～4 倍，甚至有 8 倍分辨率提升的报道。过高地提升图像分辨率，误差就增加到比较显著的程度，而且会出现大量的病态与虚假信息。

8.3.2　深度学习在 STED 超分辨显微术中的应用

STED 超分辨显微术由于需要聚焦的激发光与耗散的空心光束共轴照明，理论上可以实现没有极限的分辨率成像。但是，该技术的光学成像光路系统复杂，而且对荧光标记物的要求严格，要获得高的分辨率，就需要大功率的耗散激光照明，其结果是容易造成标记物被漂白。现有的共焦荧光成像系统成熟简单，荧光标记物丰富，可选择性广，同时需要激发的激光能量低，不易漂白，特别适合生物亚细胞的成像，但是共焦荧光显微的分辨率较低，无法达到亚百纳米的空间分辨要求。因此，将现有的光学共焦显微成像系统的图像通过深度学习算法，提升到超分辨 STED 成像的能力，可以为生物学研究提供一个很好的新手段。

这方面最典型的研究工作是，Wang 等[244]利用深度学习实现不同荧光显微镜模式不同分辨率成像之间的转化，也就是从低分辨的荧光显微镜模式成像结果转变为高分辨荧光显微模式的超分辨率图像。这种数据驱动的深度学习方法不需要物理成像过程的数值建模或点扩散函数的估计，而是基于训练 GAN 将衍射受限的输入图像转换为超分辨率图像。利用这个框架，可以提高用低数值孔径物镜获得的宽视场图像的分辨率，使之与用高数值孔径物镜获得的分辨率相匹配，同时获得低数值孔径物镜的成像大视场。

训练集的神经网络结构如图 8-11 所示。

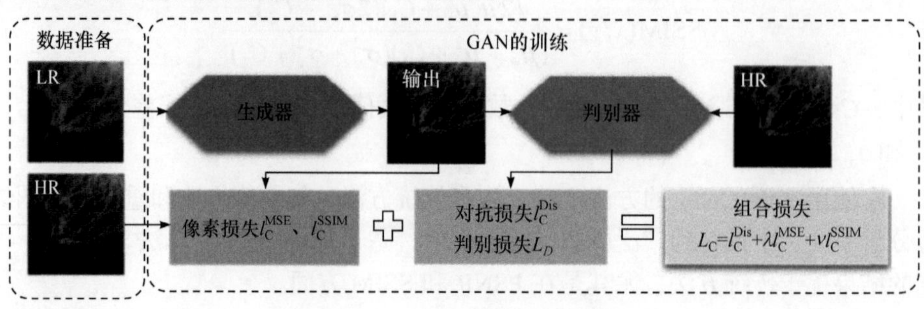

图 8-11　训练集的神经网络结构

将共焦显微镜图像转换为与 STED 显微镜获得的图像匹配的跨模态图像的深度学习转换。在训练数据集上，采用同一样品(20nm 荧光珠，645nm 荧光发射)的共焦显微镜图像和 STED 模式超分辨扫描成像的图像作为训练数据。为了进一步量化该网络实现的分辨率，还测量了视场中单个纳米颗粒发光图像的点扩散函数，重复跟踪测试 400 个以上不同的单个纳米颗粒。这些纳米颗粒在共焦显微镜和 STED 显微镜的图像，以及网络输出图像如图 8-12 所示，共焦显微镜点扩散函数的半高宽的分布集中在 290nm 处，大致对应于荧光波长为 645nm 成像系统的衍射限制的横向分辨率。网络输出的点扩散函数的宽度分布与 STED 系统压缩后的点扩散函数非常匹配，平均 FWHM 分别为～110nm 和～120nm。

在样品实验中，采用 HeLa 细胞作为样品。从共焦图像出发，可以通过训练的神经网络迅速获得相应的 STED 分辨率的对应图像。深度学习的模态转化超分辨成像细胞结果如图 8-13 所示。

该方法表明，利用深度学习技术，人们可以比较方便地实现从样品的共焦图像到超分辨 STED 图像的跨模态图像获取，无需事先了解图像形成模型或传感器特定噪声模式等信息。这通常是标准反卷积和定位方法所必需的。

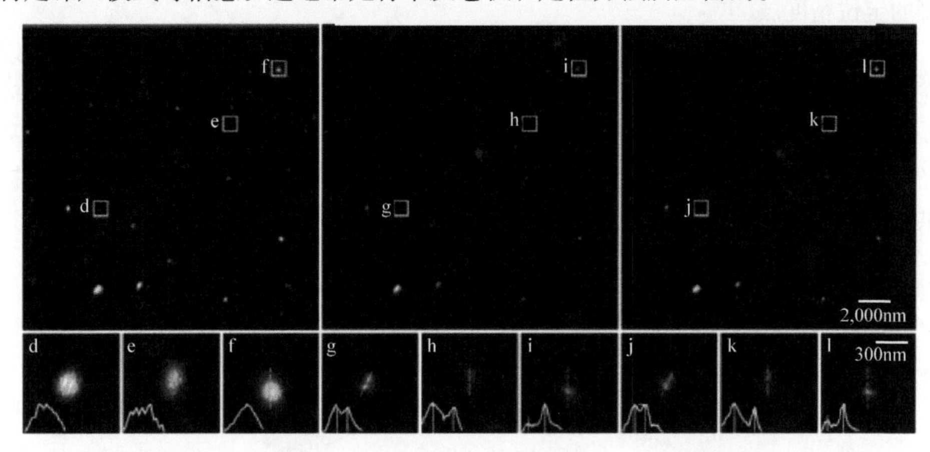

(a) 输入图像100×/1.4NA共焦　(b) 输出图像100×/1.4NA共焦　(c) 真图100×/1.4NA STED

图 8-12　纳米颗粒共焦的图像、STED 图像、网络计算图像

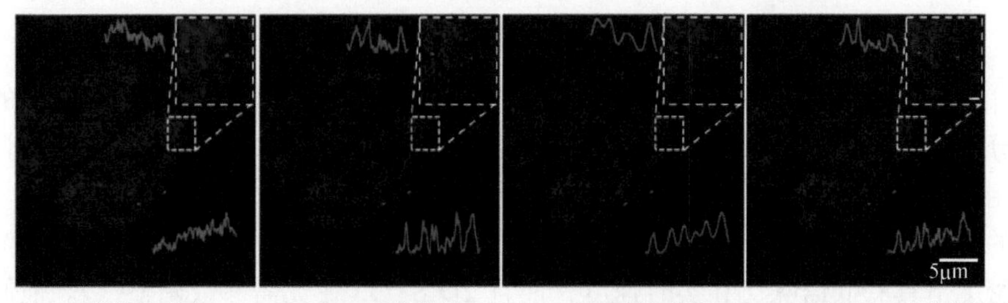

(a) 网络输入(共焦)　(b) GAN网络结果　(c) CNM网络结果　(d) 实际STED成像结果

图 8-13　深度学习的模态转化超分辨成像细胞结果

8.3.3　深度学习在超分辨显微 STORM 中的典型应用

在单分子定位超分辨显微术(STORM 或 PALM)中，在每一次成像中，荧光团的随机子集被激活，发出荧光，通过成像系统成像以衍射极限分辨率成像。我们通过测量整个光斑的强度轮廓，可以精确确定光斑的中心位置。这就是定位成像方法的基本原理，通过衍射极限光斑的成像，从强度分布确定每个发光荧光体的中心位置。这样样品经过数千次的成像，就可利用每次稀疏的荧光体位置定位点的图合成出超分辨率图像。

定位显微镜往往需要数千次成像才能生成高分辨率图像，因为稀疏的荧光发光是在每次成像中能够精确定位的前提。稀疏空间的荧光发光最小化了紧密定位荧光团同时发射的可能性，这会混淆其精确定位，但导致的最终结果是为了获得高清晰的图像，需要大量次数的成像，图像采集时间过长。这阻碍了该技术在大多数活细胞观测中的应用。

第二个问题是信噪比的问题。因为发光点小，为了稀疏发射，激发光也比较弱，因此荧光发光的信号也很弱。相对而言，信噪比较低，这会极大影响每个光斑的定位精度。

深度学习算法为解决这些挑战提供了新机遇。通过深度学习算法，人们可以在荧光团发光密集的图像中实现荧光图的进行精确定位。使用深度学习从相对较少的定位显微镜数据帧生成超分辨率图像。深度学习是一种机器学习，它使用神经网络学习输入和输出数据之间的映射。一旦经过训练，这些模型就可以根据提供的输入数据预测输出。基于 CNN 处理的荧光定位超分辨成像如图 8-14 所示。

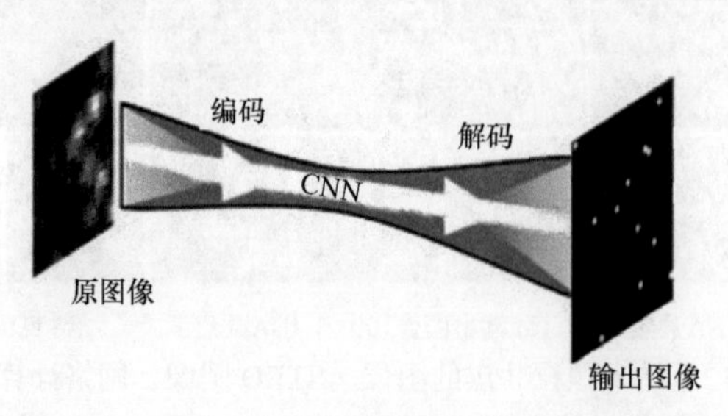

图 8-14　基于 CNN 处理的荧光定位超分辨成像

已有大量研究报道使用深度学习来提高生物超分辨率显微镜图像重建中的空间分辨率。深度学习可以直接用于重建高分辨率显微镜图像。例如，Nehme 等[245]使用 DNN 提高单分子定位重建精度，进而获得高精度的二维和三维图像。与传统的点扩散函数拟合相比，深度学习可以实现更高的定位精度，尤其是在高荧光团密度下具有低信噪比和实时速度，而且 2D STORM 无需参数调整[246]。他们将点扩散函数工程与深部探测相结合，将工作扩展到 3D STORM 基于学习的单分子定位和点扩散函数模式识别[247]。深度学习非常适合识别工程点扩散函数的复杂模式，并在图像重建中取得优越的检测精度和速度。

人工神经加速网络[246]可以利用少量帧的荧光体定位图像，与来自相同结构的长时间采集的密集定位数据匹配。然后，神经网络可以从少量帧生成的图像中生成精确的超分辨率图像，大大减少形成高清晰图像所需的成像次数。这一策略类似于人类在嘈杂或模糊的图像中识别物体。研究人员利用该方法生成了微管、核孔和线粒体的高质量图像，并发现能够在大约三小时内获得一千多个细胞的超分辨率图像。这在该领域是一项惊人的成就。

另一种神经网络技术——Deep STORM[245]由以色列理工学院开发的。在 Deep STORM 中，没有使用关于底层对象的先验知识。取而代之的是，人工神经网络直接从密集闪烁荧光发射团簇的图像中提取信息，然后在正确的发射团簇位置上进行训练。这使经过训练的模型能够在发射密集的团簇图像中推断出正确的发射团簇位置，并快速输出结构的超分辨率图像。对密集标记样本进行成像的能力对应于减少的总采集时间，从密集标记的合成数据帧和微管图像生成图像方面优于现有算法。

8.4　小　　结

超分辨成像虽然是基础的物理问题，但是随着人们不断对物理衍射极限的突破，需要有更好的从原理上对物理极限的认识。首先应该强调的是，物理系统的衍射极限是正确的，任何光学系统由于孔径的限制，都会对传输的信息起到低通滤波的作用。人们不可能打破衍射极限。突破衍射极限成像的真正含义是获得比成像系统光学衍射极限所对应的分辨率更高的成像分辨率，这是可能的，但这不是衍射极限被打破，而是通过某种方式，绕过衍射极限的限制。本章的超分辨就是利用非线性效应，绕过线性系统的衍射极限，实现超越衍射极限分辨率的成像。

这就诱发另外一个问题，既然人们可以通过各种手段绕过衍射极限，获得高于衍射极限的成像，那么分辨率有限制吗?

本章通过信息论、量子成像，以及深度学习的神经网络技术三个不同的信息获取与处理技术的角度对超分辨成像问题进行深入分析。通过论述这三种技术的各种观点与在成像分辨率方面的分析过程，我们将所有的认识统一起来加以分析。

实际上，这三种技术相当于从成像的三个视角认识成像的过程。从某种程度可以说，信息论是从信息传递的角度、量子成像是从物理粒子成像的本质的角度、神经网络从数学的角度。

(1) 内在必然性。光学成像是一种物理信息的获取过程，当成像结果为人所认知时，有需要经过图像信息处理过程，将图像的物理信息转变成人类可以认知的图像信息。因此，光学成像的分辨率与这三种技术精密关联有其内在的必然性。

(2) 两个层次性。信息论与量子基础是光学成像本质层面的特性，而神经网络技术是处理层面的问题。它们是成像过程的不同阶段，与不同层次的问题。

因此，利用量子特性，实现超分辨是物理层面的。通过纠缠态、压缩态，以及粒子特性的相关效应，我们可以从物理本质上提升成像的分辨率，将探测信号的噪声从标准量子极限(散粒噪声极限$1/\sqrt{N}$)推进到海森堡极限，通过 NOON 态，实现高水平超越经典成像(阿贝极限成像)。这里面不论是采用纠缠态的 NOON 态，还是压缩态等方式，归根到底，成像的极限都是产生代表样品空间结构信息的光信号强弱，因此从物理的本质而言，就是海森堡的极限，即光子数分之一。

信息论则是从信息传输的角度，论述光学成像系统传递信息的能力。它揭示了一个非常重要的事实，即该能力与信噪比相关。当信噪比无穷大时，系统的能力也是无穷的。此外，还有一个空间带宽积的效应问题，也就是整个物理特性的空间带宽积是恒定，内部各物理参数之间可以借挪。

信噪比是什么，如果从物理的角度，信噪比直接与信息大小相关。随着极限的推进，即信号区域极限，对光而言，就是趋于单光子，这样信噪比就直接关联海森堡的极限$1/N$。从这个角度讲，信息论与量子力学的结论是一致的。超分辨成像的最终极限实际上就是信噪比，也就是光子极限。

神经网络处理的本质是对数据和模型的认识，最大的特点是对噪声的疏浚与滤波能力。神经网络的滤波与经典的物理滤波器的滤波不同，它不是一般意义上的低通滤波，而是带有一定智能特性的滤波，因此效果比较强。虽然说，从算法上似乎只要经过严格完备的训练，神经网络就可以从低分辨的图像获得高分辨的图像与信息，而这个分辨率的提升是人为设定的，但是在实际应用中，可以看到，不同提升的结果是误差的大小不一样。因此，在保持图像一定要求之下，神经网络的分辨率提升也是有限的，而且限制直接与图像的信噪比相关；否则完全依赖神经网络。虽然它总能提供用户需要的分辨率，但获得的图像与真实图像之间会有极大的不同与误差。

综上所述，我们似乎更能理解，从信息技术的发展和信息论的普及，光学系统的成像分辨率极限应该取决于成像目标与成像系统的信噪比，而与系统的数值孔径并不是限制极限分辨率的核心。

参考文献

[1] Whipple R S. The history of the microscope: compiled from original instruments and documents, up to the introduction of the achromatic microscope. Nature, 1933, 131(3303): 219-221.

[2] Hooke R. Micrographia. London: Holzer, 1968.

[3] Abbe E. Beiträge zur theorie des mikroskops und der mikroskopischen wahrnehmung. Archiv für Mikroskopische Anatomie, 1873, 9(1): 413-468.

[4] Agard D A, Hiraoka Y, Shaw P, et al. Fluorescence microscopy in three dimensions. Methods in Cell Biology, 1989, 30: 353-377.

[5] Barer R. Interference microscopy and mass determination. Nature, 1952, 169(4296): 366-367.

[6] Zernike F. Diffraction theory of the knife-edge test and its improved form, the phase-contrast method. Monthly Notices of the Royal Astronomical Society, 1934, 94(2): 377-384.

[7] Inoué S. Polarization optical studies of the mitotic spindle I. the demonstration of spindle fibers in living cells. Chromosoma, 1953, 5(1): 487-500.

[8] Edwin E, Jelley D S. A review of crystallographic microscopy. Journal of the Royal Microscopical Society, 1942, 62(3-4): 93-102.

[9] Braslavsky I, Amit R, Ali B M J, et al. Objective-type dark-field illumination for scattering from microbeads. Applied Optics, 2001, 40(31): 5650-5657.

[10] Engelbrecht C J, Stelzer E H. Resolution enhancement in a light-sheet-based microscope (SPIM). Optics Letters, 2006, 31(10): 1477-1479.

[11] Reichert W M, Truskey G A. Total internal reflection fluorescence (TIRF) microscopy I. modelling cell contact region fluorescence. Journal of Cell Science, 1990, 96(2): 219-230.

[12] Wilson T. Trends in confocal microscopy. Trends in Neurosciences, 1989, 12(12): 486-493.

[13] Rosenthal, Heinrichs C K, Gray A, et al. Milestones in light microscopy. Nature, 2009, 11(10): 1165.

[14] Airy G B. On the diffraction of an annular aperture. The London, Edinburgh, and Dublin Philosophical Magazine and Journal of Science, 1841, 18(114): 1-10.

[15] Rayleigh L. On the theory of optical images, with special reference to the microscope. The London, Edinburgh, and Dublin Philosophical Magazine and Journal of Science, 1896, 42(255): 167-195.

[16] Minsky M. Microscopy apparatus. US, US3013467A, 1961.

[17] Egger M D, Petráň M. New reflected-light microscope for viewing unstained brain and ganglion cells. Science, 1967, 157(3786): 305-307.

[18] Sheppard C J R, Wilson T. The theory of the direct-view confocal microscope. Journal of Microscopy, 1981, 124(2): 107-117.

[19] Davidovits P, Egger M D. Scanning laser microscope for biological investigations. Applied

Optics, 1971, 10(7): 1615-1619.

[20] Sheppard C J R, Choudhury A. Image formation in the scanning microscope. Optica Acta: International Journal of Optics, 1977, 24(10): 1051-1073.

[21] Sheppard C J R, Kompfner R. Resonant scanning optical microscope. Applied Optics, 1978, 17(18): 2879-2882.

[22] Cox I J, Sheppard C J R. Digital image processing of confocal images. Image and Vision Computing, 1983, 1(1): 52-56.

[23] Carlsson K, Aslund N. Confocal imaging for 3-D digital microscopy. Applied Optics, 1987, 26(16): 3232-3238.

[24] Hell S, Stelzer E H K. Fundamental improvement of resolution with a 4Pi-confocal fluorescence microscope using two-photon excitation. Optics Communications, 1992, 93(5,6): 277-282.

[25] Denk W, Strickler J H, Webb W W. Two-photon laser scanning fluorescence microscopy. Science, 1990, 248(4951): 73-76.

[26] Hell S W, Bahlmann K, Schrader M, et al. Three-photon excitation in fluorescence microscopy. Journal of Biomedical Optics, 1996, 1(1): 71-74.

[27] Lukosz W. Optical systems with resolving powers exceeding the classical limit. Journal of the Optical Society of America, 1966, 56(11): 1463-1471.

[28] Geng J. Structured-light 3D surface imaging: a tutorial. Advances in Optics and Photonics, 2011, 3(2): 128-160.

[29] Gustafsson M G. Surpassing the lateral resolution limit by a factor of two using structured illumination microscopy. Journal of Microscopy, 2000, 198(2): 82-87.

[30] Heintzmann R. Saturated patterned excitation microscopy with two-dimensional excitation patterns. Micron, 2003, 34(6,7): 283-291.

[31] Heintzmann R, Jovin T M, Cremer C. Saturated patterned excitation microscopy-a concept for optical resolution improvement. Journal of the Optical Society of America A, 2002, 19(8): 1599-1609.

[32] Saxena M, Eluru G, Gorthi S S. Structured illumination microscopy. Advances in Optics and Photonics, 2015, 7(2): 241-275.

[33] Hell SW, Wichmann J. Breaking the diffraction resolution limit by stimulated emission: stimulated-emission-depletion fluorescence microscopy. Optics Letter, 1994, 19(11): 780-782.

[34] Hofmann M, Eggeling C, Jakobs S, et al. Breaking the diffraction barrier in fluorescence microscopy at low light intensities by using reversibly photoswitchable proteins. Proceedings of the National Academy of Sciences, 2005, 102(49): 17565-17569.

[35] Betzig E, Patterson G H, Sougrat R, et al. Imaging intracellular fluorescent proteins at nanometer resolution. Science, 2006, 313(5793): 1642-1645.

[36] Rust M J, Bates M, Zhuang X W. Stochastic optical reconstruction microscopy (STORM) provides sub-diffraction-limit image resolution. Nature Methods, 2006, 3(10): 793.

[37] Dai M, Jungmann R, Yin P. Optical imaging of individual biomolecules in densely packed clusters. Nature Nanotechnology, 2016, 11(9): 798-807.

[38] Balzarotti F, Eilers Y, Gwosch K C, et al. Nanometer resolution imaging and tracking of

fluorescent molecules with minimal photon fluxes. Science, 2017, 355(6325): 606-612.
[39] Berry M V, Popescu S. Evolution of quantum superoscillations and optical superresolution without evanescent wave. Journal of Physics A: Mathematical and General, 2006, 39(22): 6965-6977.
[40] Rogers E T F, Lindberg J, Roy T, et al. A super-oscillatory lens optical microscope for subwavelength imaging. Nature Materials, 2012, 11(5): 432-435.
[41] Ash E A, Nicholls G. Super-resolution aperture scanning microscope. Nature, 1972, 237(5357): 510-512.
[42] Novotny L, Sánchez E J, Xie X S. Near-field optical imaging using metal tips illuminated by higher-order Hermite-Gaussian beams. Ultramicroscopy, 1998, 71(1-4): 21-29.
[43] Binnig G, Rohrer H, Gerber C, et al. Surface studies by scanning tunneling microscopy. Physical Review Letters, 1982, 49(1): 57.
[44] Binnig G, Quate C F, Gerber C. Atomic force microscope. Physical Review Letters, 1986, 56(9): 930.
[45] Pendry J B. Negative refraction makes a perfect lens. Physical Review Letters, 2000, 85(18): 3966.
[46] Sambles J R, Bradbery G W, Yang F. Optical excitation of surface plasmons: an introduction. Contemporary Physics, 1991, 32(3): 173-183.
[47] Fang N, Lee H, Sun C, et al. Sub-diffraction-limited optical imaging with a silver superlens. Science, 2005, 308(5721): 534-537.
[48] Liu Z, Lee H, Xiong Y, et al. Far-field optical hyperlens magnifying sub-diffraction-limited objects. Science, 2007, 315(5819): 1686.
[49] Sigal Y M, Zhou R, Zhuang X. Visualizing and discovering cellular structures with super-resolution microscopy. Science, 2018, 361(6405): 880-887.
[50] Hao X, Kuang C, Gu Z, et al. From microscopy to nanoscopy via visible light. Light: Science and Applications, 2013, 2(10): e108.
[51] Zalevsky Z. Defying Abbe's law. Nature Photonics, 2013, 7(8): 593-594.
[52] Barsi C, Fleischer J W. Nonlinear abbe theory. Nature Photonics, 2013, 7(8): 639-643.
[53] Turpin T M, Gesell L H, Lapides J, et al. Theory of the synthetic aperture microscope. Advanced Imaging Technologies and Commercial Applications, 1995, 2566: 230-240.
[54] Linfoot E H. Information theory and optical images. Journal of the Optical Society of America, 1955, 45(10): 808-819.
[55] Mico V, Zalevsky Z, García-Martínez P, et al. Synthetic aperture superresolution with multiple off-axis holograms. Journal of the Optical Society of America A, 2006, 23(12): 3162-3170.
[56] Schwarz C J, Kuznetsova Y, Brueck S R J. Imaging interferometric microscopy. Optics Letters, 2003, 28(16): 1424-1426.
[57] Mico V, Zalevsky Z, García J. Synthetic aperture microscopy using off-axis illumination and polarization coding. Optics Communications, 2007, 276(2): 209-217.
[58] Tu H Y, Lee Y L, Cheng C J. Super-resolution imaging in a close-packed synthetic aperture digital holographic microscopy. Applied Mechanics and Materials, 2013, 404: 490-494.
[59] Hoppe W. Diffraction in inhomogeneous primary wave fields 1. principle of phase determination from electron diffraction interference. Acta Crystallographica Section A: Crystal Physics,

Diffraction, Theoretical and General Crystallography, 1969, 25(4): 495-501.
[60] Fienup J R. Reconstruction of an object from the modulus of its Fourier transform. Optics Letters, 1978, 3(1): 27-29.
[61] Rodenburg J M, Faulkner H M L. A phase retrieval algorithm for shifting illumination. Applied Physics Letters, 2004, 85(20): 4795-4797.
[62] Zheng G, Horstmeyer R, Yang C. Wide-field, high-resolution Fourier ptychographic microscopy. Nature Photonics, 2013, 7(9): 739-745.
[63] Jin L, Liu B, Zhao F, et al. Deep learning enables structured illumination microscopy with low light levels and enhanced speed. Nature Communications, 2020, 11(1): 1934.
[64] Ling C, Zhang C, Wang M, et al. Fast structured illumination microscopy via deep learning. Photonics Research, 2020, 8(8): 1350-1359.
[65] Goodfellow I, Pouget-Abadie J, Mirza M, et al. Generative adversarial nets. Advances in Neural Information Processing Systems, 2014, 27: 2672-2680.
[66] Ronneberger O, Fischer P, Brox T. U-net: convolutional networks for biomedical image segmentation// Medical Image Computing and Computer-Assisted Intervention, Munich, 2015: 234-241.
[67] Zhang Q, Chen J, Li J, et al. Deep learning-based single-shot structured illumination microscopy. Optics and Lasers in Engineering, 2022, 155: 107066.
[68] 刘小威. 基于照明调控的无标记远场超分辨显微成像. 杭州: 浙江大学, 2018.
[69] Kuang C F, Ma Y, Zhou R J, et al. Virtual k-space modulation optical microscopy. Physical Review Letters, 2016, 117(2): 28102.
[70] Chen H T, Taylor A J, Yu N. A review of metasurfaces: physics and applications. Reports on Progress in Physics, 2016, 79(7): 76401.
[71] Grigorenko A N, Polini M, Novoselov K S. Graphene plasmonics. Nature Photonics, 2012, 6(11): 749-758.
[72] Liu X, Tang M, Meng C, et al. Chip-compatible wide-field 3D nanoscopy through tunable spatial frequency shift effect. Science China Physics, Mechanics & Astronomy, 2021, 64(9): 294211.
[73] Ou X, Horstmeyer R, Zheng G, et al. High numerical aperture Fourier ptychography: principle, implementation and characterization. Optics Express, 2015, 23(3): 3472-3491.
[74] Takasaki H. Moiré topography. Applied Optics, 1970, 9(6): 1467-1472.
[75] Idesawa M, Yatagai T, Soma T. Scanning moiré method and automatic measurement of 3-D shapes. Applied Optics, 1977, 16(8): 2152-2162.
[76] Gustafsson M G, Agard D A, Sedat J W. Doubling the lateral resolution of wide-field fluorescence microscopy using structured illumination. Three-Dimensional and Multidimensional Microscopy: Image Acquisition Processing VII, 2000, 3919: 141-150.
[77] Marno K, Zoubi L, Pearson M, et al. The evolution of structured illumination microscopy in studies of HIV. Methods A Companion to Methods in Enzymology, 2015, 88: 20-27.
[78] Kner P, Chhun B B, Griffis E R, et al. Super-resolution video microscopy of live cells by structured illumination. Nature Methods, 2009, 6(5): 339-342.
[79] Guo Y, Li D, Zhang S, et al. Visualizing intracellular organelle and cytoskeletal interactions at

nanoscale resolution on millisecond timescales. Cell, 2018, 175(5): 1430-1442.
[80] Dan D, Lei M, Yao B, et al. DMD-based LED-illumination super-resolution and optical sectioning microscopy. Scientific Reports, 2013, 3(1): 1116.
[81] Chen Y, Liu W, Zhang Z, et al. Multi-color live-cell super-resolution volume imaging with multi-angle interference microscopy. Nature Communications, 2018, 9(1): 4818.
[82] Zhou X, Dan D, Qian J, et al. Super-resolution reconstruction theory in structured illumination microscopy. Acta Optica Sinica, 2017, 37(3): 1-12.
[83] Neil M A A, Juškaitis R, Wilson T. Method of obtaining optical sectioning by using structured light in a conventional microscope. Optics Letters, 1997, 22(24): 1905-1907.
[84] Neil M A A, Juškaitis R, Wilson T. Real time 3D fluorescence microscopy by two beam interference illumination. Optics Communications, 1998, 153(1-3): 1-4.
[85] Winter P W, York A G, Dalle N D, et al. Two-photon instant structured illumination microscopy improves the depth penetration of super-resolution imaging in thick scattering samples. Optica, 2014, 1(3): 181-191.
[86] Lal A, Shan C, Xi P. Structured illumination microscopy image reconstruction algorithm. IEEE Journal of Selected Topics in Quantum Electronics, 2016, 22(4): 50-63.
[87] Wilde J P, Goodman J W, Eldar Y C, et al. Coherent superresolution imaging via grating-based illumination. Applied Optics, 2017, 56(1): 79-88.
[88] Neumann A, Kuznetsova Y, Brueck S R J. Structured illumination for the extension of imaging interferometric microscopy. Optics Express, 2008, 16(10): 6785-6793.
[89] Lai X J, Tu H Y, Lin Y C, et al. Coded aperture structured illumination digital holographic microscopy for superresolution imaging. Optics Letters, 2018, 43(5): 1143-1146.
[90] Gao P, Pedrini G, Osten W. Structured illumination for resolution enhancement and autofocusing in digital holographic microscopy. Optics Letters, 2013, 38(8): 1328-1330.
[91] Wicker K, Heintzmann R. Resolving a misconception about structured illumination. Nature Photonics, 2014, 8(5): 342-344.
[92] Gustafsson M G, Shao L, Carlton P M, et al. Three-dimensional resolution doubling in wide-field fluorescence microscopy by structured illumination. Biophysical Journal, 2008, 94(12): 4957-4970.
[93] Markwirth A, Lachetta M, Mönkemöller V, et al. Video-rate multi-color structured illumination microscopy with simultaneous real-time reconstruction. Nature Communications, 2019, 10(1): 4315.
[94] Patorski K, Trusiak M, Tkaczyk T. Optically-sectioned two-shot structured illumination microscopy with Hilbert-Huang processing. Optics Express, 2014, 22(8): 9517-9527.
[95] Chai C, Chen C, Liu X, et al. Deep learning based one-shot optically-sectioned structured illumination microscopy for surface measurement. Optics Express, 2021, 29(3): 4010-4021.
[96] Mudry E, Belkebir K, Girard J, et al. Structured illumination microscopy using unknown speckle patterns. Nature Photonics, 2012, 6(5): 312-315.
[97] Leonetti M, Grimaldi A, Ghirga S, et al. Scattering assisted imaging. Scientific Reports, 2019, 9(1): 4591.
[98] Hegerl R, Hoppe W. Dynamic theory of crystalline structure analysis by electron diffraction in inhomogeneous primary wave field. Berichte der Bunsengesellschaft für Physikalische Chemie,

1970, 74(11): 1148-1154.
[99] Zheng G. Fourier ptychographic imaging// IEEE Photonics Conference, Reston, 2015: 1-15.
[100] Fienup J R. Phase retrieval algorithms: a comparison. Applied Optics, 1982, 21(15): 2758-2769.
[101] Pan A, Zuo C, Yao B. High-resolution and large field-of-view Fourier ptychographic microscopy and its applications in biomedicine. Reports on Progress in Physics, 2020, 83(9): 96101.
[102] Bates R H T, Rodenburg J M. Sub-Ångström transmission microscopy: a Fourier transform algorithm for microdiffraction plane intensity information. Ultramicroscopy, 1989, 31(3): 303-307.
[103] Maiden A M, Humphry M J, Zhang F, et al. Superresolution imaging via ptychography. Journal of the Optical Society of America A, 2011, 28(4): 604-612.
[104] Holloway J, Wu Y, Sharma M K, et al. SAVI: synthetic apertures for long-range, subdiffraction-limited visible imaging using Fourier ptychography. Science Advances, 2017, 3(4): e1602564.
[105] Konda P C, Loetgering L, Zhou K C, et al. Fourier ptychography: current applications and future promises. Optics Express, 2020, 28(7): 9603-9630.
[106] Zheng G. Fourier Ptychographic Imaging: A MATLAB Tutorial. New York: Morgan & Claypool, 2016.
[107] Ou X, Horstmeyer R, Yang C, et al. Quantitative phase imaging via Fourier ptychographic microscopy. Optics Letters, 2013, 38(22): 4845-4848.
[108] Ou X, Zheng G, Yang C. Embedded pupil function recovery for Fourier ptychographic microscopy. Optics Express, 2014, 22(5): 4960.
[109] Xiu P, Chen Y, Kuang C, et al. Structured illumination fluorescence Fourier ptychographic microscopy. Optics Communications, 2016, 381: 100-106.
[110] Zheng G, Ou X, Horstmeyer R, et al. Fourier ptychographic microscopy: creating a gigapixel superscope for biomedicine. Optics and Photonics News, 2014, 25(4): 26-33.
[111] Zheng G C, Jiang S. Concept, implementations and applications of Fourier ptychography. Nature Reviews Physics, 2021, 3(3): 207-223.
[112] Tian L, Wang J, Waller L. 3D differential phase-contrast microscopy with computational illumination using an LED array. Optics Letters, 2014, 39(5): 1326-1329.
[113] Hao X, Kuang C, Li Y, et al. Evanescent-wave-induced frequency shift for optical superresolution imaging. Optics Letters, 2013, 38(14): 2455-2458.
[114] 李淑凤, 李成仁, 宋昌烈. 光波导理论基础教程. 北京：电子工业出版社, 2013.
[115] Liu X, Kuang C, Hao X, et al. Fluorescent nanowire ring illumination for wide-field far-field subdiffraction imaging. Physical Review Letters, 2017, 118(7): 76101.
[116] Pang C, Liu X, Zhuge M, et al. High-contrast wide-field evanescent wave illuminated subdiffraction imaging. Optics Letter, 2017, 42(21): 4569-4572.
[117] Willets K A, Wilson A J, Sundaresan V, et al. Super-resolution imaging and plasmonics. Chemical Reviews, 2017, 117(11): 7538-7582.
[118] Kawata S, Inouye Y, Verma P. Plasmonics for near-field nano-imaging and superlensing. Nature Photonics, 2009, 3(7): 388-394.
[119] Simkhovich B, Bartal G. Plasmon-enhanced four-wave mixing for superresolution applications. Physical Review Letters, 2014, 112(5): 56802.

[120] Li M, Cushing S K, Wu N. Plasmon-enhanced optical sensors: a review. Analyst, 2015, 140(2): 386-406.

[121] Gramotnev D K, Bozhevolnyi S I. Plasmonics beyond the diffraction limit. Nature Photonics, 2010, 4(2): 83-91.

[122] Wang Y, Ma Y, Guo X, et al. Single-mode plasmonic waveguiding properties of metal nanowires with dielectric substrates. Optics Express, 2012, 20(17): 19006-19015.

[123] Liang G, Chen X, Wen Z, et al. Super-resolution photolithography using dielectric photonic crystal. Optics Letters, 2019, 44(5): 1182-1185.

[124] Gao P, Li X, Zhao Z, et al. Pushing the plasmonic imaging nanolithography to nano-manufacturing. Optics Communications, 2017, 404: 62-72.

[125] Gao D, Ding W, Nieto-Vesperinas M, et al. Optical manipulation from the microscale to the nanoscale: fundamentals, advances and prospects. Light: Science & Applications, 2017, 6(9): e17039.

[126] Silva A, Monticone F, Castaldi G, et al. Performing mathematical operations with metamaterials. Science, 2014, 343(6167): 160-163.

[127] Maier S A. Plasmonics: Fundamentals and Applications. New York: Springer, 2007.

[128] Smolyaninov I I, Elliott J, Zayats A V, et al. Far-field optical microscopy with a nanometer-scale resolution based on the in-plane image magnification by surface plasmon polaritons. Physical Review Letters, 2005, 94(5): 57401.

[129] Smolyaninov I I, Hung Y J, Davis C C. Magnifying superlens in the visible frequency range. Science, 2007, 315(5819): 1699-1701.

[130] Zalevsky Z, Abdulhalim I. Integrated Nanophotonic Devices. New York: Elsevier, 2014.

[131] Burke J J, Stegeman G I, Tamir T. Surface-polariton-like waves guided by thin, lossy metal films. Physical Review B, 1986, 33(8): 5186.

[132] Poddubny A, Iorsh I, Belov P, et al. Hyperbolic metamaterials. Nature Photonics, 2013, 7(12): 948-957.

[133] Kidwai O, Zhukovsky S V, Sipe J E. Effective-medium approach to planar multilayer hyperbolic metamaterials: strengths and limitations. Physical Review A, 2012, 85(5): 53842.

[134] Guo Z, Jiang H, Chen H. Hyperbolic metamaterials: from dispersion manipulation to applications. Journal of Applied Physics, 2020, 127(7): 71101.

[135] Liu Q, Fang Y, Zhou R, et al. Surface wave illumination Fourier ptychographic microscopy. Optics Letters, 2016, 41(22): 5373-5376.

[136] Barnes W L, Dereux A, Ebbesen T W. Surface plasmon subwavelength optics. Nature, 2003, 424(6950): 824-830.

[137] Wei F, Liu Z. Plasmonic structured illumination microscopy. Nano Letters, 2010, 10(7): 2531-2536.

[138] Wei F, Lu D, Shen H, et al. Wide field super-resolution surface imaging through plasmonic structured illumination microscopy. Nano Letters, 2014, 14(8): 4634-4639.

[139] Wang Q, Bu J, Tan P S, et al. Subwavelength-sized plasmonic structures for wide-field optical microscopic imaging with super-resolution. Plasmonics, 2012, 7(3): 427-433.

[140] Cao S, Wang T, Xu W, et al. Gradient permittivity meta-structure model for wide-field super-resolution imaging with a sub-45 nm resolution. Scientific Reports, 2016, 6(1): 23460.

[141] Cao S, Wang T, Yang J, et al. Numerical analysis of wide-field optical imaging with a sub-20 nm resolution based on a meta-sandwich structure. Scientific Reports, 2017, 7(1): 1328.

[142] Novoselov K S, Geim A K, Morozov S V, et al. Two-dimensional gas of massless Dirac fermions in graphene. Nature, 2005, 438(7065): 197-200.

[143] Low T, Avouris P. Graphene plasmonics for terahertz to mid-infrared applications. ACS Nano, 2014, 8(2): 1086-1101.

[144] Aliqab K, Dave K, Sorathiya V, et al. Numerical analysis of Phase change material and graphene-based tunable refractive index sensor for infrared frequency spectrum. Scientific Reports, 2023, 13(1): 7653.

[145] Zhang R, Lin X, Shen L, et al. Free-space carpet cloak using transformation optics and graphene. Optics Letters, 2014, 39(23): 6739-6742.

[146] Zeng X, Al-Amri M, Zubairy M S. Nanometer-scale microscopy via graphene plasmons. Physical Review B, 2014, 90(23): 235418.

[147] Cao S, Wang T, Sun Q, et al. Graphene on meta-surface for super-resolution optical imaging with a sub-10 nm resolution. Optics Express, 2017, 25(13): 14494-14503.

[148] Ju L, Geng B, Horng J, et al. Graphene plasmonics for tunable terahertz metamaterials. Nature Nanotechnology, 2011, 6(10): 630-634.

[149] 庞陈雷. 片上无标记超分辨显微成像方法与技术研究. 杭州: 浙江大学, 2019.

[150] Ponsetto J L, Wei F, Liu Z. Localized plasmon assisted structured illumination microscopy for wide-field high-speed dispersion-independent super resolution imaging. Nanoscale, 2014, 6(11): 5807-5812.

[151] Bezryadina A, Zhao J, Xia Y, et al. Localized plasmonic structured illumination microscopy with gaps in spatial frequencies. Optics Letters, 2019, 44(11): 2915-2918.

[152] Bezryadina A, Zhao J, Xia Y, et al. High spatiotemporal resolution imaging with localized plasmonic structured illumination microscopy. ACS Nano, 2018, 12(8): 8248-8254.

[153] Denk W, Strickler J H, Webb W W. Two-photon fluorescence scanning microscopy. Science, 1990, 248(4951): 73-76.

[154] Hell S W, Kroug M. Ground-state-depletion fluorescence microscopy: a concept for breaking the diffraction resolution limit. Applied Physics B-Lasers and Optics, 1995, 60(5): 495-497.

[155] Hell S W. Increasing the Resolution of Far-Field Fluorescence Light Microscopy by Point-Spread-Function Engineering. Boston: Springer, 2002.

[156] Chen X, Zhong S, Hou Y, et al. Superresolution structured illumination microscopy reconstruction algorithms: a review. Light: Science & Applications, 2023, 12(1): 172.

[157] Gustafsson M G. Nonlinear structured-illumination microscopy: wide-field fluorescence imaging with theoretically unlimited resolution. Proceedings of the National Academy of Sciences, 2005, 102(37): 13081-13086.

[158] Rego E H, Shao L, Macklin J J, et al. Nonlinear structured-illumination microscopy with a photoswitchable protein reveals cellular structures at 50-nm resolution. Proceedings of the

National Academy of Sciences, 2011, 109(3): 135-143.
[159] Li D, Shao L, Chen B C, et al. Extended-resolution structured illumination imaging of endocytic and cytoskeletal dynamics. Science, 2015, 349(6251): 3500.
[160] Ingerman E, London R, Heintzmann R, et al. Signal, noise and resolution in linear and nonlinear structured-illumination microscopy. Journal of Microscopy, 2019, 273(1): 3-25.
[161] Fang Y, Chen Y H, Kuang C F, et al. Saturated pattern-illuminated Fourier ptychography microscopy. Journal of Optics, 2016, 19(1): 15602.
[162] Shao L, Isaac B, Uzawa S, et al. I5S: wide-field light microscopy with 100-nm-scale resolution in three dimensions. Biophysical Journal, 2008, 94(12): 4971-4983.
[163] Gustafsson M G, Agard D A, Sedat J W. Sevenfold improvement of axial resolution in 3D wide-field microscopy using two objective-lenses. The International Society for Optical Engineering, 1995, 2412: 147-156.
[164] Baldwin J E, Haniff C A. The application of interferometry to optical astronomical imaging. Philosophical Transactions of the Royal Society of A: Mathematical, Physical and Engineering Sciences, 2002, 360(1794): 969-986.
[165] Hell S, Stelzer E H. Properties of a 4Pi confocal fluorescence microscope. Journal of the Optical Society of America A, 1992, 9(12): 2159-2166.
[166] Shao L, Kner P, Rego E H, et al. Super-resolution 3D microscopy of live whole cells using structured illumination. Nature Methods, 2011, 8(12): 1044.
[167] Gustafsson M G, Agard D A, Sedat J W. 3D widefield microscopy with two objective lenses: experimental verification of improved axial resolution// Three-Dimensional Microscopy: Image Acquisition and Processing III, San Jose, 1996: 62-66.
[168] Gustafsson M G, Agard D A, Sedat J W. I5M: 3D widefield light microscopy with better than 100nm axial resolution. Journal of Microscopy, 1999, 195(1): 10-16.
[169] Li X, Wu Y, Su Y, et al. Three-dimensional structured illumination microscopy with enhanced axial resolution. Nature Biotechnology, 2023, 41(9): 1-13.
[170] Wilson T, Sheppard C. Theory and Practice of Scanning Optical Microscopy. London: Academic Press, 1984.
[171] Hell S W, Wichmann J. Breaking the diffraction resolution limit by stimulated-emission-stimulated-emission-depletion fluorescence microscopy. Optics Letters, 1994, 19(11): 780-782.
[172] Sheppard C J R. Super-resolution in confocal imaging. Optik, 1988, 80(2): 53-54.
[173] Kuang C F, Li S, Liu W, et al. Breaking the diffraction barrier using fluorescence emission difference microscopy. Scientific Reports, 2013, 3: 1441.
[174] Zhao G, Kabir M M, Toussaint K C, et al. Saturated absorption competition microscopy. Optica, 2017, 4(6): 633-636.
[175] Tong L M, Gattass R R, Ashcomv J B, et al. Subwavelength-diameter silica wires for low-loss optical wave guiding. Nature, 2003, 426(6968): 816-819.
[176] Hao X, Liu X, Kuang C F, et al. Far-field super-resolution imaging using near-field illumination by micro-fiber. Applied Physics Letters, 2013, 102(1): 413.
[177] Francia G T D. Super-gain antennas and optical resolving power. Nuovo Cimento, 1952, 9: 426-438.

[178] Durig U, Pohl D W, Rohner F. Near-field optical-scanning microscopy. Journal of Applied Physics, 1986, 59(10): 3318-3327.

[179] Caspar C, Bachus E J. Fibre-optic micro-ring-resonator with 2 mm diameter. Electronics Letters, 1989, 25(22): 1506-1508.

[180] Gu F, Zhang L, Yin X F, et al. Polymer single-nanowire optical sensors. Nano Letters, 2008, 8(9): 2757-2761.

[181] Hao X, Kuang C F, Liu X, et al. Microsphere based microscope with optical super-resolution capability. Applied Physics Letters, 2011, 99(20): 203102.

[182] Wang Z B, Guo W, Li L, et al. Optical virtual imaging at 50 nm lateral resolution with a white-light nanoscope. Nature Communications, 2011, 2: 218.

[183] 郝翔. 基于光场操控的远场超分辨显微机理及方法研究. 杭州: 浙江大学, 2014.

[184] Taha B A, Ali N, Sapiee N M, et al. Comprehensive review tapered optical fiber configurations for sensing application: trend and challenges. Biosensors, 2021, 11(8): 253.

[185] Lu J, Min W, Conchello J A, et al. Super-resolution laser scanning microscopy through spatiotemporal modulation. Nano Letter, 2009, 9(11): 3883-3889.

[186] Zhi Y, Wang B, Yao X. Super-resolution scanning laser microscopy based on virtually structured detection. Critical Reviews in Biomedical Engineering, 2015, 43(4): 297-322.

[187] Lu R W, Wang B Q, Zhang Q X, et al. Super-resolution scanning laser microscopy through virtually structured detection. Biomedical Optics Express, 2013, 4(9): 1673-1682.

[188] Huff J. The Airyscan detector from ZEISS: confocal imaging with improved signal-to-noise ratio and super-resolution. Nature Methods, 2015, 12(12): 2635-2643.

[189] Heintzmann R, Jovin T M, Cremer C. Saturated patterned excitation microscopy-a concept for optical resolution improvement. Journal of the Optical Society of America A, 2002, 19(8): 1599-1609.

[190] York A G, Parekh S H, Nogare D D, et al. Resolution doubling in live, multicellular organisms via multifocal structured illumination microscopy. Nature Methods. 2012, 9(7): 749-754.

[191] Ingaramo M, York A G, Wawrzusin P, et al. Two-photon excitation improves multifocal structured illumination microscopy in thick scattering tissue. Proceedings of the National Academy of Sciences, 2014, 111(14): 5254-5259.

[192] Wang Z, Cai Y, Qian J, et al. Hybrid multifocal structured illumination microscopy with enhanced lateral resolution and axial localization capability. Biomedical Optics Express, 2020, 11(6): 3058-3070.

[193] Muller C B, Enderlein J. Image scanning microscopy. Physical Review Letters, 2010, 104(19): 198101.

[194] Hernandez J, Abrahamsson S. Multifocus structure illumination microscopy. Biophysical Journal, 2019, 116(3): 282-283.

[195] Zhao G Y, Zheng C, Kuang C F, et al. Nonlinear focal modulation microscopy. Physical Review Letters, 2018, 120(19): 193901.

[196] Ingaramo M, York A G, Hoogendoorn E, et al. Richardson-Lucy deconvolution as a general tool for combining images with complementary strengths. Chemphyschem, 2014, 15(4): 794-800.

[197] Sheppard C J R, Mehta S B, Heintzmann R. Superresolution by image scanning microscopy

using pixel reassignment. Optics Letters, 2013, 38(15): 2889-2892.

[198] Tang M, Liu X, Yang Q, et al. Deep spatial frequency shift enabled chip-based sub-wavelength-resolution imaging// The 16th IEEE International Conference on Nano/Micro Engineered & Molecular Systems, Ximen, 2021: 1-23.

[199] Tang M, Han Y, Yang Q, et al. High-refractive-index chip with periodically fine-tuning gratings for tunable virtual-wavevector spatial frequency shift universal super-resolution imaging. Advanced Science, 2022, 9(9): 2103835.

[200] Tang M, Liu X, Wen Z, et al. Far-field superresolution imaging via spatial frequency modulation. Laser and Photonics Reviews, 2020, 14(11): 1900011.

[201] Kabra D, Lu L P, Song M H, et al. Efficient single-layer polymer light-emitting diodes. Advanced Materials, 2010, 22(29): 3194-3198.

[202] Pang C, Li J, Tang M, et al. On-chip super-resolution imaging with fluorescent polymer films. Advanced Functional Materials, 2019, 29(27): 1900126.

[203] Pang C, Lu H, Xu P, et al. Design of hybrid structure for fast and deep surface plasmon polariton modulation. Optics Express, 2016, 24(15): 17069-17079.

[204] Robin D, Øystein I H, Cristina I Ø, et al. Chip-based wide field-of-view nanoscopy. Nature Photonics, 2017, 11(5): 322-328.

[205] Ponsetto J L, Bezryadina A, Wei F, et al. Experimental demonstration of localized plasmonic structured illumination microscopy. American Chemical Society Nano, 2017, 11(6): 5344-5350.

[206] 汤明炜. 片上标记和无标记兼容深移频超分辨显微成像研究. 杭州: 浙江大学, 2022.

[207] Shannon C E. A mathematical theory of communication. Bell System Technical Journal, 1948, 27(4): 623-656.

[208] 梁铨廷. 物理光学. 北京: 电子工业出版社, 2012.

[209] Pergament M I. Information Aspects of Optical Images. New York: American Institute of Physics, 1995.

[210] 陶纯堪, 陶存匡. 光学信息论. 北京: 科学出版社, 2004.

[211] Bersha N J. Resolution, optical-channel capacity and information theory. Journal of the Optical Society of America, 1969, 59(2): 157-163.

[212] Cox I J, Sheppard C J R. Information capacity and resolution in an optical system. Journal of the Optical Society of America, 1986, 3(8): 1152-1158.

[213] Colin J R S. Fundamentals of superresolution. Micron, 2007, 38(2): 165-169.

[214] Villiers G, Pike E R. The Limit of Resolution. Florida: Chemical Rubber, 2017.

[215] Narimanov E. Resolution limit of label-free far-field microscopy. Advanced Photonics, 2019, 1(5): 56003.

[216] Giovannetti V, Lloyd S, Maccone L. Advances in quantum metrology. Nature Photonics, 2011, 5(4): 222-229.

[217] Yuen H P. Two-photon coherent states of the radiation field. Physical Review A, 1976, 13(6): 2226-2243.

[218] Basset M G, Setzpfandt F, Steinlechner F, et al. Perspectives for applications of quantum imaging. Laser Photonics Review, 2019, 13(10): 1900097.

[219] Zou X Y, Wang L J, Mandel L. Induced coherence and indistinguishability in optical interference. Physical Review Letters, 1991, 67(3): 318-321.

[220] Lemos G B, Borish V, Cole G, et al. Quantum imaging with undetected photons. Nature, 2014, 512(7515): 409-412.

[221] Erkmen B I, Shapiro J H. Ghost imaging: from quantum to classical to computational. Advances in Optics and Photonics, 2010, 2(4): 405-450.

[222] Hayat M M, Joobeur A, Saleh B E. Reduction of quantum noise in transmittance estimation using photon-correlated beams. Journal of the Optical Society of America A-Optics Image Science and Vision, 1999, 16(2): 348.

[223] Gatto M D, Katamadze K, Traina P, et al. Beating the abbe diffraction limit in confocal microscopy via nonclassical photon statistics. Physical Review Letters, 2014, 113(14): 143602.

[224] Stefanov A. On the role of entanglement in two-photon metrology. Quantum Science and Technology, 2017, 2(2): 25004.

[225] Afek I, Ambar O, Silberberg Y. High-NOON states by mixing quantum and classical light. Science, 2010, 328(5980): 879-881.

[226] Teich M C, Saleh B E A. Entangled-photon microscopy. Československý časopis pro fyziku, 1997, 47(3): 1-9.

[227] Hong C K, Ou Z Y, Mandel L. Measurement of subpicosecond time intervals between two photons by interference. Physical Review Letters, 1987, 59(18): 2044-2046.

[228] Boto A N, Kok P, Abrams D S, et al. Quantum interferometric optical lithography: exploiting entanglement to beat the diffraction limit. Physical Review Letters, 2000, 85(13): 2733-2736.

[229] Ono T, Okamoto R, Takeuchi S. An entanglement-enhanced microscope. Nature Communications, 2013, 4: 2426.

[230] Israel Y, Rosen S, Silberberg Y. Supersensitive polarization microscopy using NOON states of light. Physical Review Letters, 2014, 112(10): 103604.

[231] Xing F, Xie Y, Su H, et al. Deep learning in microscopy image analysis: a survey. IEEE Transactions on Neural Networks and Learning Systems, 2018, 29 (10): 4550-4568.

[232] Zhang H, Wang P, Zhang C, et al. A comparable study of CNN-based single image super-resolution for space-based imaging sensors. Sensors, 2019, 19(14): 3234.

[233] Dong C, Loy C C, He K, et al. Image super-resolution using deep convolutional networks. IEEE Transactions on Pattern Analysis and Machine Intelligence, 2016, 38(2): 295-307.

[234] Dong C, Loy C C, Tang X. Accelerating the super-resolution convolutional neural network. European Conference on Computer Vision, 2016, 9906: 391-407.

[235] Tai Y, Yang J, Liu X. Image super-resolution via deep recursive residual network// IEEE Conference on Computer Vision and Pattern Recognition, Honolulu, 2017: 2790-2798.

[236] Kim J, Lee J K, Lee K M. Accurate image super-resolution using very deep convolutional networks// IEEE Conference on Computer Vision and Pattern Recognition, Las Vegas, 2016: 1646-1654.

[237] Kim J, Lee J K, Lee K M. Deeply-recursive convolutional network for image super-resolution// IEEE Conference on Computer Vision and Pattern Recognition, Las Vegas, 2016: 1637-1645.

[238] Lai W, Huang J, Ahuja N, et al. Deep Laplacian pyramid networks for fast and accurate super-resolution//IEEE Conference on Computer Vision and Pattern Recognition, Honolulu, 2017: 5835-5843.

[239] Lai W, Huang J, Ahuja N, et al. Fast and accurate image super-resolution with deep laplacian pyramid networks. IEEE Transactions on Pattern Analysis and Machine Intelligence, 2019, 41(11): 2599 - 2613.

[240] Zhao Y, Li G, Xie W, et al. Gun: gradual upsampling network for single image superresolution. IEEE Access, 2018, 6: 39363-39374.

[241] Aggarwal A, Mamta M, Gopi B, et al. Generative adversarial network: an overview of theory and applications. International Journal of Information Management Data Insights, 2021, 1(1): 1-9.

[242] Ledig C, Theis L, Huszár F, et al. Photo-realistic single image super-resolution using a generative adversarial network// IEEE Conference on Computer Vision and Pattern Recognition, Honolulu, 2017: 105-114.

[243] Wang Z, Bovik A C, Sheikh H R, et al. Image quality assessment: from error visibility to structural similarity. IEEE Transactions on Image Processing, 2004, 13(4): 600-612.

[244] Wang H, Rivenson Y, Jin Y, et al. Deep learning enables cross-modality super-resolution in fluorescence microscopy. Nature Methods, 2019, 16(1): 103-110.

[245] Nehme E, Weiss L E, Michaeli T, et al. Deep-STORM: super-resolution single-molecule microscopy by deep learning. Optica, 2018, 5(4): 458-464.

[246] Ouyang W, Aristov A, Lelek M, et al. Deep learning massively accelerates super-resolution localization microscopy. Nature Biotechnol, 2018, 36 (5): 460-468.

[247] Zelger P, Kaser K, Rossboth B, et al. Three-dimensional localization microscopy using deep learning. Opt Express, 2018, 26 (25): 33166-33179.

附录　主要中英文对照表

Abbe's diffraction limit	Abbe limit	阿贝衍射极限
Airy discs	AD	艾里斑
atomic force microscope	AFM	原子力显微镜
band pass filter	BF	带通滤光片
blind SIM	B-SIM	盲结构光照明显微
charge coupled device	CCD	电荷耦合器件
coherent transfer function	CTF	相干传递函数
complementary metal-oxide semiconductor	CMOS	互补金属氧化物半导体
confocal microscopy	CM	共焦显微镜
convolutional neural network	CNN	卷积神经网络
deep neural networks	DNN	深度神经网络
deeply-recursive convolutional network	DRCN	深递归卷积网络
deep-recursive residual network	DRRN	深度递归残差网络
digital holographic microscopy	DHM	数字全息显微术
digital micromirror devices	DMD	数字微镜器件
direct stochastic optical reconstruction microscopy	dSTORM	直接随机光学重建显微技术
discrete molecular imaging	DMI	离散分子成像技术
electron beam lithography	EBL	电子束直写光刻
effective medium theory	EMT	有效介电理论
electron-multiplying CCD	EMCCD	电子倍增 CCD
embedded pupil function recovery	EPRY	嵌入式瞳孔功能恢复法
fast super-resolution convolutional neural network	FSRCNN	快速超分辨率卷积神经网络
field of view	FOV	视场角
field number	FN	视场数
fluorescent emission diffrential microscopy	FED	荧光发射差分显微技术

focus ions beam etching	FIB	聚焦离子束刻蚀
Fourier ptychographic microscope	FPM	傅里叶频谱叠层成像显微镜
full wave half maximum	FWHM	半高全宽
gava mirror	GM	扫描镜
Gaussian emission	GE	高斯发射
generative adversarial network	GAN	生成性对抗网络
ghost imaging	GI	鬼成像
gradual upsampling network	GUN	逐步上采样网络
graphic processing unit	GPU	图形处理单元
half wave plate	HWP	半波片
high resolution	HR	高分辨
Hong-Ou-Mandel interference	HOM	洪–区–曼德尔干涉
hyper lens	HL	超透镜
hyperbolic metamaterials	HMMs	双曲色散超材料
I2M(image interference microscopy)	I2M	干涉成像显微镜
I3M(incoherent interference illumination microscopy)	I3M	非相干干涉照明显微镜
image scanning microscopy	ISM	图像扫描显微技术
inductively coupled plasma reactive ion etching	ICP-RIE	电感耦合等离子体反应离子刻蚀技术
intensified charge coupled device	ICCD	增强型 CCD
laser scanning confocal microscopy	LSCM	激光共焦显微镜
lattice light-sheet fluorescence microscopy	LLSFM	晶格化光片荧光显微镜
lead zirconate titanate	PZT	锆钛酸铅压电陶瓷
light-sheet microscope	LSM	光片显微镜
localized plasmonic SIM	LPSIM	局域等离激元波结构光照明显微镜
long pass filter	LF	长波通滤光片
low resolution	LR	低分辨
Mach-Zehnder interferometer	MZI	马赫-曾德尔干涉仪
meta surface		超表面
metamaterials	Meta	超材料

minimal photon fluxes microscopy	MINFLUX	最小光子通量显微技术
modulation transfer function	MTF	调制传递函数
multifocus SIM	MSIN	多焦结构照明显微镜
nanowire ring illumination microscopy	NWRIM	纳米线环形照明移频显微成像
near field scanning optical microscopy	NSOM	近场扫描光学显微镜
nonlinear focal modulation microscopy	NFOMM	非线性焦斑调制显微技术
nonlinear SIM	NL-SIM	非线性结构光照明显微技术
numerical aperture	NA	数值孔径
optical section SIM	OS-SIM	光截面结构光显微镜
optical spatial frequency shift microscope	SFSM	光学空间频率移频成像显微镜
optical synthetic aperture microscope	OSAM	合成孔径显微镜
optical transfer function	OTF	光学传递函数
organic light emitting diode	OLED	有机发光二极管
pattern illuminated Fourier ptychography	TIRF-piFPM	全内反射荧光散斑照明 FPM 技
peak signal to noise ratio	PSNR	峰值信噪比
phase transfer function	PTF	相位传递函数
photo-activated localization microscopy	PALM	光激发定位显微镜
photomultiplier tube	PMT	光电倍增管
plan archromate	PA	平场复消色差
plasmonic SIM	PSIM	表面激元波结构光照明显微镜
point spread function	PSF	点扩散函数
polarization beam splitter	PBS	偏振棱镜
Rayleigh criterion	RC	瑞利判据
residual dense network	RDN	剩余密集网络
reversible saturable optical linear fluorescence transitions	RESOLFT	可逆饱和荧光跃迁技术
root-mean-square	RMS	均方根值

satuated depleption nonlinear SIM	SD NL-SIM	饱和耗散非线性结构光显微镜
saturated absorption competition microscopy	SAC	饱和吸收竞争显微技术
saturated image interference+incoherent interfernce illumination microscope	SI5M	饱和三维干涉结构光荧光显微 I5M
saturated pattern illuminated Fourier ptychography	SpiFPM	饱和散斑照明 FPM
saturated doughnut emission	SDE	饱和甜甜圈发射
saturated line-shape emission	SLE	饱和线形发射
saturated image fusion microscopy	SIFM	饱和图像融合显微
scanning electron microscopy	SEM	扫描电镜
saturated structure illumination microscopy	SSIM	饱和结构光照明显微术
scanning near field optical microscope	SNOM	扫描近场光学显微镜
scanning patterned detection	SPADE	扫描图案探测显微技术
scanning tunnel microscope	STM	扫描隧道显微镜
scientific CMOS	sCMOS	科学级互补金属氧化物半导体光电传感器
Signal-to-noise ratio	SNR	信噪比
spatial frequency shift	SFS	空间频率移频
spatial frequency shift tuning nanoscopy	STUN	可调深移频纳米显微术
spatial light modulator	SLM	空间光调制器
spontenious parameter down conversion	SPDC	自发参量下转换
spot scanning SIM	SpotSSIM	点扫描结构光移频显微
standard quantum limit	SQL	标准量子极限
stimulated emission depletion microscopy	STED	荧光受激损耗显微技术
stochastic optical reconstruction microscopy	STORM	随机光重建显微技术
structural similarity index	SSIM	结构相似性指数
structure illumination microscopy	SIM	结构光照明显微
Structured illumination FPM	SI-FPM	结构光 FPM
super-oscillation imaging	SOI	超振荡成像
super-resolution	SR	超分辨
super-resolution convolutional neural network	SRCNN	超分辨卷积神经网络
super-resolution optical fluctuation imaging	SOFI	超高分辨光学涨落成

		像技术
surface plasmonic wave	SPW	表面等离子激元波
total internal reflection fluorescence SIM	TIRF-SIM	全反射结构光荧光显微镜
two-photon confocal microscopy	TPCM	双光子共焦显微镜
very deep super resolution	VDSR	甚深超分辨率
virtual k-space modulation optical microscopy	VIKMOM	虚拟 k 空间调制光学显微技术
virtually structured detection	VSD	虚拟结构探测